等离子工艺与设备在冶炼和铸造生产中的应用

[乌克兰] Б. Е. ПАТОН　　Г. М. ГРИГОРЕНКО

И. В. ШЕЙКО　　В. А. ШАПОВАЛОВ　著

В. Л. НАЙДЕК　В. Н. КОСТЯКОВ

许小海　汪 源　李兴华　袁庭宪　徐海莎　译

李建新　审

北　京

冶金工业出版社

2018

北京市版权局著作权合同登记号　图字：01-2018-5512号

内 容 提 要

本书共8章，内容包括：低温等离子体的物理现象、性能与特点；低温等离子体发生器（等离子枪）的种类和特征；等离子体加热过程中熔融金属与气体的相互作用；等离子体加热在冶金工业中的应用；带水冷结晶器等离子电弧炉的结构特点；带水冷结晶器的等离子重熔工艺；等离子体加热在铸造生产中的应用；等离子电弧炉熔炼金属的质量等。

本书可供从事冶金专业的工程技术人员阅读使用，也可供相关专业的大专院校师生参考。

图书在版编目(CIP)数据

等离子工艺与设备在冶炼和铸造生产中的应用/（乌克兰）
B. E. 巴顿等著；许小海等译 . —北京：冶金工业出版社，
2018.9

ISBN 978-7-5024-7803-2

Ⅰ. ①等…　Ⅱ. ①B…　②许…　Ⅲ. ①等离子冶金
Ⅳ. ①TF19

中国版本图书馆 CIP 数据核字（2018）第 144543 号

出 版 人　谭学余
地　　址　北京市东城区嵩祝院北巷 39 号　邮编　100009　电话　（010）64027926
网　　址　www.cnmip.com.cn　电子信箱　yjcbs@ cnmip. com. cn
责任编辑　戈 兰　美术编辑　彭子赫　版式设计　孙跃红
责任校对　王永欣　责任印制　李玉山
ISBN 978-7-5024-7803-2

冶金工业出版社出版发行；各地新华书店经销；三河市双峰印刷装订有限公司印刷
2018 年 9 月第 1 版，2018 年 9 月第 1 次印刷
787mm×1092mm　1/16；25.25 印张；613 千字；389 页
136. 00 元

冶金工业出版社　投稿电话　（010）64027932　投稿信箱　tougao@cnmip. com. cn
冶金工业出版社营销中心　电话　（010）64044283　传真　（010）64027893
冶金书店　地址　北京市东四西大街 46 号（100010）　电话　（010）65289081（兼传真）
冶金工业出版社天猫旗舰店　yjgycbs.tmall.com

（本书如有印装质量问题，本社营销中心负责退换）

译 者 序

　　等离子冶炼是20世纪60年代出现的新型冶炼工艺。它不是为了取代传统的冶炼工艺，而是为了更有效地精炼小数量、满足特种需求的高端优质合金材料。

　　等离子冶炼能够产生高温，让气体发生电离，产生导电性，让自由电子形成的电流在电弧阳极斑点内猛烈轰击炉料，传递能量。

　　不仅如此，等离子冶炼的最大本领是能够在有限熔炼空间内把纯净的氩气、氧气、氢气、氮气激发为等离子体。电子与正电荷频繁发生离解与复合。在温度较高的电弧中心，气体分子分离为原子，原子储存了更多热量。在离开电弧中心稍远处温度略有下降时，原子又复合为分子，释放出储存的热量。等离子体的热对流使上述过程循环往复地进行。这些过程在促使温度均衡的同时造成了气相振动。这种振动会传递到与气相交界的液态金属表面，使后者也进入振动状态。随着金属以液态薄膜的形式逐层熔化，熔滴穿过气相包围落入熔池，以及熔池内金属的搅拌和翻滚，金属像过筛子一样获得与振动态气相接触的机会。这样，就能最大限度地引发和加速冶炼者希望发生的那些化学反应，实现对液态金属的精炼或改性。气体发挥了工艺作用，可以称之为"工艺性气体"。

　　在大气层内，等离子体只能在特定空间内暂时存在，一旦条件消失，气相振动会逐渐停息，液态金属中合金成分与晶体结构的均匀有可能被重新打破，化学反应的良好结果有可能保留不住。所以必须在液态金属状态尚好的时候把冶炼者希望的结果固定下来。等离子冶炼通过在水冷结晶器中完成熔炼和快速成锭，实现了固定金属熔体良好状态的目的。

　　炼制高氮钢是等离子冶炼的拿手好戏。高氮钢是20世纪60年代以来获得蓬勃发展的新兴钢种。人们通常把氮含量高于0.40%的钢称为高氮钢。炼制高氮钢有两个难点：一是通常需要用含氮铁合金加氮，氮含量提高的同时，碳含量也会提高，不利于某些钢材性能；二是在不同成分的钢中氮气溶解度有一定极限（标准溶解值）。当氮气含量超过标准溶解值时，富余的氮气无法保留在金属内，会以气泡形式从金属熔池中解析出去。等离子冶炼是能够解决这一难题的方法之一。在等离子气源中加入一定数量的氮气，能够把氮气激发为等离子体。强烈振动的氮气粒子在液气相交界面猛烈撞击金属粒子，由于粒径小于金属粒子，所以迅速进入金属粒子内部，形成化合物。饱含氮气的金属粒子在熔池搅拌和分子对流扩散作用下快速转移到金属熔池深处。水冷结晶器让金属熔池底部以高于氮气解析的速度完成结晶。抽锭机构不停顿地把结晶的钢锭抽出熔炼室。大量氮气粒子就这样被锁在了固体金属里。在采用等离子重熔的所有牌号的含氮钢与合金中，氮气的实际溶解度都远高于标准溶解值。根据任务需要，还可以通过调节等离子气源中氮气比例等方法控制实际氮含量。运用等离子重熔工艺时，氮气成为一种独立的合金元素。加氮过程不需要高压，也有助于提高生产安全性。

等离子冶金工艺具有很强的兼容性。它与电渣工艺配合使用，可更有效清除磷、硫等其他非金属夹杂物。它与感应熔炼配合使用，可提高熔炼强度，缩短熔炼时间。它还能与外加电磁场配合使用，培养难熔金属单晶体，发展新型增材制造。

等离子冶炼能够在熔化金属的同时精炼金属。这一特点使它在回收利用废弃贵重金属方面发挥着十分重要的作用。

等离子重熔工艺的理论基础是什么，为什么能够产生"神奇"的效力？等离子重熔设备的结构有哪些种类？它们能单独做什么事，与其他冶炼设备配合做什么事？它们制备了哪些金属，其纯度与力学物理性能如何？这一定是冶炼者们所关心的问题。

《等离子工艺与设备在冶炼和铸造生产中的应用》一书详尽地回答了上述问题。这是一部全面归纳等离子冶炼理论与实践的专著。它既概括了国际上已经公开发表的大量学术文献，也展示了作者自己几十年来取得的理论研究成果和在实验室试验、工业化试验，以及工业应用中取得的宝贵经验。这部专著对于促进等离子冶炼技术的发展具有里程碑的意义。2017 年 5 月本专著荣获乌克兰国家科学院颁发的 2017 年度优秀科学著作奖。

《等离子工艺与设备在冶炼和铸造生产中的应用》的六位作者都是几十年在焊接、冶金和金属材料科学领域辛勤耕耘、硕果累累的乌克兰著名科学家。他们是：

巴顿·鲍里斯·叶甫根尼耶维奇（1918. 11. 27—），教授，技术科学博士，乌克兰国家科学院院士，巴顿电焊接研究所所长。焊接、冶金和材料学领域学者。1962 年至今任乌克兰国家科学院院长。

基于他杰出贡献被授予乌克兰社会主义劳动英雄两次，列宁勋章四次，十月革命勋章，劳动红旗勋章，人民友谊勋章，雅罗斯拉夫大公 1 级、4 级、5 级勋章。此外还被授予：M. V. 莱蒙诺索夫、C. Y. 瓦维诺夫、C. P. 科罗廖夫、A. 爱因斯坦、V. Y. 维尔纳斯基、M. 哥白尼、V. G. 舒霍夫金质奖章，K. E. 齐奥尔科夫斯基俄罗斯宇航科学院一级荣誉勋章，捷克斯洛伐克科学院金质奖章，哈萨克斯坦科学院金质奖章，洛桑大学（瑞士）金质奖章，世界知识产权组织（日内瓦）金质奖章。同时他还是科学技术领域列宁资金、斯大林资金获得者，乌克兰国家科学技术奖金获得者。

格里戈连科·格奥尔吉·米哈伊洛维奇（1939. 8. 24—），技术科学教授，博士，乌克兰国家科学院院士。乌克兰国家科学院巴顿电焊接研究所学部主任。焊接、冶金和材料学领域学者。乌克兰国家科学技术奖金获得者。

申科·伊万·瓦西里耶维奇（1943. 8. 7—），技术科学博士。乌克兰国家科学院巴顿电焊接研究所主任研究员。冶金和金属工艺领域学者。

沙波瓦洛夫·维克多·亚历山大洛维奇（1950. 11. 9—），教授、技术科学博士，乌克兰国家科学院通讯院士。乌克兰国家科学院巴顿电焊接研究所学部主任。冶金和金属工艺领域学者。乌克兰国家科学技术奖金获得者。

纳伊杰科·弗拉基米尔·列欧恩季耶维奇（1937. 8. 9—），教授，技术科学博士，乌克兰国家科学院院士。乌克兰国家科学院金属与合金物理工艺学院院长。冶金、金属工艺和材料学领域学者。乌克兰国家科学技术奖金获得者。

科斯佳阔夫·弗拉基米尔·尼古拉耶维奇（1934. 12. 25—），技术科学博士。乌克兰国家科学院金属与合金物理工艺学院主任研究员。冶金和金属工艺领域学者。乌克兰国家科学技术奖金获得者。

2013 年，这部专著的作者之一沙波瓦洛夫教授把一本刚刚出版尚存墨香的著作赠送给我，并把等离子冶炼的神奇故事讲给我听。此后的日子里，我们一起把书中的一些内容编译成文章发表在我国刊物上，印制成小册子呈送给相关机构和企业，在国内研究院所协助下举办讲座，采取多种方式推介等离子冶金工艺。然而零散的介绍毕竟传达不了专著所蕴含的海量信息。所以在原作者们的一致支持下，我下决心把这部专著翻译成中文，把书中有益信息最大限度原汁原味地展现给我国读者，希望对我国等离子冶金事业的发展起到促进作用。

本书第1、2、5、6章由汪源翻译，第3、7章由李兴华翻译，第4章由袁庭宪翻译，第8章由徐海莎翻译。许小海对全书译文进行了校对和最终审定。汪源对校审全程给予了密切协助。李兴华参加了全书校审工作。所有不易理解的地方均得到沙波瓦洛夫教授耐心细致的讲解。河钢集团钢研总院的李建新博士对译稿进行了技术审核。重庆材料科学院王东哲副院长审阅了译稿并提出宝贵的修正意见。在此一并对他们的支持和帮助表示诚挚感谢。感谢冶金工业出版社出版这部译作，使广大中文读者得以一窥等离子冶金的奥妙。

翻译这部专著对我和我的翻译集体来说不是一件容易事。虽然付出了最大努力，但水平所限一定留有不少疏漏，衷心表示歉意，并希望读者把指正意见转达给我们，再版时加以修正。

本书的翻译出版得到武汉枢驰科技有限公司的资助，在此一并表示感激。

许小海

2018 年 1 月

审者序

　　许小海先生请我从冶金专业角度审核一遍《等离子工艺与设备在冶炼和铸造生产中的应用》的译文。因此我有幸先于其他中国读者阅读了这部译著。

　　这部专著的第一作者巴顿先生将于 2018 年 11 月年满百岁华诞。其他几位作者也都是自 20 世纪五六十年代即开始从事冶金专业研究与创造的科学家。他们凭借自己深厚的理论功底、广阔的国际视野和丰富的实践经验，对等离子冶炼工艺的基本规律与特点，等离子设备的结构、应用领域与应用效果进行了系统和详致的论述。这部专著 2017 年 5 月荣获乌克兰国家科学院颁发的 2017 年度优秀科学著作奖，足以说明它的学术价值。

　　等离子冶炼给我印象最深刻的一点是对氩气、氧气、氢气、氮气的高效利用。将等离子体，即气体的等离子状态，应用到冶炼和铸造生产中，无疑打破了冶炼和铸造领域利用这些气体的常规，使这些气体在强化冶炼过程、精炼金属与金属合金化方面所起的作用发生了一个质的飞跃，可以说把这些气体在冶炼过程中促进化学反应的作用发挥到了极致。

　　等离子体在熔炼空间内发挥的最大作用之一，是通过气体分子和原子的电离与复合、分解与复合创造出一种强烈振动的气相环境。振动对于加快化学反应的速度与深度发挥了极大作用。专著中把这种状态称为"激发态"是有充分科学依据的。

　　振动气相环境强烈作用于金属熔体表面，使后者也进入振动状态，为加速在那里发生的物质传递，包括反应物输送与化合物扩散提供了良好条件。等离子体加热类似于电渣重熔加热，能够通过坯料熔化时的液态薄膜、熔滴和熔池表面，创造出最大的金属表面积，而使液态金属与振动的气相拥有最大的接触面积则是等离子冶炼超凡能力的关键支点之一。

  等离子体来源于气体，具有气体所特有的强大流动性。所以等离子体加热金属时不仅有电弧传递热量，而且有等离子体热对流作为热能载体发挥热量传递作用。电弧传递热量是直线性的，而等离子体热对流则是在熔炼空间内自由流动，无孔不入。这一特点对于使用碎屑状、块状或粉末状炉料进行熔炼具有现实意义。对于感应炉熔炼块状炉料也具有特殊意义，将炉料熔化的时间减少了二分之一。

  低温等离子体能够产生远高于高温金属熔点的温度。所以，当以难熔金属作为原料制备颗粒状粉末，或者进行增材制造时，等离子加热能够发挥良好作用。

  等离子冶炼在使用氧气、氢气、氮气对金属进行熔炼、精炼和合金化的同时，能够使用氩气进行保护。这对于冶炼高合金金属，防止低熔点合金元素损失具有重要意义。

  等离子冶炼另一大特点是它的兼容性。高温，激发态的氩气、氧气、氢气、氮气，各种性质的炉渣，惰性气体创造的准真空状态等，这些功能的有效组合，使它兼备了在一个炉次中熔化各种形状金属炉料、精炼、去除夹杂与合金化（变性）的功能。这一特点使它特别适合于回收利用贵重金属废料。

  本书的翻译者原本不具备冶金学科的教育背景。但是他们能深入领会原作者所叙述的冶炼与铸造生产的现象与过程，细心考证相关的专业术语，使得这部译著叙述通畅，逻辑清晰，语言简炼，看得出是下了功夫的，态度是极为严肃认真的。我国目前有关等离子冶炼的论述在系统性和理论性上尚显薄弱。把国外的最新科研成果介绍到国内来是一件有益的事。希望等离子冶金工艺在国内得到更多的关注、研究和应用。

李建新

2018 年 1 月

作 者 序

我们是《等离子工艺与设备在冶炼和铸造生产中的应用》一书的作者，这本书的中译本能够在中国出版发行我们感到非常高兴。

这本书总结了长期致力于低温等离子体物理化学、热工程物理、冶金、金属学、铸造生产等领域研究的科学家和设计师们自1960年以来的研究成果。

20世纪中叶冶金领域提出了提高金属质量的迫切需求。真空冶金与电渣重熔技术得到迅猛发展。大约10到15年后，低温等离子体进入冶金领域。等离子冶金的许多工艺路线参考了真空电弧重熔和电渣重熔的经验。等离子冶金采用的熔炉，基本工作方式是在一个较短的结晶器中熔炼钢锭随后将其拉出。这也成为等离子熔炉构造的特点并决定了等离子冶炼工艺的特点。

等离子电弧工艺与真空电弧重熔和电渣重熔的主要区别，是重熔过程中对等离子气源的利用，这使它可以在熔炉的熔炼空间内创造出氧化、还原或中性气氛。在等离子电弧作用下，气体的活泼性和化学反应的进行速度均有极大提高。这就为气体发挥脱氧作用或实现进入金属的饱和度创造了条件。新的工艺能力得以拓展，例如用气相氮使金属合金化。以这种方式给金属增氮不再需要使用专门炼制的含氮铁合金。另外，在等离子电弧作用下可以得到含氮浓度高于氮气标准溶解值的金属。

等离子体对流与金属相互作用，还可以对金属精炼、排除夹杂产生良好影响。以氧化物形式存在于金属中的夹杂可以被多种机制清除掉：分离，凝结，使夹杂颗粒浮上金属表面，或者借助于脱氧剂或气相中活泼的氢气进行还原。

等离子电弧与固体和液态金属的相互间物理作用也具有自己的特点。电弧直接对金属产生物理作用。让数支等离子枪以不同角度吹向熔池表面，可以形成深度最小的熔池，最大限度地搅拌金属，极大程度地改变结晶过程和液气相物质交换过程。等离子电弧重熔工艺的这些特点可以保证炼制出只有这种工艺能够实现的性能优良的金属。

本书是一本系统讲述等离子冶金的著作。我们期待本书对冶金专业的大学生、研究生、科技工作者和工程师们带来补益。

很荣幸在中国有一批志同道合的人付出巨大努力将这本书翻译给中国读者。特别感谢许小海先生、汪源女士和他们的同事为翻译此书花费了许多时间和精力。感谢中国学者和冶金学家李建新先生、王东哲先生审阅了译文，保证了译文技术上的正确，并且帮助我们排除了原作中一些不精确之处。还要感谢中国冶金工业出版社出版发行这本书的中译本。

我们期待，这本译作能给中国读者带来阅读的享受。

2018 年 1 月 18 日

目　录

概　论

近几十年来，在经济发达国家冶金工业的生产实践中，优质钢与优质合金在总生产规模中所占比重呈现稳定增长的态势。不断提高钢材性能是冶金工业的现实任务，因为其他许多领域的生产规模和技术水平取决于各种结构钢的生产状况。

现代冶金工业广泛使用各种电加热源熔炼和提纯金属与合金，主要加热源有：（1）电弧；（2）工业高频电磁场（感应加热）；（3）定向电子流（电子束）；（4）电渣熔池中释放的焦耳热（电渣工艺）；（5）低温等离子体。

各种电加热源的物理特性决定了其熔炼过程的技术和工艺能力。

20 世纪 30 年代，德国对电弧放电现象进行了深入研究，诞生了第一批低温等离子电弧发生器（盖尔丁电弧）。随后，有人尝试在工业领域使用以气流稳定的长电弧（达1000mm）从天然气体中合成乙炔，电压达到 7000V，电流达到 1000A。

20 世纪 50 年代初期，美国和苏联展开了对原子弹和氢弹投送工具（火箭）的大规模研发，低温等离子体研究也因势而得到加速发展。在这段时间里，低温等离子体被视为等离子发电机的工作介质和测试航天器前端特种涂层强度的工具。

在很短时间内即取得了令人惊叹的成果：研制出了更好的低温等离子体发生器，阐明了低温等离子体的基础热物理特性，研发了电源和控制等离子体参数的方法与器材，更加重要的是，研制出了航天器重返地球时表面覆盖层的防护材料。

最先利用低温等离子体激发技术的是从事切割与焊接的电焊工，还有在等离子离心机中分离同位素铀的化学家。

此后，电弧等离子体与感应等离子体被广泛应用在多项工艺技术中，例如：在金属与合金表面进行熔焊与喷涂，用不同成分的合金制备颗粒状粉末，局部性熔炼高纯度金属，对各种金属零件的表面进行强化处理，用等离子体机械切削、铣刨难加工金属与合金等。

低温等离子体技术在冶金工业的推广应用略晚一些。美国 Union Carbide Corporation 集团旗下的 Linde 公司率先宣布在半工业化规模上将低温等离子体用作熔炼金属与合金的加热源。可以认为，正是这家企业的专家们所做的工作对低温等离子体在冶金工业和铸造工业的推广应用产生了巨大推动作用。

由 Linde 公司建造的等离子电弧炉在外观上（实心的底座、用耐火砖铺砌的炉衬、烟囱状的拱顶）与一般的炼钢炉没有很大区别。为了给炉料和液态金属熔池通电，他们在炉体结构中增加了底部电极，并用等离子电弧枪代替了石墨电极。极大简化了电弧电压调节系统、整体结构以及电极夹臂控制系统。

炉子一经投入使用，便显示出等离子熔炼的一系列技术优势。首先，氩气被用作形成等离子流的气体。金属熔炼是在充满可控气体的环境中完成的，从而克服了多种合金元素特别是钛、锰、铝等元素烧损的弊端。等离子电弧稳定的工作状态还使耐火炉衬的使用寿命得以提高。所以尽管使用氩气略贵一些，但是等离子熔炼的经济性还是令人满意的，而所炼制金属的质量可以与真空熔炼金属相媲美。

这种炉子的主要缺点是，液态金属长时间与耐火材料铺砌的底座和炉壁相接触，导致金属被液态金属与炉衬交界处产生的反应物质所污染。

20 世纪 60 年代初期，乌克兰国家科学院巴顿电焊接研究所设计了在铜制水冷结晶器中重熔金属并结晶成锭的新工艺和新设备。这一技术是在电渣重熔和电子束重熔技术的基础上取得的新发展。

在发展初期，等离子电弧重熔在制备特殊用途结构钢的黑色金属领域（俄罗斯电钢厂和伊热夫斯克冶炼厂）和制备钛锭的有色金属领域（乌克兰扎波罗日钛镁联合工厂）找到了用武之地。不夸张地说，借助这项技术，世界上第一次在工业化生产规模上炼制出了含氮量超级均匀的钢与合金，并且合金化冶炼是利用气态氮完成的，没有使用昂贵的含氮铁合金。

用等离子电弧在铜制水冷结晶器中重熔金属合金的技术迅速得到推广。在许多冶炼厂有许多台熔炼炉在炼制着不同形式的（圆形的、方形的、直角形的）钢锭。

可以从结晶器中抽锭并使用多支等离子枪的熔炼炉不仅可以重熔规整的自耗坯件，而且可以重熔块状和片状活泼金属和高温金属（钛与钛合金）的回收料。

1974 年，拉科姆斯基 B. И. 在其专著《等离子电弧重熔》中总结了他在等离子体中的氮气、氢气与液态金属相互影响，以及多支等离子枪熔炼炉所制备金属质量方面的研究成果。

除了巴顿电焊接研究所，苏联的很多研究机构（苏联科学院拜科夫冶金研究所、莫斯科钢铁与合金研究所、伊热夫斯克冶炼技术科学研究所、拜耳金黑色冶炼中心科学研究所、乌克兰国家科学院金属与合金物理工艺研究所）和许多工业企业对等离子冶炼的理论和工艺，以及所制备金属的质量进行了系统研究。巴顿电焊接研究所的专家设计了系列型号的冶炼用等离子枪，建造了系列型号的水冷结晶器重熔炉。乌克兰国家科学院金属与合金物理工艺研究所的专家们为感应坩埚炉设计了等离子加热设备，以及制备异性铸件的金属与合金熔炼工艺。

还在苏联时期，不同结构和用途的等离子熔炼炉就炼出了 40 多个牌号的钢材与合金。用等离子电弧炉熔炼出的金属里，非金属夹杂物和气体杂质的含量已经与真空感应炉熔炼的金属相差无几。

20 世纪 70 年代，自耗式等离子枪（即一个空心的重熔电极同时起到等离子体发生器的作用）重熔得到了广泛的工业试验。

使用感应坩埚炉熔炼铸造合金，可以对液态金属进行深度热时效加工、提纯、合金化与其他种类的改性处理。感应炉的特点是具有高度工艺灵活性，能够保证按照指定化学成分制得相应金属，能够让金属以液体状态长时间储存，并且能够以任意份量产出液态金属。

为降低铸件生产过程中的能耗与金属消耗量，需要改进工艺，强化现有感应炉内的熔炼过程，并且制造新的高效熔炼装置。

国内外经验告诉我们，这些任务可以通过特种电冶金方法和手段顺利解决，其中包括采用辅助性等离子加热设备。

在乌克兰，最先将辅助性等离子加热设备应用于感应炉的是乌克兰国家科学院金属与合金物理工艺研究所的专家。他们在很短时间内进行了大量科学研究、试验设计和工艺研发工作，得以形成发展熔炼铸造合金技术的新概念。与此同时，他们为感应炉（炉容为0.16~1t）研制了结构合理的辅助性等离子加热设备。

等离子感应炉可以重熔低品位的碎小金属废料、各种报废钢材和其他低品位原料。在密闭的等离子感应炉中合金元素的回收率可以达到很高水平，首先是锰、硅、铬、钒，可以达到98%~100%，钛、铝可以达到95%~97%。这种熔炼设备已经应用在许多铸造车间，用来加快熔化炉料和提高铸造钢材与合金（不锈钢、高温合金、工具钢等）的质量。

1991年，科斯嘉科夫 B.H. 在其专著《等离子感应炉》中分析概括了国内外制造和使用各种用途等离子感应炉的经验并指出，使用等离子感应炉可以提高铸件生产的技术水平，实现对熔炼工段和车间工位的技术改造，提高劳动生产率和铸件质量。

在拉科姆斯基 B.И. 和科斯嘉科夫 B.H. 发表专著后的数十年里，低温等离子体应用领域出现了新的研究方向并且已经达到工业化应用水平，例如：

（1）等离子电弧凝壳熔炼；
（2）交流等离子加热设备；
（3）强化真空感应炉熔炼的三相电等离子电弧设备；
（4）在钢包炉中对钢材与合金进行等离子加热；
（5）使用等离子加热工艺重熔和提纯钢锭或坯件表层；
（6）使用等离子感应炉培养难熔金属的单晶体；
（7）制备非晶或微晶结构的金属带材；
（8）使用等离子化的工艺气体加工铸造有色合金。

在等离子电弧凝壳炉中，熔化的金属不会与炉衬发生相互作用，液态金属只接触由同类合金形成的凝壳。独立的高温热源可以熔化各种形式的炉料，可以让金属在液体状态保持任意时间，实现充分的重熔，然后再浇出。

在低压条件下进行的等离子电弧凝壳熔炼，可以重熔钛与钛合金废料。在表压条件下进行的等离子电弧凝壳熔炼，可以把熔炼过程与增氮过程相结合，用气相氮实现对金属熔体的合金化，然后在压力保护下浇入模具。这种熔炼方法可以用于生产高氮不锈钢和高氮合金铸件。

巴顿电焊接研究所的专家和设计师们制造了用于在钢包中加热和加工液态金属的超大功率交流等离子电弧加热设备，还制造了在炉容为 1~3t 的真空感应炉中强化熔炼过程的三相电等离子电弧加热设备。

针对重熔和提纯各种形式（圆形、直角形断面）钢锭或坯件表层的需求，他们也研究了科学原理，完成了工艺设计，制造了工业化样机，可以保证提高加工质量和金属合格率。

他们还研究并制造了专用设备，利用等离子感应工艺培养各种形状的难熔金属（钨和钼）单晶体，熔炼的单晶体样品尺寸为 200mm×180mm×20mm。

　　本书总结了几位作者 30 多年来参与的等离子工艺与设备在实验室试验、工业化试验和工业应用领域所取得的成果。书中还介绍了乌克兰和俄罗斯冶金企业使用等离子电弧炉炼钢的经验，同时也参考了大量文献资料。

　　作者在此感谢乌克兰国家科学院巴顿电焊接研究所和乌克兰国家科学院金属与合金物理工艺研究所的学者、设计人员和使用等离子电弧炉企业的工程技术人员，感谢他们积极并富有创造性的参与，以及为研发等离子工艺和制造高效熔炼设备所付出的努力。

第 1 章 低温等离子体的物理现象、性能与特点

1.1 电弧与等离子体的基本过程

在电弧与热等离子体理论中，带电粒子在电弧柱中的电离、复合与扩散被视为基本过程[1~7]。

正常条件下气体是由中性分子和原子组成的，所以不导电。在外界因素作用下气体可以发生电离，从而出现带电粒子（电子和阳离子）。电离，是电子脱离气体原子或分子的过程。电离可能是单次的（单个电子脱离），也可能是多次的，即多个电子脱离。

自由电子的存在使电弧柱或等离子体具有了可以与金属相媲美的高导电率。电子脱离原子或分子所需能量称为电离能，用电子伏（eV）计量。

电子要脱离原子就必须传递给原子足够大的能量，这个量值在 $1 \sim 10^6$ eV 范围内，这说明自由电子拥有如此大的能量储备。由于 1eV 相当于温度为 11400K 时热运动的能量[4]，所以气体处于等离子体状态时的温度大约在 $10^4 \sim 10^{10}$ K 之间。

弧柱内的气体会在两种因素影响下发生电离：一种是高温（热电离），另一种是吸收辐射能量子（光电离）。在第一种情况下，电离过程是原子、离子与电子相互碰撞的结果，其反应式为：

$$a + e \longrightarrow i - 2e \tag{1.1}$$

$$a + i \longrightarrow i' + i - e \tag{1.2}$$

在第二种情况下，电子脱离原子是吸收辐射能量子的结果，反应式为：

$$a + hv \longrightarrow i - e \tag{1.3}$$

式中，a、e、i、hv 分别为原子、电子、离子、光子的符号。

物质是否进入等离子体状态是以电离程度和温度为标志的。电离程度 α 是等离子体基本物理特性之一，表达方式为带电粒子的数量 x_i 与粒子总数量 x 之比，即 $\alpha = x_i : x$。

电离程度取决于气体种类、温度和压力，当电离与复合过程处于平衡状态时，可以用著名的萨哈公式描述[1,2,4]：

$$\frac{x^2}{1 - x^2} p = 2.4 \times 10^{-4} a^2 T^{2.5} \exp\left(-\frac{e_0 U}{kT}\right) \tag{1.4}$$

式中，x 为电离过程发生前单位体积内离子或电子数量与中性分子总数量之比；p 为压力，Pa；T 为温度，K；$e_0 U$ 为电离作用；k 为斯特藩-玻耳兹曼常数。

根据式（1.4），在温度升高和压力降低时，电离程度会加大。萨哈公式对于弱度或中度电离可以给出令人满意的结果，但是当电离程度接近于 1 时（100%），计算结果就不符合电弧放电的实际情况了。

图 1.1 列举了冶金生产中常用化学元素电离程度对温度的依赖关系[8]。图中虚线标出

的是在电冶金生产所特有温度下的电离初期区域。

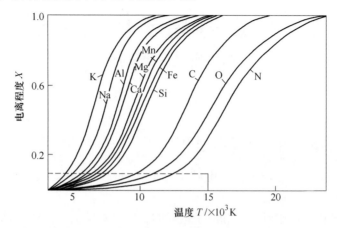

图 1.1 部分化学元素电离程度对温度的依赖关系

如果等离子气源是由不同气体组成的混合气体,那么电离电位最低的气体的电离程度比它在相同温度和压力下单独存在时更强,而电离电位高的气体电离程度比它在相同温度和压力下单独存在时更弱。

按电离程度可以区分为:

高温(热)等离子体和低温(冷)等离子体。

高温(热)等离子体中粒子群的电离程度接近于 1($\alpha \approx 1.0$),温度可以达到 $10^6 \sim 10^8$K。热等离子体的导电性非常高,接近于金属的导电性。

低温(冷)等离子体温度约为 $(0.5 \sim 3.0) \times 10^4$K,是一种发生了电离,但电离程度不超过 1%($\alpha \approx 0.01$)的气体系统。低温等离子体的导电性与高温等离子体相比低很多,并且随着电场强度、压力强度、气体化学成分的改变在一个大范围内变化。

在等离子体内,与电离过程同时存在的还有一个可逆过程——复合,即带正电的离子与电子相互作用结合成中性原子。这个过程同样伴随着巨大的能量释放,能量等级与电离能相当。

另外,带电粒子还会从高浓度区向低浓度区扩散。通常带电粒子会从放电中心区向周边移动。当带电粒子在热运动驱使下到达放电区的边缘时,便能获得足够大的速度,使它能够脱离电弧放电区,不再返回。这时候,就发生了带电粒子向周围环境的散播。

电子质量较轻,运动速度自然远高于离子。因此,电子非常趋向于从电弧柱中飞出去。但是电弧放电的弧柱里是一个发生了充分电离的环境,在那里正负粒子(离子和电子)的浓度几乎相同,活性较大的电子从电弧区飞出去的时候,身后可能带着正离子。这样一来,会有正负两种电荷同时从电弧放电的弧柱中飞出去。

假设只有电子从电弧柱中飞出来,没有带出正离子,那么电弧柱中就将只剩下单一的(正)电荷,电弧就该熄灭了。

与此同时,离子和电子在运动过程中会相互影响,正离子对电子具有吸引力,结果电子的移动速度会缓慢下来。这种由带两种相反电荷的粒子相互作用而变得复杂的扩散被称作双极扩散。

穿过圆柱任意表层（弧柱可以视为一个空心圆柱体）的扩散速度都与粒子的浓度成正比，与圆柱半径的平方成反比[2,4]。

$$\frac{\mathrm{d}n}{\mathrm{d}\tau} = -D\frac{n}{r^2} \tag{1.5}$$

式中，n 为粒子浓度；D 为扩散系数；r 为设定圆柱的半径。

扩散系数取决于粒子的平均速度 V 和自由程长度 λ，可以通过经验公式 $D = \lambda V/3$ 来计算。在电弧放电时扩散速度取决于移动较慢的粒子（即离子）的速度，所以扩散系数和自由程长度都取决于阳离子移动的特性。有了这些量值就能确定带电粒子从弧柱中心向外扩散的强度。但是正如许多研究计算证实的那样，扩散对弧柱状态影响不大，尤其对于大电流电弧，例如对电炉电弧更是无大影响[8,9]。

综上所述，等离子体是一种由正负带电粒子（正离子和电子）组成的混合气体，电子的负电荷几乎全部都能被离子的正电荷中和。粒子混合气体的这种状态称作"准中性"状态，即"几乎中性"状态或"假定中性"状态。

等离子体还可以被称作"热力"等离子体或"等温"等离子体，取决于它是否处于热力平衡状态。在工业条件下不可能形成等温等离子体，首先是因为能形成定向能量流的等离子体辐射具有不平衡性，另一个原因是它与外部环境不停地相互作用。所以在实践中能够加以利用的，是处于局部或部分局部热力平衡状态的等离子体。

另外，如果使用混合气体，产生电离的气体中可能包含多种化学成分。具有各种气体特性的带电粒子相互作用，可以使等离子体具有许多新的能够更加有效解决工艺任务的本领。

1.2 获得低温等离子体的方法

气体进入电离状态的过程是由粒子间多种机制相互作用决定的，其中最基本的是气体粒子间的相互碰撞。在实践中，可以用多种方式实现气体电离，例如可以利用放电将气体加热到指定温度，可以给放电区施加强电磁场，还可以利用辐射方法。

用加热到指定温度的方法让气体或混合气体进入电离状态被称为热电离。原子的电离能越低，需要把气体加热到进入电离状态的最低临界温度也就越低，因为外层轨道上的电子联系比较弱。

不同化学元素的原子电离能是不同的，这取决于电子所在原子层位置、层填充程度，以及这种元素在元素周期表（表1.1）中的位置[10]。

表 1.1 不同元素的电离能

原子序数	元素	原子量	电离能/eV
1	H	1.0	13.595
2	He	4.0	24.59
3	Li	6.9	5.39
4	Be	9.0	9.32
5	B	10.8	8.30
6	C	12.0	11.26

原子序数	元素	原子量	电离能/eV
7	N	14.0	14.53
8	O	16.0	13.61
9	F	19.0	17.42
10	Ne	20.2	21.56
11	Na	22.9	5.14
12	Mg	24.3	7.64
13	Al	26.9	5.98
14	Si	28.0	8.15
15	P	30.9	10.48
16	S	32.0	10.36
17	Cl	35.5	13.01
18	Ar	39.9	15.76
19	K	39.1	4.34
20	Ca	40.0	6.11
22	Ti	47.9	6.82
23	V	50.9	6.74
24	Cr	52.0	6.76
25	Mn	54.9	7.43
26	Fe	55.8	7.90
27	Co	58.9	7.86
28	Ni	58.7	7.63
29	Cu	63.5	7.72
30	Zn	65.4	9.39
41	Nb	92.9	6.88
42	Mo	95.9	7.1

惰性气体（氦、氖、氩等）的外层电子与原子之间的联系最牢固，而一价碱金属（锂、钠、钾等）的电子与原子之间的联系最薄弱。所以在等离子设备经常使用的惰性气体环境中添加一些电离电位低的碱金属蒸气，会极大降低获取低温等离子体的难度。加入碱金属蒸气后，气体在 2000~3000K 温度下就能获得足够的导电性。为了获得接近 100% 的热电离，则需要 $10^6 \sim 10^8$ K 的高温。某些情况下碰撞产生的能量可远大于电离电位，这时气体内可能发生多次电离。

在现实条件下，气体热电离的过程要复杂得多。在被加热的气体中分子可能离解成原子，条件是在粒子相互碰撞时传递给中性分子的能量低于促使分子离解的能量。这时候，气体分子就进入激发态。

源于辐射的电离现象只能出现在特别稀薄的气体介质中，那里几乎没有粒子碰撞。地球大气层的外层在太阳辐射作用下发生电离，就是一个在辐射作用下自然电离的例子。实际上没有人制造利用辐射获取等离子体的设备，因为有许多更加简便有效的办法。

在气体中激发低温等离子体的最普遍方法是利用放电。闪电就是展示地球大气层中电离过程的自然现象。

人们在激发电离的设备中使用了各种形式的放电，从电火花到电弧。其实在放电过程中激发电离的条件只有一个：形成类似于连锁反应的电子雪崩（图1.2）[1,2,7,8]。

借助电磁场也可以形成气体电离，条件是给气体空间提供这样一个电磁场，它能在电子运动的自由程中始终给电子传递足够的能量，保障这个电子从原子中挣脱出去。为此只需要在气体介质中利用外部或内部的激励器形成一定数量的自由电子，此后它们会从电场中获得足够的动能，让新电子挣脱出去。在这个过程中，它们的再造（复制）是以几何级数（雪崩式电离）进行的。

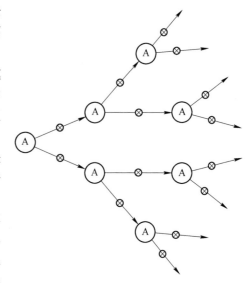

图1.2　电磁放电过程中的电子雪崩
A—气体原子；⊗—电子

在等离子体物理学中，除了以上几种激发等离子体的方法，还有不少其他方法，但是由于技术和设备制造方面的复杂性都没有得到工业应用。

1.3　等离子火焰的温度

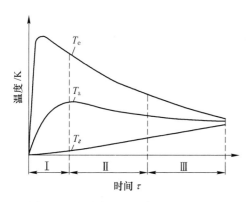

图1.3　电弧放电过程中温度平衡特性
Ⅰ—开始放电；Ⅱ—辉光放电；Ⅲ—电弧放电；
T_e—电子温度；T_a—原子温度；T_z—气体平均温度

温度是电弧柱内等离子体状态的基本参数之一。气体放电有几个发展阶段，在不同的阶段，原子、电子、离子具有不同的温度条件。

初始阶段，在外电场作用下电子从原子外层轨道挣脱出来。因为电子很轻，较之原子和离子的重量微不足道，而运动性却很强，所以在气体放电的初始阶段，电子的温度通常比中性粒子高很多（图1.3）。

随后的升温过程是这样的：电子在电场作用下获得加速度，动能随之增加，电子与中性粒子（原子或分子）碰撞的频率增高；这使得原子和分子的振动能相应提高，从而加剧了中性粒子之间的相互碰撞，气体的整体温度随之升高。

此外，获得补充加速度的电子在与原子碰撞的同时也能激发原子，即在不改变其电荷的情况下提高其内部能量。这时，被激发原子的温度高于气体的总体温度，但低于电子的温度[1,2,8]。这一阶段（图1.3Ⅰ）电子的温度和被激发原子的温度都会升高，达到最大值之后开始逐渐降低。而与此同时气体的总体温度持续升高。

接下来各单独成分的温度会逐渐拉平，在电弧放电阶段，弧柱内所有成分的温度几乎相同（图 1.3Ⅲ）。

如果电流强度确定，则弧柱内电压梯度最小时，电弧的能量需求也最低。电压梯度首先取决于电弧燃烧所处气体介质的电离电位，如果电离电位降低，电压梯度也会降低。

根据文献［11］，符合最小纵向梯度的电弧温度可以利用以下经验公式确定：$T_\partial = 800U_i$（式中，U_i 为电弧燃烧所处气体的电离电位）。不能奢望这个公式有很高的精确度，但是在它的帮助下还是可以相当可靠地确定使用不同气体时电弧等离子体的大概温度。如果以最常见的氩、氮、氢、氦作为等离子气源，其电离电位在 14.0V（氮）到 24.59V（氦）之间，那么根据上述公式，在大气压力条件下电弧温度应该在 11200 ~ 19600K 之间。

电弧温度还取决于电流强度和等离子气源的流量。文献［12］研究了以上因素对等离子电弧温度的影响。在电弧长度同为 60mm 和阴极缩入喷嘴 2mm 的条件下对温度进行了数次测量。等离子电弧在钨阴极（等离子枪）和金属熔池（纯铌）之间燃烧。

先将氩气流量保持在 0.9m³/h，获得了温度与电流强度的关系。然后把电弧电流保持为 300A 的直流电，获得了温度与氩气流量的关系（图 1.4）。从图中可以看出，电弧电流增强时，氩气等离子体温度升高。氩气流量增大时，等离子枪喷嘴截面处的温度也会有所提高。但是离开喷嘴截面 5mm 之后，等离子电弧的温度就不受气体流量影响了。不仅如此，随着与喷嘴截面距离加大，温度还会有所下降。

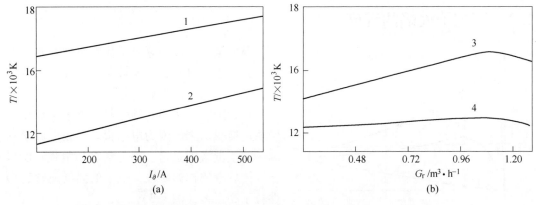

图 1.4　电弧整体温度对电流强度（a）和等离子气源流量（b）的依赖关系
1，3—距喷嘴截面 0~2mm 处的温度；2，4—距喷嘴截面 5~7mm 处的温度

1.4　低温等离子体的基本特性

低温等离子体广泛应用于包括冶金工业的各个工业领域，主要原因是这种加热源实现了物理性能与工艺特性的完美结合，形成了以下一系列优于其他加热源的特点[1,2,13~16]：

（1）低温等离子体是一种高温和高浓缩的热源，通过改变电流强度和等离子气源成分可以相对容易地控制其温度。

（2）为了获得低温等离子体并实现一系列必要物理参数，广泛采用了易于转化为

"等离子电弧"的电弧，实现转化的技术器材并不复杂，例如用水冷喷嘴压缩电弧。

（3）等离子电弧的导电性高于自由燃烧电弧，因为等离子电弧柱内的气体电离程度更高。

（4）外磁场能对带电粒子的运动产生影响，所以等离子体在磁场中的表现如同一种独特的反磁性物质，即等离子体具有鲜明的磁特性。

（5）等离子体的热容量取决于等离子气源的种类。给单原子气体加热时，等离子体的热焓取决于激发和电离原子时消耗的能量；使用双原子气体时，分子的离解过程会给等离子体的热容量带来额外补充，所以，由双原子和多原子气体构成的等离子体可以在较低温度时拥有更大的热焓。

（6）通过改变等离子气源成分，可以对液态金属产生各种影响，从而实现各种工艺处理，例如将气相氮充满金属或者用氢完成脱氧等。

（7）低温等离子体是一种独立热源，即等离子体发生器（等离子枪）的工作对炉料种类、自耗坯料形状或熔化速度无任何依赖关系，这样就便于对金属熔池表面的热负荷进行分配，并且在熔炼过程中控制钢锭的结晶。

（8）可以用控制等离子气源流量的办法保障等离子电弧的稳定，这样就可以在较大范围内调节弧柱长度，并且根据需要设定相对于金属熔池表面的空间位置。

利用电弧放电生成等离子体，作为一种在技术实现和设备制造方面都最简便易行的方法，在工业技术领域得到了广泛应用。这是因为电弧柱的物理特性与低温等离子体非常接近（例如电压梯度和温度）。

通过自由燃烧电弧柱的电流增大时，弧柱截面也会增大，温度略有升高，电阻减小，但是弧柱内电流密度不会明显增大。

因此，自由燃烧电弧的伏安特性曲线（基本特性之一）具有下降的特征，即当通过电弧的电流增大时，电弧区的电压降低（图 1.5）。

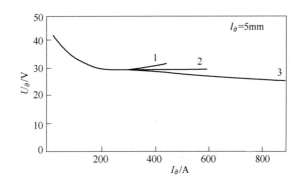

图 1.5 在两个钨电极之间燃烧的自由燃烧电弧的伏安特性曲线

按照目前对燃烧于两个电极之间的直流电弧放电结构的认识，可以把一个完整的电弧划分为阴极区、电弧柱区、阳极区三个特性不同的区。

上述每个区内都有自己特定的物理过程，在相应的外部条件下，这些物理过程保障着电弧的稳定燃烧。在电弧近电极区发生的物理过程保障着电流穿过电弧柱，即让电流在两个金属电极之间穿过一段由纯电子导电的气体间隙，而这一间隙里的电荷载体是电子和阳离子。

从电流移动机理上讲，电弧放电的每个区都有自己的特性，所以每个区电压降的情形均有所不同。

确定电弧放电总电压降的方法是计算阳极电压 $U_\text{к}$、阴极电压 U_a 与弧柱电压 U_cm 之和（图 1.6）：

$$U_\partial = U_\text{к} + U_\text{a} + U_\text{cm} \tag{1.6}$$

关于阴极区和阳极区的长度，没有准确数据。但是许多物理现象表明，这个长度与离子在阴极表面和电子在阳极表面的自由程长度差不多。所以间接估算，它们的长度范围应该是 $10^{-7} \sim 10^{-5} \text{m}$[6,7,18,19]。

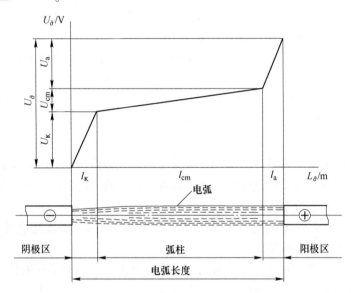

图 1.6　电弧放电各区电压的变化

阴极和阳极电压降是由电流移动机理决定的，与电弧长度、放电区总电压降无关[5,7,8,18,19]。许多计算表明，阴极与阳极电位之和，与电弧燃烧所处气体或蒸气的电离电位非常接近。那么电弧电压与弧柱电位之差也应该与电弧燃烧所处气体介质的电离电位很接近。

已经通过实验确定了燃烧于两个铁电极之间空气中的焊接电弧的阴极电压降 $U_\text{к}$ 和阳极电压降 U_a 的总量值。根据文献［17］，$U_\text{к}+U_\text{a} = 17 \sim 19\text{V}$。

电弧放电燃烧的机理可以简要叙述如下：在阴极表面由热电子发射或者场致发射形成电子流。电子流在近阴极区被电场加速，到达电弧柱，通过与气体或者蒸气的原子相碰撞使后者发生电离。新产生的正离子奔向阴极，最初的电子和因电离而新产生的电子则奔向阳极。电子在弧柱中运动时发生新的碰撞，生成新的带电粒子，从而补偿因复合与扩散造成的电荷损失。电子通过阳极区时有一部分会与正离子碰撞被中和掉。与此同时，在电子与原子碰撞时又会产生新的正离子。

热阴极表面产生热电子发射的现象已经研究得相当充分，所以能相当准确地计算电弧近阴极区发射电流的密度，可以利用理查森公式：

$$J = aT^{0.5}e^{-b/T} \tag{1.7}$$

或者哲士马恩（Desman）公式：

$$J = AT^2e^{-B/T} \tag{1.8}$$

式中，J 为发射电流密度，$10^{-4}A/m^2$；T 为阴极表面温度，K；e 为自然对数的底数；a、b、A、B 为取决于阴极材料的常数。

尽管式（1.7）代入的是乘数 $T^{0.5}$，式（1.8）代入的是乘数 T^2，但计算结果差别不大，因为电流密度与温度的关系取决于底数 e。

上述公式表明，温度升高时，发射电流的密度快速增长。以真空中的钨阴极为例，温度为 1500K 时发射电流密度为 $10^{-7}A/m^2$，温度达到 3500K 时发射电流密度增长到 $2.25 \times 10^{-2}A/m^2$，增长了 2.2×10^4 倍。

只有存在高强度电场时，才会发生冷阴极表面电子发射（温度为 1000~1300K）。这种电场可以产生由正离子组成的大容量电荷。静电发射（场致发射）的电流密度可以用著名的经验公式计算：

$$J = aE^2e^{-b/E} \tag{1.9}$$

式中，E 为阴极表面电场强度；a、b 为常数，取决于发射条件，尤其是电极（阴极）材料。

如果在阴极区同时存在高温和高强度电场两个有利因素，那么在阴极表面可能同时出现两种发射，发射电流总体密度可用以下公式计算：

$$J = A(T + cE)^2e^{\frac{b}{T-cE}} \tag{1.10}$$

当 $T=0$ 时，此公式为描述静电发射的公式；当 $E=0$ 时，它适合于计算热电子发射的电流密度。

对于纯金属而言，常数 A 等于 $120.4A/(cm \cdot K)^2$；常数 c 和 b 的数值取决于阴极材料，现有研究尚较少。据有关资料记载：对于铁 $c \approx 0.01$、$b = 37000$，对于碳 $b = 46500$，对于铜 $b = 51000$，对于钨 $b = 52500$。

可以把阴极空间视为一个薄真空层，一个界面（阴极表面）是负电荷即电子发生源，另一个界面是正电荷即离子发生源。

计算表明，电弧放电时冷阴极和热阴极都可能产生静电发射，电流密度在 $10^6A/m^2$ 到 $(0.5~1.0) \times 10^{11}A/m^2$ 之间，影响密度大小的是电弧近阴极区内的电子逸出功和电离程度。

通过电弧近电极区的电流强度是否对这两个区的电压降有明显影响还不确定。但是电流强度对弧柱内的电压降有显著影响，无论在自由燃烧电弧还是等离子电弧中都一样。根据放电区电压降对放电电流的依赖关系（图 1.7），可以研究所有种类的气体放电，从辉光放电（区域 I）到等离子体放电（区域 IV）[5,7]。

从图 1.7 可以看出，等离子体放电与电弧放电的根本区别在于，自由燃烧电弧的伏安特性曲线是下降的，而等离子电弧的伏安特性曲线是上升的。图 1.8 的具体数据也可以证明这一点。

电场强度（电压梯度）E_{cm} 是电弧柱的主要电特性，电场强度取决于气体介质的特性。指数 E_{cm} 决定着电弧等离子体燃烧的稳定性和电源空载电压，而等离子气源种类对电弧柱的电压梯度值 E_{cm} 的影响，可依据表 1.2 中的数据加以判断，设定电弧电流为 10A[11,23]。

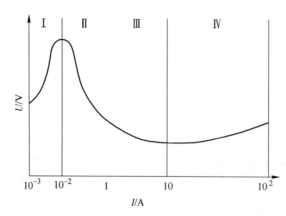

图 1.7　放电区电压降对电流的依赖关系

Ⅰ—辉光放电区；Ⅱ—过渡区；Ⅲ—电弧放电区；Ⅳ—等离子体放电区

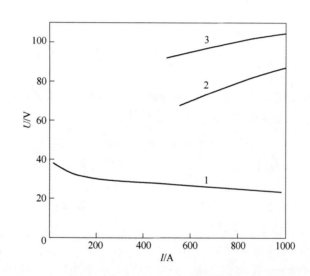

图 1.8　自由燃烧电弧（1）[17]和等离子电弧（2、3）[22]的
伏安特性曲线（等离子电弧由带钨阴极的等离子枪产生）

1—在空气中燃烧的电弧；2—等离子气源为氩气；3—等离子气源为氮气

表 1.2　在不同气体介质中燃烧的等离子电弧柱的电压梯度

气　体	$E_{cm}/V \cdot m^{-1}$
氩	8×10^2
氮	2×10^3
氦	3×10^3
氢	10×10^4

　　电流强度与笼罩电弧燃烧的气体介质对弧柱电压梯度 E_{cm} 有重要影响。电流强度 $I_∂$ 升高时，电流密度 j 也会增大，导致气体温度和电离程度随之提高。电流强度 $I_∂$ 升高后，电

弧柱内电场强度和电压梯度的缩小就与气体介质成分无关了。电压梯度 E_{cm} 与电弧电流强度 I_∂ 的关系可以用以下经验公式描述[8]：

$$E_{cm} = C\sqrt[3]{I_\partial} \qquad (1.11)$$

式中，C 为取决于气体种类、电离程度和温度的系数。

不同气体介质中电弧电压梯度 E_{cm} 对电流强度 I_∂ 的依赖关系如图 1.9 所示。

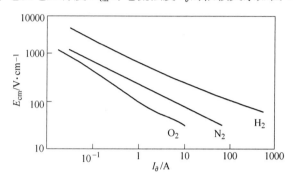

图 1.9　不同气体介质中电弧电压梯度 E_{cm} 对电流强度 I_∂ 的依赖关系

电弧燃烧的气体介质压力 P 对电弧柱电压梯度的影响比电流强度对电压梯度的影响要小得多。所以这个关系可以用经验公式（1.12）描述，这里 P 值公式（1.11）中电弧电流值要小很多[8]：

$$E_{cm} \approx \sqrt[6]{P} \qquad (1.12)$$

众所周知，在等离子体放电的实际情况中，可以在系统热力平衡条件下确定气体的平均温度。

由于在电离气体中电子、离子、中性粒子的平均动能有差别，所以存在电子温度（T_e）、离子温度（T_i）、原子温度（T_a）三种不同的温度。电弧放电的弧柱里平均温度 T_0 和电子温度 T_e 是由气体压力和电流强度决定的。在汞蒸气中燃烧的电弧电流强度不变时，T_e 和 T_0 受气体压力影响情况见图 1.10[24]。

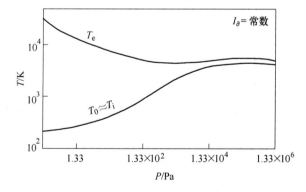

图 1.10　压力对等离子体内电子温度 T_e、平均温度 T_0 和离子温度 T_i 的影响

随着气体压力增大，电子温度会下降，而气体平均温度 T_0 以及与其基本相同的离子温度 T_i 会升高，直到形成平衡，即出现 $T_e \approx T_0 \approx T_i$。$T_e$ 有所下降，T_0 与 T_i 相应升高，原因是在

高压下基本粒子相互碰撞的数量增加了，加快了电子、离子、原子之间的能量交换。但即便是在两条曲线交汇区域，电子温度 T_e 还是比气体平均温度 T_0 略高一些，否则在粒子之间就不会发生能量交换了。

对等离子电弧柱结构具有重要意义的，是电弧电流与自身磁场相互作用而产生的紧缩效应，也叫箍缩效应。根据物理法则，带电导体中会出现面向导体轴心的电磁力（紧缩力），这是导体内电流与自身磁场相互作用的结果。如果电流 I 沿半径为 R 的圆形导体截面平均分布，而这个导体就是等离子电弧柱，那么作用于弧柱的紧缩力 f 应该等于[8,25]：

$$f = \mu_0 \frac{I^2}{4\pi^2 R^2}\left(1 - \frac{r^2}{R^2}\right) \tag{1.13}$$

式中，μ_0 为磁导率；r 为导体截面上的任意点。

根据式（1.13），在 $r=R$ 时，导体表面受力点压力为零，此后压力按抛物线规律逐渐增长，在靠近轴心的时候达到最大：

$$f_{max} = \mu_0 I^2 / 4\pi^2 R^2 \tag{1.14}$$

根据文献［8］，在电流强度为 30kA 时电弧半径可达 0.15m。这时电弧轴心区的单位压力可以达到 $f_{max} = 1.28 \times 10^{-3}$MPa。

因为压力在气体介质中是以同样方式向各个方向扩散的，所以沿电弧轴也存在类似的轴向压力，而这一压力的终点就是电极顶端的表面。

在冶炼设备中，电动力一方面作用于电极顶端，另一方面作用于金属熔池界面。对于电极顶端来说，这个压力无明显意义，但是对于金属熔池来说，作用可能很大。如果以安培表示电流强度，并且取 $\mu_0 = 4\pi \times 10^{-7}$g/m，那么轴向压力可以用以下公式确定[8]：

$$F_n = 5.1 \times 10^{-9} I^2 \tag{1.15}$$

应该指出，紧缩力在对金属熔池产生外部作用的同时，对电弧内的物理过程也有显著影响。等离子电弧柱中的带电粒子竭力远离弧柱轴心，甚至挣脱弧柱。但是电弧电流造成的磁场也作用于这些带电粒子，竭力将它们拉向轴心。这两个过程之间的相互作用力决定了等离子电弧柱的直径。在弧柱截面缩小，即电弧直径缩小的地方，收紧的压力更大一些。这里电流密度会增大。这种情况下，紧缩效果可能给电弧带来不利影响。

如果因为某种原因，电弧在某个区段发生横截面缩小（被紧缩），那么根据式（1.14），紧缩力在这个截面上会骤然增大，有可能导致断路。

总之，等离子体的磁特性是一个有多重作用的因素，一方面它可以控制等离子体的空间位置；另一方面它可以收紧等离子体射流直径，从而扩大等离子体的能量容积。

1.5　等离子电弧稳定燃烧的条件和直流电弧调节办法

总体而言，任何过程的稳定性都是以能量变化来评价的。自然界中罕有能量状态不变而系统参数却改变的现象。在这一点上电弧也不例外。如果电弧中没有能量增加（$dQ = 0$），那么它的所有参数就不会变化。

参数变化可以是人为控制的结果，也可能是受偶然扰动的影响。决定过程发展的因素越多，扰动的概率就越大。以焊接电弧为例，扰动因素可能有：电弧长度改变、熔化电极顶端的熔滴偶然移动、金属熔池波动、部分熔剂或电极表层的蒸发不均匀造成气体成分变化、电网电压波动引起电流强度变化等。如果给予相应控制并经过一段时间，过程稳定下来，参数不再变化，那么扰动行为结束，此时的参数成为新的初始状态，这个过程便可以视为稳定的、可以长期使用的过程了。

如果没有专门的控制措施，电弧也属于不稳定过程[7,17,18,26~30]。把电弧当作工艺手段使用，要求之一就是保障电弧稳定燃烧。稳定燃烧是指电弧可以长时间燃烧，不熄灭，也不会转化为其他放电形式。

可以用图 1.11 中电弧的伏安特性曲线和直流电源外特性曲线直观地说明电弧的稳定与不稳定燃烧状态[17,29,31]。从图中可以看出，电弧电压 U_∂ 和传导至放电区的电压 $U_p = U_0 - I_\partial r$ 在电弧伏安特性曲线和电源外特性曲线的 A、B 两个交汇点都保持相等。

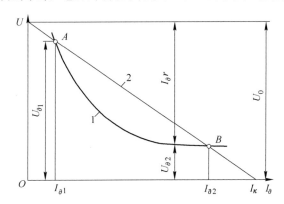

图 1.11　影响直流电弧燃烧稳定性的因素

1—电弧的伏安特性曲线 $U_\partial = f(I_\partial)$；2—电弧电源的外特性曲线 $U_p = f(I_\partial)$；I_κ—短路电流

计算电压和电流瞬间值情况下电弧轮廓的总体公式为：

$$U_0 = U_\partial + I_\partial r_\kappa + L_\kappa \frac{\mathrm{d}I_\partial}{\mathrm{d}\tau} \tag{1.16}$$

式中，U_0 为电源电压的瞬间值；U_∂ 为电弧电压的瞬间值；r_κ 为电弧外轮廓的有效电阻；L_κ 为电弧外轮廓的感应系数；I_∂ 为电弧电流的瞬间值。

当电弧稳定燃烧、电弧轮廓处于稳定状态时，轮廓内没有感应电压降，附加的电压 U_0 将与有效电阻 r_κ 和电弧上的电压降达到均衡：

$$U_0 = U_\partial + I_\partial r_\kappa \tag{1.17}$$

式（1.17）的第一个分量是由伏安特性曲线确定的，第二个分量是由 A、B 间的直线确定的。从图 1.8 中可以看出，式（1.17）可以在电弧伏安特性曲线与电源外特性曲线的 A、B 两个交汇点得到满足。两个点都与电弧的稳定燃烧相符。

下面我们看一种情况：由于某种原因，在电弧轮廓中发生了扰动，电路中的电流得到了相对于 I_∂ 的增量 ΔI_∂，这导致了额外的电压降：

$$\Delta U_\partial = r_{\text{дuф.}} \cdot \Delta I_\partial \tag{1.18}$$

式中，$r_{\text{дuф.}}$ 为电弧电阻的差动降低。对于新的电流强度 $I'_\partial = I_\partial + \Delta I_\partial$ 来说，式（1.16）可以写为：

$$U_0 = U_\partial + \Delta U_\partial + I'_\partial r_\kappa + L_\kappa \frac{\mathrm{d}I_\partial}{\mathrm{d}\tau} \tag{1.19}$$

或者

$$U_0 = U_\partial + r_{\text{диф.}} \Delta I_\partial + r_\kappa (I_\partial + \Delta I_\partial) + L_\kappa \frac{\mathrm{d}(I_\partial + \Delta I_\partial)}{\Delta \tau} \tag{1.20}$$

从式（1.20）中减去式（1.18），可得：

$$r_{\text{диф.}} \Delta I_\partial + r_\kappa \Delta I_\partial + L_\kappa \frac{\mathrm{d}I_\partial}{\mathrm{d}\tau} = 0 \tag{1.21}$$

或者

$$(r_{\text{диф.}} + r_\kappa) \Delta I_\partial + L_\kappa \frac{\mathrm{d}I_\partial}{\mathrm{d}\tau} = 0 \tag{1.22}$$

对式（1.22）求积分，得到：

$$\Delta I_\partial = (\Delta I_\partial)_0 \exp\left(-\frac{r_{\text{диф.}} + r_\kappa}{\mathrm{d}\tau}\right) \tag{1.23}$$

式中，$(\Delta I_\partial)_0$ 为扰动开始时的电流增量。从式（1.23）可以看出，电流增量取决于电阻 $r_{\text{диф.}} + r_\kappa$ 的大小。

如果：

$$r_{\text{диф.}} + r_\kappa > 0 \tag{1.24}$$

或者

$$\frac{\mathrm{d}U_\partial}{\mathrm{d}I_\partial} + r_\kappa > 0 \tag{1.25}$$

那么，指数会趋向于零，电流增量 ΔI_∂ 也会趋向于零。这样一来，经过一段时间，扰动消失，电流强度也将返回初始状态。

从总体上说，被称为考夫曼（Kaufman）标准的式（1.25）符合稳定过程特征，在此处就是符合有扰动发生的电弧燃烧过程。如果：

$$r_{\text{диф.}} + r_\kappa < 0 \tag{1.26}$$

那么，指数曲线、伴随指数的电流增量，以及整个电流都将趋于无限发展，即过程不再返回初始状态。那么，式（1.26）就符合不稳定电弧燃烧的特征。

带恒压电源的直流电弧电路，可以用以下三种方式进行调节（图 1.12）：调节电源电压、调节电弧电路中的电阻、调节电弧电压。

图 1.13 表明，通过改变电压可以在相当大范围内改变电弧电流强度，与此同时电路内有效电阻保持不变，电弧长度也不改变。

电流强度 $I_{\partial 1}$、$I_{\partial 2}$、$I_{\partial 3}$ 取决于电源外特性曲线 $U_\text{p} = f(I_\partial)$ 与电弧伏安特性曲线 $U_\partial = f(I_\partial)$ 交汇点的水平坐标。

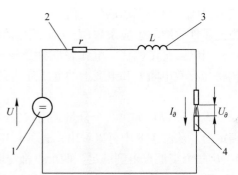

图 1.12　直流电弧的电路图
1—直流电源；2—可调节有效电阻；
3—感应线圈；4—电弧

因为电弧电路的有效电阻不变，所以电源外特性曲线的倾斜角度也保持不变，这些曲线都是相互平行的。

从理论上说，在调节电弧燃烧所需的最低电源电压时，电压会出现这种情况：下行的

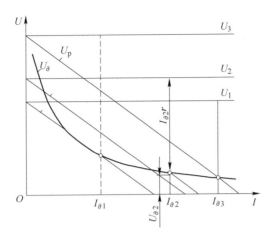

图 1.13 用改变电源电压的方法调节直流电弧电路

（条件为 r＝常数，$U_1 < U_2 < U_3$）

曲线 $U_p = f(I_\partial)$ 将与电弧曲线相切。如果传递至放电区的电源电压继续下降，无论电流多大，电压都会低于电弧燃烧所必需的限度，电弧无法燃烧。

这种方法的一个特点是，把电源电压向增大方向调整时没有限制。但是需要考虑的是，进行这种调节时电源功率会急剧增大，因为在其他条件不变时，随着电源电压增大，电弧电流也必然增大[31]。

这种方法的另一个特点是，提高电源电压会导致设备的电能效率降低。在其他条件不变时，电能效率与电源电压成反比关系，关系式为：

$$\eta = P_{\text{кор}}/(P_{\text{кор}} + P_{\text{е.в}}) = P_\partial/P = U_\partial I_\partial/U I_\partial = U_\partial/U \qquad (1.27)$$

式中，$P_{\text{кор}} = P_\partial = U_\partial I_\partial$ 为电弧的有效功率；$P_{\text{е.в}} = I_\partial^2 r$ 为电损耗功率；$P = P_\partial + P_{\text{е.в}} = U I_\partial$ 为电源功率。

调节直流电弧电路的第二种方法是改变与电弧相串联的镇流电阻（图 1.14）。从图上可以看出，阻值减少会缩小电源外特性曲线的倾斜角度。结果，电弧电流增大。

理论上说，保障产生电弧的最小电流强度取决于下降的电源外特性曲线与电弧伏安特性曲线相切的位置。最大电弧电流强度取决于电源允许的电流强度。镇流电阻针对外特性曲线任意倾斜角度的阻值都是由这个倾角的切线决定的：

$$r_6 = \tan\alpha = \frac{U}{I_\kappa} \qquad (1.28)$$

式中，r_6 为镇流电阻的阻值；U 为电源电压；I_κ 为放电区的短路电流。

使用这种调节方法时，电路的电能效率随电弧电压的变化而改变，电压变化与伏安特性曲线相符：

$$\eta = \frac{P_\partial}{P} = \frac{U_\partial}{U} \approx 常数 \qquad (1.29)$$

调节直流电弧电路的第三种方法是改变电弧电压。这时，伏安特性曲线本身、所选电弧曲线与电源倾斜曲线新的相交点，与每一次电压变化后的电弧长度都相符。从（图1.15）中可以看出，随着电弧变长，电弧电压会增大，电弧电流强度会变小。

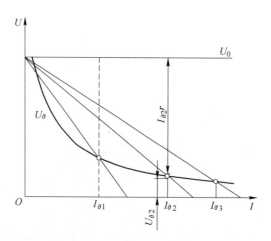

图 1.14　用改变电阻 $r_1 = r_2 = r_3$ 的方式调节直流电弧电路

（条件为 $U = U_0 = $ 常数）

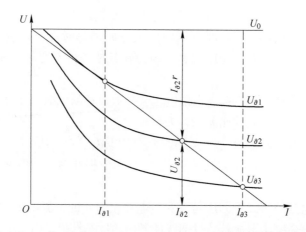

图 1.15　用改变电弧长度和电压 $U_{\partial 1} > U_{\partial 2} > U_{\partial 3}$ 的方法调节直流电弧电路

（条件为 $r = $ 常数，$U = U_0 = $ 常数）

可以保障点燃电弧的最大允许长度，将与伏安特性曲线和电源外特性曲线相切位置相符合。

从式（1.27）可以看出，电弧电压越高，电路的电能效率越大。

这时电弧功率是一个变量，电弧电压升高时电流强度会降低。决定电弧最大功率的因素与决定最大函数 $P_\partial = f(U_\partial)$ 的因素是一样的，电弧最大功率将在电弧的调节电压比电源电压小一倍时出现。出现这种情况的条件是，把上述函数的第一个导数归零，也就是 $\mathrm{d}P_\partial / \mathrm{d}U_\partial = \mathrm{d}(U_\partial I_\partial)/\mathrm{d}U_\partial = 0$。经过一些变换后，我们得到：$(U - 2U_\partial)/r = 0$。

可以单独使用上述任何一种方法，也可以把它们按不同方式组合起来调节直流电弧电路。以图 1.16 为例，在电路中同样的电弧电流强度 I_∂ 可以保持不变，而电源电压可以有三种情况，如 $U_1 > U_2 > U_3$，有效电阻也可以有各种情况，如 $r_1 > r_2 > r_3$。

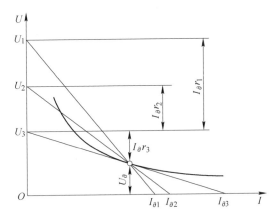

图 1.16　用改变电源电压和电阻的组合方式调节直流电弧电路示意图

1.6　生成等离子体的工艺性气体

等离子冶炼的用途是由其独到的热源特点和物理化学作用决定的，使命是冶炼出高纯特种金属与合金，使之具有全新的物理力学性能与功能特性。要获得这样的金属材料，就需要使用那些化学成分与压力可以调控的气体介质。

在实践中，广泛将惰性气体或惰性气体与双原子活性气体组成的混合气体用作生成等离子体的材料。活性气体是指氮气、氢气、氧气，它们可以发挥工艺气体的作用。

等离子冶炼时使用的惰性气体必须是高纯的。尤其在冶炼活泼金属与合金的工艺中，对气体纯度的要求更加严格，因为在这些金属中包含着中间合金成分或者变性成分。

当利用等离子电弧炉在惰性气体或其他工艺性天然气体（如氮气、氢气）环境中通过二次重熔冶炼优质高合金钢、高温合金、耐蚀合金、精密合金，并对它们进行提纯的时候，不仅需要有高纯的气体，还需要了解这些气体在超高温条件下的物理化学特性。为了理解气体与液态金属之间发生的物理化学特性，必须既知道等离子体的热力学特性，也知道发生在气体与金属熔体交界层和金属熔池内的各种现象。

等离子冶炼有别于其他金属冶炼工艺的是，对冶炼过程有重要意义的不仅有气体的热力学特性，例如热熔、热容量，而且有等离子体状态所特有的其他物理参数，例如原子电离能、电离程度、导电性、导热性等。所以下面就依次分析一下几种在等离子冶金领域被广泛用于生成等离子体的工艺性气体的基本物理化学特性和热力学特性。

1.6.1　氩气

氩气是工业领域应用最广泛的惰性气体，例如氩弧焊和金属切割。在等离子冶炼中也是如此，氩气被用来稳定等离子枪产生的等离子电弧放电，氩气还是把热量从等离子体传递到金属的热载体，同时也是等离子熔炼设备的工作保护介质。与其他惰性气体一样，氩气的原子具有稳定的外层电子排列，结构是闭合的，足够稳定，这一特点决定了它的化学惰性。

氩气的热容量较低，这就决定了在惰性气体中它的热熔最小，与其他等离子气源构成的介质相比它的导热性最低（表 1.3）。所以氩气等离子体的能量特性并不高。

表 1.3　各种等离子气源介质的特性[13]

参　数		氩气	氮气	氢气	氦气	空气	氧气
分子量		39.94	28.001	2.016	4.0024	—	32.0
大气压下的密度/kg·m^{-3}		1.783	1.2505	0.084	0.178	1.293	1.43
293K 及大气压下的黏度/Pa·s		7.0	22.1	8.8	196.2	18.8	20.3
标准条件下的热容量/kJ·(kg·K)$^{-1}$		0.52	1.04	14.02	5.26	0.99	0.906
标准条件下的导热系数/W·(m·K)$^{-1}$		0.0163	0.0243	0.174	0.151	0.024	0.02459
条件为 $T=104K$ 和 $\rho=0.1MPa$ 时的导电性/Ω·m^{-1}		3650	2740	1400	6300	—	—
离解能/MJ·(mol·kg)$^{-1}$		—	713	477	—	—	491.71
电离电位/V	一次	15.76	14.53	13.595	24.59	—	13.6
	二次	27.7	29.9	—	54.38	—	34.7
电离能/MJ·mol^{-1}	一次	1.50	1.40	1.35	2.36	—	—
	二次	2.65	2.83	—	5.22	—	—
等离子体温度/K		14000	7300	5100	20000		

　　在等离子电弧重熔时，为了解决专项工艺任务，可以向氩气等离子体中添加一定数量的其他气体，用来提高等离子体的能量特性（如添加氦气），或者为实现某项必要的工艺作业创造条件（如用氮气对金属熔体进行合金化冶炼）。氩气与其他惰性气体相比，不昂贵也不稀缺，因为它是其他产品的附带产品，容易获得。

　　氩气是一种单原子气体，形成等离子体时没有离解。电子从外壳挣脱后，原子马上进入电离状态。氩气转入电离状态所需的能量只取决于热容量和电离能两个因素。

　　工业用氩气的质量必须符合乌克兰国家标准（GOST10157—79）的技术条件。根据这些条件，氩气可以用气态和液态两种形式供货。气态和液态氩气的物理化学指标都应该满足表 1.4 所列标准[32]。

　　使用单原子气体作为等离子气源时，在炉子冷区，由于离子复合，会发生电离能释放。

　　用作等离子气源的氩气可能含有一些杂质，例如氧气、氮气、水分（表 1.4）。氧气和氮气在被激发的原子、离子状态下活性很高，这是它们被金属熔体快速吸收的主要原因。所以当所熔炼钢与合金对气体杂质含量有严格限制时，必须对氩气进行补充提纯。

表 1.4　乌克兰国家标准（GOST10157—79）规定氩气中杂质含量[32]（体积分数）（%）

等级	O$_2$	N$_2$	水分/g·m^{-3}
高级	≤0.0007	≤0.005	≤0.007
一级	≤0.002	≤0.01	≤0.01

可以用化学法、物理法、物理化学法提纯氩气。选择何种方式取决于方法的效率、生产率以及是否拥有相应的技术和工艺设备。

最常见的是采用化学方法提纯氩气，因为将金属加热到高温时，在金属帮助下，氧气和氮气会被束缚住。例如可以让氩气穿过加热到450~500℃的铜屑，从而降低氩气中的氧气含量。在这个温度下，铜会快速与氧气发生反应，形成氧化铜：

$$2Cu+O_2 \longrightarrow 2CuO \qquad (1.30)$$

1kg铜能束缚0.176m³氧气。在温度为180℃时，氧气能使铜的表面覆盖一层氧化物，如果温度继续升高，这个过程会显著加快。在这类反应器中铜的利用系数不大于30%~35%。所以在计算和设计气体净化器时，建议设定每0.1m³束缚氧气对应不超过2.5kg氧化铜[10]。随着时间延长，氧气束缚效率和气体提纯设备的生产率会降低。实验数据表明：设备启动后46~48h内，净化后氩气中的氧气含量不大于10^{-7}%。140~145h后氩气中的氧气含量几乎增长了一倍（达到10^{-4}%）。200h后，这个指标持续保持在不低于10^{-3}%的稳定水平。

从氩气中清除氮气可以使用各种吸附剂。在实验室条件下最常使用的是碱土金属（锂、钠、钾）。在工业冶炼设备中使用最多的是加热到900~950℃的优质海绵钛。只有在氧气和水分含量很低的情况下，氮气才能被钛有效束缚。所以提纯氩气时要首先清除氧气和水分杂质，然后让氩气穿过加热后的海绵钛清除氮气。

为了清除氩气中的氮、氧，还可以使用镧或锆，这类吸附剂也可以达到与钛相当的净化水平，但是它们价格较贵，用它们提纯氩气不经济。

为了清除氩气中的氢气和水分可以使用氧化铜，反应式如下：

$$CuO+H_2 \longrightarrow Cu+H_2O \qquad (1.31)$$

氢被束缚的速度取决于温度。为了有效提纯氩气，反应区温度应该不低于500℃。吸附剂的利用率不大于35%。

有时会需要从氩气中清除碳酸气杂质。这时可以让氩气穿过一层固体碱颗粒NaOH。但是这样做之前必须把惰性气体充分烘干，脱去水分。此后碳酸气的束缚反应见公式：

$$2NaOH+CO_2 \rightleftharpoons Na_2CO_3+H_2O \qquad (1.32)$$

这个公式进一步证实了前文所述需要预先从氩气中清除水分的原则，因为式（1.32）所述反应的结果是产生水分（湿气），这会降低从氩气中清除CO_2的效果。

为了用吸附方式从氩气中清除不良杂质，现在广泛使用沸石作为吸附剂，这种吸附剂由铝硅酸盐构成，其晶格具有发达的蜂窝结构（多孔结构）。许多合成铝硅酸盐沸石都具有分子在晶格中以复杂方式形成空间排列的特点，只有这样才能保证必要效果。

1.6.2 氮气

氮气可以单独使用，也可以与其他气体混合使用。氮气的热容量高于氩气，可以获得高热焓等离子体，导热性和温度更高，可以用于冶炼难熔金属（钨、钼、铌等）和高导热金属，例如铜。氮气的能量特性优于氩气，因为它电离电位高，导热性强。然而这些物理特性也在很大程度上限制了单独使用氮气作等离子气源。因为用纯氮气工作会遇到以下技术和经济问题：第一，必须有功率更大的等离子枪电源，能产生高于使用氩气时的空转电压；第二，等离子枪阴极强度会急剧下降，工作寿命随之缩短；第三，氮气比氩气昂贵许多。所以氦气基本上是作为氩气添加剂使用的，目的是提高惰性气体环境的加热效率。氦气在某种意义上是一种稀有气体，价格昂贵。

1.6.3　氮气

氮气是一种双原子气体，热容量高，导热性强。所以在氮气环境中放电能够非常有效地把电能转化为热能，随后把热能传递给金属。电弧在氮气中的热效率高于纯氩气。

与单原子气体不同，双原子气体在电弧柱中可以通过分子离解为原子而获得额外能量。所以单原子气体与双原子气体构成的等离子体在热焓和温度上都有区别。例如当温度在 8000℃ 上下时，氩气等离子体的热焓比氮气等离子体低 5 倍[10]。

当等离子体内包含双原子气体（N_2、H_2 或者 O_2）时，在炉子的冷区不仅有电离能，而且有原子复合释放的复合能。

等离子气源的成分在很大程度上影响着电弧等离子体的能量指标、热焓、等离子电弧柱内以及从弧柱到被加热对象的热传递，并且还影响着热效率、等离子体温度以及电弧等离子枪工作的电能指标。

把氮气作为单独的等离子气源使用也不理想，因为它对电弧等离子枪的电极损害很大。氮气会在与钨结合形成氮化钨时释放过高的热量，从而加速钨阴极的损坏。

使用氮气等离子体时，等离子枪必须使用能在腐蚀环境和电流强度不小于 500A 条件下工作的阴极。具有一定疏松度和导电性的石墨才能做这种阴极材料。即便如此有时还要在石墨阴极表面施加钛基保护涂层，用以提高强度。

1.6.4　氢气

氢气是一种热焓最高的等离子气源，它能为电能转化为热能创造最好的条件。氢气的导热性远高于所有其他气体（表 1.2）。这有利于最大限度利用热能。氢气不贵也不稀缺。但是在高温下纯氢气环境对电弧等离子枪的电极也有很大损害，所以氢气也不能单独用作等离子气源。

使用氢气时需要采取专门的防护措施，避免当温度达到 575℃ 左右时氢氧混合产生爆鸣气引发爆炸。这也是冶金领域没人使用纯氢气等离子体的一个原因。

确保安全使用氢气的防护手段之一，是根据专门要求制造防爆型等离子电弧炉。首先要使用专用防爆电机和专用阀门，其次要正确设计室内通风等。另外，应该遥控炉子的工作，利用视频观察熔炼情况。

提高冶炼安全性的另一个方法，是使用由氢气与惰性气体按一定比例混合的气体，这种混合气体与任何比例的空气相遇都不会形成易爆气体介质。

在氢气与氩气的混合气体中，氢气含量通常不大于 10%。这种气体的用途是在重熔特种钢与合金时进行深度脱氧。

从理论上说，为了稳定等离子电弧可以使用所有种类的气体与混合气体。然而在实践中，使用何种气体是由等离子体加工任务决定的。

正确选择混合气体的比例可以保证等离子体射流无论能量指标，还是加工液态金属的工艺要求都达到最佳状态。

如果说等离子体加热的作用是充分熔化金属，那么构成等离子体介质的主角应该是各种气体，是它们让等离子电弧具备必要能量，稳定电弧燃烧，保证等离子枪可靠工作。

当需要利用等离子体介质为金属的化学反应创造条件时（例如氧化掉一些杂质，用氮气对金属进行合金化等），应该选择化学活泼性高于金属的气体作为补充成分构成混合气源。补充成分是发挥工艺作用的，其他成分则发挥稳定等离子电弧燃烧和保护电极（阴极）的作用。

总而言之，应根据具体情况选择等离子混合气源的成分，一方面要考虑工艺任务，另一方面要考虑保障等离子电弧稳定燃烧的条件、等离子枪的最佳效率和足够的工作寿命。

从经济角度衡量，应该在满足等离子枪电极组件工作寿命的情况下选择消耗量最小的等离子气源。

第 2 章　低温等离子体发生器

低温等离子体在冶炼过程中能够发挥以下功能：（1）它是一种可灵活调节温度与输入功率的热源，可在有限空间内产生巨大热能，使气体达到超高温；（2）它是加速某些物理化学反应的有效手段，在普通冶炼条件下这些反应可能进行得很缓慢，或者根本不发生。所以在冶金领域采用等离子体加热可改变经典的金属冶炼模式，并在此基础上创建崭新的金属与合金熔炼、提纯、合金化加工工艺，并且建造出工艺能力更广泛的熔炼设备。在许多场合，可以用直接还原法取代多阶段金属制造工艺，尤其是在使用粉末状原材料的时候。

设计任何一项冶炼工艺和设备，必须了解等离子体温度下发生的物理现象，以及低温等离子体发生器（等离子枪）的构造、工作原理与特点。下面将对这些问题做深入探讨。

2.1　等离子枪的分类及特征

许多研究机构和个人设计了各种用途的等离子枪。它们被广泛应用于金属焊接与切削，给金属表面施加各种功能涂层，加热气体并直接从矿石原料中还原金属，加快平炉、电弧炉、感应炉的熔炼过程，在化学反应器中补充加热混合气体与熔剂等。

尽管等离子枪的结构多种多样，适用领域不同，等离子体放电方式不同，但是基本工作原理种类不多，主要区别表现在两个方面：一是用何种方式稳定等离子体放电的空间形态；二是用何种措施降低电弧支撑斑点区的电极腐蚀。

由于等离子枪形式多样，结构各异，所以给它们分类的最恰当标准应该是其作用原理，即气体加热—转化为等离子体—将电能转化为热能的特性。根据这一标准，等离子枪可以区分为：电弧等离子枪、感应等离子枪、电子等离子枪、燃料等离子枪。

在工业领域，包括冶金行业，获得最广泛应用的是能够借助电弧之力把气体转化为低温等离子体的等离子枪，即电弧等离子枪。

利用交流电在感应器中创造电磁场能量，把预先加热到一定温度并发生部分电离的气体继续加热，这种利用电磁场能量加热气体的，叫做感应式等离子枪或者无电极等离子枪。

利用高压电磁场能量把气体加热到低温等离子体所特有高温的，叫做电子等离子枪。

还有一种燃料氧气燃烧器，通过增加电流强度，给普通的空气氧气火焰补充加热。这种设备也可以称做燃料等离子体发生器或燃料等离子枪。

2.2　电弧等离子枪

电弧等离子枪还可以根据下述特征做进一步细分：

（1）根据等离子枪与电源的接通方式和给物体传递热能的方式，可分为间接作用

（射流式）等离子枪与直接作用等离子枪；

（2）根据所使用电流种类，可分为直流等离子枪与交流等离子枪；

（3）根据等离子枪内电极形式（构造），可分为圆柱电极等离子枪、组合电极等离子枪、空心电极等离子枪、裂口电极等离子枪、等离子电极等离子枪；

（4）根据电弧压缩方式，可分为气流压缩电弧等离子枪与喷嘴通道壁压缩电弧等离子枪；

（5）根据阴极和喷嘴冷却方式，可分为气冷等离子枪与水冷等离子枪；

（6）根据等离子气源成分（即具有工艺作用的气体），可分为在惰性介质、还原介质或氧化介质中工作的等离子枪。

直接与间接作用等离子枪的主要区别，是把热能从低温等离子体传递到被加热体的方式不同。这一不同表现在：在射流式（间接作用）等离子枪中，电离气体所需要的电弧燃烧于圆柱电极与喷嘴之间。在电弧的热作用下，气流部分电离。气流从喷嘴向外喷出，形成火焰（低温等离子体），外形如同气焊燃烧器喷出的火舌（图 2.1）。这时热能分两个阶段传递给被加热体，先是电弧中的气体被加热，之后被加热的气体把热能传递给被加热物体。被加热物体不是等离子电弧电路的组成部分，即它可以是非导电体。这种方式既能对导电材料进行加热或热处理，也能对电介质材料进行加热或热处理。

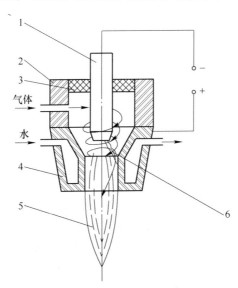

图 2.1　射流式（间接作用）电弧等离子枪结构

1—圆柱电极（阴极）；2—外壳；3—绝缘体；4—喷嘴；5—等离子射流；6—电弧

直接作用等离子枪的电弧直接在等离子枪电极与被加热物体之间燃烧。这时等离子气源以射流方式纵向吹动电弧，而冷却喷嘴壁或者电磁场则横向（从四周）压缩电弧（图 2.2）。这时电弧的主要能量通过分布于被加热金属表面的支撑斑点传递给金属。这就使加热具有了很高的效率。

大部分等离子枪都采用直流电并在正极性状态下工作，即等离子枪的电极为阴极（图 2.2）。这种电源结构保证了等离子枪电极能长寿命工作，因为阴极放热比阳极低很多。另外，直流等离子电弧易于受电磁场控制，燃烧时空间位置稳定性好，不易受外界因素干扰。

直流等离子枪的功率利用率高于交流等离子枪。

直流等离子枪与交流等离子枪的初次使用费用差别不大。在电弧功率相同的情况下,直流电源的装机功率和尺寸大于交流电源。另外直流电源能保证三相电路的均匀负荷。为了确保负荷的均匀性,在使用交流等离子枪时,等离子枪的数量以 3 或 3 的倍数为宜。

交流等离子枪的工作稳定性略差。所以为了保证交流等离子电弧稳定燃烧,交流电源空载电压 ($U_{x.x}$) 应该不小于电弧中可能电压的两倍,即 $U_{x.x}/U_∂ ≈ 2.0$[1~5]。

当等离子枪用直流电工作时,保障等离子电弧稳定燃烧的比值只需要 $U_{x.x}/U_∂ ≈ 1.4 ～ 1.6$[6]。

等离子冶炼领域使用的等离子枪,大都利用电弧激发低温等离子体,用气流和压缩喷嘴通道壁保障等离子体的稳定。为了达到必要的温度、浓缩热能和保持等离子体稳定,可以采用各种方式激发等离子体和连接直流或交流电路。具体选择何种方案取决于冶炼过程的特性和必须实现的工艺效果。

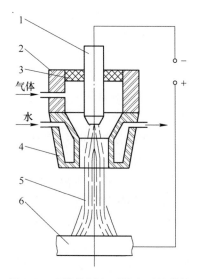

图 2.2　直接作用电弧等离子枪结构
1—电极;2—外壳;3—绝缘体;4—喷嘴;
5—等离子电弧;6—被加热金属

最常见的等离子枪交流电源结构见图 2.3[7]。图 2.3（a）和（b）是由单相变压器供电的等离子枪。使用整流器可以延长电极的使用寿命（图 2.3b）。图 2.3（b）中等离子枪由三相变压器供电,这种方式至少需要两个电极,使等离子枪结构变得更复杂。为了提高交流电弧燃烧的稳定性,有些等离子枪采用组合式电源,即用一个小功率直流辅助电弧激发交流直接作用主电弧。辅助电弧只在电极与喷嘴之间燃烧（图 2.3d）,或者在两个轴向喷嘴之间燃烧（图 2.3e）,其中一个喷嘴是阴极。图 2.3（e）为带等离子阴极的等离子枪。

电弧等离子枪的结构虽然多种多样,但有一点是相同的,即需要用电弧来激发低温等离子体,并且力争得到足够洁净的等离子体放电,尽量减少由电极材料产生的杂质污染。当电弧电流强度很大时,电极表面会发生材料蒸发,这些杂质就会落入等离子体中。完全避免等离子体污染并非易事,这也是炼制洁净金属与合金的一个难题。

虽然电弧等离子枪有多种结构方案,但在冶炼领域应用最广泛的电弧等离子枪实际上只有两种:一种是有独立电弧（间接作用）的等离子枪,另一种是组合电弧（直接作用）等离子枪。有独立电弧的等离子枪通常被称为射流等离子枪,而组合电弧等离子枪通常被称为直接作用等离子枪。

根据以上分类,我们将分别讲述这些电弧等离子枪的结构特点、技术参数、工作特点以及它们的应用领域。

2.2.1　射流式电弧等离子枪

在这一类型的等离子枪中（图 2.1）,电弧在圆柱电极（阴极）与喷嘴之间燃烧,而等离子气源则通过圆柱电极与喷嘴壁之间的环形间隙进入电弧,在电弧中被加热,发生电离,然后以等离子体射流形式从喷嘴喷射出去。射流式等离子枪有两个电极,一个是由难熔金属（钨）制作的圆柱电极,另一个是起阳极作用的喷嘴。保证等离子体射流空间稳定

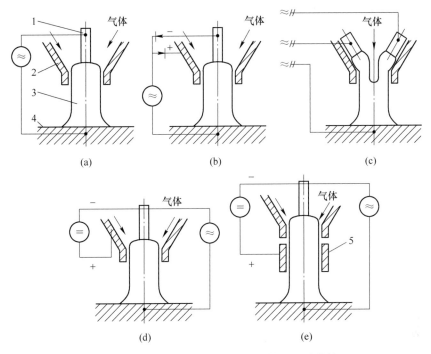

图2.3 使用交流电源的直接作用等离子枪结构
(a), (b) 单相变压器供电；(c) 三相变压器供电；(d), (e) 带辅助电弧的等离子枪
1—电极；2—喷嘴；3—等离子电弧；4—被加热物体；5—辅助喷嘴

性的因素，既有喷嘴通道的冷却壁，也有等离子气源的流动。因为电弧阳极斑点分布在喷嘴通道的内壁上，所以用于加热材料或物体的热量都蕴含在等离子体射流里。

等离子体射流在喷嘴通道内受到冷却壁和自身电磁场的压缩，所以它的直径比喷嘴通道的直径略小。喷嘴通道壁承受的热负荷主要来自于沿通道表面移动的电弧阳极斑点释放的热量。因为通道壁与等离子体之间被一个导热性不强的较冷气体层隔开，所以等离子体射流传递给喷嘴通道壁的热量降低了很多。

等离子体射流加热的特点是效率低，等离子气源消耗量大，这是因为等离子体射流从喷嘴喷出时热含量会迅速减少。这种等离子枪的功率主要受喷嘴强度限制，因为喷嘴同时是电弧电路元件。等离子体射流温度分布特点见图2.4[8]。从喷嘴喷出的等离子体射流是一个有明亮光辉的火舌。沿轴线分布的温度梯度为 $(2\sim3)\times10^{-4}$ K/m，气流速度接近 50m/s。使用氩气时，等离子体在喷嘴出口的温度接近 13×10^{3} K。

根据电弧空间稳定方式和降低电弧支撑斑点区电极腐蚀的措施，射流式等离子枪可细分为以下几种[9]：

(1) 以喷嘴冷却壁稳定等离子体射流的等离子枪；

(2) 以气体涡流稳定电弧的等离子枪，即用切向输送等离子气源的方式稳定电弧燃烧；

(3) 以电磁力稳定电弧的等离子枪；

(4) 以电极稳定电弧放电的等离子枪；

(5) 有组合稳定构造的等离子枪。

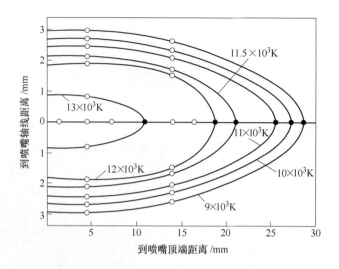

图 2.4　间接作用等离子枪工作时等离子体射流内的温度分布

以放电喷管冷却壁稳定电弧燃烧的等离子枪（图 2.5），管壁承受的热负荷很大，因为在喷管内电弧放电的温度可以达到上万开尔文[9~11]。

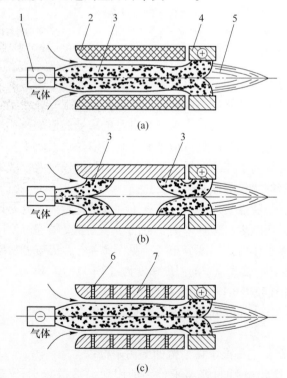

图 2.5　以喷管冷却壁稳定电弧的射流式等离子枪结构[10]

（a）用电绝缘材料制作的放电喷管；（b）用金属制作的放电喷管；（c）用金属制作的分段式放电喷管
1—阴极；2—放电喷管；3—电弧放电；4—阳极；5—等离子体射流；6—绝缘体；7—放电喷管的环节

　　放电喷管的管壁和输出电极（喷嘴）通常由导热和导电性能良好的金属（主要是铜）制作。电弧斑点（阳极或阴极斑点）绝不能静止停留在铜质水冷壁上，因为强大的热流（大约为 $10^9 W/m^2$）会迅速把电极（喷嘴）壁熔穿。所以保证电极（喷嘴）长时间工作的主要条件，就是让电弧支撑斑点沿管壁表面不间断地快速移动。

　　在中小功率（20~100kW）等离子枪里，可以通过向放电室旋吹气流驱动电弧斑点移动，这时电弧的辐射区也会沿螺旋轨迹移动。在较大功率等离子枪里，为了降低喷嘴烧损速度，可以向连接支撑斑点与喷嘴壁的环形区施加一个轴向磁场。

　　为了避免电极之间发生短路，金属放电喷管与阴极、阳极之间必须绝缘。在双电极情况下，放电喷管是位于双电极之间的绝缘枪芯，在全长度上保持恒定电位，与等离子电弧在枪芯长度内某个平均电位相等。电弧柱电位在放电喷管长度内从阴极电位转换至阳极电位，其中一个电极上的电位值可能从几伏增长到几千伏。

　　电弧在不同长度上的电位变化，决定着电弧柱与枪芯壁之间电位差的变化。这种电位差会引起穿过近壁气体层的放电（即由于带电粒子从电弧柱向外扩散和光电离作用，冷气层产生一定的导电性）。

　　在放电喷管的一定位置上，一束轴向电弧放电可能变为两束靠在放电喷管导电壁上的电弧放电（图2.5b）。由于气体层厚度有限，发生击穿所需的电位差相对而言不是很大。

　　为了避免被击穿和保障电弧稳定燃烧，有些等离子枪的放电喷管会沿轴向分隔为若干环节，环节之间设有环形绝缘垫片，形成彼此绝缘。确保不出现双级电弧的条件可以记为[10]：

$$E \frac{\Delta l}{2} < U_a + U_\kappa \qquad (2.1)$$

式中，E 为电压梯度；l 为环节长度（高度）。在空气中燃烧、标准大气压条件、$I_\delta = 200A$、$E \approx 2 \times 10^3 V/mm$、$U_a + U_\kappa \approx 20V$ 的电弧，环节长度应不小于10mm。满足式（2.1）的条件即可以确保环节间隙不被击穿。

　　用冷却壁稳定电弧的射流式等离子枪主要用于在实验室中进行高温条件下的物质特性研究，或者用作标准辐射源。

　　最通用的射流式等离子枪普遍采用涡流稳定电弧。在这种等离子枪里，稳定电弧的是旋转的等离子气源。制造气流旋转的是涡流室（单个或数个）。在涡流室内，通过切向送气就能使气流产生旋转力。

　　单室射流式等离子枪的结构见图2.6，涡流室3位于圆柱电极2和管状金属输出电极（喷嘴）1之间[10]。气流从涡流室进入电极间隙，增大在阴极与阳极之间以任何方式点燃的电弧4，把它拉向喷嘴出口。

　　电弧柱上的电位在不同长度上是有区别的，而金属电极的电位则是恒定的，所以在不同长度上它们之间会产生不同的电位差。在电位差作用下，电弧和电极壁（喷嘴）之间会发生弱电流放电，一旦导电性足够强就会导致间隙击穿。电极壁与电弧之间存在的气体层有一定厚度，所以间隙击穿电压远高于用电极壁稳定电弧的电压。

　　电弧延长会加大电弧柱与输出电极（喷嘴）之间的电位差，导致电弧与电极壁之间发生间隙击穿5（图2.6）。收短的电弧再次被气流拉长，直到发生新的击穿，如此循环往复。这个过程被称做"电弧分流"，它限制着电弧长度和电压降。这种电弧叫做"长度自

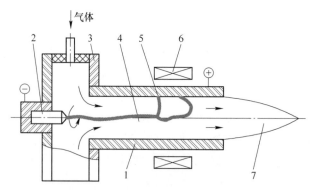

图 2.6　用涡流稳定电弧的单室射流式等离子枪
1—电极（喷嘴）；2—热阴极；3—涡流室；4—电弧放电；
5—因击穿而形成分流的电弧；6—电磁线圈；7—等离子体射流

调节电弧"。决定电弧长度的因素还有很多，例如电流强度、等离子气源流量、电极成分与直径等。

周期性击穿可以造成电弧支撑斑点移动，把腐蚀作用分散到一个大表面，从而提高电极（喷嘴）的工作寿命。另外，在电弧分流过程中电弧斑点沿电极（喷嘴）表面纵向移动，加之涡流气体驱动电弧旋转，这就保证了电弧斑点沿电极表面快速移动，有助于降低对电极（喷嘴）材料的比表面积腐蚀。

在这种结构中，顶端的圆柱电极 2（图 2.6）是在电弧斑点固定的热阴极状态下工作的。电极主要由钨或其他难熔导电材料制成[11~13]。选择热阴极材料时要考虑被加热的工作介质或保护气体。以钨合金（包括镧钨、钇钨合金）为例，它们在惰性气体介质中工作很好，却不适合在氧化介质（空气）中工作。锆、铪则相反，在空气中工作很好，在惰性气体介质中却很快损坏[13~17]。

上述结构的单室等离子枪多用于金属切削、给金属表面施加各种涂层、对粉末进行球化处理等。

电极的极性不允许改变，因为改变极性会使热阴极快速损坏。

单室等离子枪的缺点在于电流类型和气体介质成分受限制。如果把顶端的热阴极换为空心圆柱电极，这些缺点基本上就能被克服（图 2.7）。在后一种结构中，圆柱形热阴极 2 用于在等离子枪启动时激发等离子体放电[18]。

这种结构的等离子枪用于加热风洞试验管中的空气。在空气压力为 6.08MPa、电流强度大约为 5800A、电压为 8900V 时，这种等离子枪的功率可高达 52MW[9]。输出电极（喷嘴）直径大约为 70mm 时，电弧最大长度可接近 2.5m。

今后的发展方向是用涡流方式稳定电弧的双室等离子枪（图 2.8）。两个室，一个中央（基本）涡流室，一个补充（顶端）涡流室。两个室按比例向同一个方向送气。双室等离子枪可以调节电弧长度，还可以调节电弧电压和功率，只要改变经过涡流室的气体流量即可[9,20]。

需要指出的是，涡流稳定等离子枪内一旦出现电弧放电分流，则会引起电弧长度波动，这是形成伏安特性曲线下降的原因之一[9]。这种特性对必须保证等离子枪稳定工作的

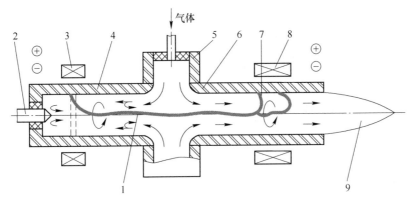

图 2.7 带空心电极的单室射流式等离子枪

1—电弧放电；2—热阴极；3，8—电磁线圈；4—空心电极；5—涡流室；
6—电极（喷嘴）；7—因击穿而形成分流的电弧；9—等离子体射流

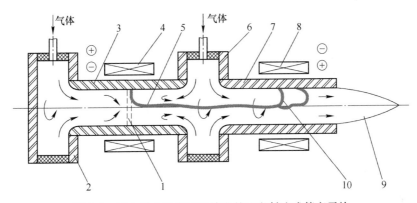

图 2.8 用电磁力稳定电弧放电的双室射流式等离子枪

1—电弧在电极表面移动的区域；2，6—涡流室；3—空心电极；
4，8—电磁线圈；5—电弧放电；7—输出电极（喷嘴）；9—等离子体射流；10—因击穿而形成分流的电弧

电源提出了特殊要求，电源应具有陡降的静态伏安特性。

在上述用涡流方式稳定电弧放电的等离子枪中，为了降低电极腐蚀，可以给电弧辐射旋转区施加一个纵向磁场。磁场由电磁线圈产生，线圈可连接于电弧电路，也可使用自主电源。

这种等离子枪结构简单，加热气体的热效率足够高，电极寿命长，这些因素决定了它能够广泛应用在工业领域。

另一种用气体涡流稳定电弧的等离子枪是电弧长度固定的等离子枪（图 2.9）。这种等离子枪结构可以获得不断上升的伏安特性曲线。这种曲线可以在电源特性极其"挑剔"的条件下保证电弧稳定燃烧，不必使用镇流电阻。

为了使电弧稳定燃烧，必须在上升的伏安特性曲线状态中排除电弧分流过程，即不让输出电极（喷嘴）壁发生电弧击穿。可以用以下两种办法解决这一问题，一种是安装一个长绝缘电极，另一种是用若干彼此绝缘的水冷环节制作电极（图 2.9a）[19]。

通常情况下，电流强度、气体流量、压力等因素总会有波动，电弧长度也随之自行调

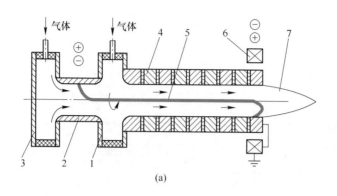

(a)

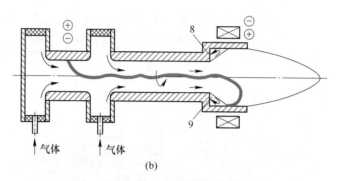

(b)

图 2.9　电弧长度固定的射流式等离子枪

（a）带分段枪芯的等离子枪；（b）带气动定位的等离子枪

1，3—涡流室；2—空心电极；4—分段枪芯；5—电弧放电；6—电磁线圈；

7—等离子体射流；8—阶梯形电极（阳极）；9—气体涡流

节，造成电弧的不稳定。即使没有气体，电弧中仍然有振动（电弧是电路中的非线性因素，总是在产生振动）。多环节电极实际上是一个绝缘体，可以避免上述振动对电弧长度产生随机影响。这一特性尤其在电流增大时具有重要意义。多环节电极枪芯可以在电流增大、枪芯的长度大于自调节电弧的长度时出色工作。在电流强度、气体流量、压力、喷嘴出口通道直径大体相同的情况下，这种等离子枪获得的电弧电压降曲线远高于电弧长度自调节的等离子枪。这样就允许输入更大功率，获得更高的气体温度。

有时还可以在水冷环节之间吹冷气来降低热负荷，提高电弧与环节间隙抗电弧击穿的强度，并且保护水冷环节壁不被对流式热交换损坏。在实际结构中电弧长度和电压还会有微小变化，但是已经影响不大了。

有些结构的等离子枪使用气动方式稳定电弧长度（图 2.9b）。这种等离子枪的电弧长度依靠气体涡流保持稳定，涡流形成于电极喷嘴出口部位的阶梯区。

现代射流式等离子枪的功率能够达到几十万伏安，能够将由气体构成的载热体加热到 $(5 \sim 6) \times 10^3 K$。等离子电弧柱的温度可以达到 $(2 \sim 2.5) \times 10^4 K$，而等离子体平均单位体积功率可以达到 $10^6 \sim 10^7 kW/m^2$ [9]。

射流式等离子枪（带间接电弧）使用的场合是，被加热材料与等离子枪电极之间不能形成闭合电路，即被加热材料为非导电材料（例如加工粉末状材料，施加保护涂层，气相沉积，球化处理，加热，焊接，加工化学合成物质等）。

在等离子体化学和黑色冶金领域，工业化应用射流式等离子枪非常有发展前景。它可以在高温条件下利用固态碳、转化天然气、氢气将金属从氧化物和卤化物中还原出来。

在以上研究的各类射流式等离子枪中，按图 2.5（b）所示方案设计的等离子枪已经在等离子体化学和用等离子体加热的金属还原设备中实现了工业应用。在这种结构的等离子枪中，EDP-119（ЭДП-119）是功率最大的型号，它是由俄罗斯科学院西伯利亚分院热物理技术研究所研制的（图 2.10）[9,21]。

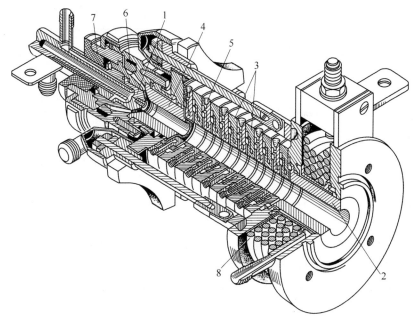

图 2.10　EDP-119 型射流式等离子枪
1—阴极；2—阳极；3—枪芯；4—激发等离子体的环节；5—输送工作气体的组件；
6—输送保护气体的组件；7—绝缘体；8—螺线管

这种等离子枪的阴极是由钍钨芯（或镧钨芯）制作的，轴向安装在与电极座顶端平行的位置上。阳极（喷嘴）形状像一个铜质套管，采用水冷，有促使电弧阳极斑点旋转的螺线管。多环节电极由一组彼此绝缘的水冷环节（圆盘）构成。在环节之间可以补充输送工作气体（等离子气源）。EDP-119 型等离子枪的功率为 1500kW。

EDP-119 型等离子枪用于加热各种气体（空气、氮气、氢气）以及混合气体（例如氢气与甲烷、空气与甲烷）。在加热空气和氢气时等离子枪的热效率为 80%~90%，在加热由甲烷和氢构成的混合气体时，热效率为 90%~95%。等离子枪采用水冷，冷却水流量约为 2.0L/s 或大于 7.0m³/h。等离子枪的最大电流为 800A，最大电压为 1600V，阴极的工作寿命为 100h，阳极为 300h。等离子枪的长度为 0.8m，重量约 40kg。

2.2.2　直接作用电弧等离子枪

在这种等离子枪里，来自电源的电能经过在电极间燃烧的电弧转化为热能。

直接作用电弧等离子枪将高精度电弧与等离子态气流相结合，在冶炼设备中得到广泛应用（图 2.2）[22~27]。与间接作用等离子枪（射流式等离子枪）不同，直接作用等离子枪的主电弧是在非自耗电极与被加热的导电材料之间燃烧，即电弧阳极斑点直接分布于材料表面。由于被加热材料属于等离子电弧电路的组成部分，所以它们应该是导电体。

直接作用等离子枪的功率可以很大。喷嘴冷却通道和气流对电弧的挤压可以提高热能密度和温度，稳定电弧的燃烧和电弧的空间位置。喷嘴冷却壁挤压电弧柱，还能提高流经喷嘴气流的速度。电弧柱被一层较冷气流环形包围在中间，会变得更"坚硬"。这就使电弧不易偏离轴心位置，即不易偏离距金属最近的线路。

当电弧在空间中自由燃烧的时候，轴心温度通常不超过 $(5\sim7)\times10^3K$，电弧整体平均温度不高于 3000K。进一步提高电弧温度是困难的，当增大传输给电弧的功率时，电弧柱的截面也会增大。这样一来电阻会降低，而电流密度几乎不变。所以自由燃烧电弧的伏安特性曲线呈下降形态[1~3]。

而当电弧柱穿过冷却喷嘴，同时还有冷气流吹入时，电弧边缘会被强制冷却，热交换过程会增强。另外，以气流强制冷却电弧边缘会造成电弧柱的热压缩，从而加强电弧自身磁场的压缩作用（箍缩效应）。结果电弧电场强度会增大，整个电弧柱释放的电功率也会增大[28~31]。这一切会使电弧轴心温度升高，达到低温等离子体所特有的温度，即 $(2\sim3)\times10^4K$。

与自由燃烧电弧不同，直接作用等离子枪产生的电弧始终处于由等离子态气流形成的强制对流气氛中。由于这种工作原理是把被加热材料（金属）纳入电弧电路，用气流和喷嘴管道同时强制冷却和压缩电弧，有些等离子枪中还使用了外磁场，所以直接作用等离子枪的热效率远高于间接作用等离子枪。

在受到压缩的等离子电弧柱内，截面温度是很不均匀的（图 2.11）[32]。沿弧柱轴心的一个狭窄环形区内气体温度最高，电离程度相应也最高。这一区域的导电率很高，像一条可以让工作电流迅速从阴极到达阳极的通道。在弧柱的外缘，电离程度、温度和导电性都急剧降低，接近电弧周围介质的水平。

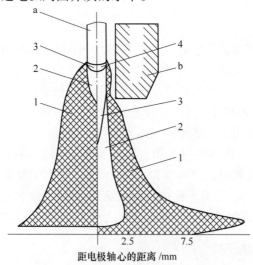

图 2.11　自由燃烧电弧（左）和被压缩电弧（右）在氩气介质中的温度分布[32]

(a—钨阴极；b—喷嘴；$I_\partial=200A$)

1—$(10\sim14)\times10^3K$；2—$(14\sim18)\times10^3K$；3—$(18\sim24)\times10^3K$；4—$>24\times10^3K$

等离子气源流量对等离子火焰内的温度分布有显著影响[33~35]。图 2.12 展示了在氩气介质中燃烧的等离子电弧温度场的等温线。从图中可以看出，等离子电弧的温度从等离子火焰轴心向外缘、从喷嘴向被加热金属呈辐射状逐渐降低。随着气体流量改变，这些变化反差更大。

如果给氩气中添加氮气或者氢气，会对等离子电弧柱的温度状况产生更加实质性的影响（图 2.13）[35]。与氮气相比，氢气会在更大程度上降低等离子电弧的温度。加入氮气和氢气后等离子体温度降低的原因是，双原子分子的离解与随后的电离消耗了更多能量，而纯氩气电离则没有这类消耗。

用氦气含量为 10%~80% 的 Ar-He 混合气体研究了氦气对等离子体火焰温度分布的影响。对于辐射状温度分布的研究表明：所有比例氩氦混合气体的温度分布与纯氩气的表现都很接近。但是氦气浓度对于电弧整体平均温度的提高无疑是有意义的（图 2.14）。从图 2.14 可以看出，随着氦气在混合气体中含量增加，等离子体的温度会升高。往氩气中添加电离势能高的惰性气体（氩气的电离势能为 15.76eV，氦气为 24.59eV），会使电弧中的能量往电离势能升高的方向重新分配，结果导致温度升高。

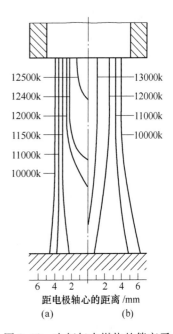

图 2.12　在氩气中燃烧的等离子电弧的温度场等温线
（功率为 12kW 氩气流量
（a）为 0.3m³/h；（b）为 1.2m³/h）

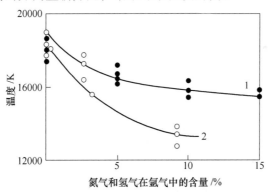

图 2.13　等离子电弧温度对等离子气源（氩气）中氮气（1）和氢气（2）含量的依赖关系

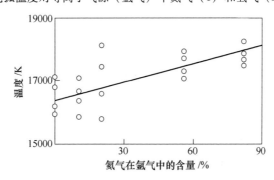

图 2.14　等离子电弧温度对等离子气源（氩气）中氦气含量的依赖关系

电弧受喷嘴压缩后功率和温度升高，是因为电弧柱中发生的基本过程得到强化。等离子气源中原子和分子的激发、离解与电离会消耗更多的电能，即有更多的电能用于提高气体的热含量，这是自由燃烧电弧所没有的。这些因素就带动了等离子电弧柱中电压梯度的升高。

等离子电弧柱内发生的可逆过程（电子离子复合、原子复合成分子、原子转为非激发状态）会把原子中富余的热熔释放出来。补充释放的热能通过辐射与对流热交换传递给被加热物体和喷嘴，并且扩散到周围环境中去。

在电流强度相同的情况下，被压缩电弧的有效功率（传递给被加热金属的功率）比自由燃烧电弧高 40%，比间接作用（射流式）等离子体加热高 60%。

热能传递给金属的方式，一种是被加热到高温的气体产生对流与辐射，另一种是带电粒子（电子）在阳极斑点内撞击金属表面。

有效热功率 $q_{эф}$（W）是指从热源释放到被加热物体上的热量：

$$q_{эф} = 0.24\eta_{эф}U_{д}I_{д} \qquad (2.2)$$

式中，$\eta_{эф}$ 为等离子加热物体的效率（电弧等离子枪的系数大约为 30% ~ 40%）；$U_{д}$、$I_{д}$ 分别为电弧电压、电流。

$q_{эф}$ 和 $\eta_{эф}$ 的大小在很大程度上取决于等离子枪结构的参数，即阴极缩入喷嘴深度、喷嘴直径、喷嘴通道长度、阴极与喷嘴通道的直径比等。

等离子电弧的有效功率取决于电流强度、等离子气源成分、流量和电弧长度。

等离子体产生的能量分别消耗在加热金属和补偿热损失两个方面。从总体上看，金属熔炼时的热平衡过程是 25% ~ 40% 的能量消耗于辐射；15% ~ 25% 的能量消耗于喷嘴内部，用于补偿等离子体外缘的热损失；30% ~ 60% 的能量是用于加热金属的有效热能。

等离子体的热含量取决于气体温度与种类。如果是单原子气体，等离子体热熔取决于原子激发和电离的能量消耗量；如果是双原子气体，分子的离解过程会对等离子体的热含量产生额外贡献。所以由双原子或多原子气体生成的等离子体在低温条件下含有更多的热熔（图2.15），但是要形成这种局面必须给等离子枪提供更大的功率。

伏安特性曲线是选择电源和工艺调节系统的依据，是等离子体放电的重要特性之一。另外对于进行与等离子枪有关的计算、确定最佳熔炼状态，它也是必不可少的。

伏安特性曲线的形状取决于气体的种类与流量、电弧长度、等离子枪的几何尺寸（喷嘴与阴极的直径、阴极缩入喷嘴的深度）、电极材料、炉子工作空间内压力等参数。

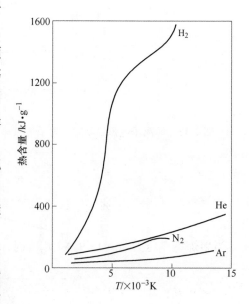

图 2.15 气体热含量对温度的依赖关系

电弧电压取决于下述因素:

$$U_{\partial} = f(b, I_{\partial}, P_{\kappa}, l_{\ni}, L_{\partial}, E_c, E_{\partial}, U_{\kappa}, U_a, K_{\mathcal{e}}) \qquad (2.3)$$

式中, b 为考虑等离子气源种类影响的系数; I_{∂} 为电弧电流, A; P_{κ} 为炉内气压, Pa; $l_{\ni}$ 为电极缩入喷嘴的深度; L_{∂} 为电弧长度(从喷嘴截面到金属熔池表面的距离); E_c 为喷嘴通道内电弧柱部分的电压梯度; E_{∂} 为喷嘴截面与金属熔池之间电弧柱的电压梯度; U_{κ} 为阴极电压降; U_a 为阳极电压降; $K_{\mathcal{e}}$ 为考虑在等离子气源压缩电弧柱的程度增大时电弧电压上升的系数。

用直流电和交流电工作的直接作用电弧等离子枪的伏安特性曲线通常都有上升形态,因为在等离子气源的冷却作用下总体电压上升了(图 2.16)。用交流电源工作的电弧电压梯度会略大于用直流电源工作的电弧电压梯度。交流电弧伏安特性曲线的斜率也大于直流电弧。

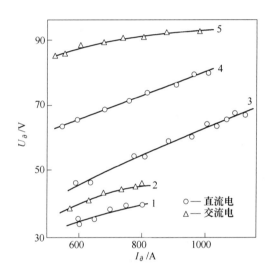

图 2.16 冶炼用等离子枪的伏安特性曲线 ($d_c = 12\text{mm}$, $P = 156\text{kPa}$)

1, 2—$l = 70\text{mm}$, $Q_{\text{Ar}} = 0.59\text{g/s}$; 3—$l = 75\text{mm}$, $Q_{\text{Ar}} = 0.59\text{g/s}$;

4, 5—$l = 115\text{mm}$, $Q_{\text{Ar}} = 0.59\text{g/s}$

另外,喷嘴水冷通道 d_{κ} 压缩电弧柱的程度(图 2.17)和等离子气源种类(图 2.18)也对等离子电弧的电压降产生很大影响。

气体种类和炉子熔炼室内压力的变化不会改变伏安特性曲线的形状,但是会改变电弧电压。当熔炼室内压力增大时,等离子电弧的电压也会增大,并且对等离子电弧柱产生挤压。

当熔炼室内压力为 $(1\sim9)\times10^5\text{Pa}$ 时,在氩气或氮气介质中的电弧电压可用下述公式确定[36]:

$$U_{\partial} = 1.1 \left[b I_{\partial}^m P_{\kappa}^n L_{\partial} + l_{\ni} E_c + c \right] \qquad (2.4)$$

式中, b 为系数, 对于氩气为 $(1.1\sim1.4)\times10^{-5}$, 对于氮气为 $(6\sim7)\times10^{-4}$; $l_{\ni}$ 为电极缩入

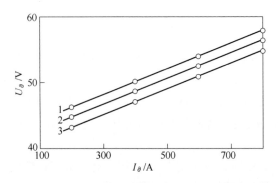

图 2.17　喷嘴通道压缩电弧的程度对等离子枪伏安特性曲线的影响

1—$d_c/d_\kappa = 1.05$；2—$d_c/d_\kappa = 1.2$；3—$d_c/d_\kappa = 1.4$

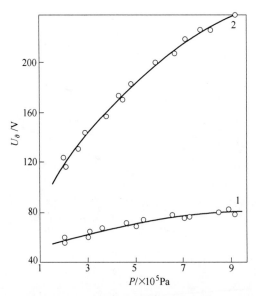

图 2.18　等离子气源种类和熔炼室压力对等离子电弧电压的影响

1—氩气；2—氮气

喷嘴的深度（I_∂ 不大于 3000A 时深度通常为 10~12mm，I_∂ 大于 3000A 时深度通常为 15~20mm）；E_c 为电压梯度（氩气的 $E_c = 1.0$V/mm；氮气的 $E_c = 7.5$V/mm）；c 为考虑阴极和阳极电压降的系数（在氩气中工作时 $c = 10$；在氮气中工作时 $c = 15$）；m、n 为幂数（氩气的 $m = 0.65~0.80$，$n = 0.43$；氮气的 $m = 0.3~0.35$，$n = 0.8~0.85$）。

当用氩气与其他气体的混合气体工作时，电弧电压降可以用以下经验公式计算[36]：

$$U_{\partial.\text{см}} = U_{\partial(\text{Ar})} \left[10^2 \{ \varGamma \} \right]^{n_1} \tag{2.5}$$

式中　　$\{\varGamma\}$——在天然气体与氩气的混合气体中天然气体的体积；

　　　　n_1——幂数（氩氮混合气体的 $n_1 = 0.12~0.17$；氩氦混合气体的 $n_1 = 0.05~0.08$；氩氢混合气体或氩气与天然气体混合气体的 $n_1 = 0.32~0.35$）。

向喷嘴通道输送等离子气源的方式有以下两种：

（1）轴向输送，即顺着阴极轴线送气；

（2）切向输送，即送气方向与阴极轴线成一定角度；这时等离子枪工作室内的气流会自上而下盘旋运动。

气流的涡流特性会加快电弧放电与等离子气源之间的热交换，从而提高等离子电弧的热效率。

加大电弧压缩程度会提高电弧的电压降。例如，电弧在等离子枪喷嘴通道内的压缩程度从 1.05 增加到 1.2 时，用直流电工作的电弧电压平均增长 2.5%。

阴极缩入喷嘴的深度对电弧电压降的影响更大，但是这不会改变伏安特性曲线的形状（图 2.19）。电弧电流加大之后，阴极缩入喷嘴的深度对电压的影响十分明显。

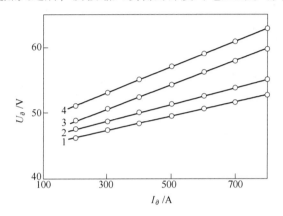

图 2.19　电弧等离子枪伏安特性曲线对电极缩入喷嘴通道深度（l_3）的依赖关系

1—$l_3 = 0$；2—$l_3 = 4 \times 10^{-3} \mathrm{m}$；3—$l_3 = 8 \times 10^{-3} \mathrm{m}$；4—$l_3 = 12 \times 10^{-3} \mathrm{m}$

除了等离子枪的几何形状，等离子气源流量与电弧长度对伏安特性曲线也有影响。当等离子气源流量增大，电弧长度也增加时，电弧电压会随之升高（图 2.20）。这时电压按线性规律增长。

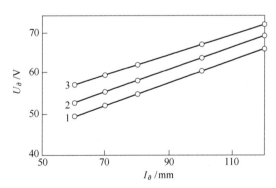

图 2.20　电弧电压对等离子气源流量与电弧长度的依赖关系（$I_{\partial} = 700 \mathrm{A}$）

1—$Q_{\mathrm{r}} = 0.34 \mathrm{g/s}$；2—$Q_{\mathrm{r}} = 0.57 \mathrm{g/s}$；3—$Q_{\mathrm{r}} = 0.71 \mathrm{g/s}$

为了使等离子枪产生电弧等离子体，首先必须在电弧间隙创造有利于激发火花放电的条件，以便接下来将火花放电转化为电弧。激发电弧放电的条件是[1~3,37,38]：

（1）从任何稳定的小功率放电（例如辉光放电或电晕放电）转化为电弧放电；

（2）从某种不稳定的过渡性放电（例如电弧间隙击穿）发展为电弧放电；

（3）两个事先连接在电源正负极上的电极断开时产生电弧放电。

在实践中，后两种激发等离子电弧的方式使用较多。

断开电极产生放电是最简便的激发电弧的方式。这种方式在利用熔化电极进行电弧焊接时使用得最多。在冶炼用等离子枪里很少使用这种方式。因为短路电流可能过大，会烧坏起阳极作用的喷嘴。在个别等离子枪结构中，也有使用这种方式激发电弧的。

为了在两个固定电极之间激发电弧，可以利用由高压脉冲击穿电极间隙所产生的高压放电。高压脉冲一般可以用自感线圈产生。感应电路迅速断开，就会引发自感电动势，在其作用下电极之间就会发生放电间隙击穿。

实践中应用最广泛的激发电弧方式，是用高频放电完成电极间隙击穿。这时高频脉冲发电机的脉冲会叠加到放电间隙上。电流频率可以为 10k~1.5MHz，电压为 2k~8kV。由振荡电路和放电器组成的振荡器相当于高频发电机。在电极间隙不大于 5mm 的空气中，只要有电压为 3kV、频率为 100~500kHz 的脉冲就能实现电击穿。高频发电机可以用并联或者串联方式连接电弧间隙。采用并联方式时，必须用包含节流器和电容器的过滤器对电源进行保护。采用串联方式接入电弧电路时，要增加一个中间变压器。上述接通方式可以保护电源不被高频电流击穿（图 2.21）。

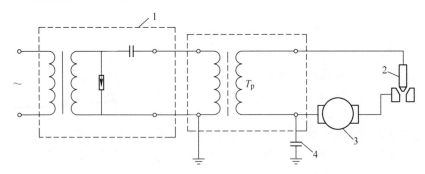

图 2.21　振荡器串联接入电弧电路的电路图
1—振荡器；2—电弧等离子枪；3—等离子枪电源；4—旁路电容器；T_p—高频变压器

虽然上述激发电弧的振荡器电路很普遍，但是也有一些不足，例如它会产生很大的射频干扰，需要使用特制的高频导线给等离子枪供电。

运用上述方法便可以在等离子枪的阴极与喷嘴之间激发出"间接电弧""辅助电弧"或者"值班电弧"。

为了激发工作用主电弧，只要把等离子体射流导向与电源的另一极相连接的金属即可。主电弧点火之后辅助电弧随即断开。如果出现主电弧熄灭的异常情况，振荡器可以再次接通，重新激发主电弧。

冶炼用电弧等离子枪在高温流体中工作，一个熔炼过程长达数小时，熔炼室的气体成分还可能具有强腐蚀性。所以等离子枪结构、相关零部件材料、工作寿命、技术经济指数等一系列要求，都受到上述条件，以及其他特殊工作条件的影响。

对于冶炼用等离子枪的要求目前尚无一致表述，各种见解归纳起来有以下几点：

（1）等离子枪的结构、制造电极和喷嘴的材料应保障熔炼时在炉内顺利形成等离子电弧并且稳定燃烧；

（2）电极和喷嘴在额定功率下的工作寿命应该较长；

（3）冷却受热部件的系统应保障在耗水量不大的条件下长时间可靠散热；

（4）等离子枪的结构应工艺简便，易于制造与组装，方便使用与维修；

（5）等离子枪结构应保证在使用惰性气体和含有活性气体的混合气体时在最小流量和额定功率条件下长时间工作；

（6）等离子枪中所使用的材料不应与电磁场相互干扰，应具有耐腐蚀性；

（7）导电元件应有可靠的电绝缘性能；

（8）等离子枪的外壳应保证等离子枪通过密封元件接入熔炼室，并且在熔炼时可以轴向移动；

（9）伸入炉子熔炼空间的等离子枪壳体的外部应不加带任何输送水、电、气的管子；

（10）可能受到辐射作用的接头、非金属密封件和其他零部件应有耐高温或水冷保护屏蔽。

等离子枪应保证在规定的工作电流和电压范围内反复可靠地激发等离子电弧，并保证其稳定燃烧。为了满足这一要求，电极直径与喷嘴通道直径之间必须保持相应的比例，即保持合理间隙；另外，喷射等离子气源的组件必须结构设计合理。

受热最多的器件（电极和喷嘴）应能长时间承受等离子枪最大功率时的热负荷，具有很强耐腐蚀性，具有稳定和有效的冷却措施避免主体和密封件过热。为实现这些要求，必须选择好制作高温发热元件和冷却系统的材料；另外，还要采取措施保护密封件免遭等离子电弧、液态金属和高温气体的直接辐射。

电极座与等离子枪壳体之间的电绝缘应能承受住电弧受损或者断路时在弧隙内产生的最大电压。用振荡器激发电弧时，这一电压为 $2\sim5kV$，频率为 $0.3\sim1.0MHz$。

等离子枪的供水和供气部件（软管、密封件、垫片等）应能承受不小于 $1.01MPa$ 的压力。另外，冶炼用等离子枪的结构应符合专门的安全技术标准，即在炉子的熔炼室内不允许有任何供水供气软管与电缆。

最后，保证等离子枪组装与拆卸方便，易于快速更换常用易损零部件（电极和喷嘴）也很重要。

2.2.3 冶炼用电弧等离子枪的结构特点

现代冶炼用电弧等离子枪的典型结构和布局见图 2.22。

水冷电极座 1 安装在外壳体 3 的内腔中。电极座 1 通过套管 6 与外壳体 3 实现电绝缘。电极（阴极）5 由难熔金属制作，通过可拆卸或不可拆卸的接头固定在电极座的下部。喷嘴 4 连接在外壳体 3 的下缘。用振荡器激发值班电弧时，喷嘴起第二电极的作用。等离子枪工作体长度（即位于炉子熔炼室内的部分）取决于炉子本身用途、结构以及主要部件的布局。

等离子枪的电极和喷嘴需要在最严峻的条件下工作，即它们直接与电弧等离子体接触，所以工作寿命非常有限。提高这些部件的强度，从而延长工作寿命，可以极大减少维修频率和工作量，降低电炉事故与停工概率。

2.2.3.1 等离子枪阴极

等离子枪阴极（电极）是最重要的结构和功能部件之一，它保障电流在电弧电路中不

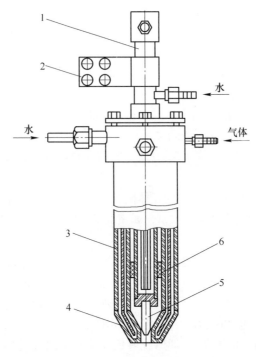

图 2.22   冶炼用电弧等离子枪原理图
1—电极座；2—馈电线；3—外壳体；4—喷嘴；5—电极；6—电绝缘套管

间断地流动，是产生电子的源泉。由于阴极与电弧等离子体有直接接触，所以会承受极大的热负荷，易被腐蚀。由于有电流通过，阴极会释放大量的焦耳热，另外阴极还要接收电弧在阴极区释放的大部分热能[1~3,12,37,39,40]。

所以在设计冶炼用等离子枪的结构时，必须考虑这些情况并且采取相应措施，把阴极受腐蚀程度降到最低，因为腐蚀掉的产物可能会落入金属熔池，造成污染。

电弧等离子枪阴极根据热状态可分为冷阴极与热阴极。

冷阴极（易熔断阴极）通常带冷却措施，用熔点较低、导电导热性能优良的金属制成，适合在各种等离子气源形成的介质中工作（包括还原的、中性的、氧化的）。这种阴极的工作原理，是在阴极斑点区表面形成场致电子发射。冷阴极只能在热负荷相对较小的条件下工作（不大于$1\times10^5\mathrm{kW/m^2}$）。冷阴极斑点内的电弧电流密度位于$10^{10}\sim10^{11}\mathrm{A/m^2}$之间，与阴极斑点内近$(4\sim7)\times10^7\mathrm{kW/m^2}$的功率密度相对应。所以即便有必要的加强冷却措施仍难以避免阴极损坏。因此在带冷阴极的等离子枪里，通常会强制阴极斑点沿电极表面移动。实现这种移动的手段可以是气流、外磁场，也可以用机械方法移动（旋转）电极。

原则上说，冷阴极可以由任何金属制作（例如铜、钢、铝等）。但是在实践中最常用的是铜。阴极被腐蚀的速度取决于材料的热物理特性、等离子气源的成分和流量，以及电流强度。大量研究数据表明，在氩气介质中工作的铜阴极，腐蚀速度接近于$10^{-8}\mathrm{kg/C}$。

由于冷阴极只能在热流相对较小的条件下工作，在熔炼金属时，等离子枪多采用由难熔金属和非金属材料（如石墨）制作的热阴极。

制作热阴极的材料应该具有以下物理化学特性[13,16,17,41]：熔点高；耐热性强；电弧（等离子体）放电条件下电子逸出功低；导电导热性能好；机械强度和耐高温强度高；蒸发速度低；结构稳定，即阴极材料不应再结晶，加热时几何形状不应改变。

能够最大限度满足这些条件的是钨基热发射阴极，钨的熔点为（3650 ±20）K，沸点为5740K，电子逸出功为 4.54eV，热发射电流密度为 28A/m²，电阻率为 0.060Ω · mm²/m。电流从阴极表面向外传递的机制基于热电子发射现象，而热阴极的优良工作性能与热电子发射条件下的冷却效果有关（电子冷却）[40,42]。因为钨的逸出功相对较高，为了获得必要的热电子发射量，需要把钨电极加热到很高温度。这就是电极易损坏的主要原因。

为了减少逸出功，提高钨电极的稳定性，可以在钨中添加一些可以降低电子逸出功的元素。常用的添加元素是镧、钇、钍和其他元素的氧化物，它们都能显著降低电子逸出功。用与上述元素进行了合金化处理并经过锻造的钨棒制作的阴极具有优良性能。

二氧化钍添加剂 ThO_2（含量为 1%～1.5%时）的逸出功为 3.35eV，可以优化点火条件，稳定等离子电弧燃烧。钍钨电极的一个最大缺点是具有天然放射性，所以在苏联时期钍钨合金没有得到应用。应用比较广泛的是添加氧化镧 La_2O_3 的钨合金。含有 1%～2%氧化镧添加剂的电极重量损失小，通过电流密度相当高。这种电极阴极斑点中的电流密度视工作条件不同可以达到 10^7～$10^8 A/m^2$[13,17,43]。

给钨添加镧、钇、钍不仅能改善电弧点火时钨阴极的发射特性，提高电流通过密度，保证电弧燃烧的稳定性，而且能将钨的再结晶温度提高近 600K。

钨阴极可以在压力为 10^2～10^7Pa 的大范围内出色工作，但是工作介质只能是中性的、还原性的或者是混合的。合金化钨阴极在氩气、氮气、氢气介质，以及大气压力条件下工作时，腐蚀程度为 10^{-12}～10^{-10}kg/C。阴极的腐蚀速度与压力和等离子气源成分有关。如果使用掺杂数个百分点氧气的工业氮气，钨阴极的腐蚀速度会显著加快。

除了钨以外，可以用作阴极材料的还有其他一些难熔金属和非金属材料，它们在沸点温度时的电子逸出功都相对较低，并且有足够高的热发射电流密度（大于 20A/m²）（表2.1）。

表 2.1　阴极材料的热发射特性

阴极材料	熔点/K	沸点/K	电子逸出功/eV	理查森常数/m⁻² · K⁻²	热发射电流密度/A · m⁻²	参考文献
C	—	4070	4.34	$3.0×10^{-3}$	0.2	[44]
Hf	2498	5470	3.53	$1.45×10^{-3}$	24	[45]
Mo	2880	5070	4.2	$5.1×10^{-3}$	8.8	[46]
Ta	3270	5670	4.2	$5.5×10^{-3}$	33	[46]
Th	2020	4470	3.38	$7.0×10^{-3}$	22	[45]
Zr	2130	4650	4.12	$3.3×10^{-3}$	24	[45]
ZrC	—	5370	3.8	$1.34×10^{-3}$	100	[47]

阴极材料	熔点/K	沸点/K	电子逸出功/eV	理查森常数/$m^{-2} \cdot K^{-2}$	热发射电流密度/$A \cdot m^{-2}$	参考文献
W	3650	5740	4.5	7.5×10^{-3}	2.8	[46]
W-La	3650	—	2.72	8.0×10^{-4}	—	[48]
W-Y	3650	—	2.56	6.45×10^{-4}	—	[49]
W-Th	3650	—	2.6	1.0×10^{-3}	—	[50]

等离子枪阴极特有的高温度是保证其表面产生高水平热发射的必要条件，这个高温度来自于电流运动所释放的焦耳热，同时也是支撑斑点内正离子对阴极表面进行轰击的结果。

为了保证钨阴极在氧化介质和活性气体介质中稳定工作，有些等离子枪采用"中性气帘"来保护阴极，防止被腐蚀性气体介质损坏。这种阴极保护方案之一见图 2.23[51]。根据这一方案，顺着阴极座与内壳体之间的内环通道（Ⅰ）供给中性气体（氩气），形成一层保护阴极的介质，顺着外环通道（Ⅱ）供给完成工艺任务的气体（如空气、氧气或氮气）。工艺气体要送到低于阴极顶端的位置。等离子枪工作时，直流辅助电弧（值班电弧）3 在钨阴极 1 与中间喷嘴 2 之间不间断地燃烧，而交流主电弧 5 的燃烧位置位于中间喷嘴 2 与被加热金属 6 之间。

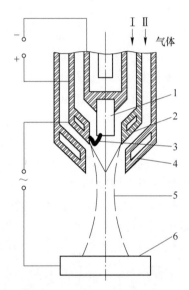

图 2.23　带中性气帘和值班电弧的
电弧等离子枪原理图
1—阴极；2—中间喷嘴；
3—辅助（值班）电弧；4—带喷嘴的外壳；
5—等离子主电弧；6—被加热金属

用锆、铪制成的热化学阴极可以在氧化介质中稳定工作，在高温条件下它们的活性表面会形成一层由氧化物、氮化物组成的保护膜。这层薄膜也是电子发射体。在还原介质或者中性介质中工作时，一旦氧化膜损坏，阴极很快就不能工作了。如果有高强度的冷却，由锆、铪制作的阴极可以非常好地工作，但是也有最大电流限制（锆阴极不大于 300A，铪阴极不大于 350~400A）。这类电极的工作寿命都不超过 15~20h。所以它们不适合于冶炼用等离子枪，主要用在与制取氧化物相关的等离子体化学方面。

阴极电流密度大，温度高，等离子气源中会夹杂氧气、氮气、水分杂质，这些因素是导致阴极快速损坏的主要原因。可以通过扩大阴极的截面积，即降低阴极电流密度的方法来改善阴极的使用条件。但是这种方法受到阴极结构特点的限制，还会降低阴极表面的散热能力。

使用正极性（阴极电极）直流电工作的等离子枪，阴极耐用性更强，等离子电弧参数更稳定。因为与交流电不同，直流电沿电极截面均衡分布。这样就可以制造出能在数千安培电流下可靠工作的电弧等离子枪。

在电流强度不大于 5~6kA 的电弧等离子枪中，通常采用钨制圆柱阴极。阴极顶端形状可以是扁平的，也可以是球面或锥形的，以便把电弧支撑斑点固定在阴极的轴线上。

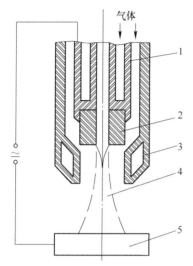

图 2.24 空心阴极电弧
等离子枪原理图

1—电极座；2—空心阴极；3—喷嘴；
4—等离子电弧；5—被加热金属

在有些工作电流大于 5~6kA 的等离子枪中，阴极是空心圆柱形的，纵向通道直径大约为 4~6mm，一部分等离子气源从这里供给（占总流量 5%~15%）（图 2.24）。这会形成发自电极表面的补充对流散热，从而改善电极的冷却条件，在增大等离子枪电流时，对延长阴极工作寿命产生良好影响。

采用空心电极时，阴极一个斑点或若干雾化斑点分布在紧靠阴极下端的圆柱形腔室里。等离子电弧的头部位于电极的轴向腔室内，并且受到电极壁的压缩。电极壁对这一部分等离子电弧柱的四周产生冷却影响，用这种方式限制它的辐射尺寸，稳定等离子电弧柱的空间位置。

与此同时，电极腔内有利于电子从腔体表面猛烈发射的条件可以在电极温度较低时形成。这样就能显著降低电极的腐蚀，延长工作寿命。这就是空心阴极效应[52,53]。

在使用空心电极时（图 2.24），有两股气流吹动：一股是外部气流，吹向电极与喷嘴的间隙；另一股是内部气流，从电极的轴向孔中吹出。两股气流在电极的出口处发生混合，结果会增大电极近表面电弧柱的截面，降低电流密度，从而有助于降低电极受腐蚀程度。

向电极与喷嘴的环形间隙送入气流，可以沿等离子枪的纵轴输送，也可以切向输送，即让气流沿电极座圆柱形表面螺旋流动。在切向（相对等离子枪轴）送气时，等离子气源环绕着电弧柱螺旋向下运动。气流的涡旋特性可以加强辅助电弧与等离子气源之间的热交换，从而使气体加热过程的效率提高，等离子主电弧的燃烧变得更加稳定。

在有些等离子枪中利用电磁稳定等离子电弧（图 2.25）。电磁稳定电弧原理的基础是带电导体在磁场中移动时产生的电动力[2,3,30,54,55]。

在直流等离子枪里，与焊接电弧类似，可以利用以下两种外磁场[2,22,54]：

（1）纵向磁场，用来压缩和稳定等离子电弧；

（2）横向磁场，用来切向移动（旋转）等离子电弧。

等离子电弧在横向磁场内可以稳定燃烧并具有可控性，这就使它具有了新的工艺性能（可垂直或

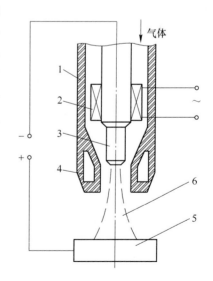

图 2.25 用电磁稳定等离子电弧的
等离子枪原理图

1—壳体；2—电磁线圈；3—阴极；4—喷嘴；
5—被加热金属；6—等离子电弧

旋转展开等离子体射流、沿金属熔池表面旋转移动阳极斑点等）。在横向磁场中有控制地旋转直流电弧技术也可以应用到等离子枪里，从而延长喷嘴和阴极的使用寿命。借磁场之力强制旋转电弧可以使阴极斑点沿阴极表面快速移动，有助于降低阴极温度和被腐蚀程度（图 2.25）。

　　在使用过程中，等离子枪的结构特性与工艺因素都会对等离子枪电极（阴极）的损耗程度产生影响。

　　加大等离子气源流量可以明显降低阴极的腐蚀。

　　电极腐蚀速度或者电极损耗程度与电极相对于喷嘴的位置（即电极相对于喷嘴顶端的位置）有关。固定电极的方式可以是：电极的顶端可以与喷嘴顶端处于同一个平面，可以伸出喷嘴之外，也可以缩入喷嘴通道。加长阴极伸出部分或者把阴极顶端缩入喷嘴，都会加大电极损耗。

　　当电弧电流强度达到 700A 时，阴极的重量消耗 $G_κ$ 可以用以下经验公式计算：

$$G_κ = 0.075\exp\left(0.563\frac{l_э}{d_c}\right) \tag{2.6}$$

式中，$l_э$ 为电极缩入喷嘴的深度；d_c 为喷嘴通道直径。

　　等离子枪喷嘴通道内电弧受压缩程度对于阴极的损耗有显著影响。电弧受压缩程度越大，阴极损耗越大。

　　众所周知，阴极的工作寿命在很大程度上决定了等离子枪的使用时限和可靠性。所以在设计阴极部件构造时应该遵循以下原则：

　　（1）在不超过额定电流情况下，阴极不间断工作时间应不少于数十小时；

　　（2）阴极部件应能快速更换；

　　（3）阴极应具有良好的防护，防止金属熔池的飞溅物和蒸气落入；

　　（4）熔炼过程中出现的额定电流在 45%～50% 范围内的短暂变化不应影响阴极的工作寿命。

　　改善大功率等离子枪电极的工作条件、延长其工作寿命的主要因素之一，是通过降低局部热负荷来降低电极工作表面的温度[56]。为此必须努力缩小近电极区的电压降，从而使电子和离子以轰击电极表面方式传递给电极的热量有所降低，即通过缩小近电极区的电压降来实现上述目的。

2.2.3.2　喷嘴

　　等离子枪结构中相当复杂的一个部件是喷嘴。喷嘴固定在等离子枪的水冷壳体上，直接参与等离子电弧的形成。

　　喷嘴的作用是在电弧阴极区形成气流，另外喷嘴还是点燃电弧时的启动电极之一（阳极）。使用高频振荡器或其他适当方法可以在阴极与喷嘴之间形成电击穿，点燃值班电弧，随后值班电弧点燃位于阴极与被加热金属之间的主电弧。冶炼用等离子枪的喷嘴通道能对电弧柱的形成产生稳定作用，并限制电弧柱的直径，即从四周进行压缩。

　　对等离子枪壳体和喷嘴的冷却可以分别（自主式）进行，也可以联合（串联）进行。在自主式冷却结构中可以用专门的通道向喷嘴供水，也可以用等离子枪壳体内的管路向喷嘴供水。在冶炼用等离子枪里，喷嘴冷却水流量在压力为 1.2～1.5MPa 时可以达到（2～3）×10^{-3}m³/s（电流达到 10kA）。

阴极和喷嘴是等离子枪中最易受损的部件，所以需要经常更换。使用整体焊接结构时，等离子枪与喷嘴是一体化的，如果喷嘴损坏必须整支更换等离子枪。

喷嘴承受的热负荷很高，有的来自于等离子电弧本身，有的来自于金属熔池辐射，还有的来自于炉腔内的气体对流。所以必须选用熔点较高、导热性能好的金属制作喷嘴，以防止迅速损耗。理想的材料是高纯铜。最常见的是轧制或锻造的 M0 号无氧铜。

铜喷嘴有良好的导电性，通道内有一个薄冷气层使它与电弧绝缘。但这种绝缘不可靠，在一定条件下通道表面会发生电击穿，从而形成双电弧，即一支电弧在阴极与喷嘴之间燃烧，另一支电弧在喷嘴与金属之间燃烧[57~59]。

为了避免在电弧柱与喷嘴之间的气体边界层发生电击穿，电压 $U_c = E_c I_c$ 不应大于把电弧柱与喷嘴隔开的气体边界层的击穿电压 U_{np}（这是第一个条件），即

$$E_c I_c < U_{np} \tag{2.7}$$

U_{np} 的强度取决于等离子气源种类、电离电位和导热性、气流速度、电弧柱温度，以及喷嘴通道表面状态等。

即便在边界气体层发生可能导致两支电弧出现并稳定燃烧的电击穿，也必须让第一支电弧的阳极电压降和第二支电弧的阴极电压降的总和不大于电压 U_c。这是避免双电弧最终形成的第二个条件。这一条件可以记为下述不等式：

$$E_c I_c < (U_{a.c} + U_{\kappa.c}) \tag{2.8}$$

式中，$U_{a.c} + U_{\kappa.c}$ 分别为燃烧于阴极与喷嘴之间电弧的阳极电压降、燃烧于喷嘴与被加热金属之间电弧的阴极电压降（对于铜喷嘴来说，这个总和不大于 30V）。

在等离子气源的成分、流量以及电流强度关系确定之后，针对喷嘴通道直径的每一个尺寸，通道圆柱体的长度都有一个临界值。一旦长度大于临界值，形成双电弧基本上就不可避免了。

在直接作用等离子枪里可以有以下两种办法避免双电弧形成：

（1）从结构上必须保证喷嘴与等离子枪壳体电绝缘；

（2）从工艺上要选择适当的等离子气源和流量，用来调节边界气体层的厚度与相应的物理特性。

双电弧一旦形成，喷嘴会快速损耗，直至失效。为了减少发生这种情况的概率，电极柱不应过深缩入喷嘴内部。否则电极有效表面的散热条件可能恶化，蒸气与重熔金属的飞溅物可能会落在电极表面导致电极损坏，在高温下它们会与电极材料发生化学反应。

为了延长喷嘴的工作寿命，可以利用磁场压缩喷嘴通道内的等离子电弧。电弧在喷嘴内被压缩程度（ d_c/d_∂ ）会影响等离子枪的工作状态。为了保证喷嘴达到必要的工作寿命，就需要有更合理的喷嘴结构，保障喷嘴通道的冷却强度。

为了评估形成双电弧的条件，有人提出了电弧形成系数（ K_∂ ）概念，即 U_c/U_∂ 的比值。其中，U_c 为喷嘴通道长度范围内的电弧电压降；U_∂ 为全电弧总体电压降。这个系数的物理意义在于，当电流强度固定时，它代表了喷嘴通道内的电弧电阻与总体电弧电阻的比值。这个比值越高，电极喷嘴段的电阻就越高，出现双电弧的可能性越小[59]。

在故障情况下，K_∂ 值会急剧变化：

（1）当喷嘴触碰到被加热金属时，K_∂ 值接近于 1；

（2）当金属液滴落入电极与喷嘴的间隙时，$K_\partial < 0.25$。

带电极柱的交流等离子枪以正常状态工作时，电弧形成系数保持在 0.3~0.4 之间。

电弧形成系数还可用于监控等离子枪的实际工作状态，建立保护系统，以及自动调控等离子加热的工艺参数。

电弧等离子枪的热损失取决于喷嘴通道内的气体温度，而气体温度与外接电源传递给整个电弧柱的电功率有直接关系。当电流强度一定时，电弧柱里释放的功率也会变化，制约因素是喷嘴通道里的电压梯度。而电压梯度值则取决于喷嘴通道的几何形状与等离子气源的种类。当气体流量恒定时，增大电弧电流会使电压梯度加大：

$$E_c = 2.42 + 7.9 \times 10^{-3} I_{\partial} \tag{2.9}$$

在电流值不变的情况下，加大阴极缩入喷嘴的尺寸，也会使喷嘴通道内的电压梯度增大。这样，喷嘴通道内释放的功率会增大，热损失也会随之增大。

可见，喷嘴表面的热负荷强度取决于电弧电流强度和阴极缩入喷嘴的尺寸，这两个数值越大，热负荷强度越高。

当气体流量恒定、阴极缩入喷嘴的尺寸不变时，电弧电流越大，进入喷嘴的热流也越大：

$$q_c = 0.933 \times 10^3 I_{\partial}^{1.426} \tag{2.10}$$

进入喷嘴的热流与阴极缩入喷嘴的尺寸呈线性关系，可以用以下公式表达：

$$q_c = (0.89 + 0.07 I_{\partial}) \times 10^7 \tag{2.11}$$

式（2.9）~式（2.11）适用于电流值不大于800A的情况。等离子枪水冷部件的热损失取决于喷嘴通道内的热应力。但是尽管进入喷嘴的热流温度值很大，与铜可以承受的最大值相比还是小很多。

根据全俄电热设备科学研究院的建议，在设计等离子枪时，必须让阴极-喷嘴组件（图2.26）的主要尺寸符合以下要求：$l_{\partial} = (0.15~0.5) d_{\partial}$；$l_{\scriptscriptstyle B} = (1.2~4.0) d_{\partial}$；$D_c = (1.1~1.4) d_{\partial}$；$h_{\scriptscriptstyle K} = (0.3~0.6) d_{\partial}$；$\alpha = 60°~80°$。

当电弧等离子枪在熔炼炉温度下工作时，影响阴极损耗的除上述因素外，还有喷嘴通道与阴极的几何形状、等离子气源种类和流量、阴极散热强度（即冷却水的温度）。

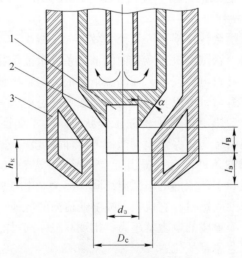

图 2.26　电弧等离子枪阴极组件结构图

1—阴极；2—阴极座；3—喷嘴

2.2.4 直流等离子枪

在将等离子技术工业化应用于冶金领域的初期，使用的都是直接作用直流等离子枪（等离子电弧在等离子枪电极与被熔化金属之间燃烧）。在等离子枪内稳定电弧的方法是用气流吹拂电弧柱，或者用水冷喷嘴壁压缩电弧柱的头部，或者两种方法并用[22~26]。

20 世纪 60 年代初文献提到最早用于金属冶炼的等离子枪之一，是由 The Linde Division of Union Carbide Corporation（Linde）（美国纽约）制造的。

这一结构的等离子枪应用在容量为 140kg 的电钢熔炉上，代替了石墨电极[60]。这种等离子枪的工作部分见图 2.27。虽然熔炼空间内热负荷很高，但是这种等离子枪可以工作 100 余小时不维修。

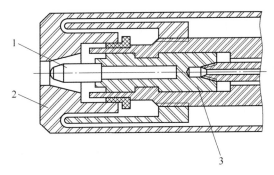

图 2.27 Linde 公司生产的电弧等离子枪结构图
1—钨电极；2—喷嘴；3—电极座

等离子枪的外壳是一个"管中管"式的水冷结构。这使它能在炉内高温环境下可靠工作。等离子枪的喷嘴可以保护电极不被金属熔池的喷溅物击中。额定电流为 1120A 时，等离子枪最大功率为 120kW，等离子电弧柱的工作长度为 150mm。

使用记录表明，熔炼时电弧电压、电流强度与平均值的最大偏差不大于 2%。电弧电气参数的良好稳定性为精确调节功率，并将功率保持在额定值提供了保障。

一些问世略晚的专利揭示了个别部件的结构，描述了多个尺寸等离子枪的性能和不同的应用领域。例如有报道说，Linde 公司的专家给容量为 1.0~10.0t 的炼钢炉研制了功率为 0.1~2.0MW 的一系列尺寸等离子枪。这些等离子枪由直流电源供电，用于压力为 $3 \times 10^3 \sim 1 \times 10^5 Pa$ 的熔炼室（图 2.28）。

这些等离子枪的阴极采用的是不同直径的锻造钨棒。例如直径（d_κ）为 12.7~25.4mm 的阴极，喷嘴通道的直径（d_c）为 14.3~38.1mm，（$d_c/d_\kappa \approx 1.37$）；直径（$d_\kappa$）为 50.8mm 的阴极，喷嘴通道的直径（$d_c$）为 76.2mm（$d_c/d_\kappa \approx 1.37$）。

外壳和喷嘴的冷却是依次进行的。冷却水首先沿壳体中的内环管路流向喷嘴，再从喷嘴沿壳体中的外环通道返回到排水口。在电流强度为 3~10kA、压力为 $1.4 \times 10^3 kPa$ 时，冷却水流量为 $2.5 \times 10^{-3} m^3/s$（或 $9.0 m^3/h$）。

等离子气源经过电极座与壳体之间的环形通道进入喷嘴通道。电流强度为 3~5kA 时，氩气流量为 $2.9 \sim 3.35 m^3/h$（或 48~56L/min）；电流强度为 10kA 时，氩气流量大约为 $29 m^3/h$（或 480L/min）。

　　给氩气添加双原子气体会使等离子电弧的热焓与其他物理特性发生变化，还会提高加热效率。双原子气体能产生这种作用，是因为原子复合成分子的过程发生在靠近金属表面的气体边界层，这一过程所释放的热量会传递给金属。

　　上述结构等离子枪的试验结果表明，它能在 0.5~4.0kA 电流条件下可靠工作。超过这个范围，阴极受腐蚀程度会显著增大。

　　从阴极耐用性角度考虑，使用轴心有孔的电极，即空心电极的等离子枪效果更好（图 2.29）。等离子气源主要通过壳体与电极座之间的环形通道进入喷嘴通道，另有一小部分经过电极的轴心孔进入喷嘴通道。空心阴极的外径为 19.0~25.4mm，相应的内通道直径为 6.4~9.5mm。小直径对应最小工作电流（5.0kA），大直径对应最大电流（10.0kA）。

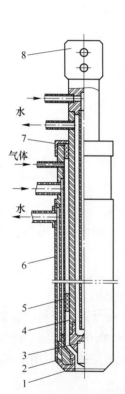

图 2.28　带整体化钨电极的
大功率电弧等离子枪

1—耐热涂层；2—喷嘴；3—电极；

4—电极座；5，7—电绝缘套管；

6—外壳；8—电极座接线柱

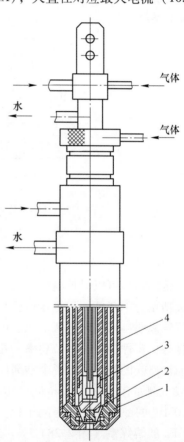

图 2.29　带空心阴极的冶炼用电弧等离子枪
（电流强度为 5.0~10.0kA）

1—喷嘴；2—电极（阴极）；

3—电极座；4—外壳

　　阴极孔内径 d_κ 与阴极外径 D_κ 的比例，即 d_κ/D_κ 为 0.26~0.29。

　　经电极座圆柱外表面与等离子枪壳体内表面之间的环形通道导入的氩气量为 2.9~8.7m³/h（或 48~145L/min），而经阴极轴心孔导入的氩气量为 0.7~3.35m³/h（或 12~55L/min）。可见经环形通道的氩气量比经阴极孔的氩气量多 3~4 倍。当电流值大约为

9.0kA 时，直径为 19mm 的阴极的重量损耗，即被腐蚀的速度，不超过 1~2g/h。

在不同电流负荷、不同等离子气源流量条件下（用石墨旋转盘作为被加热体）对上述结构的等离子枪进行了试验。实验结果见表 2.2。

表 2.2　冶炼用直接作用等离子枪试验结果

等离子枪类型	电极与喷嘴组件的尺寸/mm				氩气流量/g·s⁻¹	
	D_κ	l_κ	d_0	D_c	V_1	V_2
实心阴极	12.7	—	—	19.0	2.5~2.8	—
	19.0	—	—	25.4	7.0	—
空心阴极	12.7	12.7	3.2	35	2.1	0.7
	25.4	19	9.5	35	2.8	0.35
	25.4	19	9.5	8.1	4.2	1.4

等离子枪类型	等离子电弧参数				工作时间/min	阴极损耗/g·h⁻¹	阴极损耗特征	
	I_∂/A	U_∂/V	P_∂/kW	l_∂/mm			实心阴极	空心阴极
实心阴极	2400~2500	165~177	355~410	300~760	~120	不明显	轻微腐蚀	—
	3000~6000	63~177	195~455	63~76	19	0.4	阴极顶端损坏	—
空心阴极	5000	100	500	80	20	0.22	—	没有腐蚀痕迹
	8000	125	1000	89	20	0.21	—	没有腐蚀痕迹
	9000	115	1035	—	20	0.24	—	孔的周围有小蜂窝

巴顿电焊接研究所和金属与合金物理工艺研究所在研制冶炼用等离子枪方面取得了显著成就。巴顿电焊接研究所研制了多种 PDM（ПДМ）系列直流和交流等离子枪。它们既能在带水冷结晶器的重熔炉中工作，也能在带陶瓷底的炉子中工作（图 2.30）。金属与合金物理工艺研究所研制了 PDL（ПДЛ）系列直流等离子枪，主要用于强化感应坩埚炉熔炼（图 2.31）。

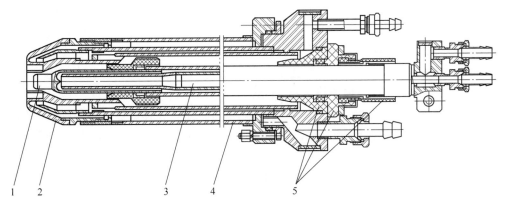

图 2.30　PDM 系列冶炼用电弧等离子枪

1—电极（阴极）；2—喷嘴；3—电极座；4—外壳；5—密封橡胶环

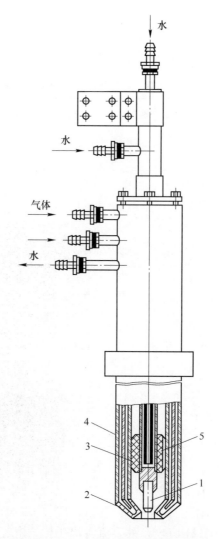

图 2.31　PDL 系列冶炼用电弧等离子枪

1—电极；2—喷嘴；3—电极座；4—壳体；5—电绝缘体

　　PDM 系列等离子枪由两个自带水冷并彼此电绝缘的组件组成：一个是带有电极的电极座，电极可由单个或数个整体钨棒构成，钨棒数量视功率需求而定；另一个是外壳，外壳的顶端是水冷喷嘴。电极接通直流电源的负极，外壳和喷嘴在工作过程中呈电中性。等离子电弧在电极（阴极）与被加热金属之间燃烧。

　　PDL 系列等离子枪的特点是用电焊或钎焊将喷嘴固定在壳体上。壳体与喷嘴均用水冷却，在喷嘴内冷却水从同心管道之间的环形间隙（夹层）流过。喷嘴损坏时要与等离子枪壳体一起更换。

　　这类等离子枪阴极的使用寿命大约为 100 个热工作小时。

　　在上述结构的等离子枪中，由振荡器和值班电弧电源点燃等离子电弧，值班电弧的两极分别连接电极和喷嘴。值班电弧在等离子枪的电极与喷嘴之间燃烧。通过值班电弧的气体有一部分被电离，以明亮的高温火舌形态从喷嘴通道向外喷射。只要提高从主电源输送给等离子枪的电压，就能点燃主电弧。值班电弧只在点燃等离子枪主电弧时起作用，等离子枪启动后值班电弧进入待机状态。

虽然直流等离子枪得到了广泛的工业应用，但是它存在以下缺点：

（1）容易形成双电弧，导致喷嘴壁被熔穿。为了避免出现这种现象，需要使用专门的自动防护系统，但这又使等离子电弧炉的电气设备变得复杂。

（2）炉子的铁磁结构件分布不对称，易使炉内形成不平衡磁场，这是造成等离子电弧空间位置漂移的主要原因。为了抑制这种现象必须安装专门的线圈或者加大等离子气源的流量。

（3）当炉内使用多支等离子枪时，等离子电弧的磁场会相互干扰，表现为它们之间相互吸引（当几支等离子枪倾斜分布时）。使得金属熔池表面的加热过程变得难以控制，对钢锭结构的形成产生不利影响，使等离子电弧炉工作的能量指标降低。

（4）在带陶瓷坩埚或带炉底的炉子中必须使用炉底电极，而电极一旦烧穿则可能发生炉子爆炸之类的危险。

（5）水冷结晶器或者凝壳坩埚有被熔穿的危险，因为等离子电弧发生空间漂移，会把（阳极）支撑斑点偏移到上述部件的侧壁上去。

（6）采用直流电并不理想，因为直流电源比炉子的变压器昂贵，而工作可靠性却较低。

直流等离子枪的以上缺点限制了它们的使用范围，尤其限制了其在大功率条件下工作的能力，即它们不适合大吨位的熔炉。

2.2.5 交流等离子枪

上述直流等离子枪的缺点推动了对交流等离子枪及其电源的研发。对比直流电源与交流电源的可靠性、价格、尺寸和重量，也能证明交流等离子枪的优势。

交流等离子枪优于直流等离子枪主要体现在以下几个方面：

（1）在熔炼过程中不存在等离子电弧之间的电磁干扰作用；

（2）使用带陶瓷坩埚或有炉底的炉子时，不需要炉底电极，提高了炉子的可靠性；

（3）使用带陶瓷坩埚的炉子进行熔炼时，显著降低了金属从炉子气氛中吸收氮气的程度；

（4）使用凝壳炉和带冷却结晶器的炉子时，减少了等离子电弧作用于金属熔体时电动力引起的金属飞溅。

但是，交流等离子枪在结构上比较复杂，等离子电弧的工作稳定性较差，等离子气源的消耗量较大。

为了研制出能可靠工作的交流等离子枪，必须从结构上解决以下难题：

（1）消除等离子枪（电源）电路中由电弧整流效应造成的直流分量[3,59]；

（2）在几支交流等离子电弧转换时保持燃烧的稳定性；

（3）避免电极处于正电位半周期时释放更多热量，降低等离子枪钨电极的消耗速度；

（4）建立可靠的等离子枪启动系统，确保一组三支等离子枪中至少两支可以同时启动。

交流电弧的不足是电弧电路（电源）中有直流分量[3,61]。电流直流分量会在电源中形成覆盖主交变电场的磁场，使变压器的电气性能急剧下降。消除直流分量的方法很多，在文献［30，62］中有详细介绍。但是当有三支或三支以上等离子枪同时工作，并且每一相电流都达到 3~6kA 时，采用这些办法就必须提高电源的额定功率，而这样一来则会使电路变得非常复杂，设备的价格也随之提高。

巴顿电焊接研究所的大量试验表明：存在于多相和零线中的直流分量并不取决于等离子气源的种类和流量、等离子枪结构、电弧长度，以及等离子枪在熔炼室的位置等因素。在结晶器接通零线时，对电流直流分量影响最大的是电弧电流。试验表明，单相电流的直流分量大体相当于电弧电流的 25%~30%（图 2.32）。

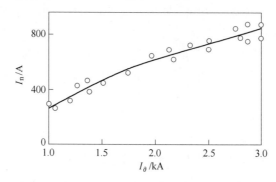

图 2.32　直流分量 I_n 对等离子电弧电流的依赖关系

（$Q_{Ar} = 4.5 m^3/h$，熔炼室压力为 $P_κ = 1.01 \times 10^{-2} MPa$；

$d_c = 3.5 \times 10^{-2} m$；$d_э = 3 \times 10^{-2} m$；$I_δ = 1.2 \times 10^{-1} m$）

相应的，零线直流分量等于各相直流分量之和。

断开变压器零线后直流分量消失，如果还有微小的直流分量出现，这是三相负荷不平衡造成的。所以消除直流分量对电源工作不利影响的主要方法，应该是设计一种让结晶器（金属熔池）与零线绝缘的等离子枪电源电路。

需要指出的是，普通的带钨棒电极的直流等离子枪原则上也能用交流电工作，但是电流负荷要非常小。这种等离子枪钨电极的截面应该大于用直流电源工作的等离子枪。尽管如此，用交流电源工作的等离子枪电极受腐蚀程度也比用直流电源工作的等离子枪大数倍，即钨电极的耐用性显著降低。

等离子枪用交流电工作时，电弧燃烧条件是变化的，即电极的极性会发生周期性变化。所以当电极处于正电位（阳极）半周期时，电极本身的热负荷会增加，电弧燃烧的稳定性也会降低。

交流电弧不如直流电弧稳定。因为交流电源电压在每个周期内会两次经过零位，所以在每个周期内，电弧两端电极上的电压会有两次小于激发电弧所需要的电压。也就是说，每个半周期都会发生一次电弧的点燃和熄灭。电弧熄灭时会在弧隙内发生消电离现象。为了再次激发电弧，每半周期开始时必须在电弧电路中重新创造所需条件。

V. I. Lakomsky（В. И. Лакомский）及其同事研究了电弧等离子枪在各种热条件下工作时交流等离子电弧燃烧的特点，取得了在冷热环境中燃烧的等离子电弧的动态伏安特性曲线（图 2.33 和图 2.34）。图 2.33 显示了在冷环境中，即熔炼初期金属熔池尚未形成时，等离子电弧燃烧的伏安特性曲线。单支等离子枪工作的特点（图 2.33a），就是电弧燃烧不稳定，有自发和周期性熄灭。

电弧中的电压明显增大才能点燃电弧，让电流通过。在单个半周期内点火电压的峰值可以达到电源空载电压的 0.6~0.8。在给钨电极接通正电位的负半周期里，电弧点火和熄灭时的电压值都比正极性周期大。根据图 2.33（a）可以看出，等离子枪处于此状态时会出现电流零位间断，即在一段时间内电弧里没有电流。这段时间的长短取决于电压从零位增长到点火峰值的速度。

在两支交流等离子枪同时工作时（图 2.33b），无论在正极性，还是负极性的半周期里，电弧点火电压都低于单支等离子枪，电极极性改变时电流的零位间断次数也比单支等离子枪少很多。看来这是因为电流归零时，单支等离子枪电弧柱里的消电离过程比两支等离子枪时发生得快很多。有两支等离子枪时，另一支等离子枪的电流和电压未归零，它所产生的对流与辐射热流会对保持弧隙间气体粒子的状态产生显著影响。

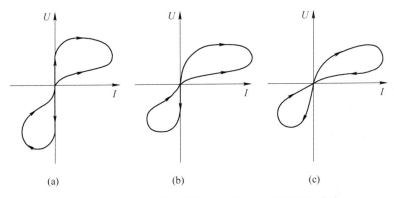

图 2.33　冷环境中交流等离子电弧的动态伏安特性曲线

（$Q_{Ar} = 0.9\mathrm{m^3/h}$，$P = 110\mathrm{kPa}$，$I_{\partial} = 500\mathrm{A}$，

$U_{\partial} = 60~65\mathrm{V}$，$d_{\mathfrak{s}} = 1 \times 10^{-2}\mathrm{m}$，$L_{\partial} = 7 \times 10^{-2}\mathrm{m}$）

（a）单支等离子枪；（b）两支等离子枪；（c）三支等离子枪

在三支等离子枪同时工作时（图 2.33c），电弧点火电压在正负半周期内都不大，而电流零位间断几乎不发生。

可见，三支等离子枪同时工作能使等离子电弧实现完全的相互稳定状态。

图 2.34 展示了在形成金属熔池（热环境）后等离子电弧的动态伏安特性曲线。在热环境中燃烧的等离子电弧的特点，是没有电流零位间断。随着炉内加热温度升高，图上环线内的面积不断缩小。当一支等离子枪的电弧电流和电压经过零位时，另外两支等离子枪的电流和电压偏移分别为 120°和 240°电角度，后两支等离子电弧产生的对流与辐射热流足以中止第一支等离子枪电弧柱里的气体消电离过程，使第一支电弧柱的导电性保持足够高，电压一提升，电弧中的电流马上得以接续。

通过分析交流等离子电弧的燃烧条件可以得出以下结论：三支等离子枪同时加热一个金属熔池时，可以使电弧燃烧达到完全稳定状态，排除"冷"、"热"环境引发电弧自发性熄灭的情况。

交流电弧燃烧的同时会把大量热能释放给等离子枪电极，因为在电极处于正电位半周期时释放给电极的热能远大于电极处于正极性（电极为阴极）半周期时[1~3]。所以如不采

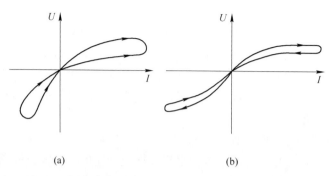

图 2.34　热环境中交流等离子电弧的动态伏安特性曲线

($Q_{Ar} = 0.9 \text{m}^3/\text{h}$，$P = 110 \text{kPa}$，$I_{\partial} = 500\text{A}$，

$U_{\partial} = 60 \sim 65\text{V}$，$D_{\partial} = 1 \times 10^{-2}\text{m}$，$l_{\partial} = 7 \times 10^{-2}\text{m}$)

(a) 金属熔池形成时；(b) 稳定的重熔过程

取相应措施，用交流电工作的钨电极受腐蚀程度会非常高，尤其是在使用大电流时（大于 800A）。

用经过锻造的直径为 10^{-2}m 的钇钨或镧钨芯棒组合而成的电极在使用交流电工作时有不俗表现。这种电极由 7 根棒芯构成，1 根居中，6 根排列在四周。试验表明，电弧燃烧时在电极的工作表面没有形成特别固定的活性斑点。用这种电极的额定电流工作时（2500~2600A），活性斑点均匀分布在组合电极的整个顶端。在所研究的电流范围内（600~3000A），组合电极顶端和边缘部位都未发现特别固定的活性斑点。在这种情况下，电极的损耗不会超过允许值。

当钨电极用交流电工作时，有效降低钨电极受腐蚀程度的方法之一，是降低电极的电流密度。表 2.3 列举了当冶炼用等离子枪的功率为 50~300kW 时，组合钨电极的交流电密度的最大允许值。

表 2.3　冶炼用等离子枪钨组合电极交流电密度最大允许值

等离子枪额定工作电流/A	电极电流允许密度/A·m^{-2}
不大于 800	5×10^6
800~1500	4×10^6
2000~3000	3×10^6

参考表 2.3 的数据，选择数个横截面积不同的交流等离子枪电极，对电极的耐用性进行了研究。等离子枪都在带水冷结晶器的等离子电弧炉上工作。结果表明，当工作电流为 300~3000A 时，电极损耗不大于 $0.7\text{g}/(\text{A} \cdot \text{h})$。

大功率等离子枪电极工作寿命显著降低的原因有很多。我们认为最主要的是以下两个：一是研制大功率等离子枪结构时忽视了尺度因子；二是电极材料（钨）与重熔金属之间发生了化学作用，金属熔体喷溅和蒸气都会造成它们的接触。

在实践中，有些设计者在设计大功率等离子枪时，为了降低电极上的电流负荷，根据流经电极的电流平均密度直接增大电极的直径。这种方法是错误的。这样会降低电极和等

离子枪的整体使用寿命，并且会让电极腐蚀后的生成物污染
重熔金属。在增大等离子枪的工作电流时，位于电极顶端的
电弧支撑斑点的面积不会按电流增大的幅度扩大，其变化幅
度非常小。这就造成支撑斑点区内电极的电流负荷与热负荷
非线性增长。如果局部电流负荷超过这种材料（钨）的极限
值，就会引起电极熔化。图 2.35 展示了一个等离子枪电极工
作区，该电极由数根直径为 10mm 的单独细棒组成，钎焊在
水冷电极座上。当等离子枪在超负荷状态下工作 10h 之后，
钨电极的重量损失了三分之一。

图 2.35　工作 10h 后等离子枪
电极的工作区（顶端）

　　我们认为，在设计冶炼用等离子枪过程中，尚未将其他
科学技术领域积累的经验充分利用起来。电弧放电是大功率
动力设备的关键技术元素。设计这类设备的物理学家们在与
电极腐蚀作斗争的实践中已经找到了解决问题的办法[63,64]。他们把电极分解成若干个组成
部分，或者说用几个单独的电极共同支撑一束电弧。采用这种方法后，电弧斑点的电流不
会超过极限值，电极的工作寿命因此有数十成百倍的增长。

　　基于上述原因，并且为了考察电极的工作能力，巴顿电焊接研究所研发、制造并且试
验了一种特殊的等离子枪原理样机。它的电极是一个组合件，由数个彼此电绝缘的单个电
极棒构成，电极棒的数量是 3 的倍数。等离子枪的结构和电极组件的外观见图 2.36[65]。
电极由 6 个彼此电绝缘的水冷电极座组成，钨电极棒的一端焊在电极座上。数个电极棒构
成一个组件（图 2.36b），安装在一个有喷嘴的水冷外壳中。每个电极棒有单独的电源或
共用一个多位电源。每个电极棒都有自己的接线柱与电源相连（图 2.37）。

　　这种等离子枪工作时，枪内的数支单个电弧能收缩成一个大弧柱。总电流在单个电极
间的强制分流、单个电极的供电方式，都保证了电弧燃烧的稳定性，以及每个电极与每个
支撑斑点相互关联的稳定性。

　　将单个电极、单个电弧支撑斑点，以及电弧柱从空间上区分开，不仅可以对电极承受
的局部电流与热负荷进行控制，而且可以提高整个电弧柱的空间稳定性。对比两支尺寸和
电流负荷相同的等离子枪的工作情况，可以看出带组合电极的那一支具有毋庸置疑的优
势。带组合电极的等离子枪的工作寿命比另一支高 10~15 倍。所以无论是等离子枪的整体
结构，还是个别组件都有进一步优化的必要。

　　对组合电极表面进行了研究，在 300~400A 电流强度下，虽然电弧支撑斑点留下了痕
迹，但是电极并未被熔化（图 2.38）。合成的大电弧柱不易受铁磁物质影响，电弧柱的空
间位置也不受组合电极工作表面状态的制约。

　　使用交流电工作的等离子枪有若干种，它们的结构有实质性区别（图 2.39）[66]。

　　在有值班电弧的等离子枪里（图 2.39a），直流电弧在钨制辅助阴极与喷嘴（阳极）
之间燃烧，喷嘴同时也是交流电弧的工作电极。交流电源在喷嘴与被加热金属之间接通。
值班电弧的作用，是保证交流电经过零位后能够点燃主电弧（工作电弧）。在这种结构的
等离子枪中，值班电弧在喷嘴通道中建立了一个部分电离的气体区（具备了足够的导电
性），可以保证交流主电弧的稳定燃烧。

　　带分路电弧（组合电极）的等离子枪中（图 2.39b），电极由中央钨芯 2 和水冷圆

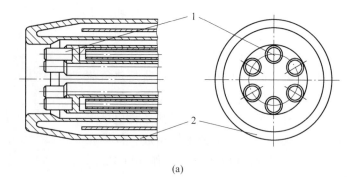

(a)

图 2.36　等离子枪的结构和电极组件的外观

（a）带组合阴极的等离子枪结构；（b）阴极组合件外观

1—组合阴极；2—喷嘴

图 2.37　带有电源接线柱等离子枪上半部分

图 2.38 等离子枪在额定电流下工作组合电极的外观
（a）顶部；（b）侧面

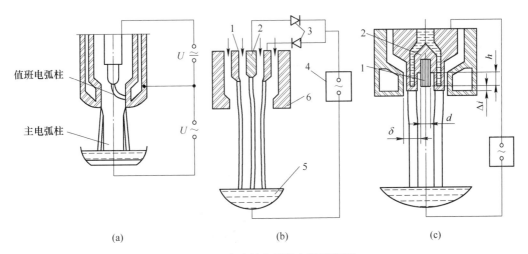

图 2.39 交流等离子枪电源原理图
（a）带值班电弧的等离子枪；（b）带组合电极的等离子枪；
（c）混合式等离子枪
1—水冷套管；2—钨电极芯；3—阀门；4—电源；5—金属熔池；6—喷嘴

柱套管 1 两个元件组成。套管从四周围住钨芯，中间有一定空隙。这两个器件彼此电绝缘，通过阀门 3 与电源的一个接线柱 4 相连，另一个接线柱与金属熔池 5 相连。阀门 3 有两种接通方式：在电流处于负半周期时，中央钨电极 2 是阴极；处于正半周期时，水冷套管 1 是阴极。也就是说，在不同的半周期内，等离子电弧或者在中央电极 2 与熔池 3 之间燃烧，或者在水冷套管 1 与熔池 3 之间燃烧。阀门应满足保障额定工作电流的需要。

这种结构的等离子枪不需要给值班电弧配备单独的直流电源，因为中央钨电极有足够的热能储备，可以在电极为阳极的半周期内再次点燃电弧。采用这一工作原理的等离子枪，热损失比有值班电弧不停燃烧的等离子枪（图 2.39a）小很多，钨电极的热条件也不那么严酷。

在带混合电极的等离子枪中（图 2.39c），钨芯 1 固定在水冷电极座 2 上，它们之间是导电的。钨芯直径 d、长度 h、缩入深度 Δ，还有电极座与喷嘴通道之间的环形间隙 δ 都对电极的热工作状态有影响。在确定这些因素时需要考虑，怎样在电极为阴极的半周期内把阴极斑点局限在炽热的中央钨芯上。

在电流极性改变时，阳极斑点既分布在钨电极上，也部分分布在铜电极座上。所以钨芯上的电流密度在不同的半周期有不同的值，即当钨芯为阴极时，电流密度要高很多，因为阴极斑点全部聚集在钨芯的顶端。

巴顿电焊接研究所研制的交流等离子枪的额定工作电流为 750~6000A（图 2.40 和表 2.4）。等离子枪其实就是一台直接作用等离子体发生器。它由带铜喷嘴的圆柱形水冷外壳与带钨电极的水冷电极组件构成，电极组件装在绝缘套管上之后再固定到壳体上。

等离子枪的外形尺寸，尤其是直径取决于它的功率，而长度则视安装等离子枪的熔炼设备的具体结构而定。

需要指出的是，交流等离子枪结构较复杂，等离子电弧工作稳定性较差，等离子气源消耗量较大。

普通带钨芯电极的直流等离子枪也可以用交流电工作，但是电流负荷要非常小。这种等离子枪钨电极的截面大于直流等离子枪。尽管如此，交流等离子枪电极的受腐蚀程度仍远大于直流等离子枪电极，即钨电极的稳定性显著降低。

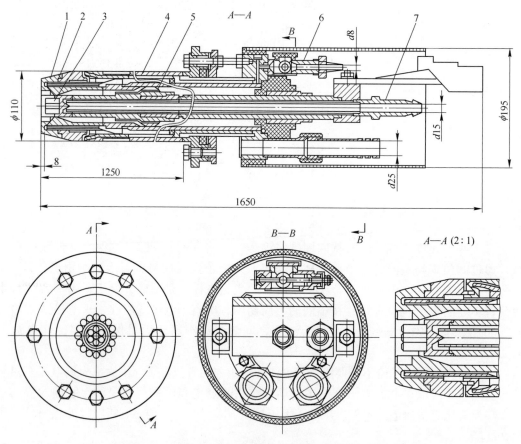

图 2.40　PDM-3000（ПДМ-3000）型交流等离子枪的结构

1—喷嘴；2—导流板；3—组合电极；4—外壳；5—绝缘套管；6—排气阀；7—供水管接头

表 2.4 PDM 系列交流等离子枪的技术特性

指 标	等离子枪及相应电源类型					
	PDM-750	A-1458型电源	PDM-1500	1553型电源	PDM-3000	1474型电源
额定电流/A	750		1500		3000	
电流调节度/A	150~750		300~1500		600~3000	
三支等离子枪的总功率/kW	300		450		900	
需用功率/kW	—	495	—	990	—	1980
电网电压/V	—	380	—	380	—	380
相位数	—	3	—	3	—	3
电流频率/Hz	—	50	—	50	—	50
冷却剂	水	空气	水	水	水	水
暂载率/%		100		100		100
等离子气源流量/m³·h⁻¹	4.2~9.0	—	14.4~18.0	—	21.6~27.0	—
电源外形尺寸/mm 扼流器	—	1400×850×1585	—	1860×1170×1260	—	1920×2117×1260
电源外形尺寸/mm 变压器	—	1150×940×1635	—	—	—	—
电源外形尺寸/mm 控制器	—	—	—	755×460×850	—	750×460×850
等离子枪重量/kg	30	—	54	—	72	—
扼流器重量/kg	—	2200	—	3950	—	3700×2
控制器重量/kg	—	1800	—	500	—	200

交流等离子枪的电源由三相饱和扼流器和变压器组成（图 2.41）。等离子枪的电流在 0.2~1.0 额定值范围内通过饱和扼流器（既有高频也有低频）进行磁化调节。

PDM-750 型等离子枪由 A-1458 型三相交流电源供电。这种枪用于带水冷结晶器的等离子电弧炉，熔炼直径为 120~250mm 的锭子。

PDM-1500 型等离子枪由 A-1537 型三相交流电源供电，用于等离子电弧炉，熔炼直径为 200~350mm 的锭子。

PDM-3000 型等离子枪由 A-1474 型三相交流电源供电，用于等离子电弧炉，熔炼直径为 350~800mm 的锭子。

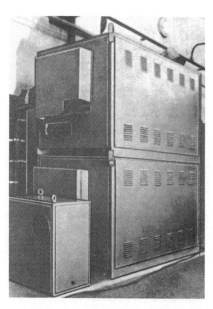

图 2.41　A-1474 型带控制器的交流等离子枪电源

上述几种等离子枪也可以在带陶瓷炉底的炉子中熔炼和提纯金属与合金。在以下场合使用等离子枪效果最佳：

（1）在铜质水冷结晶器中使用，对金属与合金进行等离子电弧重熔，达到提纯、增氮或者以氢脱氧的效果；

（2）在有水冷凝壳坩埚、带陶瓷炉底的炉子，包括等离子感应坩埚炉中使用，对金属废弃料或者金属化球团进行等离子电弧重熔；

（3）对锭子和坯料表层进行等离子电弧重熔（提纯）；

（4）对活泼性高的金属与合金，以及贵重金属合金进行回收利用。

PDM 系列冶炼用等离子枪的电极能够实现必要的稳定性，靠的是它们的特殊结构。大功率等离子枪（额定电流强度大于 2000A）的电极由数根直径为 10mm 经过锻造和氮化的钨棒组成（图 2.36）。为了提高喷嘴的使用寿命并在应急状态下还能工作一定时间，有些等离子枪喷嘴通道的内表面还嵌入了用钨棒制作起保护作用的挡板（图 2.42）。确定钨棒挡板长度的标准，是让电极顶端低于挡板的上截面。

出现双电弧时，其中一个电弧先在电极 2 与难熔钨棒突出的侧表面之间燃烧，继而延伸到钨棒顶端与重熔金属之间，完全避免了在电极与铜喷嘴壁之间形成电弧。难熔钨棒形状简单（圆柱形），制备和安装也很简便，可以保证与铜喷嘴表面的良好接触。另外在工作时，嵌入挡板的温度高于铜喷嘴壁，从而保证了它们与喷嘴壁之间有可靠和紧密的接触。材料（钨）的热物理特性与钨棒的较大冷却面积，使得钨棒不会在电弧放电产生直接作用的应急状态下迅速损坏。

等离子枪在系统压力达到 500kPa 时以流动水进行冷却。

功率为 50~300kW 的冶炼用等离子枪电极上交流电的最大允许电流密度为 3.0~5.0A/mm^2，具体数值取决于等离子枪额定电流情况（表 2.5）。

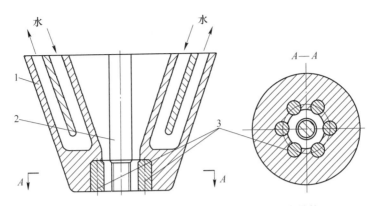

图 2.42 嵌入保护性钨棒的电弧等离子枪喷嘴结构
1—喷嘴外壳；2—钨电极；3—由钨棒制作的挡板

表 2.5 电极最大电流密度对等离子枪额定工作电流的依赖关系

等离子枪的额定功率/kW	≤70	≤150	≤300
等离子枪的电流 ($I_{ном. раб.}$)/A	≤800	800~1500	2000~3000
电流密度/A·mm^{-2}	5	4	3

巴顿电焊接研究所制造的冶炼用等离子枪通常应用于功率为 150~2500kW 的等离子电弧炉，在铜质水冷结晶器中熔炼重量为 100~5000kg 的钢锭（图 2.43）。这种等离子枪也可以在带陶瓷底的炉子中熔炼金属，或者在感应坩埚炉中加速金属熔化。它们也可以使用直流电工作，不过需要配备一个带交流整流器的电源。

图 2.43 PDM 系列冶炼用等离子枪外观

各国冶炼用等离子枪性能见表 2.6。

表 2.6 各国冶炼用等离子枪的技术特性

等离子枪类型		额定功率/kW	电极直径/mm	喷嘴通道直径/mm	额定电流强度/A	电压/V
美国 Thermal Dinamisk 公司	F40	40	12.7	9.0	≤1000	250
	F80	80	25.4	19.0	≤2000	250
	F200	200	25.4	19.0	≤3000	500
	F5000	1000	76.2	70.0	≤6000	750

等离子枪类型		额定功率/kW	电极直径/mm	喷嘴通道直径/mm	额定电流强度/A	电压/V
美国 Union Carbide 公司	1	256	—	—	400	640
	2	235	—	—	1400	168
氢气等离子枪		350	—	—	1000~2000	—
带梯形阴极的等离子枪		150~400	—	—	—	—
美国 Linde 公司的等离子枪	1	20~120	3.2~6.35	7.9~12.7	500~1120	50~60
	2	100~1200	12.7,25.4,50.8	14.3,38.1,76.2	3000~10000	18~150
带空心电极的等离子枪		500~1035	—	—	500~10000	100~125
高压等离子体发生器		440	—	—	1100	400

2.2.6　带等离子电极的等离子枪

冶炼用等离子枪的功率主要取决于电弧的电流强度，所以提高其功率的主要方法是提高电弧的工作电流强度。

制造大功率等离子枪时，最重要的任务是把电极腐蚀减少到最低限度，因为这决定着等离子枪的工作寿命与熔炼金属的洁净度。为提高等离子枪的工作寿命，需要降低电极工作表面的温度，具体方法是减少电极的局部热负荷，降低电子和离子撞击电极表面时传递给电极的能量，即缩小近电极区的电压降。

如前所述，通过强制电弧斑点沿电极表面移动，可以均匀疏散电极工作表面的热负荷。实现斑点移动的方法有多种：通过空心电极给电弧轴心区补充送气，利用磁场控制电弧移动，使用辅助（值班）电弧，另外还可以把给电弧轴心区补充送气与使用电极和喷嘴间辅助电弧的方法结合起来。

许多刊物曾发表文章探讨提高电极耐用性和电弧等离子枪工作可靠性的问题[8,13,26,43,67]。它们对各种电极结构的工作能力以及影响等离子电弧的方法进行大量研究后发现，任何一种已知方法都无法在现实熔炼条件下有效降低电极腐蚀程度，确保等离子枪稳定实现长寿命和工作可靠性。

下面我们分析一种提高电极工作寿命的方法，我们认为这是迄今为止最有希望解决这一问题的方向。这种方法是由巴顿电焊接研究所研发的，原理是在等离子电弧的近电极区强制产生带电粒子。

这种方法的实质，是在主电弧的近电极区借助一个小功率的独立直流电源补充产生必要数量的带电粒子，为主电流通过创造条件。在等离子枪中这个电源就是在主电极与辅助电极之间燃烧的小功率电弧。这支保障向主电弧近电极区提供带电粒子的电极，后来被称作"等离子电极"。在这一结构的电极组件中，经过直流辅助电弧的气体被加热到（10~12）×10³ K，然后进入主电弧的近电极区。这就保证了在近电极区补充出现必要数量的电荷载体（电子和离子），保证在主电极表面温度相对较低时在主电弧中依然有电流通过，并且在交流电工作极性改变时在近电极区仍然能够发生粒子电离。

外部电源（等离子电极）制造的带电粒子到达主电弧的近电极区，可以节省新制造电离的能量损耗。结果主电极的能量释放减少了，保持电弧稳定燃烧情况下的电极腐蚀也会随之降低。

带等离子电极的等离子枪的结构图见 2.44。等离子枪由外壳 5、喷嘴 10、主电极 9 和辅助电极 8 组成。电极 8 和 9 同轴安装在外壳上，并且被电绝缘材料制作的套管 2、4、6、7 阻隔，彼此绝缘。

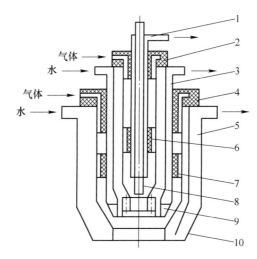

图 2.44　带等离子电极的等离子枪结构图
1—辅助电极座；2，4，6，7—绝缘套管；3—嵌入挡板；5—外壳；
8—辅助电极；9—主电极；10—喷嘴

等离子气源通过两个通道进入等离子电弧燃烧区，一股气流穿过空心主电极，另一股经过空心电极与喷嘴之间的环形间隙。等离子枪的所有组件都有水冷却。直流辅助电弧在辅助电极与主电极之间燃烧，而主电弧在电极与金属之间燃烧。

主电极可以做成一个完整的环，也可以由数个单独的圆棒组合而成，制造圆棒的材料可以是石墨（图 2.45a），也可以是钨（图 2.45b），主电极还可以由数个环组成（图 2.45c）。电极材料和嵌入挡板的几何形状视电弧电流强度、等离子气源种类和制作电极的材料种类而定。

主电弧使用的等离子气源可以是氩气，也可以是氩氮、氩氦、氩氢混合气体，还可以是氩气与天然气或空气的混合气体。

带等离子电极的等离子枪的主要优点是，可靠性高，工作寿命长，电流强度调节幅度宽，可以在熔炼室为表压或真空的条件下工作。带等离子电极的等离子枪既可以用直流电工作，也可以用交流电工作；既可以用在气体成分和压力均可控的重熔炉与凝壳炉中，也可以用在带陶瓷坩埚或陶瓷底的炉子中。这种等离子枪激发的电弧燃烧具有下述特点：增

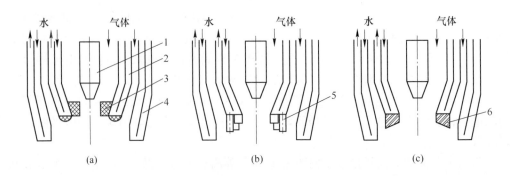

图 2.45　带等离子电极的电弧等离子枪电极组件结构图
1—辅助电极；2—主电极座；3—石墨挡板（环或套管）；4—喷嘴；
5—柱状钨挡板；6—环状钨挡板

大辅助电弧的电流可以降低主电弧点燃与熄灭的峰值。这些峰值在 $I_{в.д} \geqslant 0.05I_д$ 时完全
消失。

　　大功率冶炼用等离子枪在电弧电流强度为 $3 \sim 7\mathrm{kA}$ 的条件下进行的试验表明，钨电极
的腐蚀不超过 $0.05\mathrm{g/C}$，效率在 $65\% \sim 87\%$ 之间。

　　巴顿电焊接研究所早期制造的带等离子电极的等离子枪结构之一见图 2.46[68]。

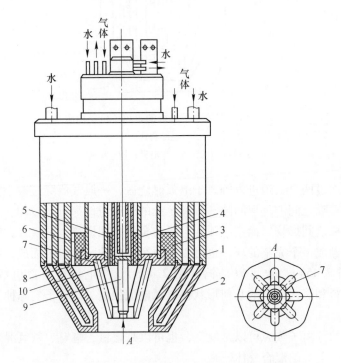

图 2.46　带等离子电极的冶炼用电弧等离子枪结构图
1—外壳；2—喷嘴；3，4—绝缘体；5，6—等离子气源通道孔；
7—钨棒组件；8—主电极座；9—辅助（等离子）电极；10—辅助电极座

　　这种等离子枪结构包括水冷外壳 1，喷嘴 2，带等离子气源通道孔 5、6 的绝缘体 3、

4。辅助电极 9 沿等离子枪轴向固定在电极座上，主电极由数支单独的钨棒组合而成 7，钨棒数量为三的倍数。钨棒组件 7 形成一个尖头朝下的锥形表面。钨棒下部内侧经过切削，切削后的表面相连正好构成一个空心圆。

等离子枪工作时，直流弱电弧在中央辅助电极 9 与组合式主电极 7 之间燃烧，此时电极由直流电源供电；交流强电弧在组合式主电极 7 与重熔金属之间燃烧，此时，电极由交流电源供电。

在等离子枪工作过程中，直流辅助电弧持续燃烧，所以交流主电弧的燃烧不是在主电极的表面，而是在主电极近区。通过使阴极斑点去集中化和把电弧从主电极表面吹开，就能把电极的损耗（腐蚀）程度降至最低，进而从整体上提高等离子枪的工作可靠性。

等离子气源经过位于绝缘体内的孔和间隙完成输送。氩气由位于绝缘体 4 内的孔 5 输送，活性气体（氮气或氢气）由位于绝缘体 3 内的间隙 6 输送，这种方式可以保护位于中心位置的辅助电极不受活性气体影响。

保障主电弧的等离子气源可以是氩气，或者是氩氮、氩氨、氩氢混合气体，还可以是天然气与空气的混合气体。

带等离子电极的现代大功率冶炼用等离子枪的主要工作性能及其结构见表 2.7 和图 2.47。

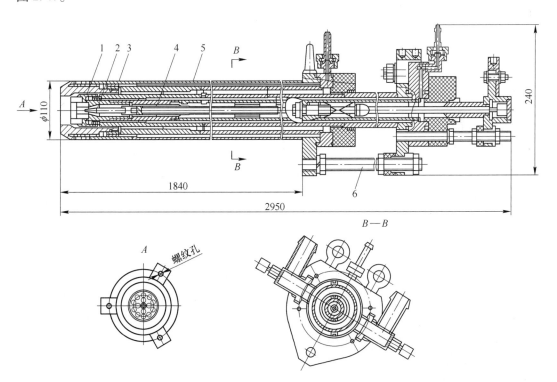

图 2.47 功率为 1.0~1.2MW 的带等离子电极的冶炼用等离子枪

1—主电极；2—阴极；3—喷嘴；4—电极座；5—外壳；6—调节螺栓

表 2.7　带等离子电极的冶炼用等离子枪的主要工作性能

等离子枪电模式				炉内压力/Pa	$L_д$/mm	电流种类	G_z/L·min^{-1}		炉内气氛
$I_д$/kA	$U_д$/V	$I_{вд}$/kA	$U_{вд}$/V				主电弧	辅助电弧	
3.0	78					交流			Ar+空气
4.2	82					交流			Ar+空气
5.0	84	0.32	28	2.02×10^5	70	交流	120	35	Ar+空气
5.5	86					交流			Ar+空气
6.0	95					交流			Ar+空气
1.0	57					交流			Ar
2.5	60					交流			Ar
4.0	60	0.32	12	1×10^4	80	交流	10	5	Ar
5.1	63					交流			Ar
6.0	63					交流			Ar
7.2	65					交流			Ar
1.8	42					直流			Ar
2.8	44					直流			Ar
3.0	44	0.32	9	1.3×10^3	150	直流	2.5	0.8	Ar
3.8	44					直流			Ar
2.0	75					直流			Ar
2.0	78					直流			Ar
3.0	82	0.32	27	1.01×10^5	100	直流	120	35	Ar
3.5	88					直流			Ar

　　Yu. V. Latash(Ю. В. Латаш),G. A. Melnik(Г. А. Мельник),O. S. Zabarilo(О. С. Забарило)的研究数据表明，对带等离子电极的等离子枪来说，最佳工作条件是枪的结构能保障主电弧和辅助电弧实现下述工艺参数：

$$I_{в.д} \geqslant 0.05 I_д \tag{2.12}$$

$$G_{z.в.д} = (0.1 \sim 0.3) G_{z.д} \tag{2.13}$$

$$l_{в.э} = (0.1 \sim 0.5) d_э \tag{2.14}$$

式中，$I_{в.д}$、$I_д$ 分别为辅助电弧和主电弧的电流；$G_{z.в.д}$、$G_{z.д}$ 分别为辅助电弧和主电弧的气体流量；$d_э$ 为辅助电极直径；$l_{в.э}$ 为辅助电极在主电极中的缩入深度。

　　三支带等离子电极的等离子枪可以构成一个大功率的动力源。这时等离子枪的电源按星形接法接通（图 2.48）。

　　保证必要空载电压的变压器 1 给主电弧供电，三相调节器 2 调节电弧电流，建立必要的电源外特性曲线。给辅助电弧供电的是直流电源，正极连接到主电极，负极连接到辅助电极。交流电源的火线和直流电源的负极都与主电极连接。等离子枪喷嘴 5 在启动时和工作时都保持电中性。

　　由于带等离子电极的等离子枪电弧形成系数（ $K_д = U_{э-c}/U_д$ ）为 0.4 ~ 0.75，所以这类等离子枪不容易形成双电弧，因此也很少在应急状态下损坏，这是带圆柱电极的等离子

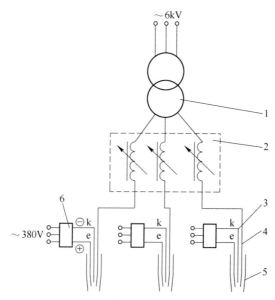

图 2.48　三支带等离子电极的等离子枪动力源电路（星形接法）

1—动力变压器；2—三相电流调节器；3—辅助电极（阴极）；4—主电极；5—喷嘴；6—整流器

枪难以实现的。

2.2.7　交流等离子加热设备

如果使用三支电弧对准一个金属熔池燃烧，就可以确保电弧燃烧稳定，避免意外熄灭。

三支使用三相交流电源的等离子枪、配套的移动机构、电源与气体调节装置，这就构成了一套可以在各类等离子电弧炉上使用的通用动力设备，也可以称作等离子加热设备（表 2.8）。一座炉子上可以同时安装一至两套这种设备，甚至安装多套。每套设备的功率为 $1000 \sim 5000 kW$[69,70]。

表 2.8　4000kW 等离子加热设备技术性能

参　　数	数　　值
三相等离子枪组有效功率/kW	300~4200
单支等离子枪电流强度/kA	1~6
电弧电压/V	120~360
电弧长度/mm	100~500
主电弧电流种类	交流电
电流频率/Hz	50
值班电弧电流种类	直流电
值班电弧电流强度/A	300~600
值班电弧电压/V	15~60
单支等离子枪冷却水最大流量/$m^3 \cdot h^{-1}$	50

参　　数	数　值
等离子气源种类	氩气，氩氢、氩氮、氩氦混合气体，氩气与天然气的混合气体
单支等离子枪的气源最大流量/m³·h⁻¹	20
等离子枪外壳直径/mm	170
工作部分长度为 2400mm 的等离子枪重量/kg	250
主电弧的电流调节范围/kA	0.8~6
相位数	3

注：冷却水和等离子气源流量、等离子枪工作部分的直径与长度均可根据工艺要求和加热设备的设计方案进行调整。

多年使用各种功率交流等离子加热设备的经验表明，它们具有以下技术优点[69,70]：

（1）功率密度大，调节幅度宽；

（2）交流等离子电弧燃烧稳定性高；

（3）可以在炉内制造任何种类的气体介质（中性的、还原的、氧化的）；

（4）高温气体可加热的区域大；

（5）可以在多种压力条件下工作；

（6）因无炉底电极所以可在有陶瓷炉衬的炉子上安全工作。

在单套加热设备中，等离子枪组的最佳间距（配置方案）取决于电弧电流强度，可以使用以下关系式评估：

$$L_{\partial}^{0.68} < L_{n\pi-n\pi} < L_{\partial}^{0.75} \tag{2.15}$$

式中，$L_{n\pi-n\pi}$ 为相邻等离子枪的距离。

确定距离 $L_{n\pi-n\pi}$ 所需的等离子电弧电流计算值见表 2.9。

表 2.9　用于选择等离子枪最佳间距的计算数据

I_{∂} /A	$L_{\partial}^{0.68}$ /A	$L_{\partial}^{0.75}$ /A
1000	109.64	177.82
2000	175.67	299.06
3000	231.44	405.36
4000	281.44	502.97
5000	327.56	594.60
6000	370.80	681.73

在三相等离子枪组工作时，另有三个直流电源给三支辅助电弧供电。

2.2.8　浸入式等离子枪

巴顿电焊接研究所的专家们提出了使用气体燃烧器浸入熔渣、在加热熔渣的同时熔化和提纯金属的思路。

这种射流电渣工艺的特点，是在燃烧器喷射气流的作用下充分搅拌熔渣，创造良好的热传递条件。实现射流电渣工艺的主要手段是浸入式气体燃烧器，由它保障燃料在熔渣中燃烧。

这种燃烧器的典型结构见图 2.49。这种空气氧气燃烧器为金属结构，由 4 根集中配置的钢管组成，每只钢管上有连接冷却水、氧气和天然气的支管，还有一个带喷嘴的铜质水冷喷头。氧气和天然气由各自独立的环形通道输送。为了使天然气与氧气良好混合，喷射器喷口与喷射器轴心有 15°～30° 倾角，另外喷嘴内还有螺纹线。喷射器用不锈钢或铜制做。

根据熔渣所需要的温度进行浸入式燃烧时，氧化剂可以是空气、氧气，或者是两者的混合气体。进行高温熔炼时（ $T \geqslant 1200℃$ ），可以用氧气作氧化剂。

浸入式燃烧器可以把金属熔体中的气态介质从氧化的改变为还原的。所以根据工艺要求可以进行多种性质的重熔，例如氧化、还原，或者完整保存某些元素。

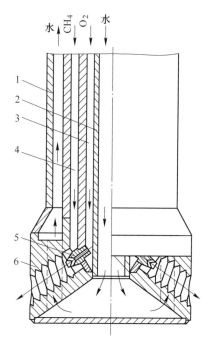

图 2.49 "浸入式"空气氧气燃烧器结构
1—外壳；2—内壳；3—氧气环形通道；
4—天然气环形通道；5—喷射器；6—喷头

这一思路在金属与合金物理工艺研究所随后的研发中得到了发展，他们为应用等离子技术开发新工艺开辟了道路，实现了利用活性剂对金属熔体进行高温热化学处理[74~78]。这一方向的实质在于，用浸入式电弧等离子枪代替气体燃烧器，在加热金属熔体的同时，用加热到远超金属熔体本身温度的气体作为反应物对金属熔体进行冶炼加工。

浸入式等离子枪还可以用于在炉外对金属熔体进行气体反应冶炼，需要将等离子枪浸入金属熔池的指定深度。

浸入式等离子枪不同于其他在冶金领域广泛应用的等离子枪。主要区别是，它的电极座可以沿等离子枪的轴线快速移动[78]。这样就可以利用固定在电极座上的阴极作为封闭阀，关闭等离子枪的喷嘴通道。另外，移动电极座可以用触发方式点燃等离子电弧，不需要振荡器，这样可以大幅度提高操作人员的作业安全性。

乌克兰国家科学院金属与合金物理工艺研究所研制的浸入式等离子枪结构见图 2.50[73]。

带气动电极座的等离子枪（图 2.50a）由外壳 2 和起阳极作用的喷嘴 1 组成。活动电极座 5 固定在螺纹管 6 的支撑环 9 上。螺纹管的下部与绝缘螺栓 12 密封连接。活动电极座借助套管 4、13 在等离子枪壳体内上下移动。固定在电极座上的电极 3 靠弹簧 8 保持向喷嘴（阳极）的挤压力。螺纹管内腔一方面通过标准孔 10 与等离子气源总管连接，另一方面通过活动电极座上的标准孔 11 和电极（阴极）上的标准孔 14 与电弧燃烧区连接。等离子气源借助于标准孔保持适当流量，在螺纹管内腔形成必要压力，使电极与喷嘴保持一定间隙（电弧长度）。外罩 7 可以保护螺纹管不受机械损伤。

浸入式等离子枪的工作方式是，通过气压调节阀在气体总管中形成必要的气体表压，保证必要的气体流量。气体流量大小取决于钢包的容积、标准孔直径和等离子枪浸入深

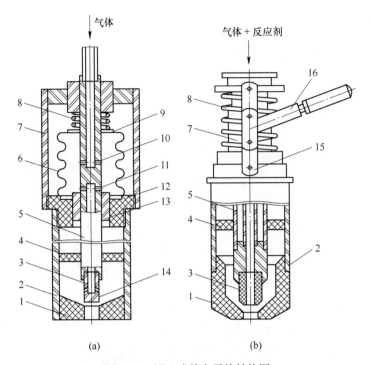

图 2.50　浸入式等离子枪结构图

（a）带气动电极座的等离子枪；（b）带杠杆移动电极座的等离子枪

1—喷嘴；2—外壳；3—电极（阴极）；4—定位套管；5—电极座；
6—螺纹管；7—外罩；8—弹簧；9—弹簧支撑环；10，11，14—标准孔；
12—定位螺栓；13—密封套管；15—杠杆机构；16—手柄

度。这些参数预先通过计算得出，然后在试验中修正。

接下来打开调节等离子枪气源流量的开关，接通电源。气体开始进入螺纹管内腔，随后经过活动电极座内腔和标准孔到达电弧燃烧区。气体进入螺纹管内腔后形成表压，在此作用下螺纹管获得反挤压力，电极向上移动，阴极与阳极（喷嘴）之间出现激发电弧所需要的间隙。空心电极座向上移动时，弹簧 8 被压缩。

等离子枪启动后浸入金属熔体，通过高温射流加工金属熔体。吹气结束后等离子枪离开金属熔体，关闭电源和气流。螺纹管内腔的气压下降后，弹簧伸开使螺纹管收缩，电极座恢复到初始状态，即喷嘴通道与阴极重合。

作者认为，这种等离子枪的优点在于不用高电压就能激发电弧。等离子气源供应突然中断时，活动电极（阴极）与喷嘴通道自动重合，液态金属不会流入等离子枪内。因为很难通过等离子气源总管上的标准孔把这类添加物送入电弧燃烧区，这种等离子枪无法向液态金属中输送用于提纯或改性的添加物。

这一缺陷在安装了电极座机械移动杠杆的等离子枪中得到了克服（图 2.50b）。活动电极座 5 带着可拆卸阴极 3 靠弹簧 8 的力量保持在最高位。通过手柄 16 操作杠杆机构 15，活动电极座通过绝缘体与外壳 2 连接。

这种等离子枪的工作方式是，打开气流开关，向等离子枪输送必要数量的等离子气源。从直流电源向喷嘴和电极（阴极）输送电压。转动手柄 16 带动杠杆机构，电极座会下降，直至钨电极下端与喷嘴相接触。这时弹簧 8 被压缩。电极 3 与喷嘴 1 接触后放开手柄 16，弹簧 8 将电极座向上推回至初始位置。电极与喷嘴相接触时电弧点燃，等离子气源通过电弧以高温射流状态从喷嘴通道内喷出。

安装电极座机械移动杠杆的等离子枪里没有输送等离子气源的标准孔，因此可以在供应气体的同时把加工金属熔体所需的粉尘或粉末状熔剂一起送入电弧燃烧区。

2.2.9 带空心石墨电极的等离子电弧加热器

冶炼用等离子枪的结构和使用条件具有以下特点：

（1）射流式等离子枪需要消耗大量等离子气源，因为电极和喷嘴热损失较大它的效率不高，工作寿命只有大约 20~50h。

（2）直接作用等离子枪的加热效率可达 50%~65%，喷嘴和电极的工作寿命可以达到数百小时。但是这类等离子枪在工作时通常需要使用并不便宜的氩气。等离子枪的结构相当复杂，个别零件需要用昂贵的有色金属和难熔金属（铜、钨）以及不锈钢制造。等离子枪内冷却水的消耗量也比较大，冷却系统压力不能小于 0.5MPa，需要使用增压泵和保证循环供水的泵。

巴顿电焊接研究所研发了一种新型等离子电弧加热器，工作原理结合了射流式等离子枪与直接作用等离子枪的长处（图 2.51）[79]。这种加热器工作时，电弧放电的活跃斑点不仅分布在电极上，而且分布于被加热金属表面。

等离子气源可以通过内电极 2 的空心通道，以及内电极与外电极 1 之间的环形间隙同时输送到电弧燃烧区。结果热能通过多种方式传递给被加热金属：一方面是电弧放电活跃斑点区内被激发的带电粒子对金属表面的

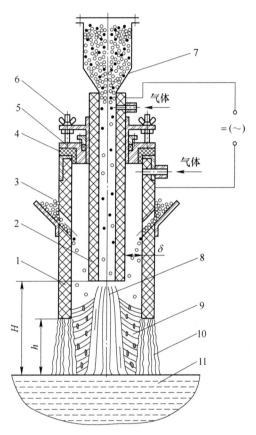

图 2.51 等离子电弧加热器原理图
1—外空心电极；2—内空心电极；3，7—颗粒状炉料；
4—绝缘体；5—定位密封法兰；6—内电极移动机构；
8~10—电弧放电；11—金属熔池

轰击，另一方面是电弧柱高温加热气体产生的对流和辐射。这些因素使加热效率更高。

这种加热器工作时，电弧放电的电流走的是两条平行电路：

电路 1：内电极→金属熔池；

电路 2：外电极→金属熔池。

保证这种放电稳定燃烧的条件是，在上述电路的电极之间气体温度、电离水平、导电性必须基本相同。

能够保障上述条件的最佳结构是电极同轴配置。这样就可以通过改变电极顶端之间距

离、加热器与金属熔池之间距离的方式灵活调整电弧柱的长度，而且还易于确定电极与被加热金属之间的距离。如果几个电弧柱（内-外电极，内电极顶端-金属熔池-外电极顶端）里的电阻、电压降、功率都能保持一致，那么自然就能保证两个并联电路的电流条件相同。

这种等离子电弧加热器由内电极 2 和空心外电极 1 组成，电极可以用石墨制作。内电极通过定位法兰 5 同轴固定在外电极腔内。电极之间有环形绝缘体 4。电极顶端之间的距离通过机构 6 调节，而加热器与金属熔池之间的距离（h）通过上下移动加热器调节。等离子气源通过供气系统送入内电极腔体和电极间的环形间隙。电弧放电时有三支电弧 8、9、10 在电极之间、电极与金属熔池 11 之间燃烧。电弧电源可以是直流电，也可以是具有下降外特性的交流电。

可以采用惰性气体、活性气体或两者的混合气体作为等离子气源。必要时，可以在加热器工作过程中把颗粒状合金材料 3、7 通过内电极腔或电极间的环形间隙送入电弧燃烧区。

等离子电弧放电初期的静态伏安特性曲线有上升的特性，这证明它具有等离子体放电的属性（图 2.52）。曲线的斜率不大，在 $(0.4 \sim 3.2) \times 10^{-3}$ V/A 范围内浮动。

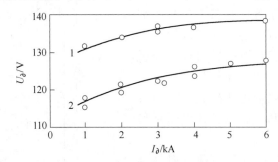

图 2.52　等离子电弧加热器在放电初期的静态伏安特性曲线
（电弧长度为 100mm）
1—等离子气源为：80%Ar+17%CO+CO$_2$；
2—等离子气源为：90%Ar+8%CO+2%CO$_2$

等离子电弧放电的伏安特性曲线可以用以下经验关系式清晰描述：

$$U = 1.1(bI_\partial^m P_\kappa^n L_\partial + E_c d + U_\kappa + U_a) \tag{2.16}$$

式中，b 为系数，范围在 3.3 ~ 3.8 之间；m 为 0.065 ~ 0.075；n 为 0.43；E_c 为电极间隙内电弧柱的电压梯度，等于 0.5 ~ 1.0V/mm；d 为电极间隙，mm；I_∂ 为电弧电流强度；L_∂ 为电弧长度；U_κ、U_a 分别为近阴极电压降和近阳极电压降，V，对于石墨电极与金属熔体之间的电弧来讲，电流强度为 1 ~ 20kA 时，$U_\kappa + U_a = 10$V。

必须指出，电弧刚启动时是在冷介质中燃烧，所以电弧电压比稳定热状态时高 2 ~ 2.5 倍。这个因素在选择电源空载电压时必须考虑到，目的是防止电弧启动后意外衰减。随着电极和电弧柱周围空间不断加热，电弧柱的热损失会减少，电压就会迅速降下来。

电弧柱的电压梯度位于 $(2.8 \sim 6.5) \times 10^2$ V/m 之间，这与电弧柱气体成分以及气体与周边环境热交换条件有很大关系（图 2.53）。同轴等离子电弧加热器激发的电弧放电，在电流强度、电弧长度、等离子气源成分，以及被加热材料种类发生较大变化时，都能够稳定燃烧。

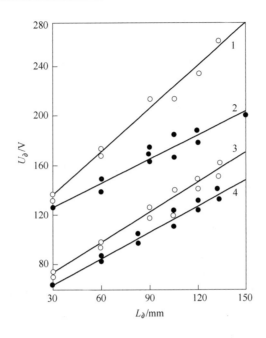

图 2.53 等离子气源成分和电弧长度对电弧电压的影响

1,2—气体成分为 Ar+15%空气;3,4—空气;

1,3—$I_{\partial}=6.0kA$;2,4—$I_{\partial}=2.4kA$

　　交流电弧在最不利的条件下也能稳定燃烧的原因是,在同一个空间内有三支电弧柱,它们能通过热量交换作用相互产生稳定影响。当然,电弧在氩气中燃烧会比在空气中燃烧更加稳定。

　　随着电极与金属之间区域温度上升和电离程度提高,这一空间的导电性也会增强,有助于增大电极与被加热金属之间电弧柱的电流。如果被加热材料是金属,那么通过内电路(即电极-金属-外电极)的电流会在等离子加热器启动后立刻通过金属完成闭合。如果被加热的材料在冷状态下导电性近于零,那么在等离子电弧加热器启动后,这个电路里的电流首先在材料表面上方通过包围着材料的等离子体流动。随着材料温度升高,导电性增强,电流开始在被加热材料中流动。

　　所以,被加热的不论是导电材料还是非导电材料,加热都是在能保证较高加热效率的直接电弧状态下实现的。

　　经验证明:在熔炼各种金属与合金时(包括从金属化球团直接生产钢),以及在熔炼耐火材料时,加热效率均能保持在 55%~65%。

2.2.10 真空等离子枪

　　低压等离子炉是一种在稀薄气体介质中工作的炉子,适合完成下列工艺:熔炼由活泼金属构成的合金钢与合金;从液态氧化物中碳热还原金属;重熔钛与钛合金的回收料等。有些情况下,可以把能在低压熔炼室工作的等离子枪单独用作加热源。另外,这种等离子枪还可以用在混合加热的炉子中,例如以真空感应炉为基础的真空等离子炉。

普通带芯棒阴极的等离子枪通常在 $10^3 \sim 10^5 Pa$ 压力范围内工作，如果低于这个压力，工作特性会大幅度降低，对炉子整体工作产生不良影响。当压力接近 $10^4 Pa$ 时，动力性能最好。最适合使用这种等离子枪的是凝壳炉，这里电弧柱的辐射功率实际上不是用于加热的。

当压力低于 $10^2 \sim 10^3 Pa$ 时，带钨芯棒阴极的等离子枪是不能工作的，因为阴极的腐蚀速度过快。另外，钨电极腐蚀会使金属熔池遭受阴极材料污染，有些情况下这是绝对不允许的。

所以在低压熔炼室内，通常采用带空心（热或冷）阴极的真空等离子枪。从工艺特性上看，带真空等离子枪的熔炼设备介于电子束熔炉与真空电弧熔炉之间。真空等离子枪与电子炮不同，不需要高电压，可以在较低电压下工作（不超过 150~200V）。

由热等离子阴极产生的真空电弧放电具有良好的能量和工艺方面的以下优点：

（1）电极（阴极）腐蚀程度轻，工作寿命长；

（2）等离子气源消耗量低，不大于 $(1 \sim 5) \times 10^{-5} m^3/s$；

（3）加热的方向性强，传递给阳极（所熔炼金属）的放电能不少于 60%；

（4）具有上升的伏安特性曲线，放电稳定性高，发射松弛周期小于 1s；

（5）能在低真空范围（$10 \times 10^{-1} Pa$）内沿表面进行补充电子加热；

（6）能量流密度大 $(1 \sim 5) \times 10^5 kW/m^2$，在金属熔池表面同时均匀分布；

（7）借助感应强度为 $10^{-2} T$ 的外磁场可轻松控制加热过程；

（8）放电电压低（不超过 100V），电子能（达到 50~70eV）方向性强。

根据这种放电原理研制的电子等离子加热器单位功率达到 500kW，能够实现大多数通常要在真空条件下（凝壳炉熔炼、冷却结晶器重熔并成锭等）完成的高质量重熔金属的工艺，即便熔炼中析出大量气体，也能保证合金元素损失最低。

使用真空等离子枪的凝壳冶炼设备（见图 2.54）由：阴极室 2 和熔炼室 4 两个真空室组成，它们由隔板 3 分开。阴极 1 位于阴极室，熔化的金属 8 为阳极。等离子气源（洁净氩气或氦气）输送给阴极室。这时气体流量不超过 $0.02 \sim 0.09 m^3/h$。启动电源为高频振荡器或低功率直流电源。放电发生在阴极内腔，在启动电压（100~120V）作用下通过阴极与阳极之间隔板上的孔形成闭合。视不同要求，以隔板来保证阴极室与熔炼室之间较大的压力差，例如阴极室为 13~26Pa，熔炼室为 $1 \times 10^{-2} \sim 1.0 Pa$。

为了控制等离子电弧，并且控制对凝壳坩埚 6 中金属熔体的搅拌，低压炉内设有数个电磁线圈（螺线管）5。用于控制等离子电弧的螺线管位于隔板 3 与凝壳坩埚 6 之间，用于搅拌金属熔池的螺线管位于坩埚 6 的外侧。

20 世纪 80 年代，V. N. Karinski（В. Н. Каринский）首创了使用热发射组合电极的真空直流电弧加热器结构（真空等离子枪）。这种阴极由一组直径为 8~12mm 的镧钨芯棒构成，芯棒呈环形固定在铜质水冷阴极座上，形成一个圆柱形表面（见图 2.55）。在等离子枪中必须使用石墨喷嘴，以保护阴极免受金属熔体的喷溅。

等离子气源（氩气）沿阴极座上芯棒之间的空隙输送，流量为 $0.05 \sim 1.5 m^3/h$（$0.8 \sim 25L/min$）。

等离子体放电的电压不仅取决于电流强度，还取决于工作芯棒的数量。由相同数量芯棒激发的等离子体放电的伏安特性曲线是上升的。一旦有新的芯棒加入工作（提高电流

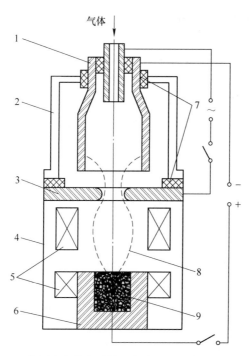

图 2.54 使用真空等离子枪的凝壳冶炼设备的结构原理图

1—空心阴极；2—阴极室；3—隔板；4—熔炼室；5—螺线管；
6—凝壳坩埚；7—绝缘体；8—等离子体放电；9—块状炉料

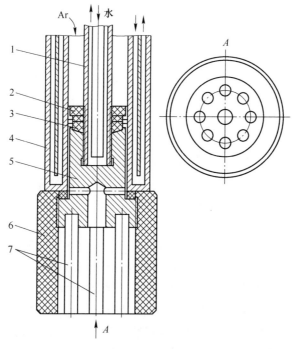

图 2.55 真空等离子枪的阴极组件结构

1—连接杆；2—绝缘体；3—密封件；4—外壳；5—阴极座；6—石墨喷嘴；7—镧钨芯棒

时），电压就会下降。当电流为 3~4kA 时，只有 2 根芯棒工作，一旦电流加大，放电也会扩大，相邻的芯棒被加热到热发射温度就会自动接通工作。数个芯棒单独燃烧的电弧会汇集成一个大电弧。电流为 4~5kA 时有 4 根芯棒工作，电流为 5~6kA 时有 6 根芯棒工作，电流超过 6kA 时，所有 8 根芯棒都工作。

在加热阴极和接通更多芯棒工作的过程中，电压变化是跳跃式的（图 2.56），而相邻芯棒烧热后工作时，收缩的支撑斑点是不断移动的。当阴极被完全加热后，伏安特性曲线会持续上升，因为工作芯棒的数量不再变化了。

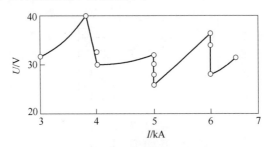

图 2.56　加热阴极过程中放电电压的变化

（阴极由 8 根芯棒组成；熔炼室的压力为 $6.6 \times 10^2 Pa$；

氩气流量为 $0.4 m^3/h$；电弧长度为 0.2m；阳极为液钛熔池）

芯棒不仅从顶端表面，而且从侧表面被烧透，在"无阴极斑点"状态下工作。放电呈现透明发光的圆锥形，延伸至阳极。上半部分，等离子体放电的直径大约与全套芯棒的外部直径相同。下半部分，直径可能大于 120mm，与电弧长度有关。这种放电通常被称作真空等离子电弧。

如果通过一个芯棒的电流强度低于规定临界值（对于直径为 10mm 的芯棒来说为 100~300A），那么阴极会在收缩斑点状态下工作，芯棒表面的腐蚀程度会增大。如果通过一个芯棒的电流强度超过规定临界值（对于直径为 10mm 的芯棒来说为 1.5~2.0kA），芯棒可能因焦耳热过大而损坏。

为了避免在轴心距离为 13~15mm 的芯棒上出现收缩斑点和芯棒电流过载状况，必须让通过每一个 10mm 直径芯棒的电流保持在 300~700A 之间。根据这个数值可以计算出任何电流强度所需要的 10mm 直径芯棒的数量。因为当阴极完全烧透后，所有芯棒都具有相同温度和电流密度。这样，只要增加阴极芯棒的数量，就可以极大提高这种等离子枪的功率。

用功率为 60~300kW 的真空等离子枪在 $(1.5~6.6) \times 10^3 Pa$ 压力下进行了验证，在直径为 120mm 和 150mm 的结晶器中熔炼出了由钛、铬、钼构成的合金锭。另外在容量为 100kg 的凝壳石墨坩埚中重熔了钛合金回炉料，真空等离子电弧功率达到了 1100kW（17kA×65V）。根据文献［80］记载，这并非此种等离子枪的极限。

真空等离子枪的伏安特性曲线有上升的特点，但是在电弧长度相同的情况下，图中显示的曲线还是比在大气压条件下工作的等离子枪低了不少（图 2.18 和图 2.56）。这是因为在低压条件下燃烧时，等离子电弧中的电压梯度比在大气压条件下燃烧时低很多。

以真空等离子枪为热源可以完成以下工艺：

（1）在凝壳炉中熔炼钛废弃料，将它们返回到基础生产中去再次使用；

（2）重熔特种镍基高合金钢与合金；

（3）重熔稀有金属和难熔金属，包括精炼重熔最终产品。

2.2.11　用电磁力稳定电弧的水冷非自耗电极

为了改进凝壳冶炼设备和冶炼工艺，更好地生产各种用途的钢锭和铸件，人们进行了大量尝试去克服这种工艺的主要缺点：起电弧发生器作用的电极不过关，技术和经济指标不令人满意。例如为了在冶炼钛与钛合金生产中应用凝壳熔炼工艺，人们尝试了几乎所有已知的电加热源，从工业上广泛应用的，到只在实验室里应用的[81~84]。

目前对于熔炼活泼金属、难熔金属与合金来说，最有前景的加热源还是电弧、电子束、电弧等离子体，在有些情况下还包括感应加热。

在开放的炉子中进行感应熔炼，或者进行真空感应熔炼，这类工艺已经在工业领域得到了广泛应用[85~88]。但即便是真空感应炉也熔炼不了活泼金属，主要障碍是没有合适的材料制造坩埚，不能避免坩埚在熔炼过程中与金属熔体发生反应，从而使金属免遭污染。近年来有著作证实，由于使用了所谓"冷坩埚"或者特殊结构的分段冷却结晶器，在感应熔炼领域出现了实质性突破[88]。"冷坩埚"其实就是凝壳坩埚，坩埚壁由数个纵向排列的单独冷却段组合而成，相邻的平面之间实施电绝缘。这种结构的坩埚壁对于由感应器产生的电磁场来说是"透明的"，即电磁场可以穿透坩埚壁到达坩埚内的炉料。

电子炮作为一种高强度电子束发生器，是独立加热源的典型代表。它的功率调节范围很宽，所以能对液态金属进行指定程度的超熔点加热，不受熔炼速度限制，并且可以让金属熔体在液体状态保持一定时间。电子束加热的优点是，能够提供高密度能量，并且能在被辐射物体表面有控制地分配能量。在熔炼和提纯难熔金属（锆、钼、镧等）时，这一特点具有不可替代性[89,90]。

不过，电子束加热有两个缺点：一是电子炮只能在高度真空条件下可靠工作；二是高度真空环境会使具有高蒸气弹性的合金元素大量蒸发。

冶炼用电弧等离子枪也是一种高密度热能激发源，能产生低温电弧等离子体。电弧等离子枪与电子炮一样都属于独立加热源，在各种冶炼设备中都有应用，其中包括凝壳熔炼。

电弧作为一种独立加热源（以难熔材料作非自耗电极），具有以下优点：

（1）获得充当热源的电弧从技术上说比较简便，能量参数也易于控制；

（2）电弧可以在各种气体介质和压力下燃烧，在真空条件下也能燃烧；

（3）电弧的电源结构简单，工作可靠，价格相对低廉，有广泛的工业应用；

（4）电弧的能量密度足够熔炼包括难熔金属在内的任何金属。

在最初设计凝壳炉（可洛里炉）时，采纳的就是用非自耗电极熔炼金属的思路。为了防止电极（阴极）被电弧损坏，尽量采用了高难熔材料制作电极，首先是钨和石墨。后来这种电极被称为"热"电极。

此后在许多情况下非自耗"热"电极让位给了自耗（重熔）电极，例如重熔钛时，使用自耗电极能避免电极材料污染金属[76]。

用非自耗电极的电弧进行冶炼虽然有缺点，但不意味着这种电弧已经完全不适合用作熔炼金属的热源。相反很多研究者认为,等离子电弧设备产生的放电就能够以某种方式强制保障电弧放电稳定燃烧,让放电具有更强的抗干扰能力。

随着所谓"冷"电极原理的发展,非自耗电极的思路获得了新生。在"热"电极和"冷"电极的概念里,它们的基本区别是电弧放电时电荷载体发射方式不同。"热"电极工作时,电子在热辐射作用下进入电弧放电的弧柱;而"冷"电极工作时,电子靠热电子场致发射进入电弧放电的弧柱。带自动电子发射的电弧设备("冷"电极)后来被称作"水冷非自耗电极"或者"非熔化电极"。

应该指出,翻译国外文献时,不宜把限定词"水冷"忽略掉。否则"非自耗电极"就区分不出是"热电极",还是"水冷非自耗电极"了。

在研制水冷非自耗电极的过程中,主要任务是防止电极的工作表面在电弧强电流作用下损坏,采用的方法是控制电弧支撑斑点在电极工作表面的移动,将电弧热流分配到最大面积上。

现在知道有两种水冷非自耗电极,一种是德国施温格公司制造的,另一种是美国西屋电气公司制造的。它们在结构上有很大区别。

施温格公司制造的非自耗电极,电弧不动,电极的工作表面移动。方法是水冷非自耗电极与金属熔池表面形成一定角度,自行旋转。电极结构中有一个在工作时旋转的零件,可称之为"转子"。"转子"电极的结构非常简单(图 2.57)[92~94]。

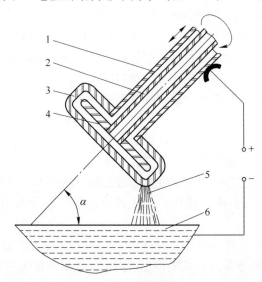

图 2.57　"转子"型水冷非自耗电极的结构原理图
1—壳体;2—内管;3—圆盘顶端;4—隔板;5—电弧放电;6—金属熔体

圆盘是电极的顶端 3,它与电极圆柱形壳体 1 密封连接在一起。冷却水经过内管 2 和隔板 4 从内侧流向工作表面,再经壳体与内管之间的环形间隙流出。在炉内,电极与金属熔体表面 6 之间呈 α 角。α 角在 $0° \sim 80°$ 之间。电弧 5 在圆盘顶端 3 与金属熔体 6 之间被激发。

根据施温格公司的资料,带铜质圆盘顶端(直径为 500mm)的"转子"型非自耗电极在坩埚容量约为 270kg(按钛的重量)的半工业凝壳炉中进行过试验。电极旋转速度为

250r/min。

稍后有消息称一座功率为 1000kW、带"转子"型电极的工业炉投入使用,工作电流达到 29kA,生产能力为 450kg/h。还有消息称,该公司设计了一座坩埚容量达到 5t 的炉子[94,95]。

专家认为,装有"转子"型电极的炉子存在以下缺点:

(1) 把电极装入炉室后,很难让高速旋转的电极在工作时保持真空密封性;

(2) 在电极高速旋转时,难以保证电极的冷却和供电;

(3) 如果被迫降低电极旋转速度,那么为了保证足够的线速度,就需要增加圆盘工作部分的直径,这会增加炉子结构的复杂性,降低效率。

西屋电气公司研制了一种称作迪帕克的水冷非自耗电极,工作原理是利用电磁场移动电弧的支撑斑点。迪帕克型水冷非自耗电极的结构见图 2.58[96]。非自耗电极有一个铜质水冷顶端 1,与数支同心圆套管相连,后者构成壳体 3。壳体内有轴心通道 6,气体或各种颗粒状材料从这里进入电弧区。壳体管道之间的间隙用于将冷却水导入和导出顶端 1。下部呈半圆状的顶端内安装有一个螺线管 2,它会沿顶端工作表面的截面形成一个辐射磁场。电弧自身磁场与螺线管磁场相互作用,迫使电弧支撑斑点沿环形轨迹围绕顶端表面移动。这样一来,电弧支撑斑点产生的强热流就能沿顶端的环形表面分布,防止顶端个别地点损坏或被腐蚀。螺线管由单独的直流电源供电。

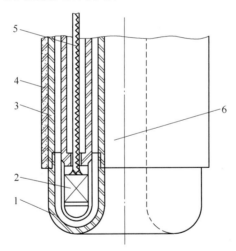

图 2.58 迪帕克型水冷非自耗电极工作部分的结构原理图
1—顶端;2—螺线管;3—壳体;4—保温挡板;5—螺线管导线;6—轴心通道

根据西屋电气公司的资料,该公司开发了直径为 51mm、102mm、204mm、408mm 的系列电极。这些电极既能在大气压条件下工作,也能在真空($\sim 1.33\times10^{-1}$Pa)条件下工作。102mm 非自耗电极的功率在电流强度为 25kA 时达到 1000kW。电极在坩埚直径为 380~635mm 的凝壳炉中进行了试验,电流强度为 14kA,功率为 750kW。

上述有关转子型和迪帕克型电极的数据表明,它们都能在凝壳炉中熔炼钛与其他金属。但是这两种电极都存在下述严重缺陷:

(1) 螺线管需要补充电源;

（2）熔炼时电弧支撑斑点在电磁力的作用下沿电极顶端工作表面移动，会在电极顶端壁上形成很大的交变热负荷，导致电极顶端产生不可控的热循环变形；

（3）熔炼时金属熔体从金属熔池表面飞溅出来在电极顶端表面形成结渣，会改变电极顶端表面的形状，导致电极轴向内孔壁增厚。

鉴于迪帕克型非自耗电极有以上缺点，巴顿电焊接研究所开发了一系列借助电磁力稳定电弧的水冷非自耗电极。这种新电极与原来电极的本质区别在于：

（1）电极顶端设计成凸起的半球状，设计者认为，从动力学角度看这种形状能为稳定支撑斑点的移动创造最好条件；

（2）根据"磁阱"原理确定电极顶端表面与螺线管的相互位置，"磁阱"现象有助于稳定电弧燃烧以及电弧的空间位置；

（3）以串联方式将产生"磁阱"型磁场的螺线管接入电弧电路。

工业化用电磁力稳定电弧的非自耗电极的基本技术性能见表 2.10。

表 2.10　巴顿电焊接研究所研制的工业化电极的技术性能

技术参数	测量单位	NE-10	NE-20
额定工作电流	kA	10.0	20.0
工作电压范围	V	26~50	26~50
喷口直径 D	mm	100	150
壳体长度 L	m	0.5	0.5
壳体工作部分总长度	m	1.8	3.5
冷却水流量	m³/h	8~10	15~40
冷却系统水压	kPa	600	600/800
电流种类		直流	
极性		反向极性	
单个电极重量	kg	~100	~300

用电磁力稳定电弧的非自耗电极（图 2.59）的主要元器件是固定在导线 2 下面的螺线管 4。导线 2 安装在水冷壳体 1 内。

螺线管的结构就是一个框架，由两个法兰 3、7 和四个螺栓 5 组成，螺栓 5 起加固螺线管 4 的作用。螺栓与螺线管上的线圈有电绝缘，防止流经螺线管的电流分路。电绝缘的方法是加装了厚度为 1.0mm 的氟塑料垫圈。螺线管的形状像两个圆柱形弹簧，每一个都由铜管单独车削而成，然后组合成一个器件。螺线管的螺纹上面连接导线，下面连接电极顶端。导流板 8 固定在螺线管下部，导流板可以让冷却水顺着电极顶端 6 的内壁流动。导线 2 以电缆或者由铜箔或铜片制作的软母线与电源相连。

当 NE-20 型非自耗电极使用 20kA 额定电流工作时也会遇到一些问题，主要是如何保障冷却水的必要流量和应有质量。NE-20 型电极的冷却水流量较大（在 15~40m³/h 之间），主要原因是水中杂质含量高，杂质会在被冷却电极表面形成水垢。杂质含量越高，为避免冷却水过热形成水垢所需要的流量就越大。

这些非自耗电极的伏安特性曲线的斜率在 1.0~1.8V/kA 之间，并且有明显的上升特性（图 2.60）。

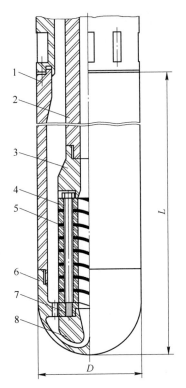

图 2.59　NE-20 型非自耗电极工作部分结构图
1—壳体；2—导线；3—上法兰；4—螺线管；5—螺栓；
6—铜质电极顶端；7—下法兰；8—导流板

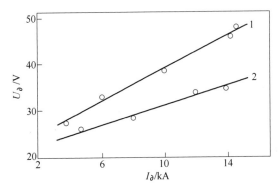

图 2.60　真空条件下电弧放电的伏安特性曲线（熔炼室压力为 6.0~6.7kPa）
1— L_∂ =40mm；2— L_∂ =20mm

　　NE-20 型水冷非自耗电极进行的工业试验数据表明，在重熔块状钛废弃料时，电极顶端的工作寿命可以超过 20h。

2.2.12　自耗等离子枪

　　大多数冶炼用等离子枪是结构相当复杂的设备，为了保证其稳定工作，在保障好电源的同时，还要保障好具有一定物理化学特性的等离子气源和冷却水。如果说电源和气源决定着等离子枪工作的能量参数，那么水冷系统则决定着受热最多的部件（喷嘴、电极）以及整个等离子枪的工作寿命。

直接作用电弧等离子枪的热效率通常不超过 65%。也就是说，在等离子电弧释放的热量里，有近 40% 被等离子枪的冷却水带走了。

20 世纪 70 年代初，巴顿电焊接研究所的专家们建议采用自耗等离子枪熔炼大型钢锭。进行这种重熔时，低温等离子体发生器是金属坯料，即带轴心孔的电极（图 2.61）。在熔炼过程中为了稳定等离子体放电燃烧，需要把等离子气源从电极的轴心孔输送到燃烧区。

从电极轴心孔喷射出的气流落入电弧柱，被加热到高温，在一定的电流密度下进入电弧等离子体状态，然后在电极顶端与金属熔池之间燃烧。带轴心孔的自耗电极也被称作自耗等离子枪。

自耗等离子枪重熔作为一种熔炼方法，适用于以下条件：

（1）熔炼室为标准大气压；

（2）熔炼室为低压或者接近真空；

（3）熔炼室内介质为惰性气体；

（4）熔炼室内介质为含氮气的混合气体或纯氮气；

（5）需要通过轴心孔输送气渣混合物。

自耗等离子枪重熔在生产高氮钢与高氮合金方面具有无限的可能性。液态金属从等离子体中吸收氮的速度非常快，在重熔过程中利用气相氮就能让金属实现合金化。而且很容易通过改变混合气体中氮气的分压，以及熔炼室总压力对金属内的氮气含量进行控制。

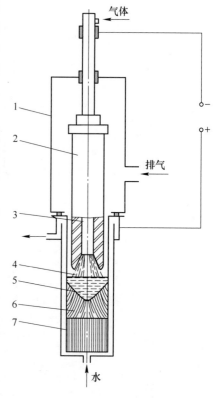

图 2.61　自耗等离子枪重熔原理图

1—熔炼室；2—自耗等离子枪；

3—轴心孔；4—电弧等离子体；

5—金属熔池；6—钢锭；7—结晶器

在自耗等离子枪激发的等离子电弧柱内，电压梯度取决于电流强度、熔炼室压力、等离子混合气源的成分（图 2.62）。从图 2.62 可以看出，当等离子电弧内电流强度增大、熔炼室气体（氩气）压力升高，以及混合气体中的氮气含量增大时，电压梯度都会变大。不过对等离子电弧电压梯度影响最大的还是混合气体的成分，首先是氩气与氮气的混合气体，哪怕只有少量氮气。

图 2.63 展示了在工业炉上进行自耗等离子枪重熔时形成的等离子电弧伏安特性曲线，自耗等离子枪由低碳结构钢制作，直径为 320mm。为了进行对比，图中还展示了在普通真空电弧炉进行自耗电极重熔时，电弧在真空中燃烧的伏安特性曲线。在氩气中燃烧的等离子电弧的伏安特性曲线斜率远高于在真空中燃烧的电弧。在氩气中燃烧的等离子电弧与在真空中燃烧的电弧之间的实际压差不小于 15～20V。在氩气介质中进行自耗等离子枪重熔时，电弧电压平均为 40~45V，而在 Ar-N_2 混合气体中进行自耗等离子枪重熔时，电弧电压

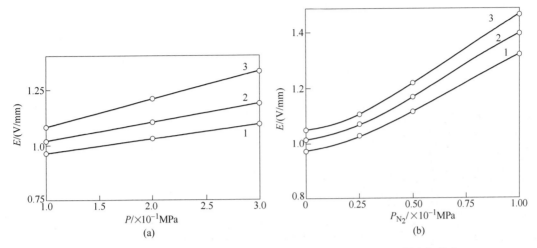

图 2.62 等离子体放电的电压梯度对熔炼室压力 (a) 和 Ar-N$_2$ 混合气体中

氮气含量 (b) 的依赖关系

1—$I_\partial = 600A$；2—$I_\partial = 800A$；3—$I_\partial = 1000A$

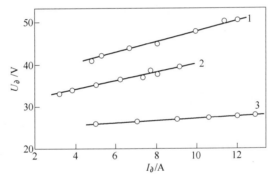

图 2.63 在氩气中燃烧的等离子电弧 (1、2) 和在真空中燃烧的电弧 (3) 的伏安特性曲线

1—$L_\partial = 31mm$；2—$L_\partial = 25mm$；3—$L_\partial = 25mm$

不低于 60~65V。

使用自耗等离子枪重熔的熔炉较之在水冷结晶器中成锭的标准等离子电弧炉要简单和廉价得多。其实，也可以利用普通的真空电弧炉进行这种熔炼，只要对电极移动机构的连接杆稍做改造即可。对电源和熔炼状态自动控制系统进行的调整也不大。改造后的真空电弧炉既可以在自耗等离子枪重熔状态下工作，也可以在普通熔炼状态下工作。

任何一家装备有真空电弧炉的冶炼厂，只需要花费很短时间就能实现使用自耗等离子枪的等离子电弧重熔。需要改造的只是给已有的真空电弧炉另外配一根连接杆，连接杆内有向自耗等离子枪轴心孔输送等离子气源的通道，再给真空电弧炉装备一套供气系统就行了。

2.3 感应等离子枪

根据 L. A. Artsimovich（Л. А. Арцимович）院士所下的定义，等离子体为第四种物质形态，具有近似于金属的导电性，所以等离子体可以与外部电磁场相互作用[97]。这就产生了利用电磁场有针对性地影响等离子体的可能性，包括利用感应器产生的高频电磁场像加热金属一样加热等离子体。"感应等离子枪"正是根据这一原理工作的，等离子枪内的气体离解和电离都是利用高频电磁场的能量实现的[98~104]。

高频感应等离子枪的结构见图 2.64。它的外壳 2 是一个由耐高温电绝缘材料制作的管状结构。最常用的电绝缘材料是石英玻璃。熔炼室外面是感应器 3，电源来自高频振荡器。等离子气源从熔炼室上方送入。

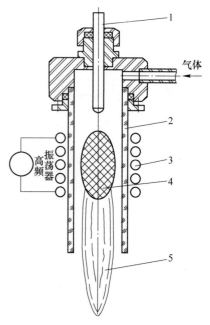

用一支金属棒或石墨棒（电极）伸入感应器区时会激发放电。电极棒在这一区域受到加热时会产生辉光放电，这是最初的电离源。在感应器电磁场作用下，辉光放电发展为环形无电极放电，即等离子体闭合圈。在独立的等离子体放电形成之后，电极棒将从放电室撤出。

气体自上而下吹入放电室，穿过环形放电区时被加热至高温，然后以等离子体射流的形式从下开口喷射出来，温度达到 $(1.5 \sim 2.0) \times 10^4 K$。等离子体射流从感应等离子枪喷射出来的速度比从电弧射流等离子枪喷射出来的速度慢数十倍。

高频等离子枪的工作频率非常高，从数百千赫到数十兆赫。现代等离子枪的功率已经达到数百千瓦，总效率可以达到 70%。

图 2.64　高频等离子枪的结构图
1—由难熔材料（钨或石墨）制作的电极棒；
2—外壳；3—感应器；
4—高频等离子体放电的核心；
5—等离子体射流

振荡器的最佳频率能够保障给等离子体放电传递最大的功率，而实现最佳频率既取决于等离子气源的种类，也取决于等离子枪本身的结构特性，首先是壳体尺寸。应该根据不同的放电室（壳体）直径，让感应器采用可确保等离子气源稳定放电的功率：

放电室的直径/mm	感应器功率/kW
15~40	5
15~60	10
15~85	20

从以上数据可以看出，当放电室最小直径大约为 15mm 时，可以采用不同功率的电磁场（5~20kW）激发等离子体放电。其实，放电室最大极限直径可以远大于上述数据。

如前文所述，稳定等离子体燃烧所必需的电流频率取决于等离子气源的种类及其物理特性。气体的电离电位越高，保障感应器的电流频率也就越高，而对于双原子气体来说，还要考虑到分子的离解能[98]，例如：氩气为 1.57MHz；氦气为 3.93MHz；空气（氮气+氧气）为 7.86MHz；氢气为 39.3MHz。

等离子气源的消耗量取决于等离子枪的功率，因为这时候气体消耗量与稳定等离子体放电燃烧无关，只涉及被有效加热的气体的数量。另外高频感应等离子枪的气体消耗量远低于电弧等离子枪，因为激发高频等离子体时，不需要在近电极区消耗很多能量。用感应等离子枪激发等离子体时，氩气的消耗量如下：

感应器功率/kW	等离子气源消耗量/$m^3 \cdot h^{-1}$
3~4	$(9~12) \times 10^{-2}$
6~8	$(18.0~21.6) \times 10^{-2}$
10	$(28.8~36.0) \times 10^{-1}$

感应等离子枪的特点是无电极，因此它可以使用物理化学特性不同的等离子气源，包括活性气体。

制造高频感应等离子枪时必须解决的主要问题是：以最大效率把电磁能传递给等离子体放电，以最小功率损失把被加热的气体从等离子枪中喷射出去，同时避免设备结构受损[98,99]。除此之外，还必须遵守无线电频率、安全设施和工业卫生方面的一系列标准和规则。

为了充分满足上述要求，就需要给带放电室的感应器配置一个接地屏蔽外壳。所以管式反应器或其他等离子射流屏蔽装置的地线，是高频等离子枪的一个必要结构件。除以上要求之外，还必须屏蔽高频放电造成的紫外线辐射。

这一领域的设计专家们认为，极有发展前景的高频放电等离子枪结构，是在一个加长的放电室里有连续的（链条状）燃烧（图2.65a）。这时感应器可以由单个或者数个高频振荡器供电。如果是后一种情况，高频感应等离子枪工作时，每个感应器可以使用不同频率的电流。

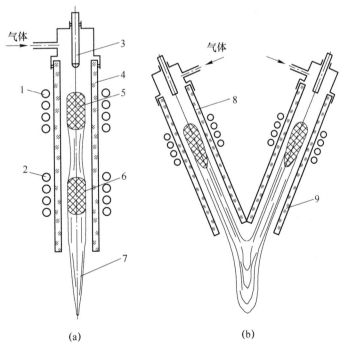

(a)   (b)

图 2.65　高频感应等离子枪结构图

(a) 两个串联放电室；(b) 两个并联放电室

1，2—感应器；3—由难熔材料制作的电极棒；4—放电室；5，6—等离子体放电；

7—等离子体射流；8，9—单独放电室

　　有一种等离子枪有两个呈辐射状排列的反应室，即两个放电各在一个单独空间内燃烧（图 2.65b），两支等离子体射流在出口汇聚。两个高频放电由一个高频振荡器并联供电。以这种结构激发等离子体放电并使用这种电源的状况，只适用于特定的工艺作业。

　　图 2.65 所示的高频感应等离子枪在大气压条件下工作，工作频率为 200k ~ 400MHz。传递给等离子体放电的功率可以达到 650kW，而等离子气源消耗量不大于 $3 \times 10^{-3} m^3/s$（$11.0 m^3/h$）。

　　许多研究和设计专家认为，制造功率为 1.0MW 带电子管振荡器的高频等离子枪不是幻想。现在已经有人在探讨研制 3~5MW 高频等离子枪的技术问题了。

　　高频能量相对昂贵，而高频振荡器的功率在一定程度上也有限制。所以上述特点决定了高频等离子枪的用途是熔炼高纯难熔金属，主要是制造粉末，其次是培养难熔金属单晶体和获取新的化合物，如氧化物、氮化物等等。

　　进一步提高高频等离子枪效率的发展方向是降低激发等离子体放电的工作频率。将来，传统的高频感应等离子枪有可能在机械振荡器通常使用的频率下工作，例如 10kHz。

　　现在，除了上述采用高频无电极放电的高频感应等离子枪，还有一种高频电容等离子枪，工作原理基于电源与放电传导区的电容耦合。能量在电容电流作用下传递给放电。外电极位于放电区之外，与等离子体不接触[9,100]。这种等离子枪与高频感应等离子枪一样，可以获得高纯等离子体（不被电极腐蚀物污染）。

　　高频电容等离子枪作为一种新型结构设计和冶炼工艺，问世时间比高频等离子枪晚了很多。它在高温工艺领域正在引起无可争议的关注，因为这种等离子枪具有以下特点：放电区电场强度高；总体辐射水平低；用于保持高频放电的最低功率不需要很大，在氢气流中和频率为 18MHz 时大约 1.0kW 就够用了。

　　图 2.66 展示了带三个外电极的高频电容等离子枪结构，等离子气源经轴心输送。

　　处于高压下的中心电极 4 安装在屏蔽外壳 3 之内。电极 2、5 一端接地，另一端与外壳 3 上的端盖 1、10 连接。中心电极 4 与接地电极之间的距离为 0.0735m。所有电极的内径为 $70 \times 10^{-3} m$。外壳 3 与高频振荡器的壳体之间有馈线连接（图中未标）。电极 4 与高频振荡器振荡电路的高压元器件之间有母线相连。放电室 7 由石英管制造。等离子气源通过顶盖 6 输送到放电室。等离子体射流 11 通过放电室下开口喷射出来。这种等离子枪工作时，放电室内同时有两个高频放电 8、9 在燃烧，把气体加热到等离子体状态。

　　在高频电容等离子枪中，连接电源与等离子体的是由外电极与先行电离的少量等离子体形成的传导线构成的同轴电容。高频感应等离子枪激发的等离子体与高频电容等离子枪激发的等离子体有本质性区别。高频感应等离子枪里的等离子体环形感应电流强度可以高达几百安培，等离子体通常具有热平衡特性。而高频电容等离子枪的电流只有 1~10A，整个等离子体传导线上的总电压降只有 20~200V/cm，这就使得高频电容等离子枪可以在弱电流下（小于 10A）实现大功率。这种条件下取得的等离子体具有热力不平衡性（$T_s \neq T_u$）[8]。

　　频率为 17.3MHz 的高频振荡器可以在 3~8kV 范围内平稳改变电极 4 的电压。这时候，高频电容放电的功率可以在 0.2~7.5kW 之间调节。对各种直径的放电室（25×10^{-3} ~ $52 \times 10^{-3} m$）进行的实验研究表明，改变放电室的直径时必须使等离子气源的单位流量保持不变。例如，放电室直径为 $25 \times 10^{-3} m$ 时，等离子气源流量为 $1.05 \times 10^{-3} m^3/s$；当直径变为

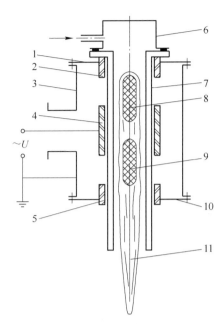

图 2.66 带三个外电极的高频电容等离子枪结构图
1, 10—端盖；2, 5—接地电极；3—屏蔽外壳；4—中心电极；
6—放电室顶盖；7—放电室；8, 9—等离子体放电；11—等离子体射流

52×10^{-3}m 时，流量也要有很大提高，为 4.5×10^{-3}m³/s。气体的单位流量大约为 2.15m³/（s·m²）。

已经确定，通过增大放电室直径、加大电极间距离、提高电极电压，可以增大高频电容等离子枪的功率。在已知规律基础上进行的计算证明，有可能制造出功率为 100~1000kW 的高频电容等离子枪。

高频电容等离子枪里没有消耗性零件，所以决定其不间断工作时间的唯一因素是真空电子器件的寿命，有研究者估算，应该不少于2000h。受限于现有高频振荡器工作状态和高频电容等离子枪结构，高频电容等离子枪的效率只有30%~60%。如果将来能用更完善的器件替换高频振荡器上的真空管，高频等离子枪的效率可以提高到60%~80%。

2.4 等离子体燃料燃烧器

等离子体燃料燃烧器是一种用于燃烧可燃混合气体的设备，通过给火焰施加电流来提高火焰的温度。

普通的氧燃料燃烧火焰在温度超过2000K时逐渐具备导电性，电流可以从中通过（直流电或交流电）。火焰温度继续升高，会达到一个让可燃混合气体里的所有气体都发生电离的温度值。对于含 1%NO 的混合气体，可能的临界温度大约为 4000K；对于含有 CO、CO_2、N_2、H_2O 的混合气体，临界温度为 6000K。在大气压条件下温度达到4000K时，含有 N_2、CO、CO_2、水蒸气（但是没有 NO）的火焰中每立方厘米内包含有 2×10^{11} 个离子和电子。当电压梯度达到 5×10^4V/m 时，电流密度可以达到 1370A/m²，功率密度达到 68.5×10^6W/m³[22]。

含有金属熔体蒸气的火焰在温度升高时导电性也会迅速提高。表 2.11 展示了蒸气分压为 130N/m²（1mmHg）时，离子/电子浓度和电流密度对含钛蒸气的火焰温度的依赖关系。

表 2.11　离子/电子浓度和电流密度对含钛蒸气的火焰温度的依赖关系

火焰温度/K	（离子/电子浓度）/×10¹²cm⁻³	电流密度/A·m⁻²
3000	2.56	1200
3500	14.0	3800
4000	100.0	$3×10^5$

等离子体燃料燃烧器的结构原理见图 2.67。燃烧器由空心电极 1、壳体 2 和水冷喷嘴 3 组成。混合燃料气体经过空心电极 1 输送到燃烧室 7，被电极与喷嘴之间的值班电弧点燃。火焰以火舌的形式从喷嘴 3 喷出，点燃空心电极与坩埚内金属熔池之间的主电弧。由于有电流通过混合燃料气体，火焰温度显著升高。加热火焰的电流强度通常不大，在 20~100A 之间。电源电压为 1000~2000V。

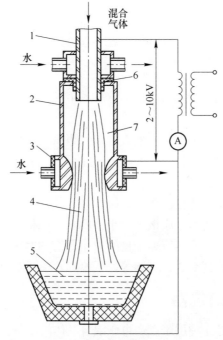

图 2.67　等离子体燃料燃烧器的结构原理图
1—电极；2—壳体；3—喷嘴；4—等离子体燃料火焰；5—金属熔体；6—电绝缘体；7—燃烧室

电源接通后电流流过燃烧的火焰（从电极到金属熔池），电功率为火焰释放的热功率"火上加油"。这就增大了热流，将等离子体燃料火焰的温度提高到 3500~4000K。

还有其他结构的等离子体燃料燃烧器。例如金属与合金物理工艺研究所研制了一种在熔铁炉中强化生铁熔炼的等离子体燃料燃烧器。这种燃烧器的最大优点是利用电磁装置稳定电弧放电（图 2.68）。这种燃烧器的壳体（阳极）状似一个水冷的"管中管"。壳体的上部有输送空气和天然气的进气口 1，还有导入和导出冷却水的集水管 2。壳体下部在空气和天然气燃烧的部位安装有螺线管 3。中央电极 5 在工作时起阴极作用，燃烧器壳体 4 起阳极作用。天然气和空气经过阴极 5 与阳极 4 之间的环形空隙进入燃烧器，在阴极与阳极之间点燃电弧。天然气和空气构成的混合气体不断进入电弧区并在那里燃烧。电弧不仅点燃混合气体，而且用高温对火焰进行补充加热，使燃烧器喷嘴处的火舌温度显著升高。为了减少壳体（阳极）内壁的损耗，用螺线管 3 产生的电磁场强制驱使阳极斑点沿圆柱形内壁移动。

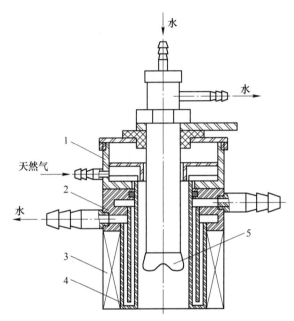

图 2.68　用电磁力稳定电弧的等离子体燃料燃烧器结构原理图
1—进气口；2—集水管（冷却阳极）；3—螺线管；4—阳极；5—阴极

这种燃烧器可用于高炉风口，强化高炉冶炼，还可以给高炉铁水补充热量。

第3章 等离子体加热条件下金属熔体与气体的相互作用

以等离子电弧做加热源冶炼和提纯金属材料，可以强化冶炼过程，首先是强化气体交换过程，这一成果为冶金工业开拓了新的发展前景。

一直以来冶金学家面临的最重要任务之一，就是提高金属质量，而金属质量在很大程度上取决于气体含量。金属熔体中总是或多或少的含有气体（氮气、氢气、氧气）杂质。在金属熔体中，大部分氧气以化合物（氧化物）的形式存在，而氢气、氮气主要以溶解形式存在。

使用低温等离子体熔炼钢与合金的最初经验证实了焊接工所熟知的现象：液态金属从电弧气氛中吸收大量气体（首先是氮气和氢气）。这促使人们对这种现象进行系统研究，从而确定了用等离子体加热金属熔体时气体交换过程的机制和主要规律。后来据此设计了对等离子气源的洁净度要求，以及一系列相关的新工艺，例如用气相氮对钢与合金进行合金化，用氢气等离子体脱氧，在含氧气氛中脱碳，同时解决与提高金属质量相关的问题。

有关等离子冶金的重要理论和实践问题已经在以下学者的著作中有所论述，他们是 V. I. Lakomsky（В. И. Лакомский），A. A. Erohin（А. А. Ерохин），N. N. Rykalin（Н. Н. Рыкалин），M. M. Klyuev（М. М. Клюев），V. A. Grigoryan（В. А. Григорян），V. I. Kashin（В. И. Кашин）等。

等离子冶金领域的新研究和新设计极大地拓展了冶炼能力，提高了冶炼设备的功重比和生产率。

3.1 金属熔体与气体多相反应的基本规律

液态金属吸收或解吸气体都是典型的多相反应过程。在这些过程中，反应发生在两相交界处，原始物质（反应物）独自到达交界处，离开时已是反应生成物。在反应物相互不混合的多相反应中，输送现象具有重要意义。输送过程与化学反应之间存在着有机联系，共同构成多相反应的各个阶段。

可以以氮气在液态铁中的溶解为例观察一下吸收过程的发展。

第一阶段，气相氮分子从气流中心向金属熔体表面移动。金属熔体吸收气体时，在反应前沿，即金属熔体与气体交界线，气体的局部浓度 $P_{N_2} - P_{N_2}^n$ 比它在气流中心的浓度 P_{N_2} 或在充分混合的混合气体中的浓度都要低。这样就形成了一个浓度梯度，让氮气分子向金属熔体一侧流动。氮气输送是通过气体对流和分子扩散实现的（图3.1）。

在第一阶段，混合气体中的氮气移动到金属熔体表面的速度为：

$$\frac{dn}{d\tau} = \beta_\varepsilon \left[(P_{N_2})^{1/2} - (P_{N_2}^n)^{1/2} \right] \tag{3.1}$$

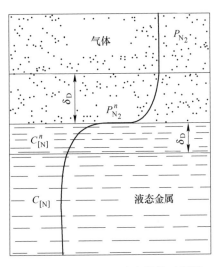

图 3.1 氮气溶解于液态铁的过程图

第二阶段，在相界表面发生金属熔体吸收氮气的化学反应，化学当量可以表示为：

$$\frac{1}{2}\{N_2\} = [N] \tag{3.2}$$

这一反应又可视为由三个独立的小过程组成，即氮分子离解为原子、氮气原子在液态金属表面被化学吸收、氮气原子溶解于液态金属。

第二阶段可以用氮气溶解的整体反应动力学公式描述，表现为正向反应与逆向反应的差值：

$$\left(\frac{\mathrm{d}n}{\mathrm{d}\tau}\right) = \overrightarrow{k}(P_{N_2}^n)^{1/2} - \overleftarrow{k}[N]^n \tag{3.3}$$

式中，$\overrightarrow{k}$、$\overleftarrow{k}$ 分别为正向反应与逆向反应的速度常数。

第三阶段，溶解于液态金属的氮气从金属熔池表层向深处移动。溶解后的氮气离开反应前沿向金属熔池深处移动，与在气相中一样，靠的也是气体分子扩散和金属熔体对流。在第三阶段，溶解后的氮气从液态金属表面向金属熔池深处移动的速度可以表示为：

$$\frac{\mathrm{d}n}{\mathrm{d}\tau} = \beta_{\text{ж}}[(N)^n - (N)] \tag{3.4}$$

在固定条件下，这三个阶段的速度彼此相同。

描述液态金属吸收气体规律的整体动力学公式如下：

$$\frac{\mathrm{d}n}{\mathrm{d}\tau} = \frac{\beta_{\varepsilon}\beta_{\text{ж}}\{\overrightarrow{k}(P_{N_2})^{1/2} - \overleftarrow{k}[N]\}}{\beta_{\varepsilon}\overleftarrow{k} + \beta_{\varepsilon}\beta_{\text{ж}} + \beta_{\text{ж}}\overleftarrow{k}} \tag{3.5}$$

在实际冶炼条件下，上述每一个阶段都有自己特定的速度，即在熔炼过程中，有些反应（阶段）进行得快些，有些进行得慢些。这时整体动力学公式就变成了一个局部性公式，整体过程的速度取决于那个最慢阶段的速度。例如，如果最慢的环节是第一阶段（氮气分子向液态金属表面移动），那么式（3.5）变为以下形式：

$$\frac{\mathrm{d}n}{\mathrm{d}\tau} = \beta_{\varepsilon} \left\{ (P_{N_2})^{1/2} - \frac{\overleftarrow{k}}{\overrightarrow{k}} [N] \right\} \tag{3.6}$$

如果限制阶段是第三阶段，那么式（3.5）转变为以下形式：

$$\frac{\mathrm{d}n}{\mathrm{d}\tau} = \beta_{\varkappa} \left\{ \frac{\overrightarrow{\kappa}}{\overleftarrow{\kappa}} (P_{N_2})^{1/2} - [N] \right\} \tag{3.7}$$

将这个公式求积分，得到：

$$\ln \frac{[N]_p + [N][N]_p - [N]_0}{[N]_p - [N][N]_p + [N]_0} = 2\frac{\overrightarrow{k}}{K_N} [N]_p \tau \tag{3.8}$$

当限制阶段为化学反应过程时（第二阶段），动力学方程如式（3.3）。求积分后得到：

$$\ln \frac{[N]_p - [N]_0}{[N]_p - [N]} = \beta\tau \tag{3.9}$$

在金属熔体中，质量传递是通过两个途径完成的：一个是浓度场控制的分子扩散；另一个是金属熔体的宏观流动。在自由对流条件下，产生对流的原因是熔池内不同区域液态金属的密度差异，而产生密度差异的原因则是化学成分不均匀，或者是熔池内温度场不平衡。上述两个过程作用的结果便产生了对流扩散。对流扩散的流动对于一维空间来说可以用以下著名公式描述：

$$J_x = -D\frac{\mathrm{d}[N]}{\mathrm{d}x} + v_x [N] \tag{3.10}$$

式中，第一项是分子扩散对物质（溶解气体）整体移动的贡献；第二项是借助液态金属宏观流动而移动的物质数量，移动速度为 v_x，移动方向与扩散流方向一致。

输送系统的整体传导性，还取决于在气体与液态金属接触面附近的边界层里进行的分子扩散。金属熔体的搅拌可以加快在多相作用下进行的物质移动，因为搅拌使边界层的厚度变薄。

从物理化学角度看，冶炼过程中有扩散层、黏滞层和本相温度层（气相温度层和液态金属温度层）三种边界层[1,2]。三种边界层平面位置是一样的，只是一层挨一层，上下重叠，各自的延伸度（厚度）不同，各层的物理化学特性和其中的反应过程也完全不同。每个边界层都有自己的能量和质量传递系数，这些系数决定了本边界层介质影响分子质量传递 D、动量 mv 和热量 α 的程度。各边界层系数之间的关系是一种无量纲量：

普朗特准则　　　　　　　　$Pr = \dfrac{\nu}{\alpha}$ 　　　　　　　　　　　　　（3.11）

施密特数　　　　　　　　　$Sc = \dfrac{\nu}{D}$ 　　　　　　　　　　　　　（3.12）

穿越边界层的物质移动吸引了很多研究者的注意，并且创建了一系列理论，从不同角度描述了在边界层里发生的多相过程。

根据薄膜理论（能斯特-兰茂尔理论），在相界边缘存在两个边界层：一个在气相内，另一个在液相内。每一个边界层的厚度是由介质的物理特性决定的。该理论假设，沿薄膜厚度有一个固定的浓度梯度，穿越每一个边界层的移动靠的是分子扩散。根据这一假设，气流穿越边界层等于：

$$\Pi = \frac{D}{\delta}\{[N]^n - [N]\} \tag{3.13}$$

根据这一理论，在每个具体情况下扩散层的厚度取决于反应物的成分，只能用试验方法确定。

尽管这些假设看上去非常合理，但是最后的结论却会使测量穿过边界层的气流数量变得异常复杂。

比较现代的理论见于 D. A. Frank-kamenetsky（Д. А. Франк-Каменецкий）的著作。根据这一理论，在相界两侧的每一个相内都有一个薄边界层。与前述理论不同的是，它假设在每一个边界层里气体粒子同时有横向和纵向的移动，另外对流与分子扩散这两种质量移动机制是同时起作用的。描述边界层内对流扩散的数学公式为：

$$D\frac{d^2[N]}{dy^2} = V_x\frac{d[N]}{dx} - V_y\frac{d[N]}{dx} \tag{3.14}$$

式中，$D\frac{d^2[N]}{dy^2}$ 为沿法线 y 向相界表面运动的分子扩散流；$V_x\frac{d[N]}{dx}$，$V_y\frac{d[N]}{dx}$ 为边界层内横向与纵向的对流移动。

任何边界层的厚度都是一个特定的量，取决于反应介质的特性、流体沿相界运动的速度和溶质的扩散系数，也就是说每种物质有自己的边界层。边界层厚度平均值可用下式确定：

$$\delta = \frac{1}{2}\int_0^l (\delta)_x dx \tag{3.15}$$

式中，l 为沿相界运动的长度。

引入边界层平均厚度概念可以得出与能斯特-兰茂尔理论一样的结果。

E. 玛赫林为说明感应熔炼条件下金属熔体与气体的质量交换过程而设计了模型[3]。这一模型显示，由于金属熔体被剧烈搅拌，熔池深处的液态金属不断被翻上来，熔池表面的元素会不断更新。据此可以假设，在金属熔体翻上表面到离开表面的两点之间，边界层是有层次地与熔池表面平行运动的。那么根据菲克第二定律，物质传递可以用下式确定：

$$\frac{dn}{d\tau} = 2\frac{S}{V}\left(\frac{DU}{\pi l([N] - [N]^n)}\right)^{1/2} \tag{3.16}$$

式中，U 为流速；D 为分子扩散系数。

许多研究者证明，氮气的吸收或解吸过程可以用一阶或者二阶动力学方程来确定。如果气相氮的吸附速度与气体压力的一次幂成正比，而扩散速度与氮气分压的平方根成正比，那么就会出现扩散速度快于吸附速度的情况。此时扩散将不再是氮气吸收或解吸过程的限制环节，因为在压力降低时，扩散速度下降得慢于吸附速度。当金属熔体上方氮气压力较低时，氮气进入或者脱离金属熔体将受到在金属熔体表面发生的吸附、分子离解为原子或原子复合为分子过程的限制。此时气体解吸状态整体上取决于二阶反应。

根据文献 [4] 中介绍的 E. 玛赫林模型，在悬浮状态下熔炼金属时质量传递系数公式为：

$$\beta = \left(\frac{2}{\pi} D \, \omega_{\mathrm{min}} \right)^{1/2} \tag{3.17}$$

式中，ω_{min} 为球状熔滴表面更新的最小角速度。

3.2　等离子体加热过程中对金属熔池的热传递

在等离子电弧加热过程中，等离子电弧释放的功率为 $P_{\mathrm{n}} = I_{\partial} U_{\mathrm{n}}$（式中，$I_{\partial}$ 为等离子电弧电流，A；U_{n} 为等离子电弧电压，V），它消耗于熔化炉料或自耗坯料，并传递给金属熔池。这些都是有效能量消耗。与此同时，一部分能量也被气体对流与辐射消耗掉。因此对释放的功率进行评价，分析决定功率大小和影响功率传输机制的物理现象，具有极大意义。已知等离子电弧电压为 $U_{\mathrm{n}} = U_{\kappa} + U_{\mathrm{a}} + U_{\mathrm{c}}$，那么等离子电弧释放的功率应该是：

$$P_{\mathrm{n}} = I_{\partial} U_{\kappa} + I_{\partial} U_{\mathrm{a}} + I_{\partial} U_{\mathrm{c}} \tag{3.18}$$

式中，U_{κ} 为阴极压降，V；U_{a} 为阳极压降，V；U_{c} 为等离子电弧柱内压降，V。该公式的三个要素分别是从等离子体放电的三个部位（阴极区、阳极区、电弧柱）释放出的电功率。

在等离子电弧加热金属熔体时，实现等离子电弧热传递的主要方式是加热到高温的气体对流热交换和热辐射。另外，向金属传递热量的途径还有阳极斑点区内的电子轰击（用直流电工作时）或者等离子电弧支撑斑点区内的电子和离子轰击（用交流电工作时）。当等离子熔炉用直流电工作时，阳极斑点或斑点群（用多支等离子枪工作时）分布在金属熔池表面上，而阴极斑点群分布在等离子枪的电极上。本节不研究等离子体与单支或多支等离子枪电极之间的热交换。

在重熔自耗坯料并在水冷结晶器中成锭时，加热和熔化自耗坯料靠的是来自等离子电弧的对流热传递与热辐射。这时，等离子电弧的支撑斑点没有落在自耗坯料表面，所以不存在以电子轰击方式进行的热传递。

用带陶瓷底的炉子重熔块状炉料时，一束或多束等离子电弧在炉料中熔化出一些"竖井"，"竖井"中炉料接收的热量完全来自于对流热传递与热辐射。这时，电弧支撑斑点落在炉底由液态金属构成的金属熔池表面。

自耗坯料被熔化的前端表面，与"竖井"的圆柱形表面一样，接触的是等离子电弧柱周边部分，这里的气体温度相对较低，比等离子电弧核心低很多。所以可以断定被加热气体的能量主要来自于气体分子的动能，并且通过撞击坯料或"竖井"表面将能量传递给金属。因此，在这种情况下热量传递给被加热金属是通过热传导实现的。此时热流值 $Q = \lambda_{\ell} \cdot \mathrm{d}T/\mathrm{d}y$（$\lambda_{\ell}$ 为气体导热系数；$\mathrm{d}T/\mathrm{d}y$ 为边界温度层内的温度梯度）。

大电流等离子电弧阳极斑点经常有一定的发散性，与阴极斑点相比面积大很多。另外，电弧阳极区的压降也比阴极区低数倍。所以等离子电弧放电中阳极区的电场强度也比阴极区低很多[5~9]。例如，一支由在空气中燃烧的钢电极形成的电弧，阳极区的场强为 $E_{\mathrm{a}} = 1.3 \times 10^{6} \mathrm{V/m}$，而阴极区的场强则为 $E_{\kappa} \approx 4.3 \times 10^{7} \mathrm{V/m}$。

在阳极斑点区内以等离子电弧柱为起点，温度会从等离子电弧温度过渡到液态金属表面温度，即从 10000~20000K 下降到 2000~2200K。通常认为，沿金属表面法线计算的阳极区伸展度与该温度和气压条件下电子自由程的长度相等[7,10,11]。

等离子电弧柱具有准中性，即在弧柱的基本容积内电子与离子的电荷是相互补偿的。但是在弧柱与金属（阳极）表面交界区则存在着负电荷。在这个区的边界存在很多能在阳极表面造成无补偿负电荷的电子。在阳极电位差作用下，这些电子会从等离子体边界层挣脱出去，把电流从等离子体带向金属熔池。

进入液态金属（熔池）表面阳极斑点的热流，来源于它在近阳极电场获得的电子动能和过剩的热能[12]：

$$Q_{эл} = \frac{i}{e}\left(\frac{5}{2}k\,T_э + eU\right) \tag{3.19}$$

式中，i 为阳极电流密度；e 为电子电荷；k 为玻耳兹曼常数；$T_э$ 为电子温度。

在小电流自由燃烧电弧中，为加热阳极热流做主要贡献的也是电子[12]。

直接作用等离子枪与自由燃烧电弧不同，在这里强大的等离子体流是强制形成的，等离子体流产生的热流随着等离子枪的电流增大而加强[13]。

如果等离子气源中含有双原子气体（氮气、氢气），从等离子体向金属熔池进行的热传递会更加强烈。V. I. Lakomsky（В. И. Лакомский）在其著作中[14,15]描述了从含双原子气体的等离子电弧向金属熔池进行热传递的机理。双原子气体中的原子是在等离子电弧中因分子离解而形成的，具有与气体离解能相同的强大势能储备。双原子气体的复合既可以发生在等离子电弧柱周边，也可以发生在阳极区，紧靠金属熔体表面。为了实现此过程，通常必须有三个气体粒子相互碰撞，即 $A+A+B=A_2+B$[8]。这时第三个气体粒子 B 会接走两个原子 A 复合时释放的部分离解能，此后分子 A_2 趋于稳定。

新生气体分子还拥有过剩的内能，如果随后它不能与能量储备比自己小的气体粒子发生碰撞，那么它将重新离解为原子。发生碰撞的气体粒子可能是气体分子或原子，也可能是位于金属熔体表面的金属原子。因为这些过程直接发生在金属熔体表面，所以新生分子的过剩能量就传递给了金属熔池。因此从等离子体火焰吹向金属的热流可以用下述公式来描述[16]：

$$Q_n = \lambda(1+L_э)\frac{dT}{dy} + \rho D_{1,2}H\frac{dc_1}{dy} \tag{3.20}$$

式中，λ 为气体导热系数；$(1+L_э)$ 为因数，表明必须怎样改变气体分子导热量以便在热传递过程中兼顾内部自由度的作用；ρ 为气体密度；$D_{1,2}$ 为扩散系数；c_1 为原子质量浓度。

式（3.20）右边第二项是等离子混合气源中的双原子和多原子气体对从等离子体向金属运动的热流所做的贡献。研究结果[17,18]表明，这个贡献非常大。试验证明，向氩气中添加氮气后，传递到金属的热流增长到原来的 1.5 倍（图 3.2）。

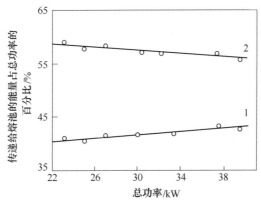

图 3.2 从等离子体到金属熔池的热传递效率对等离子气源成分的依赖关系
1—等离子气源为氩气；2—等离子气源为氩气+25%氮气的混合气体

值得一提的是，当加大等离子枪的电流强度和氩气压力时，电炉熔炼室内电弧柱的辐射量会急剧增大，有时能达到电弧总功率的 50%[17,18]。然而当以氩含氮或者氩含氢混合气体作为等离子气源时，电弧总温度会下降，辐射热传递的作用也会降低。

近年来，大多数投入使用的大型等离子电弧炉使用工频交流电工作。这时，频率为 50Hz 的金属熔池有时充当阳极，有时充当阴极。这种情况会极大改变从等离子体到金属熔体的热传递。极性的改变还会导致电弧内气流强度发生改变，因为气流会受到电极材料箍缩效应和蒸发的影响。交流电会每秒钟穿过零位 $2f$ 次，相应地稳定燃烧的电弧也会每秒钟熄灭并再次激发 $2f$ 次。

等离子电弧和自由燃烧电弧中的阴极压降都远大于阳极。在阴极同时发生着两个过程：一个是源自阴极表面的电子发射，另一个是针对阴极表面的离子轰击。电子自阴极逸出对阴极有冷却作用，而阴极表面承受的来自电弧柱的离子轰击则会使阴极变热。

现有关于电弧阳极区内各种现象发生机理的假设，依据的主要是关于阳极表面离子流连续性和正离子生成概率的概念。因为阳极自身不发射离子，而电场却不断把离子带往阴极，那么可以推断，在阳极表面由于存在与逸出功 φ 相等的电子势能而发生了原子电离[7,10]。当电离势 $U_i > \varphi$ 时，实现电离所缺乏的能量 $U_i - \varphi$ 是由与阳极表面相碰撞的中性原子提供的。

发生在近电极区的反应过程决定着电弧的能量平衡、燃烧稳定性，以及电弧对金属熔炼的工艺适用性。

用交流电工作的等离子电弧炉的使用经验证明：它们向金属熔池传递热量的程度低于采用正极性直流电工作的炉子。

3.3 等离子体熔炼金属过程中气体交换的基本规律

低温等离子体能在冶金生产中得到应用，归功于众多应用物理科学家、研究人员、工艺师和设计师的努力，这一应用为生产领域的冶金工作者提供了全新的冶炼手段。

如前文所述，使用低温等离子体和自由燃烧电弧加热金属时，热量是通过炽热气体的对流热交换和辐射作用传递给金属的。另外热能还通过阳极斑点内的电子轰击和阴极斑点内的离子轰击传递给金属。当液态金属为阴极时，对金属从电弧或等离子体气氛中吸收气体起主要作用的是电场。

已有的试验证明[19,20]，使用电弧熔炼金属时，金属会从熔炼气氛中吸收气体，在阳极金属发生的主要是化学吸收，在阴极金属发生的主要是电吸收。对气体的电吸收是指由电场导致的吸收，与气体在金属中的溶解度无关。在电场作用下，金属甚至可以吸收非溶解气体[21,22]。

当电流穿过近阴极区时，参加流动的有从阴极表面发射出来的电子，也有从电弧柱等离子体飞出来的正离子，包括气体离子。在阴极表面被高温加热或在强静电场的作用下，电子从阴极表面挣脱出来奔向阴极区。它们在这里获得足够的加速度后，与气体原子和分子发生碰撞并引发电离和分子离解。由此产生的带正电荷的气体离子，在强度可能高达 10^6V/cm 强电场作用下，穿过阴极压区飞向阴极。而气体离子本身也具有足够强的微物理场，当这个气体离子距离金属表面足够近时（10^{-7}cm），能使金属表面原子中的一个电子通过量子隧穿效应飞向自己[5,7]。

离子与电子复合的结果是形成激发态原子,这个原子会以离子原有速度继续飞向阴极。为了侵入金属表层,这个原子应该具有大于临界值的动能[15,16]。在气体原子与金属晶格中靶心原子瞬间碰撞的条件下,临界值能量相当于 4 倍原子蒸发能量[1]。铁的临界值为 1340J/mol。阴极压降的量值受很多因素影响,例如电极材料、等离子气源种类或混合气体的成分、电极温度、压力等。用等离子电弧在保护气体中(通常为氩气)熔炼金属时,等离子枪的阴极压降通常为 17~20V。经过近阴极区时,气体原子获得超临界值动能 (1630~1670J/mol),所以能轻而易举地侵入到液态金属中。结果就造成金属熔池表层气体浓度升高。此后气体在浓度梯度作用下以对流方式扩散到金属熔池的各个部位。电吸收气体的数量随着电流增大、电弧气氛中气体分压增大和电流经过时间延长而增多。另外,能加速电吸收的因素还有阴极压降增大,这首先与电极材料和气体介质成分有关[6,24~26]。

需要指出,气体的电吸收和化学吸收过程在阴极同时存在,在现实熔炼条件下不可能将它们完全区分开。

有人进行过专门的实验,试图区分出"纯净"的电吸收[23]。他们研究了用铜制水冷电极从电弧等离子体中吸收氩气的情况。对电极形状和冷却强度作了专门选择,让电极尽可能少熔化。用带质谱仪的电子束设备分析了金属样本中的氩含量。在所有取自铜质阴极的样本中都检测到了氩气,而在阳极金属中则没有。这些试验清楚表明,用电弧等离子体加热金属时发生了阴极金属对气体的电吸收。

描述电吸收速度的解析式如下[26]:

$$V = K_{\scriptscriptstyle э} \frac{I_{\scriptscriptstyle n}(1-f)}{e\,N_{\scriptscriptstyle A}} a\exp\left\{-\frac{U_{\scriptscriptstyle i} - U_{\scriptscriptstyle эф}}{U_{\scriptscriptstyle к}}\right\} \tag{3.21}$$

式中,$K_{\scriptscriptstyle э}$ 为电吸收比例系数;$I_{\scriptscriptstyle n}$ 为等离子电弧流,A;f 为在阴极的电子流份额;e 为离子电荷;a 为从电弧柱等离子体流向阴极的离子总数中气体离子的数量;$N_{\scriptscriptstyle A}$ 为阿伏伽德罗常数;$U_{\scriptscriptstyle i}$ 为电离势,V;$U_{\scriptscriptstyle эф}$ 为电弧气氛的有效电离势,V;$U_{\scriptscriptstyle к}$ 为阴极压降,V。

化学吸收发生在只有电子参与电流移动的阳极区气相中,吸收过程是由这个区内原子和分子的下述情形决定的(图3.3)[27]。在相界区,根据多相反应动力学,气相一侧存在一个多层次的边界层,气体粒子通过扩散作用向金属表面移动。如果在液态金属表面的气相中也出现这种原子和分子,说明它们以扩散方式穿越了边界层。

这些气体粒子的浓度分布是由温度场和形成热动平衡的条件决定的。可能有两种情况:一种是气体原子在逐渐接近金属表面和温度降低时发生了复合,以分子状态到达金属;另一种是到达金属表面时仍然是原子。在前一种情况下,如果分子粒子的浓度分布与温度分布相对应,即温度下降,原子数量减少,分子数量增多,我们看到的就是平衡流;在后一种情况下,温度无变化,原子也没有复合为分子,就是所谓的冻结流。这两种极端情况的解析式在气体动力学中都有描述[28]。

边界层可能出现何种化学状态,取决于为建立平衡,原子需要多少时间完成复合,这一时间与原子扩散穿越边界层所花费时间是怎样的比例关系[16,28~30]。

对于多层次的库埃特流,这种关系是以达姆科勒数(Da)来评价的,显示的是复合反应时间对扩散时间的比值:

$$Da = \tau_{\scriptscriptstyle p}/\tau_{\scriptscriptstyle д} = T_{\scriptscriptstyle ε}^{7/2}/P_{\scriptscriptstyle ε}^{3}\,\delta^{2}\,K_{\scriptscriptstyle p} \tag{3.22}$$

式中，τ_p 为复合反应时间；τ_∂ 为原子扩散穿越边界层的时间；T_{e} 为气体温度；δ 为气体扩散层厚度；K_p 为复合速度常数。

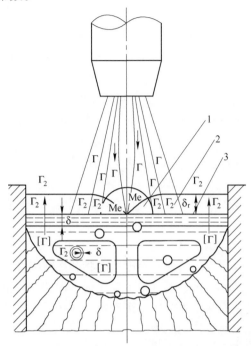

图 3.3　等离子电弧熔炼时金属熔池与等离子体之间的气体交换过程

Γ—气体原子；Γ_2—气体分子；$[\Gamma]$—溶解于金属的气体；δ—液态金属内的扩散层；

Me—金属熔体蒸气；○—金属熔体中的气泡；δ_r—气体边界层；

1—阳极斑点区；2—等离子体火焰下方的环形区（吸收区）；

3—等离子体火焰外区域（解吸区）

考虑到温度对平衡常数影响微弱，在等离子电弧熔炼时的气体边界层温度范围内，达姆科勒数可以表述如下[16,28~30]：

$$Da = 10^3 / P_{\mathrm{e}}^3 \delta^2 \tag{3.23}$$

式中，P_{e} 为气压，kPa；δ 为层厚，cm。

如果达姆科勒数远小于 1，意味着气流是化学平衡的。如果数值远大于 1，那么到达金属表面的是原子。

根据 V. I. Lakomsky（В. И. Лакомский）的计算，等离子电弧重熔时的达姆科勒数大约为 10^{-2}[14]，在计算中他取层厚值为 $\delta = 2 \times 10^{-3}$ m。这个扩散层厚度值是计算得出的，并且设定相界边缘存在的只有气体分子。

由于这一原因，在进行电弧等离子熔炼和其他种类等离子熔炼时都能在金属中观察到以分子态存在的远大于标准气体溶解度的气体浓度（图 3.4）。

V. I. Lakomsky（В. И. Лакомский）在研究原子复合和新生分子能量弛豫过程之后提出：与金属相接触的是激发态分子[14]。这时内能大小取决于尚未弛豫的振动能量。

A. Ya. Stomaxin（А. Я. Стомахин）认为，与金属熔体发生作用的是冷却至金属熔体温度、但保留了过剩数量（即大于此温度下的标准平衡值）被离解和电离的氮气粒子的气体[31]。持此观点的还有文献［32］的作者。换句话说，这两个文献的作者都认为，金属熔体表面的气相一侧存在着一个冻结层[31,32]。

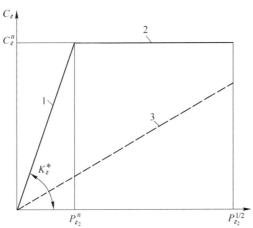

图 3.4 液态金属中的气体浓度对气相中气体分压的依赖关系
1—电弧等离子熔炼；2—其他种类等离子熔炼，金属熔体沸腾；3—悬浮态金属感应熔炼❶

巴顿电焊接研究所对等离子体火焰温度和电子浓度的研究表明，液态金属表面存在有一个化学平衡层，即达到了局部热力平衡[33]。但是这并不排除仍然存在气体原子与金属熔体接触的可能性。

达姆科勒数在很大程度上取决于气体扩散层的厚度。当气流从正面或倾斜角度吹向金属熔池表面时，扩散层的厚度是不同的，会在零到某一个稳定值之间变化。这样一来，在气流轴线（图 3.5）和近轴区，扩散层的厚度可能很小。在这种情况下 $Da \gg 1$，原子态气体粒子直接落到金属熔体表面。

图 3.5 氩气中的等离子电弧

❶ 一种非等离子熔炼工艺，金属熔池在坩埚四周磁场挤压作用下隆起成半球状，不与坩埚壁接触。

用等离子电弧炉在放电气氛中熔炼金属时可以观察到冻结层。在这种情况下，由于氮气原子的能量，氮气的吸收系数会有极大提高。据文献［34］记载，使用氮气等离子体在真空环境中炼铁时（$P = 5.07\text{kPa}$），氮气吸收系数 K_v^* 曾经达到过 92%，远远超过大气压条件下的量值。

理论上讲，当气流快速垂直流向金属熔体表面时，沿等离子电弧轴线也应该观察到金属熔体吸收的情况。然而在实践中，当使用直接作用等离子枪熔炼时，这里正是阳极斑点的位置，温度达到金属沸点[33,34]，结果迎面上升的蒸气流的压力接近于大气压，而氮气分压接近于零。这时在阳极斑点区所能观察到的可能是金属熔体没有吸收氮气，或者金属熔体吸收氮气效率很低。文献［35］用实验方法展示了在阳极斑点区金属中氮气浓度降低的情况。

至于离子，它们的运动方向与原子和分子的运动方向是相反的。离子携带正电荷。在电弧的电场中，离子向等离子枪阴极方向运动，向阳极（金属）方向运动的是电子。所以被电流从阳极推开的离子不会落在阳极（金属）表面，与阳极（金属）接触的是处于激发态的气体分子粒子，可能还有一定数量的原子粒子。原子粒子的份额取决于压力、气流速度、气体黏性和各种金属与气体配比的其他特性。然而从整体上说，在大气压和低气压条件下原子态气体的份额并不大，在试验允许的误差范围之内，几乎没有改变金属中气体浓度对分子态气体分压平方根的线性依赖关系。这时，金属吸收气体的速度是由化学动力学规律决定的。

总之当金属熔池为阳极时，其表面存在三个温度区：一是阳极斑点区，金属在这里可以与原子态气体接触，但金属表面温度接近于沸点[26,34]；二是等离子体火焰下方区域，金属在这里与处于激发态的分子态气体接触；三是等离子体火焰外区域，这里温度相对较低，液态金属与基本处于振动态的分子态气体接触。

如果含有较少溶解气体的金属被直流等离子电弧熔化，会发生以下过程：在阳极斑点区金属蒸发活跃，在熔池表面上方形成蒸气相，蒸气压与表压力量值相当，从而阻碍金属与气体接触。这时就不会有从电弧气氛吹向金属的气流了。

在等离子体火焰下方区域，与金属接触的是激发态分子，可能还有一定数量的激发态原子。在这个区域金属剧烈吸收气体。在等离子体火焰外区域，金属与基本处于振动态的气体接触。这时可能有两种情况：如果液态金属中的气体浓度低于平衡浓度，会发生普通的气体溶解，由气相中的气体分压和西华特常数决定；如果液态金属中的气体浓度高于平衡浓度，可能出现气体解吸，有时解吸甚至是以液态金属"沸腾"的形式进行的。

3.4　等离子熔炼过程中金属熔体吸收氮气和氢气的动力学规律

在等离子电弧熔炼时，气体与金属之间的反应如同所有多相反应一样，会经历几个阶段，可以描述为以下公式：

$$\frac{1}{2}\Gamma_2 \Longrightarrow [\Gamma] \tag{3.24}$$

如果气体与金属反应不形成新的相，反应过程有三个阶段：气体粒子向金属表面移动；金属吸收气体；气体在金属内移动。气体在金属中溶解反应的整体速度取决于三个阶段中最慢的那一个。

很多学者都研究过有气相和液态金属参加的冶金反应动力学，包括在电弧或等离子电弧加热条件下发生的反应[19,31,32,34,36~39]。等离子电弧熔炼金属时气体交换反应的动力学问题可以参阅文献 [14，36]。

根据这些文献可以得出结论：在冶金设备中（包括等离子电弧炉）气相与液态金属之间的气体交换速度取决于气体在液态金属内部的输送速度；金属吸收和解吸气体的反应都发生在扩散区，这两个速度差别不大。

物质在流动液体内部通过对流扩散进行移动。扩散包括两种移动机制：对流扩散与分子扩散。首先由 V. Nerst（В. Нерст），后来是 I. Langmuir（И. Лангмюр）建立了多相反应理论，并且发展了关于固定层内扩散的概念，指出在固定层内的物质也会通过分子扩散实现移动。

D. A. Frank—Kamenetsky（Д. А. Франк—Каменецкий）所作的总结对多相化学反应中的流体力学和扩散理论具有奠基性意义[40]，他阐明了在扩散层内存在运动，扩散层没有明确的界限。如果从边界层向气流核心过渡，质量传递会平稳地从扩散式过渡至对流式。通常认为，边界层的厚度就是液体扩散层的厚度，边界层里的混合物浓度在气相一侧等于平衡值，在液相一侧等于液体基质的浓度。

在等离子电弧熔炼时，金属熔池内可观察到剧烈宏观流[14]，金属熔体被充分搅拌，混合物的浓度实现平均化。这时气体交换反应的速度取决于反应体的梯度和质量传递系数 β，该系数等于分子扩散系数与可能的液体边界层厚度的比值（D/δ）。

在等离子体火焰下方，与金属熔池表面相接触的是等离子体火焰产生的充满活性的气体粒子，熔池表面上方的气体化学势远高于溶解于金属中的气体化学势。这个区域保证着气体从等离子体进入熔池。偏离等离子体火焰轴心，气体温度会下降，活性气体粒子的浓度也会相应降低，同时气体的化学势也会降低。结晶器边缘的化学势量值最低。在等离子熔炼过程中，气体与液态金属在等离子体火焰下方相互作用时吸收气体的量最大。熔池其他部分的表面也在一定时间内吸收气体。当溶解于金属中的气体的化学势高于气相中的气体化学势时，熔池表面就会发生气体解吸。

在静态熔池条件下描述这些过程的动力学公式为：

$$\frac{dc_{\ell}}{d\tau} = \frac{\beta_a F_a}{V}(C_{\ell}^* - C_{\ell}) + \frac{\beta_0 F_0}{V}(C_{\ell}^p - C_{\ell}) \qquad (3.25)$$

式中，β_a 和 β_0 分别为等离子体火焰下方区域和火焰外区域的质量传递系数；F_a 和 F_0 分别为等离子体火焰下方金属熔体表面积和其余表面积，$F_a + F_0 = F$ 为金属熔池总体表面积；V 为金属熔池体积；C_{ℓ}^* 为金属熔池内与等离子体火焰中激发态气体相平衡的气体浓度，C_{ℓ}^p 为金属熔池内与等离子体火焰外基本振动态气体相平衡的气体浓度，C_{ℓ} 为金属熔池总体积内气体平均浓度。在式（3.25）中，右边第一项描述的是等离子体火焰下方熔池表面吸收气体；第二项是等离子体火焰外熔池表面与气体接触时吸收气体。根据式（3.25），当熔池内气体浓度较低时，整个熔池表面（F）都在吸收气体。当熔池内气体浓度 C_{ℓ}^* 达到相应分压下的平衡值 C_{ℓ}^p 时，式（3.25）的第二项变为0，当 C^* 高于平衡值时，公式第二项变为负值。这时会出现一种情况，火焰正下方的熔池表面吞食（吸收）气体，而其余表面则释放（解吸）气体。如果前一种气流（吸收）大于后一种气流（解吸），那么金属熔体中的气体浓度持续增加，直至达到与熔池表面上方混合气体的表压力相平衡的量值，而不是与气体分压相平衡的量值。这个量值也许略高于平衡值（图 3.4，曲线 1）。当达到这个临界浓度 $C_{\text{г}}^p$ 时，金属熔体开始"起泡沸腾"[14,15,26]，即便气体分压进一步提高，气体在金属熔体中的浓度也不会改变了（图 3.4，曲线 2）。

"起泡沸腾"的开始点与气体分压 $P_{\text{г}}^n$ 一致。金属熔体"起泡沸腾"时会出现第三种气流，描述公式为：

$$\frac{\mathrm{d}C_{\text{г}}}{\mathrm{d}\tau} = \frac{\beta_{\text{n}} F_{\text{n}}}{V}(C_{\text{г}} - C_{\text{г}}^p) \tag{3.26}$$

式中，β_{n} 为穿过气泡表面扩散层的质量传递系数；F_{n} 为气泡总表面积；$C_{\text{г}}^p$ 为在气泡内活性气体压力下金属熔体中的气体平衡浓度。这时溶解于金属的气体穿过包围气泡的液态金属扩散层完成扩散（图 3.1），在气液界面的浓度由气泡内气压决定。气泡内气压取决于表压力 P_{atm}、表面张力 σ、气泡半径 R、液态金属密度 γ、气泡上方液体层厚度 h，但是不会低于熔池表面上方的表压力：

$$p_{\text{n}} = p_{\text{atm}} + h\gamma + 2\sigma/R \tag{3.27}$$

在上述条件下，金属熔池内的气体浓度不会进一步增大。

由于金属熔池的平均质量温度接近熔池解吸区表面温度，那么可以取 $\beta_{\text{n}} = \beta_0$。在计算允许气泡存在的最小压力时[41]，我们取平衡浓度 C_{n}^p 作为与西华特常数（$K_{\text{г}}$）相等的浓度。此时式（3.26）发展为：

$$\frac{\mathrm{d}C_{\text{г}}}{\mathrm{d}\tau} = \frac{\beta_0 F_{\text{n}}}{V}(C_{\text{г}} - K_{\text{г}}) \tag{3.28}$$

在稳定状态下，式（3.25）和式（3.28）所描述的气流将彼此相等：

$$\beta_{\text{a}} F_{\text{a}}(C_{\text{г}}^* - C_{\text{г}}) + \beta_0 F_0(C_{\text{г}}^p - C_{\text{г}}) = \beta_0 F_0(C_{\text{г}} - K_{\text{г}}) \tag{3.29}$$

关于等离子电弧熔炼所特有的气体交换动力学的研究，证实了准平衡态的存在。这一状态下的过程是由扩散动力学公式和稳定气泡"沸腾"状态公式来描述的，而气体浓度则取决于液态金属中气泡的形成条件[14,36]。

当金属熔池内气体浓度达到 $K_{\text{г}}$ 值时，式（3.25）的第二项将表示逆向气流，即气体从熔池解吸到炉中气氛去。如果 F_0/F_{a} 比值高，那么从金属熔池中释放的逆向气流会与从等离子体进入金属熔体的气流形成平衡，金属熔体就会处于平静状态。如果 F_0/F_{a} 比值不够高，那么就会发生金属熔体"起泡沸腾"。

图 3.6 展示了金属熔体中气体浓度对气相中气体分压 $C_{\text{г}} = \varphi(P_{\text{г}}^{1/2})$ 和时间 $f(\tau)$ 的依赖关系，针对的是金属熔体与等离子态气流相互作用时的下述情况：一类是 $F_{\text{a}} \leqslant S$，即等离子态气流截面 S 大于金属熔体与等离子态气体接触的表面（实验室等离子熔炼），另一类是在工业等离子电弧炉条件下熔炼（$F_{\text{a}} \gg S$）。这里可能又有两种情况：气体分压低于临界值（$P_{\text{г}} < P_{\text{г}}^n$），或气体分压高于临界值（$P_{\text{г}} > P_{\text{г}}^n$）（图 3.6a、c）。

第一类情况，金属熔体吸收气体迅速饱和，浓度与分压的平方根成正比，但是没有发生"起泡沸腾"。第二类情况，金属熔体中的气体浓度达到临界值，结果出现"起泡沸腾"。这两类情况会在熔炼少量金属时出现。

在使用工业炉进行熔炼时，等离子体火焰正下方的金属表面积比熔池总体表面积要小很多。描述这种金属吸满气体的动力学和热力学情况的是图 3.6（b）。金属中的气体浓度

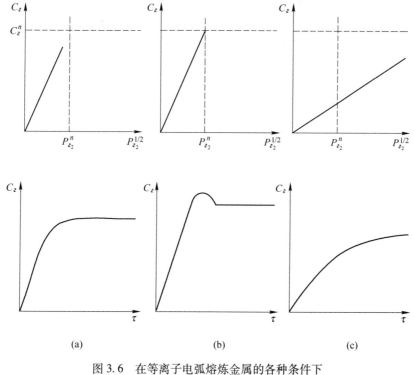

图 3.6　在等离子电弧熔炼金属的各种条件下

$C_{\scriptstyle 气} = \varphi(P_{\scriptstyle 气}^{1/2})$ 和 $C_{\scriptstyle 气} = f(\tau)$ 的典型关系

（a）$F_{a} \leqslant S$，$F_{0} = 0$，$P_{\scriptstyle 气} < P_{\scriptstyle 气}^{n}$；（b）$F_{a} \leqslant S$，$F_{0} = 0$，$P_{\scriptstyle 气} < P_{\scriptstyle 气}^{n}$；（c）$F_{a} \ll F$，$F_{0} \gg F_{a}$

与分压平方根成正比。浓度增长很快，但始终与气相平衡浓度接近。

总体而言，金属中升高的气体含量是由到达等离子体火焰正下方金属表面的气体粒子的能量决定的。

3.5　合金元素对金属熔体从等离子体中吸收气体的影响

包含在铁中的合金元素与混合物，作为各种钢材的基础成分，能够改变液态铁溶解氮气和氢气的能力。根据各种元素影响氮气和氢气在铁中溶解度的性质，可以把它们区分为以下三组：

（1）能够降低氮气和氢气在铁中溶解度的元素。对氮气起作用的是碳、磷、硅、钨、硫，其中碳的影响程度最大[1,42,43]。镍、钴、铜也会降低氮气的溶解度，但是影响程度很小[1,44,45]。对氢气起作用的是碳、硅、铝、锗、硼。在液态铁中添加这些元素会大幅降低氢气在铁中的溶解度[46,47]。上述元素具有这种影响力，是因为它们与铁的相互作用力强于氮气和氢气与铁的相互作用力。

（2）能够提高氮气和氢气在铁中溶解度的元素。对氮气来说，所有能够产生氮化物的元素都属此列。按照提高氮气溶解度程度的大小，这些元素依次为：钛、钒、铌、铬、钽、锰、钼[1,43,48]。对氢气来说，这些元素依次为：钛、铈、铌、钽、镧、钕[1,48,49]。看来，上述元素在溶解于液态铁时，会与溶解的氢气建立限制性联系，降低氢气的活性系数，从而提高氢气的溶解度。

（3）对氮气和氢气在铁中溶解度影响微弱的元素。对氮气来说这类元素为：镍、钴、铜、铝[1,42,43]；对氢气来说这类元素为：锰、铬、镍、钴、钼、钨[1,46,48~50]。

合金元素影响氮气和氢气溶解度的性能指标见图 3.7 和图 3.8。

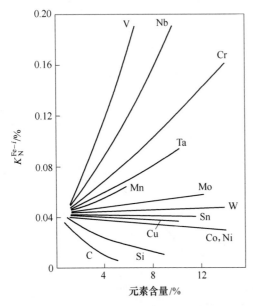

图 3.7　T=1873K 时合金元素影响
氮气在液态铁中溶解度的情况[1,42]

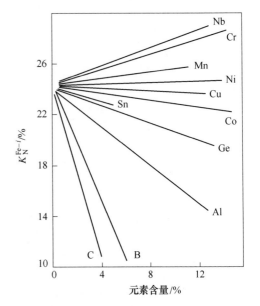

图 3.8　T=1873K 时合金元素影响
氢气在液态铁中溶解度的情况[1,42]

了解含其他元素的二元铁合金或更复杂铁合金从等离子体中吸收氮气的规律具有现实意义，因为这类合金常被用于在一定程度上模拟最通用的适合用氮进行合金化冶炼的钢材。巴顿电焊接研究所在此领域进行了大量试验研究，完成了工艺开发，达到了工业推广水平。实验室研究是在 UPI（УПИ）和 UFHI（УФХИ）型设备上进行的。这两种设备的结构和技术性能在前文已有详细介绍[26,51,52]。UPI 型试验设备熔炼室的结构和外观见图 3.9 和图 3.10。这套设备可以熔炼重量为 4.0~20g 的样品，几乎瞬间就能让金属熔体结晶。这要归功于采用了铜制水冷结晶器。金属熔炼在结晶器内进行，结晶器由两个半圆柱体对接而成，柱体内腔呈垂直状。结晶器的上部有一个锥形凹面，熔炼时起坩埚作用。结晶器的一部分（半圆柱体）固定在熔炼室的底座上，另一部分是活动的，可以相对于结晶器底座沿竖平面旋转大约 5°~7°。这样就形成了一个楔形，可以让熔化的金属试样流入其中。

重熔金属样品时熔池的整个表面都被等离子火焰覆盖，即熔炼过程中金属熔体的整个表面始终与高温和激发态气体相接触。设备使用直流电源，可以在 90~500A 范围内调节等离子枪的工作电流。设备熔炼室允许在 500kPa 以内的压力下工作。设备有补充净化系统，可以给工作气体除湿和脱氧。

UFHI 型设备其实就是一个水冷容器，有多个开口，用来安装电弧等离子枪、铜制水冷结晶器、采样器和观察窗（图 3.11）。这型设备可熔炼 250g 以内的试样。在熔炼时，也可以只让部分熔池表面处于等离子火焰覆盖之下。为了迅速变更气体状态，设备上安装有两条供气线路：一条用于给等离子枪供氩气，另一条用于提供反应气体（氮气或氢气）。可以通过第二条线路把混合气体直接送入熔炼室，而不经过等离子枪。

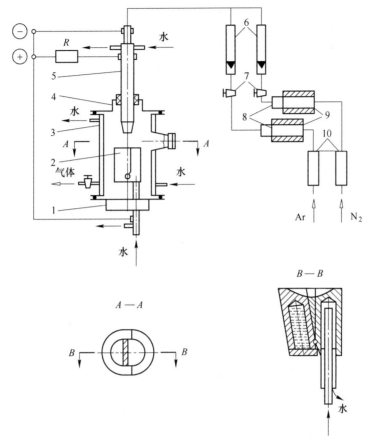

图 3.9　用于物理化学研究的 UPI 型实验室等离子电弧炉结构图

1—熔炼室底座；2—水冷结晶器；3—熔炼室；4—熔炼室顶盖；5—电弧等离子枪；
6—测量气体的转子流量表；7—针状阀门；8—冷却装置；9—气体脱氧装置；10—气体干燥器

图 3.10　UPI 型设备熔炼室外形

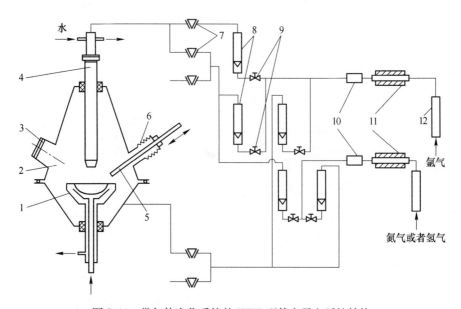

图 3.11　带气体净化系统的 UFHI 型等离子电弧炉结构

1—结晶器；2—熔炼室；3—观察窗；4—电弧等离子枪；5—采样器；6—波纹管；7—电磁阀；
8—测量气体的转子流量计；9—阀门；10—冷却装置；11—气体脱氧装置；12—气体干燥器

　　图 3.12 的曲线表明，当铁中的铬含量从 0 提高到 79.45% 时，液态金属中氮气含量对气相中氮气分压的依赖关系并没有改变。但是随着铬浓度提高，金属中氮含量的临界值却大幅度提高了。例如，在纯铁中氮的极限浓度只有 0.106%，而在含有 79.45% 铬的铁合金中，氮的极限浓度提高到 3.55%。

　　图 3.12 的所有曲线都有两段：第一段是起自坐标零点的斜线；第二段是与横坐标轴平行的直线。

　　曲线第一段描述了氮气与金属相互作用的特点，即在熔池不同部位以扩散态进行的气体吸收与解吸过程。这时，金属中氮气浓度的增长与氮气在混合气体中分压的平方根成正比。第二段，氮气浓度达到临界值后，熔池通过"起泡沸腾"实现解吸，氮气分压进一步升高也不会使熔池内氮气浓度发生变化了。

　　钒铁二元合金也存在类似的依赖关系（图 3.13）。钒铁合金的氮气浓度临界值要高于铬铁合金，尽管钒的含量与铬的含量是相同的（图 3.14）。

　　在锰铁合金中这一临界值最低，尤其是当锰含量超过 20% 的时候。这是因为不同合金的吸收容量有差异：钒铁合金吸收氮气的容量最高，锰铁合金吸收氮气的容量最低，铬铁合金对氮气的吸收容量介于两者之间。这些试验结果与日本研究者公布的数据高度吻合，也解释了出现氮气"沸腾"的条件[53]。

　　在工业等离子电弧炉所炼金属锭中氮气的浓度具有现实意义。使用 U-400（У-400）型工业炉熔炼直径为 160mm 的锭子时，对金属熔池内氮气含量与成锭后氮气含量分别进行了检测，结果见图 3.15[26]。从图中可以看出，当气相中氮气分压较低时（大约 9kPa 以内），在金属熔池和锭子中氮气的最终含量都符合平方根规律（图 3.15 曲线 1、2）。液态铁和固态铁的比例系数分别为 $K_{N_{熔}}^* = 0.180$ 和 $K_{N_{T}}^* = 0.135$。这些量值虽然比在 UPI 和 UFHI

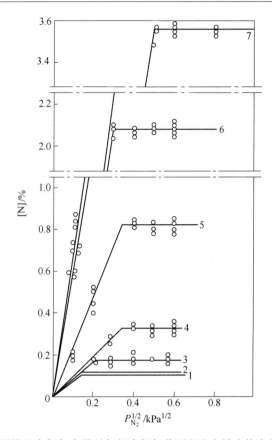

图 3.12　金属熔池中氮气含量对气相中氮气分压和液态铁中铬含量的依赖关系

1—纯（羰基）铁试样；2—Fe+2.17%Cr；3—Fe+4.27%Cr；

4—Fe+7.9%Cr；5—Fe+17.7%Cr；6—Fe+34.3%Cr；7—Fe+79.45%Cr

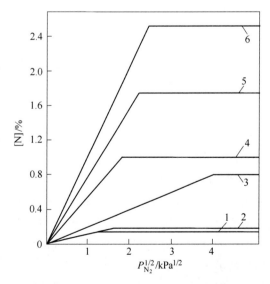

图 3.13　金属熔池中氮气含量对气相中氮气分压和液态铁中钒浓度的依赖关系

1—Fe+2.6%V；2—Fe+5.1%V；3—Fe+9.6%V；4—Fe+15.4%V；

5—Fe+31.7%V；6—Fe+49.3%V

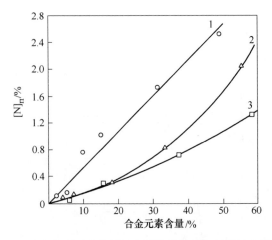

图 3.14　改变合金元素含量对金属熔池中氮气极限浓度的影响
1—钒；2—铬；3—锰

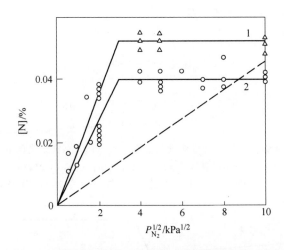

图 3.15　使用 U-400 型工业炉进行等离子弧重熔时铁中氮气含量对氮气分压的依赖关系
1—金属熔池内氮气含量；2—锭子中氮气含量；
虚线—1873K 时氮气在铁中溶解度的等温线

型实验室设备上取得的结果低了不少，但是仍然高于铁的西华特常数，尽管氮气的极限浓度值与 1873K 时氮气在铁中的标准溶解度很接近。

　　继续提高氮气分压（达到 100kPa）并没有改变锭子中的氮气浓度。在锭子里和金属熔池中氮气浓度都没有变化。当氮气分压 $P_{N_2} > 9kPa$ 时，会出现氮气"沸腾"和液态金属飞溅。锭子中的氮气浓度取决于金属熔池中氮气含量和金属结晶与冷却时被溶解氮气的表现两个因素。用小试样进行的试验结果表明，锭子中氮气浓度对分压的依赖关系与金属熔池内氮气浓度对分压的依赖关系具有相同性质。

　　明白了这些关系，并且掌握了液态金属中氮气浓度临界值的实验数据，以及固态金属中依赖关系 $[N] = \varphi(P_{N_2}^{1/2})$ 的实验数据，就可以在氮气分压为 0~100kPa 的整个区间设计出这样的液态金属氮气浓度关系式。由此可以得出结论，使用等离子电弧重熔并以水冷结晶器成锭时，氮气的表现将与熔炼 4~250g 试样时一样。

在具有高吸收容量、直径为 100~250mm 的钢锭中，氮气含量的依赖关系是另一种特性（图 3.16）。如图所示，金属中氮气含量对气相中氮气分压平方根的依赖关系没有临界值，是一个由两条起自坐标零点的直线构成的狭窄区间。对于 10X19H25Г3M6AФ、10X15H23Г2M4B4AФ、ЭИ981 号钢，这个区间高于它们的平衡溶解度（虚线）。而对于 X25H16Г7AP 号钢，平衡溶解度位于阴影内。需要指出的是，在图 3.16 列举的所有钢中，X25H16Г7AP 号钢对氮气的吸收容量最大。

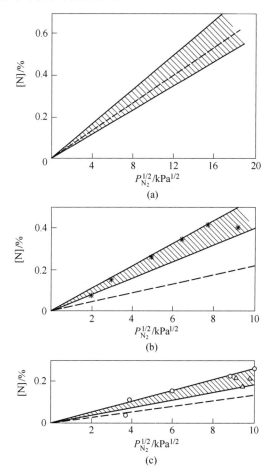

图 3.16 等离子电弧重熔钢锭中的氮气含量对气相分压的依赖关系

(a) X25H16Г7AP 号钢；(b) 10X19H25Г3M6AФ 号钢[54]；

(c) ○—10X15H23Г2M4B4AФ[54]，△—ЭИ981 号钢，

-----1873K 时金属锭中氮气溶解度等温线

3.6 活泼金属吸收氮气的特点

如前所述，气体在液态金属中的溶解属于多相过程。与单相过程不同，对多相过程影响极大的是输送条件。因为反应都发生在两相边界，在这种条件下，把原始物质输送到相界并让反应生成物向金属熔体深处移动就变得至关重要了。

前文已介绍，气体在液态金属内的溶解反应通常被视为一个多阶段过程，至少由三个连续阶段组成：第一阶段，气体分子从气体主体向相界表面扩散移动；第二阶段，开始化学吸附反应，包括气体分子离解为原子，原子吸附在液态金属表面，原子穿过表面张力区进入金属原子的完全包围之中；第三阶段，气体原子向金属熔体深处移动。

第一阶段有时被称作外扩散。描述外扩散的公式，是计算金属中氮气浓度的二阶方程。液态金属单位表面积越大，气相中氮的质量传递系数越高，西华特常数越低，那么氮从气相到金属熔体的移动就越充分。

金属熔体表面氮气浓度常常被称为平衡浓度，其实只有当氮气分压在整个过程中保持恒定时才能这样评价。这种情况只有用悬浮状态熔炼少量试样时才能实现[55,56]。

第二阶段是发生在液态金属表面的化学吸附。这个阶段可能发生两种情况[15,56,57,58]。第一种情况，当氮气分子接近液态金属表面，所剩距离与分子自身尺寸相当时，分子会沉积（吸附）在金属熔体表面，然后分子离解为原子。描述这种反应的公式为：$1/2\{N_2\}=[N]$。根据动力学理论，反应速度 v 取决于正向与逆向反应的速度差[1,40,59]，可以描述为：

$$v = \vec{v} - \overleftarrow{v} \tag{3.30}$$

因此

$$\frac{dC}{d\tau} = \frac{S}{V}(\vec{k}_1 P_{N_2}^{1/2} - \overleftarrow{k}_1[N]) \tag{3.31}$$

$$\ln\frac{[N]^n - [N]_0}{[N]^n - [N]} = \frac{S}{V}\frac{\vec{k}_1}{K_N}\tau \tag{3.32}$$

在式（3.32）中，$\vec{k}_1/K_N$ 过程的速度常数在数值上等于 $\beta_{ж}$，将在过程的内扩散特性中起作用。这时金属中气体浓度的动力学变化可用一阶方程式描述[15,55]。

第二种情况，氮气分子发生离解的位置不在液态金属表面，而在它接近金属的途中。这时反应过程的速度可以描述为[57,60]：

$$K = \frac{[N]^2}{R_{N_2}} = K_N^2 \tag{3.33}$$

或者

$$\frac{dC}{d\tau} = \frac{S}{V}(\vec{k}_2 P_{N_2} - \overleftarrow{k}_2[N]^2) \tag{3.34}$$

此时

$$\ln\frac{[N]^n + [N][N]^n - [N]_0}{[N]^n - [N][N]^n + [N]_0} = 2\frac{S}{V}[N]^n\frac{\vec{k}_2}{K_N^2}\tau \tag{3.35}$$

在式（3.35）中，$\vec{k}_2/K_N^2$ 过程的速度常数标记为 K_β。在这种情况下，金属中的氮气浓度可用二阶方程描述，而反应平衡常数等于西华特常数的平方。

溶解过程的限制阶段可以用图示法来确定，依据是一阶和二阶方程随时间坐标变化的动力学线性关系[61]：

$$\ln\left(\frac{[\text{N}]_p - [\text{N}]_0}{[\text{N}]_p - [\text{N}]}\right) - \tau \tag{3.36}$$

$$\ln\left(\frac{[\text{N}]_p + [\text{N}][\text{N}]_p - [\text{N}]_0}{[\text{N}]_p - [\text{N}][\text{N}]_p + [\text{N}]_0}\right) - \tau \tag{3.37}$$

第三阶段，与第一阶段一样也是扩散阶段，可以用类似公式描述：

$$\frac{\mathrm{d}C}{\mathrm{d}\tau} = \beta_{\text{ж}} \frac{S}{V}([\text{N}]^n - [\text{N}]) \tag{3.38}$$

变形后得以下公式：

$$\ln\frac{[\text{N}]^n - [\text{N}]_0}{[\text{N}]^n - [\text{N}]} = \beta_{\text{ж}} \frac{S}{V}\tau \tag{3.39}$$

从式（3.39）可以看出，氮气在金属熔体中的移动可以用计算溶于金属的氮气浓度的一阶方程来描述。质量传递系数越高，反应的单位面积越大，氮气的移动速度越快。

依据上述原理，以及现代科学对液体构造的理解，我们认为已经可以在这一章给出我们对活泼金属吸收氮气机理的看法，在这里活泼金属指的是对氮气具有高吸收容量的金属与合金。

为了描述活泼液态金属对氮气的吸收机理，首先需要考察一下液体构造和位于相界区的液体表层的构造。根据范德华力（Ван-дер-Ваальс）理论，液体其实是一种被内部分子间作用力压缩到很小体积的气体。在液体表面有一个薄薄的单分子层，它决定了液体的表面张力和吸附特性。

此后，Ya. I. Franklin（Я. И. Френкель）指出了液体构造与固体构造的近似性（在接近溶点时），提出了关于液体的准晶体构造假说[63]。根据这一理论，液体原子或分子的热运动是一种相对于平衡位置的不规则振动，即原子和分子没有固体晶粒中那样的硬性联系，而是随时改变自己的位置。这时液体表面有一个厚度为几个原子或分子尺寸的表层[62~64]。这一表层有一些与液体基质不同的特殊性质，因为这一表层的状态决定着液体的表面张力。表面张力取决于金属熔体表层的活泼性，这一活泼性与金属熔体深处的活泼性是有区别的[65]。

这样一来，上述构造的特点和表层物理特性可以让人们把表层视为一个与液体整体基质有区别的单独相。同时需要指出的是，我们引证的这些作者的推断[62~65]，依据的都是对液体与蒸气系统的研究。在这一系统中，蒸气是由同一种液体分子构成的，与液体处于热力平衡状态。

在接下来研究液态金属与气体系统之前需要指出的是，第一，金属熔体并非分子态液体；第二，与液态金属接触的不是蒸气，而是成分和特性都与金属熔体不同的气体；第三，在这些双元系统中并不总能实现平衡状态[66~69]。这个表层与气相接触，在表层内气体原子与吸附物（金属）的原子相互吸收，然后穿过更深处的扩散层向液态金属内部移动。

位于吸附层的金属原子有一种自由力，既可以朝气相方向发展，也可以朝金属熔体方向发展。在捕捉能够溶解于金属的活性气体原子时，这些力就可以发挥作用。金属熔体表面能够同化气体原子的位置或区域就是空位。在液相内部也有空位，但是比表层要少100~1000倍[64,66~68]。所以表层接纳被吸附成分的速度比液体内部要快。金属熔体捕捉气体原子的能力取决于吸附层的空位密度。例如，用已知实验方法评价这一密度的结果表明，铁的空位密度远高于铌和铬。

吸附层里的金属原子并非处于静止状态，而是相对于自己在熔液晶格内的点阵位置不停振动。金属熔体温度越高（超液相线加热），振幅就越大。随着金属原子振幅增大，原子间的距离会改变。可能出现这种情况：原子间的距离拉开得足够大，以至于它们之间的联系减弱，允许新吸附的气体原子占据新腾出来的空间[67,70]。

我们认为，接触到液态金属表面的氮气分子将在那里被吸附，然后离解成原子（图3.17）。新生成的原子分布于金属熔体的整个表面，但是只有落入空位的原子被金属原子俘获。

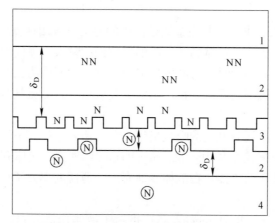

图 3.17　气相氮向液态金属移动
1—气体；2—分别为气相和金属熔体的扩散层；
3—表面吸附层；4—液态金属

具体情景是，当气体原子移动到离液态金属表面非常接近的时候，在它们与吸附层原子之间会出现类似于范德华力（物理吸附）或者共价（化学吸收）的相互吸引力。被俘获的气体原子逐渐向金属熔体扩散层外缘上的空位里移动，腾出吸附层内与气相交界一侧的空位，用于俘获后面的气体原子。金属熔体扩散层把气体原子接受下来并送入内部，腾出外缘上的空位。此后，分子扩散机制把气体原子送往液态金属深处，一直达到对流扩散之力尚能移动它们的部位。

我们认为，活泼金属熔体吸附气体的机制就是这样。发生反应的顺序可以描述如下：

$$1/2\{\Gamma_2\} \Longrightarrow \{\Gamma\} \quad \text{或} \quad \{\Gamma_2\} \Longrightarrow 2\{\Gamma\} \tag{3.40}$$

$$\{\Gamma\} + \{<\text{Вак}>\} \Longrightarrow \{\Gamma\} \tag{3.41}$$

$$\{<1>\} + [<\text{Bak}>] \Longrightarrow [<1>] + \{<\text{Вак}>\} \tag{3.42}$$

$$[<1>] \Longrightarrow [\Gamma] + \{<\text{Вак}>\} \tag{3.43}$$

式中，$\{\Gamma\}$、$[\Gamma]$ 分别为溶于气相和液相的双原子气体的原子浓度；$\{<\text{Bak}>\}$、$[<\text{Bak}>]$ 分别为气相和金属相一侧的吸附层空位；$\{<1>\}$、$[<1>]$ 分别为气相和金属相一侧占据空位的气体原子。

当氮气与三价铁金属相互作用时，可以观察到物理吸附，而当氮气与活泼金属反应时，可以观察到化学吸附。化学吸附时，在吸附层（也许还有扩散层）表面，氮气原子与金属原子之间的联系会比物理吸附更牢固。这种联系类似于共价的或离子之间的联系，在一定条件下它们将把金属熔体内的空位完全填满（或者形成氮化物）。这时氮气的吸附速度不受气体和金属熔体内扩散阶段的限制，而是取决于发生在表面吸附层的反应过程。这一点正是不同种类金属吸收氮气的动力学特性存在差异的原因。

第4章　等离子体加热在冶金工业中的应用

关于在试验室条件下使用低温等离子体熔炼金属的报道始见于 20 世纪 60 年代。当时在冶金工业应用这种高温加热源的目的，是竭力强化熔炼过程，同时也为了提高熔炼金属的质量。

但是由于以下客观原因，等离子体加热技术当时并未在冶金生产中得到广泛应用：

（1）冶金界缺乏关于低温等离子体基本物理特性和工艺能力的必要知识；

（2）等离子体发生器（等离子枪）工作寿命短，效率不高；

（3）缺乏设计在复杂高温条件下工作的冶炼炉等离子枪的科学基础；

（4）缺乏灵活调节等离子电弧电气参数和保障加热稳定性的电源；

（5）缺乏关于等离子电弧与液态金属相互作用和对金属质量产生影响的热力学知识。

20 世纪 60 年代末至 70 年代初，由于许多苏联研究院所和国外公司的努力，在解决上述问题方面取得了重大突破。首先载入史册的是巴顿电焊接研究所、拜科夫冶金研究所、全俄电热设备科学研究院、全俄黑色冶金科学研究院、金属与合金物理工艺研究院，还有扎波罗热钛镁联合体、伊热夫斯克冶金厂、车里亚宾斯克冶金厂、电钢电冶金厂、上萨尔达冶金厂和斯图皮诺冶金联合体。

成功解决了理论、工艺和设计问题，就为在冶金领域推广低温等离子体开辟了广阔前景。

等离子体加热源是一种不受熔炼过程限制的热源，它可以重熔从颗粒状、块状材料到特定尺寸的坯料（均匀坯料）各种类型的炉料。

在一座熔炉中可以同时使用数支等离子枪，按各种方式配置等离子枪，可以形成不同形状的加热区。另外，用这种方式可以单独熔炼精炉料（例如在主熔炼室旁另有一个冷炉底坩埚），让金属熔体从侧面流入水冷结晶器中成锭。还有一个同样重要的因素是，通过选配不同成分的等离子气源，可以在同一座熔炉中实现多种加工工艺，例如对预熔炼金属进行精炼提纯，清除其中的气体杂质和非金属夹杂物，或者让金属饱含相应的气体，例如直接用气相氮给金属实现合金化。

基于多年积累的低温等离子体使用经验可以得出结论，在冶金工业应用低温等离子体能够以极高效率完成以下工作：

（1）直接从矿石或精选矿中还原金属；

（2）回收利用生产中废弃的金属与合金废料；

（3）在水冷坩埚和带陶瓷内衬的熔炉中重熔块状炉料、金属化球团和粉末状材料；

（4）在熔炼室低压环境或还原气体介质中重熔并提纯高合金钢与精密合金（在水冷结晶器中用氢气等离子体完成精炼并成锭）；

（5）提高感应炉和竖炉（高炉和化铁炉）的熔炼强度；

（6）用等离子电弧重熔（精炼）成品锭和坯料表层；

（7）用等离子电弧和气相氮直接对金属与合金进行合金化；

（8）在钢包和搅拌炉等容器中对液态金属进行炉外冶炼；

（9）用导电和非导电材料生产粉末和颗粒；

（10）对金属氧化物、碳化物和纯金属进行球化处理；

（11）生产熔炉耐火材料和陶瓷；

（12）合成碳化物、硼化物、氮化物等材料。

等离子体加热源可以从根本上改变成品锭和坯料在轧制前进行表面处理的常规做法，以更有效的手段代替机械清理表面缺陷的作业，在许多时候可以实现不产生废料。等离子电弧表面处理工艺主要有 4 类：常规表层清理；表面缺陷修复；表层精炼（合金化）；成品锭表层熔炼。

4.1 矿石还原

等离子体加热金属期间发生的过程大部分是异质反应过程，即等离子体中的活性气体（N_2、O_2 或 H_2）与液态金属相互作用。并且，这些气体能够处于等离子电弧放电所特有的激发状态。

关于反应方向和等离子体加热所特有的高温对金属熔池内物理化学过程的影响，可以依据热力学关系式去判断，这些关系式描述了系统基于化学亲和势与自由焓变化的反应能力。最大有用功是化学亲和势的一个度量，等于自由焓的损失（$-\Delta G$）[1]：

$$\left. \begin{array}{l} \Delta G = \Delta H - T\Delta S \\ \Delta G = -RT\ln K \end{array} \right\} \tag{4.1}$$

式中，ΔH、ΔS 分别为系统的焓变化和熵变化；T 为系统温度；K 为化学反应平衡常数。此时平衡条件的状态为：

$$\Delta G = 0 \tag{4.2}$$

从方程组（4.1）可以看出，当温度升高时，熵在自由焓方程式中的作用会增加。虽然在许多反应中 ΔH 和 ΔS 的变化对温度的依赖关系不大，但是可以确定，$T\Delta S$ 和 ΔG 与温度是线性关系，$\ln K$ 值是 $1/T$ 的线性函数。所以在高温和常压条件下，分解和分子离解过程会得到增强，这与熵因子作用增强有关。

但是，等离子体中的实际反应过程要复杂得多，形式也更加多样化。与复杂化合物分解与分子离解过程同时存在的还有逆向过程，即由于反应能力极大增强，反应速度提高，导致生成新的化合物。

等离子体火焰的化学成分、温度和压力，都是比较容易改变、调整和控制的参数，这就允许利用等离子体来加工矿石原料。在等离子体加热所特有的高温下，对化学稳定性较高的化合物（如铝、钛或镁的氧化物）进行碳热还原，从热力学角度看正在成为可以实现的事。另外，如果在低温等离子体火焰温度下对铁和其他金属氧化物进行还原，还原速度可以得到极大提高。

在等离子体中快速完成还原过程，能使只有较小反应空间和简单结构的熔炼设备具备极强的生产能力。

用于矿石还原过程的等离子设备的单位功率（电极单位面积功率）比制铝用电解池那

类设备的单位功率高出大约 1000~10000 倍[2]。

有些情况下可以用直接还原方法代替多级还原过程获得金属，多数情况下都会降低成本。因此，低温等离子体在矿石还原方面的应用可以称为用等离子体从矿石原料中提取金属的一种新兴工艺。

用等离子体加热粉状矿石原料时，能够瞬间将它们转化为气态，其中的颗粒处于离子化和原子状态。随着后续的凝结，就可以从这些原子那里获得洁净金属形态的元素[3]。

耐热性较强的化合物（氧化物）在高温下也会分解，它们分解时的气体压力如图 4.1 所示。众所周知，当分解压力超过周围环境（大气）中氧的分压时，氧化物的分解就会发生[4]。

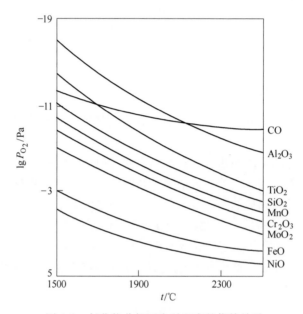

图 4.1　氧化物分解压力对温度的依赖关系

当使用氧含量较低的气体如氩气（氧的分压只有几帕）时，牢固的化合物像 Al_2O_3、SiO_2、MgO 也能发生分解。

在利用低温等离子体还原金属领域可以划分为以下两个方向：

（1）利用等离子体强化冶金工业现有的还原过程；

（2）以等离子技术为基础创建全新的方法和设备来实现还原过程。

第二个方向的基本思路是，利用一道工序更经济地获得金属熔体，例如直接从矿石原料中获得铁，甚至合金钢。

为了进一步发展和推广等离子技术，美国西屋电气公司创建了未来等离子工艺研发中心，研究用于生铁、铁合金生产和金属碎屑回收利用的等离子设备，并且研究用等离子枪代替燃料燃烧器。

在金属还原和提纯精炼方面，采用低温等离子体是最有前景的强化手段之一[5,6]。等离子体能够成为还原过程的强化器是由其热物理特性决定的。等离子体射流较之化学火焰具有极大的优越性。因为等离子体火焰的热传递系数比氧-乙炔火焰高出许多倍（分别为 $10.0kJ/(cm^2 \cdot s)$ 和 $1.67kJ/(cm^2 \cdot s)$）[7]。在需要为实现化学反应而提高温度时，等离子体加热较之化学加热具有明显优势。

等离子体还有一个实质性优势，就是能将被加热物体转变为气相，实现它们的均质化。其实在基于化学热力学的还原过程中，温度强化作用实现得并不充分。根据阿伦尼乌斯（Arrhenius）定理，随着温度升高，反应速度将发生几何级数增长[1]。这意味着，假如温度达到大约 3000K，典型的吸热反应（例如气相离解过程）发生的时间只有千分之一秒。等离子体在把物质转变为气相时，能够充分发挥出隐含在物质化学本性中的潜能，并保证反应过程的高速度。结果就有了这种可能性：反应器尺寸可以做得尽可能小，而反应容器内的能量浓度则极高。

低温等离子体在冶金还原过程中的应用始于 20 世纪 70 年代，起初是使用小容积反应器生产有色金属和稀有金属，后来在黑色冶金领域也得到广泛应用。在黑色冶金领域利用等离子体加热发展还原性冶金技术，主要方向是重复使用（回收利用）炼钢过程中产生的粉尘和类似废料，从中获得铁合金。在巴黎电热处理国际联盟（International Union for Electroheat-UIE）专家组出版的印刷品中对这些技术有专门描述[8]。

钢铁冶炼工业会向大气中排放大量的粉尘，其中包含铁、铬、镍、钼、锌、铅等金属氧化物。因此，开发等离子技术的主要目的是根据有关污染物排放限制浓度的国际标准实施环境保护。

冶金粉尘主要是在各种类型熔炉——高炉、吹氧转炉和电弧炉的熔炼阶段产生的。粉尘的化学成分取决于生产的钢种（图 4.2、图 4.3）[9]。如不锈钢粉尘富含铬、镍、锰、钼，碳钢粉尘富含锌、锰、铅。锌的含量可能因装入炉中的废钢铁镀锌量多少而变化。

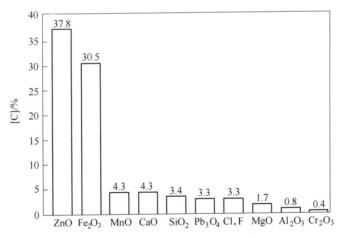

图 4.2 在电弧炉中熔炼碳素钢时冶炼粉尘的典型成分

传统的火法冶金和湿法冶金工艺都难以实现所有尺寸颗粒（$2\sim20\mu m$）的回收利用，因为在许多情况下经济上不合算。

Tetronics Research and Development Ltd.（美国）公司设计了回收利用电弧炉粉尘、从中提取贵重金属的工艺，并将生产废料转化成对环境无毒无害的化合物。该工艺原理见图 4.4[8]。该工艺的基础是对电弧炉粉尘中的金属氧化物进行碳热还原。回收废料用等离子炉有一个圆柱形金属外壳，里面是铬镁内衬。炉顶有水冷装置并砌有矾土耐火砖。炉子由使用直流电的直接作用等离子枪加热。等离子枪通过球形密封件轴向安装在炉顶。在熔炼过程中可以通过移动等离子电弧支撑斑点让热量沿金属熔体表面分配，从而促进金属熔体搅拌。

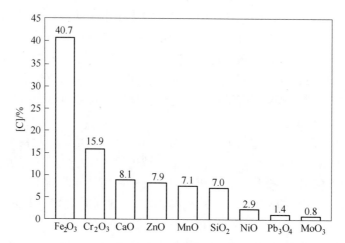

图 4.3　在电弧炉中熔炼不锈钢时冶炼粉尘的典型成分

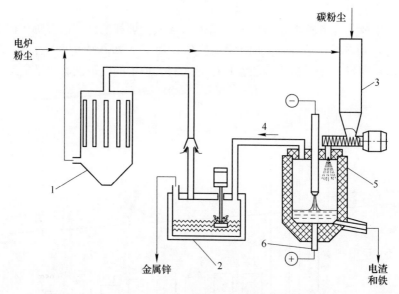

图 4.4　Tetronics Ltd. 公司回收利用电弧炉粉尘的工艺原理图
1—布袋过滤器；2—锌蒸气冷凝器；3—料斗；4—电弧等离子枪；5—反应炉；6—炉底电极

等离子枪的阴极是空心石墨电极，这样不仅可以用氩气做等离子气源，还可以使用氩氮混合气体。

熔炼时，电弧炉产生的粉尘与炭或焦炭还原剂一起经过炉顶的专用管道进入熔炼室。

离子枪的电功率可以使金属熔体温度保持在大约 1770K。在熔炼过程中需要添加造渣成分，以便获得比例为 $CaO：SiO_2 = 1.0 \sim 1.2$ 的渣池。这样可以保证氧化锌的活泼性足够高。锌、铅、镉的氧化物在炉中还原并以气体形式与炉中冒出的气体一起排出。然后它们在锌蒸气冷凝器里被收集起来。

炉渣和一定数量的液态金属（主要是铁）周期性地经过出料口从炉中排出。离开冷凝器的气体和粉尘与随后经过管式过滤器过滤并排向烟筒的空气混合在一起。被管式过滤器截留下来的来自冷凝器的粉尘和氧化皮占原料比重1%~2%，它们富含锌，完全可以送入加工锌的电炉去提取锌，或者返回本工艺过程的起点。

在最佳冷凝情况下，即便不考虑来自管式过滤器的再循环粉尘，锌的还原率也大于85%。但是根据专家意见，按锌的现有国际价格计算，Tetronics公司主要还原单一金属锌的技术从经济角度看是不合算的。

在谢费尔德市（英国）British Steel Stainless（BSS）公司在熔炼不锈钢的车间里使用一套120t的电弧炉和氧氩脱碳设备。每年熔炼大约33.5万吨不锈钢，形成大约6500t金属粉尘，这些粉尘都被布袋管式过滤器收集下来。为了回收利用粉尘，该公司选择了与Tetronics公司类似的TRD等离子工艺。这项工艺的任务是解决以下问题：

（1）从粉尘中提炼贵重的合金元素（铬、镍和钼）；

（2）把粉尘状废弃物加工成可在露天堆场安全保存的物品。

此工艺的基础是对电弧炉产生的氧化物粉尘进行整体碳热还原。等离子炉的侧壁使用了铬镁耐火材料，炉底使用了镁填充物或致密的耐火黏土。炉底电极使用的材料是矩形截面为100mm×100mm的不锈钢板材。

使用初期炉内安装的是直接作用等离子枪，后来由于钨质阴极电极耐热性差，更换为使用空心石墨电极的等离子枪。BSS公司炉子的技术性能见表4.1。

表4.1 BSS公司等离子炉主要技术性能

技术指标	数　值
功率/MW	3.2
内径/m	2.2
空心电极直径/mm	150
电弧电流/kA	≤5.0
电弧长度/m	≤0.8
年生产能力/t	≤8000
提炼的金属	铬93%，镍95%
粉尘成分	$8\%Cr_2O_3$，$4\%NiO$

用这座电炉重熔冶金生产过程中产生的破碎废料和粉尘的实践使人们积累了一定经验，并收集到许多技术数据，这就为制造更大功率的等离子炉（16MW）创造了条件，后来功率发展到40MW[8]。熔炼结果表明，铬铁合金破碎废料不仅容易重熔，而且能相当有效地清除夹杂（例如硅含量从3%降到0.11%，碳含量从6.6%降到4%）。

在蒂斯河畔斯托克顿市（英国）Davy McKee公司的一家冶炼厂，使用了一座1MW的等离子炉来处理冶金粉尘（图4.5）。炉子使用直流电。等离子体放电（电弧）在等离子枪电极和金属熔池之间燃烧，熔池的电势经过固定在炉底的电极接通。

这座炉子的一个特点是它的长喷嘴，电弧柱被包在喷嘴里面。熔炼材料（粉尘）和等

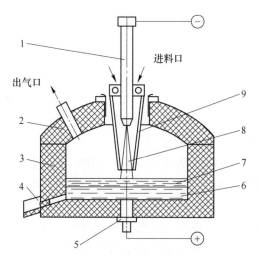

图 4.5　Davy McKee 公司冶金粉尘重熔等离子电弧炉原理图
1—电极（阴极）；2—炉顶；3—侧壁；4—出料口；5—炉底电极；
6—金属熔池；7—熔渣；8—等离子电弧；9—喷嘴

离子气源一起进入喷嘴。在电弧热量作用下，熔炼材料在喷嘴内熔化并在喷嘴的侧壁上形成一层液态薄膜，然后向下流入金属熔池。电极（阴极）向炉底下降时点燃电弧，随后收入喷嘴。电弧的工作长度可达 800mm。熔炼时电流为 2kA，电弧内电压为 500V 左右。

熔炼时电弧炉粉尘、炭或焦炭还原剂以及渣料一起从顶上吹入喷嘴。起输送作用的是氮气。包含在粉尘中的金属氧化物（约占全重的 50%~60%）与造渣用的氧化物在 1600℃时被还原，新形成的铁合金在炉底积累并周期性从炉子的出料口排出。重熔 1.0t 粉尘总共需要 2000~2300kW·h 电能，能耗取决于重熔粉尘时的给料速度。

苏联许多专业研究院所进行了大量工作，开发了以液相还原法从氧化材料（包括矿石原料、炼铁和炼钢的炉渣、锻造和轧制的氧化皮等）中提取金属合金的工艺。各个级别的研讨会上有大量刊物和报告见证了这些活动[10~18]。

在冶金工业、机械制造业和其他工业领域日常产生着大量的废料，不仅有铁，还有以氧化物形式存在的铬、镍、钼、钒等合金元素[19~21]。所以回收利用这些废弃物在乌克兰是优先考虑的问题，因为生产一系列铁合金的原料资源十分匮乏。

分析现有生产铁合金的方法表明，降低产品成本的主要途径应该是：降低单位能耗；在生产中使用便宜和非稀缺炉料，包括粉末状和粉尘状矿物废料、焦炭和熔剂筛出物；改善碳热还原反应所需要的热力学和动力学条件；提高电炉的单位功率。

现在使用的熔炼矿石的电炉和生产铁合金的工艺表明，传统构造的钨电极直流和交流等离子枪不能满足实践的需求，因为单位功率不够大（不大于 6~8MV·A），电极耐热性差，还必须以氩气作为等离子气源[22~29]。

巴顿电焊接研究所针对小容积铁合金电炉的工作条件设计了一套使用石墨电极的等离子电弧加热设备（关于石墨电极详见第 2 章第 2.2.9 节）[30]。

在这座特制的等离子电弧加热设备（图 4.6）上进行了等离子体碳热还原工艺可行性试验，用天然矿石原料熔炼了生铁、钢、铁合金（锰铁合金、铬铁合金和锰硅合金）。在试验中采用空心石墨电极做低温等离子体发生器，简化了熔炼试验工艺，扩大了适用炉料的范围。

这台设备有一个带有顶盖 7 的密封熔炼室，空心石墨电极 6 经绝缘密封件 8 沿熔炼室中轴线向下伸入。等离子气源（氩、氮、氩氮混合体或粉尘状炉料）经空心电极中间的小孔进入反应区，等离子电弧 3 在这里燃烧。空心电极激发的电弧是等离子电弧。在熔炼室的底部安装有石墨坩埚 1 和石墨加长板 4。也可以通过加长板和空心电极之间的环形间隙向金属熔池送入较大块的炉料 5。等离子电弧电源可以是直流电，也可以是交流电。

等离子气源采用的是碳氢气体，以及蒸气和气态的反应生成物。可以通过空心电极向熔炼室送入粉末状和粉尘状材料，让它们进入等离子体放电区。进入等离子体放电高温区的材料很快被熔化，变成金属熔体。等离子电弧加热设备可以由标准的电弧炉或矿石熔炼炉的变压器供电，也可以用直流电源供电。

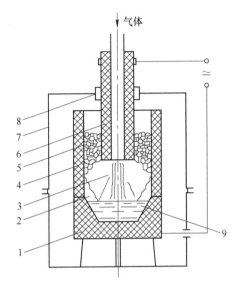

图 4.6 等离子体碳热还原试验设备原理图

1—石墨坩埚；2—炉渣凝壳；3—等离子电弧；
4—石墨加长板；5—块状炉料；6—空心石墨电极；
7—熔炼室顶盖；8—绝缘密封；9—金属熔池

炉料材料用的是锰矿采选联合企业的精选锰矿、顿涅茨克矿区的焦炭、冶金石灰石、钢碎屑（表 4.2）。

确定初始材料时考虑了合金、炉渣、废气之间的成分配比。确定焦炭的碳含量时计算了等离子体碳热还原过程并保留了 15% 的余量。炉料中添加石灰石的数量保证了碱度比（$CaO+MgO$）/SiO_2 在 1~3 范围之内。所有做炉料的材料都粉碎成不大于 6mm 的小块。各种成分精确计量后搅拌均匀，送入坩埚。

表 4.2 炉料材料的化学成分

材料	成分（质量分数）/%								
	Mn	SiO_2	Al_2O_3	Fe_2O_3	CaO	MgO	C	S	P
МК-1	50.4	9.66	0.49	2.34	2.8	1.28	0.78	0.022	0.21
ИМ-1	—	23.8	0.47	0.14	52.7	1.30	12.7	0.092	0.014
КД-1	0.65	5.14	2.36	—	0.17	1.38	87.0	1.4	—

注：МК-1—精选锰矿；ИМ-1—冶金石灰石；КД-1—焦炭。

用这台设计验证设备在开放炉状态下进行了试验性熔炼（图 4.7），根据试验结果对使用现有精选矿完成等离子体碳热还原锰铁合金的可行性进行了评价。将现有精选矿石与相应比例的石灰石、焦炭一起送入坩埚，用等离子电弧进行了重熔，熔炼时间为 20~25min。

对所得铁合金进行了光谱和化学分析（表 4.3），各成分含量（质量分数）如下：

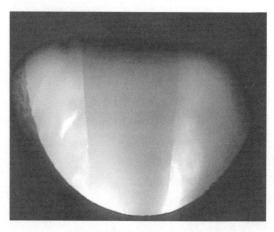

图 4.7　等离子体碳热还原状态下的熔炼过程

47%~86%Mn；0.11%~13.0%Si；3.7%~6.3%C；0.24%~1.1%P 和 0.001%~0.10%S。据此可将这几种铁合金归类为高碳和高硅锰铁合金，以及锰硅合金[31]。等离子电弧加热设备的电弧功率从 20kW 提高到 28kW 之后，从矿石中提取到了更多的锰（表 4.3）。硫和磷在炉渣与金属之间的分配系数分别在 80~370 和 0.03~1.5 之间，范围较宽。这说明，给锰合金进行更充分脱磷的潜能尚远未被充分发掘。

表 4.3　用等离子体碳热还原法所得锰合金的化学成分

输入功率/kW	熔炼批次号	成分（质量分数）/%				
		Mn	Si	C	S	P
20.0	1-0	68.1	0.11	4.8	0.001	0.64
28.0	1-1	62.0	6.3	3.7	0.001	0.34
	1-2	47.3	未定	4.1	0.003	0.24
	1-3	55.0	8.9	5.4	0.004	0.26
	2-1	74.1	13.4	4.3	0.002	0.63
	2-2	71.2	0.93	5.15	0.010	0.68
	2-3	76.0	0.11	6.3	0.001	1.05
	2-4	86.0	2.5	5.4	0.003	0.46
	2-5	73.0	12.1	5.2	0.001	0.35

关于利用低温等离子体技术生产铁合金的效率，泽斯塔弗尼铁合金工厂股份公司（格鲁吉亚）取得的结果非常有说服力，乌克兰国家科学院巴顿电焊研究所的专家参加了他们的工作[43]。试验性熔炼是在一座带导电炉底的单相电炉中进行的。等离子体放电发生器是一根空心电极，等离子气源是氮气。

炉子主要性能如下：

炉子外壳直径/mm　　　　　2700

炉子高度/mm　　　　　　　2300

熔池直径/mm　　　　　　　1550

熔池深度/mm	1050
电极直径/mm	700
变压器低压侧电压/V	76
低压侧电流强度/kA	≤30

熔炼锰铁合金所用炉料材料的化学成分见表 4.4[32,33]。

所有炉料材料在熔炼前都进行了煅烧，去除水分。

表 4.4 炉料材料的化学成分

材 料	成分（质量分数）/%					
	Mn	SiO_2	CaO	MgO	P	水分
锰矿（产地 Tetri-Tsqaro（格鲁吉亚））	32.6	18.6	2.0	—	0.08	8.0
中碳锰铁渣料	32.0	27.5	23.3	4.5	0.04	—
石英石	—	96.0	—	—	—	—
石灰石	—	—	52.5	—	—	—
焦粉	0.9	42.3	4.7	1.7	0.15	—

众所周知，自由燃烧电弧在矿石熔炼炉中的温度和该电弧向被加热材料（炉料、金属熔体、熔渣）传递热量的机制有别于用气流稳定的电弧[6,22,24]。用自由燃烧电弧加热时，向被加热物体传递热量主要通过电弧支撑斑点内带电粒子对物体表面的轰炸与电弧柱辐射，只有少量热传递来自对流。而用气流稳定的电弧放电时，等离子体电弧柱内气体的平均温度、流量和定向移动速度都比自由燃烧电弧高很多。相应地，对流传热系数和对流传热份额也更高。这一切保证了等离子体加热的高效率。

试验表明，在电弧放电时使用氮气（等离子体加热状态）后炉料熔炼速度从 0.89t/h 提高到 1.01t/h，而连续熔炼的出炉间隔从 1.83h 缩短到 1.5h[32,33]。金属熔体出炉时在出料口测量金属熔体温度得知，当电炉在等离子状态下工作时，炉温从 1500℃ 提高到 1600℃，这一变化增强了熔液的流动性。

用现有矿石还原工艺和用等离子熔炼工艺生产硅锰合金时各项指标比较情况见表 4.5[32]。

表 4.5 用矿石还原工艺和用等离子熔炼工艺生产硅锰合金的指标对比

工 艺 参 数		工艺方法	
		矿石还原	等离子熔炼
合金（渣料）加权平均化学成分（质量分数）/%	Mn	74.3（13.8）	75.2（12.3）
	Si	16.3（38.6）	17.2（20.6）
	C	2.0	1.7
	P	0.18	0.17
	CaO	（28.2）	（28.9）
	矾土	（9.3）	（8.6）

工 艺 参 数		工艺方法	
		矿石还原	等离子熔炼
炉子功率/kW		1200	1200
电炉单班生产率/t		1.650	1.940
渣料第一次、二次使用率		1∶0.46	1∶0.40
渣料的碱度		0.73	1.4
进入合金（渣料）的主要元素比例/%	Mn	73.3（20.1）	76.3（17.5）
	Si	34.9（59.9）	39.2（54.8）
	P	82.0（9.6）	78.7（8.0）
每吨合金消耗炉料/t	锰矿石（32.5%Mn）	2166	2143
	中碳锰铁合金渣料（32.5%Mn）	928	904
	焦粉（10~25)%	506	300
	石英石	350	325
	石灰石	335	315
单位电能消耗量/kW·h·t⁻¹		5820	4950
单位氮气消耗量/m³·t⁻¹		—	150

可以确定，采用等离子熔炼工艺时，从矿石中提取锰并使其进入金属熔体的程度提高了 3%，提取硅并使其进入金属熔体的程度提高了 4.35%。电炉的生产效率提高了 17%，单位能耗由 5820kW·h/t 降低到 4950kW·h/t，节省了 870kW·h/t 或 15%。同时，还产生了另一种可能性：用含铁材料预配炉料，把锰在合金中的含量降低到技术标准要求的数值-73%以内。

利用等离子熔炼工艺所得合金的化学成分见表 4.6。

表 4.6 利用等离子工艺熔炼的锰合金的化学成分

合金	成分（质量分数)/%						状态
	Si	Mn	C	P	S	N	
ΦC35	29.1	21.0	0.26	0.035	微量	0.0036	不向电弧供氮
ΦC35	33.1	10.8	0.17	0.037	0.001	0.0017	向电弧中供氮
CMн10	13.1	66.1	2.4	0.095	0.011	0.0070	向电弧中供氮

工业生产高碳铬铁合金的方法，是在带自熔电极的大功率封闭矿石还原炉中从铬矿石中对铬和铁进行碳热还原[31,34]。炉子底部和侧壁由菱镁砖砌衬，侧壁上部和炉顶使用的是耐火黏土。

熔炼高碳铬铁合金的材料是铬矿石或烧结矿石、碳还原剂（焦炭、半焦炭、电极碎块等)。助熔剂可以使用石英石筛屑、铁合金生产中的硅石渣料，最近开始使用石灰石。炉料还可以使用自身生产中的废料。

在熔炼高碳铬铁合金过程中既有合格产品也会有废弃物，废弃物中的铬是以金属夹杂（熔滴）和氧化物形式存在的。在粉碎铬铁合金产品锭时也会产生不符合使用要求的金属碎屑。因此开发有效利用廉价非稀有金属原料以及工业废弃物的新技术，是现代铁合金生产的最重要发展方向之一。许多专家认为，解决这一问题最有前景的途径是推广应用等离子体加热[35,36]。

在铁合金生产中让等离子加热既发挥加热源的作用，同时又发挥工艺手段的作用，能使一系列指标得到极大改善：可以不再使用自焙炭电极；可使用更便宜的未压实矿石与精选矿为炉料，甚至使用粉碎过程中产生的碎屑；创造优于传统矿石还原过程的更有利的热力学和动力学还原反应条件；开发新的矿石还原工艺，用不太稀缺的碳还原剂代替非常稀缺的冶金焦炭。

早在 20 世纪 70~80 年代，在苏联和其他国家就进行了一系列获取各种铁合金的尝试，包括在等离子熔炼设备中利用碳热还原技术从天然氧化材料中提炼铬铁合金。在所有探索中有两个方向值得关注：一是使用间接电弧加热的还原技术，二是射流等离子体技术，即在等离子体射流中完成还原[37~42]。

提供电弧火焰喷射的设备可以是单相电炉，也可以是三相电炉。在电炉工作空间内，可以有一支独立电弧燃烧，也可以有数支电弧在靠近金属熔体上方的石墨电极之间燃烧（图 4.8）[37,38]。通过其中一个空心电极向电弧内送入有助于稳定电弧燃烧的气体（氩、氮、一氧化碳等）。炉料可以经空心电极送入反应区，也可以经顶盖上的专用竖井送入。

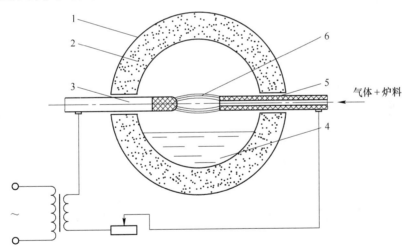

图 4.8　使用 15kW 间接电弧进行还原熔炼的设备原理图

1—熔炼室；2—炉衬（菱镁矿）；3—石墨电极；4—金属熔池；5—空心石墨电极；6—电弧

加拿大多伦多大学建造了两台功率分别为 15kW（单相）和 25kW（三相）的此类型设备，研究用 0~0.5mm 粒径的铬铁合金破碎料重熔铬铁合金的可行性，破碎料成分为：61.76%Cr、19.1%Fe、6.12%Si、0.034%S、0.037%N。目前这种破碎料在市场上需求不大，是因为在普通电弧炉重熔时容易产生疏松、炉结、挂料，会降低熔炉的技术经济指标。

根据试验设计者的结论，试验熔炼的结果证实了他们关于可以在工业领域应用这种熔炼设备的论断[37,38]。

　　射流等离子体竖井炉（图 4.9）是一种使用间接作用（射流）等离子枪加热并熔炼炉料的还原兼熔炼设备[39,40]。在这种设备中，炉料的加热和熔化是在进入等离子体状态的气流中进行的。而还原反应，一部分是在进入等离子体状态的气流中完成的，其余是在炉膛和金属熔池中完成的。

　　竖井炉等离子体加热的优势是，可以在一台设备中同时完成还原与精炼两个过程（图 4.10）。此外，这种炉子的特点是能够产生高强能量，适合于完成能量耗费很高的还原过程，例如对难熔金属进行碳热还原[43]。

　　SKF 公司（瑞士）设计了一系列等离子体碳热还原工艺，使用的是自己制造的功率为 6~8MW 的射流等离子枪。1986 年他们投产了一座年产 2.8 万吨铬铁合金的还原电炉[40]。

　　乌克兰国家科学院巴顿电焊接研究所也对利用等离子体加热获得高碳铬铁合金的碳热还原技术进行了研究，使用的设备见图 4.10[44]。使用等离子体碳热还原法熔炼高碳铬铁合金时，使用了巴布日斯科镍铁合金厂生产的粉尘状精选矿作为初始材料。

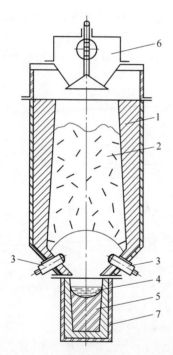

图 4.9　竖井式等离子还原炉原理图
1—竖井；2—炉料；3—等离子枪；4—金属熔体；
5—金属锭；6—装料机构；7—锭模

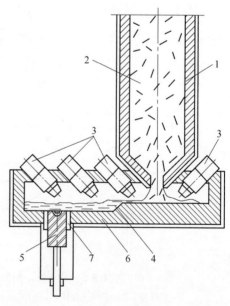

图 4.10　用于还原和精炼难熔金属的
等离子体竖井炉原理图
1—竖井；2—炉料；3—等离子枪组；4—金属熔体；
5—金属锭；6—炉底；7—冷却结晶器

　　表 4.7 列举了炉料材料的化学成分和利用等离子体碳热还原技术提取的高碳铬铁合金的化学成分（表 4.8）。

表 4.7 用于提炼高碳铬铁合金的炉料材料的化学成分

熔炼批次号	粒度/mm	成分（质量分数）/%						
		Cr_2O_3	FeO	MgO	Al_2O_3	SiO_2	CaO	C
铬矿和精选矿								
1	0~5	32.7	28.8	7.7	7.1	7.4	12.5	—
2	0~5	38.0	18.9	6.8	7.0	13.1	14.0	—
4	0~5	39.2	21.7	15.4	14.7	7.2	0.5	—
5	0~5	48.5	11.5	19.5	—	—	0.5	—
6	0~5	52.3	12.0	17.5	9.5	5.0	—	—
焦炭屑、焦炭筛出物和碳								
1 和 2	0~10	—	—	—	—	—	—	75.0
4 和 5	0~5	—	—	—	—	—	—	50.3
6	5~20	—	—	—	—	—	—	81.2
硅铁和硅铬铁渣料、石英石								
1, 2, 5	0~10	—	1.6	0.4	4.7	91.3	1.6	—
3, 4, 6	0~20	32.0	2.3	0.3	0.2	3.9	0.3	—

注：在硅铁和硅铬铁渣料中 Si 含量为 29.0%（金属态），SiC 含量为 15.0%。

表 4.8 利用等离子体热碳还原技术所得铬合金的化学成分

熔炼批次号	提取率（Cr+Fe）/%	成分（质量分数）/%					
		Cr	Fe	Si	C	S	P
1	90	67.3	21.3	1.7	7.2	0.03	0.03
2	91	63.0	23.0	2.2	6.7	0.03	0.03
3	87	49.9	40.2	0.09	5.6	0.01	0.03
4	92	54.4	36.5	2.1	7.3	0.04	0.02
5	88	73.6	20.7	1.1	5.6	0.12	0.03
6	70	65.1	22.4	5.0	7.4	0.02	0.02

研究结果表明，利用等离子体碳热还原技术所得锰铁合金和铬铁合金的化学成分不受炉料材料粒径大小的影响，符合现行标准的要求。主要元素提取率为 79%~90%。试验结果还表明，等离子熔炼工艺较之传统工艺（矿石还原）将单位能耗平均降低了 15%，从 5820kW·h/t 降至 4950kW·h/t。

另外，等离子体加热能将熔炼区和熔炼产品（金属和炉渣）的温度提高 100℃。这有助于降低熔渣黏度，使其容易从炉中流出，还能降低炉渣中锰铁合金球形夹杂的数量。通过分析这些试验结果，可以确定一系列能量参数，有助于计算和调节等离子电弧炉的数据，以便从矿石原料中熔炼出更多种类的材料，例如生铁、钢、铁合金。利用这些能量参数还能保证以更低的能耗产出更多合格金属。

前文提到的西屋电气公司和日本的 Nippon 公司正在开展将等离子枪用于高炉生产的试验。此外，加拿大 Stelko 公司计划在产能为 5100t 的高炉上安装 24 支总功率为 107MW 的等离子枪。

　　有些专家认为，把还原与精炼过程结合在一座熔炉上，可以极大提高生产效率，是今后极具前景的发展方向。例如，可以同时进行碳热还原与金属精炼（图 4.10）。用氢气作热载体，还能在这种炉子上实现能耗不大于 $20kW \cdot h/kg$ 的还原过程，换言之可以用这种炉子直接从矿石原料中提取某些难熔金属。

4.2　在有耐火材料内衬的等离子电弧炉中熔炼金属与合金

　　关于在冶金领域确切说在熔炼金属时使用低温等离子体的报道，始见于 20 世纪 60 年代[45]。报道在一座单相电弧炉上用直流电弧等离子枪代替了石墨电极。此后低温等离子体在冶金领域主要应用在以下三个方面：

　　（1）在陶瓷炉底上熔炼和提纯金属与合金，随后浇注到铸模或锭模中去；

　　（2）提纯重熔金属与合金，随后在铜质水冷结晶器中成锭；

　　（3）以等离子补充加热方式强化坩埚炉感应熔炼。

　　等离子熔炼作为一种单独的（独立的）熔炼方式能够得到发展，是因为等离子体加热源具有以下极为优良的性能，大幅度扩展了熔炼过程的工艺能力：

　　（1）冶炼工艺需要的任何单一气体或混合气体都能进入等离子体射流，从而在熔炼空间内创造和保持某种指定的气氛：中性的、还原的或者氧化的，并能在指定的压力条件（大气压、低于大气压或高于大气压）下进行熔炼。

　　（2）在等离子体加热时，与液态金属表面相互作用的是高度活泼的气体（O_2、N_2、H_2），这些气体可以成为等离子气源，可以处于原子状态，也可以处于被激发的分子状态。这一过程是可控的，这样就能有效地解决那些普通熔炼条件无能为力的工艺任务，例如直接用气相氢给金属脱氧或者直接用气相氮与金属实现合金化。

　　（3）避免金属被不想要的杂质污染，例如在传统电弧炉中石墨电极会产生碳夹杂，炉内气氛中的氮也会成为夹杂。所以在等离子加热炉中可以熔炼出碳含量极低的不锈钢。

　　（4）在使用中性气体的等离子炉中给液态金属脱气，条件接近于真空炉。因为在以中性气体（氩气）为主的气氛中，氧气、氢气、氮气的分压都不大。例如在活性气体含量只有 0.05% 的氩气中进行熔炼，在热力学意义上等同于在压力为 66Pa 的真空环境中熔炼[46]。这样，在中性气氛中进行的等离子熔炼，可以视为在化学真空条件下发生的过程。

　　（5）在等离子炉中进行的熔炼（有别于真空感应熔炼、真空电弧熔炼或电子束熔炼），无论金属熔体上方的压力条件是标准大气压，还是略高于大气压，蒸气压较高的合金元素（锰、铬、铝等）都不会有多少损失。

　　（6）低温等离子体的特点是在一个小体积内浓缩极大的能量。这一特点加上等离子电弧的温度，就能重熔熔点很高的金属，例如铬、锆、钼等。

　　（7）以强对流形式进行的热交换与等离子电弧辐射，使得向炉料传递热量的效率很高，能量损失很小。这就为在等离子炉中迅速熔化金属创造了条件。

　　（8）借助电弧等离子枪可以在炉内实现高温，并灵活调节温度，电弧燃烧的高稳定性又极大简化了电气参数（电流、电压）调节。

　　（9）带耐火炉衬的等离子炉结构简单（例如比真空炉简单），可以简化需要在炉内进行的专门工艺操作，例如渣料导入，给金属吹气等。

　　目前已经得到应用的金属等离子电弧重熔和精炼工艺原理详见图 4.11[46]。现在，这些工艺仍处于推广或不断研发过程中。

使用上述原理的炉子现有以下 4 种：

（1）在陶瓷炉底上或凝壳中重熔和提纯金属，随后把它们浇入锭模或铸模（图 4.11a）；

（2）重熔含指定化学成分的自耗坯料，以熔滴形式把熔化的金属转移至金属熔池，在凝壳坩埚里积累液态金属，随后把它们浇入锭模、铸模或水冷结晶器（图 4.11b）；

（3）在水冷结晶器中重熔散粒状（块状）炉料或自耗坯料，紧接着形成金属锭（图 4.11c）；

（4）在冷炉底上重熔和提纯液态金属，随后把它们浇入水冷结晶器，在那里形成金属锭（图 4.11d）。

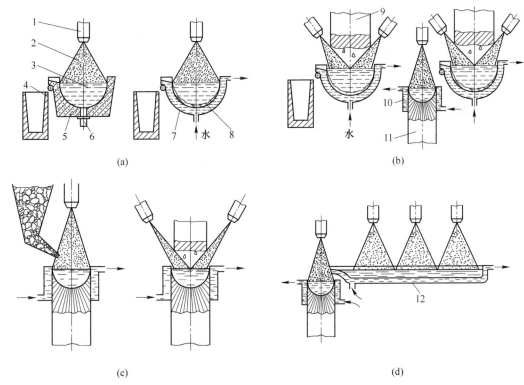

图 4.11 用等离子电弧重熔和提纯金属的现代工艺原理图

1—等离子枪；2—电弧等离子体；3—金属熔池；4—锭模；5—用耐火材料制作的坩埚；6—水冷炉底电极；
7—凝壳坩埚；8—凝壳；9—金属自耗坯料；10—水冷结晶器；11—金属锭；12—冷炉底

图 4.11（a）所示的熔炼过程，熔炼预先装入坩埚的炉料，保持液态金属直至满足预定的提纯要求，然后浇入锭模或铸模。可以使用由耐火材料制作的坩埚或水冷（凝壳）坩埚进行这种作业。凝壳坩埚适于重熔活泼性较高的金属，例如钛与钛合金。金属的提纯过程发生在金属熔池表面。

图 4.11（b）所示的熔炼过程，特点是金属以熔滴形式从自耗坯料顶端转移至水冷（凝壳）坩埚的金属熔池。以这种方式重熔金属时，提纯过程主要发生在自耗坯料顶端形成液态薄膜的阶段，以及金属熔滴表面，因为这些表面积的总和比裸露的金属熔池的表面

积大出许多倍。

图 4.11（c）所示的重熔过程，特点是把熔炼块状炉料或自耗坯料与随后的金属结晶成锭结合了起来：在水冷结晶器中结晶，接着就形成金属锭，这两个过程是同时发生的。可以用这种方式重熔块状（散粒状）炉料，也可以重熔自耗坯料。液态金属提纯不仅发生在液体存在的各个阶段，而且由于定向结晶，金属成锭过程也能发挥提纯作用。

图 4.11（d）所示的金属的熔炼和提纯过程是在水冷炉底（过渡容器）进行的，随后液态金属连续或有间隔地注入结晶器，在那里完成金属锭结晶。在这种情况下，金属内的夹杂会从块状炉料熔化时形成的液态薄膜表面、从水冷炉底的金属熔池表面，以及从结晶器内的液态金属表面被排出去。在水冷炉底上熔炼时，因为过渡容器内液态金属的表面面积增加了，所以液态金属反应区的总表面积也增大了。相应地，从液态金属表面蒸发掉的杂质数量也就增加了。但与此同时，由于蒸气压较高的合金元素（铝、锰、铬等）被蒸发，金属损耗也会增加。

还应该指出，在水冷炉底进行熔炼是因为热损失增加会造成额外的能耗。

20 世纪 60 年代初美国 Linde 公司宣布，为了在带陶瓷炉底的炉子内炼出高品质钢材，他们的专家使用了专门设计的直流电弧等离子枪。在原有的一座单相电弧炉中，他们用电弧等离子枪替换了里面的石墨电极[45]。Linde 公司的这座容量为 140kg 的等离子电弧炉原理见图 4.12。在熔池形状和炉衬材料方面，这座等离子电弧炉与普通电弧炉没有区别。炉

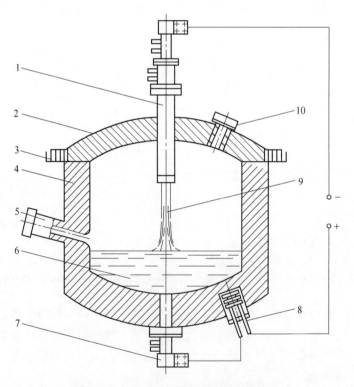

图 4.12　Linde 公司等离子电弧炉结构图

1—电弧等离子枪；2—炉顶；3—砂封；4—壳体；5—浇注口；6—金属熔池；
7—炉底电极；8—搅拌熔池用的线圈；9—等离子电弧；10—观察窗

底是一个直径 560mm、深度 150mm 的凹形区。为了防止炉内气氛受到空气污染，炉顶与炉壁接合处采用了密封圈式砂土密封。浇注口在熔炼时用不透气的盖子封住。等离子枪用直流电工作，等离子枪的电极为阴极，金属熔池为阳极。氩气既用作等离子气源，又在炉内形成中性气氛，保护金属熔池。铜制炉底电极有水冷保护，与炉底安装在同一个水平面上。熔炼时电极与液态金属发生接触并通过液态金属向金属熔池导电。据设计者讲，炉底电极在炉内工作了 500 多小时，在其工作表面没有发现明显腐蚀痕迹或机械损坏。

后来 Linde 公司设计了一系列各种用途的等离子电弧炉，包括容量为 12kg 用于精密铸造的小电炉。Linde 公司设计的最大容量的炉子为 1.8t。这些炉子用来熔炼高强度钢与特种合金，然后浇铸到金属模中成锭，或者浇铸到铸模中制造复杂形状的铸件。容量在 0.5t 以下的炉子安装一支直接作用电弧等离子枪。功率大的炉子安装多支等离子枪。

在容量为 12kg 的炉子上进行熔炼时，使用了一支功率为 40kW 的电弧等离子枪，在另一座 140kg 容量的炉子上使用了一支功率为 120kW 的等离子枪。结果在小炉子上实现的输出功率密度不小于 2kW/kg，在中等容量的炉子上密度则较低些，不大于 1kW/kg。在 12kg 的炉子里炉料的熔炼速度大约为 1.2kg/min。

Linde 公司设计的等离子电弧炉的部分技术参数见表 4.9。

表 4.9　Linde 公司设计的等离子电弧炉技术参数

技术参数		炉子容量		
		23kg	140kg	900kg
炉壳直径/mm		305	560（熔池）	1525
熔室高度/mm		205	150（熔池）	1525
炉衬厚度/mm	侧壁	63	—	305
	炉底	102	—	420
等离子枪数量/支		1	1	1
等离子枪功率/kW		60	120	~500
等离子电弧电气参数	电流强度/A	600	≤1500	1000~2500
	电压/V	50~80	50~80	150~180
等离子气源消耗量/m³·h⁻¹		0.96~2.8	2.5~3.5	5.0~10.0

为了搅拌金属熔池，在炉底安装了两个线圈，以串联方式接入等离子枪电源。线圈产生的磁场与电流穿过金属熔池和等离子电弧时产生的磁场相互作用，导致液态金属搅动。鉴于以下因素，等离子炉中的金属搅动具有重要意义：

（1）等离子炉在惰性气体介质中熔炼时，没有各类电弧炉在开放气氛中熔炼时都会有的氧化期。在氧化期内，一氧化碳气泡会剧烈搅动金属熔池。在等离子熔炼时不会发生金属熔池的飞溅。

（2）等离子电弧柱是一种比普通电弧更强烈、更浓缩的热源。电弧只能靠自身压力对金属熔池进行搅动，很微弱，处于阳极斑点内的金属表面可能发生严重过热。金属过热会导致合金元素加速蒸发，特别是蒸气压较高的合金元素。所以为了防止合金元素发生非控制性蒸发，在等离子电弧熔炼时最好对金属熔池进行强制搅动。

等离子电弧燃烧极为稳定，电流强度和电压降的偏差不超过额定值的 2%。而在普通电弧炉中，炉料熔化期间电流强度的波动可能达到平均值的 ±50%。由于等离子电弧工作状态稳定，调整等离子电弧时只需要对变压器电抗稍作改变。因为电弧在空气中燃烧时的电压梯度大于在氩气介质中燃烧时，所以在总体电压降相同的情况下，电弧在氩气中更长。Linde 公司一座容量为 0.9t 的等离子电弧炉里电弧长度达到 900mm 左右，而在容量为 140kg 的炉子里电弧长度约为 450mm。在这些炉子里等离子枪通常安装在炉子最上方，等离子枪的喷口就在紧靠炉顶的位置。等离子枪在熔炼期间始终处于这个位置。这样做，在熔炼过程中发生炉料塌方时，不会导致喷嘴短路和损坏。

熔炼开始时，等离子电弧先在炉料中熔出一个圆柱形"竖井"。被熔化的液态金属流至炉底，形成熔池。等离子电弧中近阳极区热量最大，所以接下来的熔化是在下面（紧靠熔池）进行的。这样，几乎在整个熔化期内未熔化的炉料都在保护着炉壁免受等离子电弧的直接辐射。另外等离子电弧没有空间摆动（偏吹），因此能使炉衬避免受热不均匀，也就避免了普通电弧炉中最损害炉壁耐热性的因素。

根据 Linde 公司的数据，一座容量为 120kg 的等离子电弧炉，炉衬寿命为熔炼 200 炉金属。

以前使用普通石墨电极进行电弧熔炼时，持续一个小时炉壁就会出现热损坏，由炉壁碎块形成的残渣落满金属熔池表面。炉壁炉衬使用的是含有铬矿的混合物。用等离子电弧熔炼炉料时，尽管炉衬使用的是质量较差的材料，金属熔池表面直到熔炼结束都保持清洁。

Linde 公司还宣布，正在建造容量为 9.0t 的等离子电弧炉，将安装 4 支直流等离子枪。今后该公司还计划制造 90t 容量的炉子。但是此信息目前并未得到证实。

除 Linde 公司外，其他公司也开始设计和制造各种用途的等离子电弧炉。20 世纪 70 年代 Brown Bowery and Co. 公司（德国，曼海姆）制造了功率从 40kW 到 800kW、容量从 10kg 到 1600kg 的炉子[47]。这些炉子的炉衬与普通电弧炉一样。根据炉子的不同容量，有的炉顶使用了旋转结构，有的炉顶在装料时可以完整地从炉子上卸下来。带旋转炉顶的炉子装料时可以手动，也可以使用专门的装料筐（料桶）。

Brown Bowery and Co. 公司的炉子结构原理见图 4.13，主要技术性能见表 4.10。

表 4.10　Brown Bowery and Co. 公司等离子电弧炉的主要参数　　　　（mm）

炉子型号	容量/kg	功率/kW	B	D	D_1	H	H_1	L	l	l_1	l_2	h
SP0.01	10	40	—	180	400	—	1750	其他尺寸				
SP0.16	160	200	1800	560	850	1500	2300	1500	560	560	940	1145
SP1.6	1600	800	3360	1250	1800	2050	3000	2600	1150	1290	1310	1145

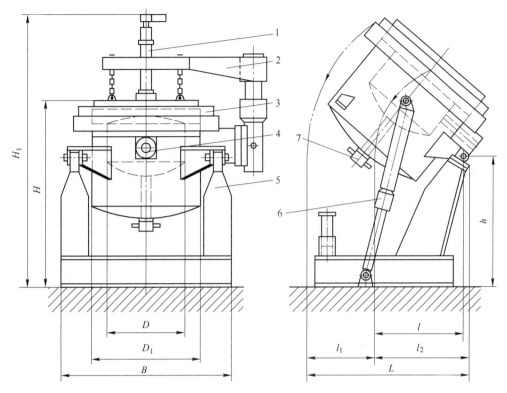

图 4.13　Brown Bowery and Co. 公司带陶瓷炉底的等离子电弧炉结构图
1—等离子枪；2—炉顶提升机构；3—外壳；4—金属浇铸口；
5—框架；6—炉子倾斜机构；7—炉底电极

　　根据炉子的尺寸，在拱顶处可以安装一支或多支等离子枪。因为每支等离子枪都配有单独的垂直移动装置，金属熔池表面与等离子枪之间的距离，即电弧长度是可以调节的。炉子在电动舵机或液压舵机的帮助下可以向浇注口一侧倾斜。等离子枪由直流整流器供电。炉壁上有向金属熔池内添加合金元素的舱口，还有在熔炼过程中出渣的舱口。在与金属熔体相同水平的炉壁衬层里安装有电磁线圈，用于搅动金属熔池。炉子供气系统的构造可以保障将惰性气体或混合气体同时供应给等离子枪和熔炼室。

　　捷克斯洛伐克曾经研发了几种在耐火炉底熔炼金属的等离子电弧炉，并申请了专利，其中之一见图 4.14[48,49]。炉子的熔炼室呈圆筒形，有内衬。电弧等离子枪 1 安装在拱顶处，并垂直于炉子纵轴。在这座炉子中可以进行矿石还原，也可以熔炼或提纯钢与合金。通过安装在等离子枪两侧呈辐射状的给料器 2 把经过粉碎需要重熔的材料送入等离子电弧高温区。金属熔池 5 和渣池 4 在耐火炉底上积累起来，然后分别通过炉壁上专用舱口 6 和 7 从炉内排出。

　　使用过的等离子气源经过管道 8 排放出去。拱顶的中部，即插入等离子枪的地方用水冷却。在这个水冷拱顶上还有两个舱口，可以把散粒状炉料直接送入等离子体火舌。

　　还有其他结构的熔炉，即电弧等离子枪不安装在拱顶，而是从熔炉竖壁上的开口插向金属熔池（图 4.15）[41]。这种结构可以保障在熔炼过程中迅速更换等离子枪。为此，等离子枪安装在可快速拆卸的专用卡匣中。

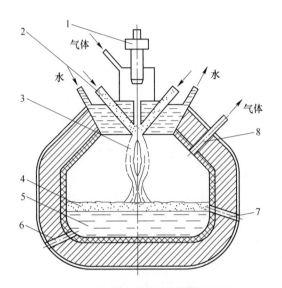

图 4.14　加工矿石原料和熔炼金属的
等离子电弧炉结构图

1—电弧等离子枪；2—给料器；3—等离子体射流；

4—渣池；5—金属熔池；6—金属浇铸舱口；

7—剩余炉渣导流舱口；8—气体排放管道

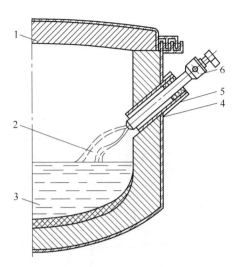

图 4.15　从侧面安装等离子枪的等离子电弧炉

1—拱顶；2—等离子电弧；3—金属熔池；

4—卡匣；5—窗口；6—等离子枪

　　从侧面安装等离子枪虽然便于更换，几支等离子电弧之间也没有电磁干扰，但是安装等离子枪之处的炉壁内衬所受热负荷极大。

　　简单地把炼钢炉中的石墨电极更换为直流电弧等离子枪解决不了所有问题。首先还要在炉底加装电极。另外，在一座大容量（3.0t 以上）电炉的拱顶安装三支或更多支等离子枪，会造成几支等离子电弧产生的电磁场在熔炼过程中相互干扰。这一现象会对炉内的热作用产生消极影响，而且会导致炉壁和拱顶内侧的炉衬局部过热。

　　利用直流电工作的等离子电弧炉，有一个重大不足：在炉子结构中必须有水冷炉底电极给金属熔池导电，炉底电极的寿命应该不短于炉底的寿命，而提高炉底电极寿命是一件很困难的事。为解决这一问题，人们在制造工作可靠、结构简单的炉底电极方面进行了大量探索。

　　图 4.16 展示了在等离子电弧炉中应用最普遍的炉底电极结构。从图中可看到，炉底电极的结构多种多样。有水冷的，有用难熔金属制造的。此外，还能用非金属导电材料（如石墨）来制造炉底电极。炉底电极与炉子外壳应该是电绝缘的，在固定时需要使用电绝缘垫片。

　　为了保障炉子环境中有不大的余压和稳定的气体成分，炉子的工作空间通常是密闭的。多数情况下炉子拱顶与炉壁接口处使用密封圈式砂土密封，用细小的镁石粉填实。炉壁上浇铸液态金属用的舱口有堵盖。密封工作舱口的材料通常是耐热陶土、镁石粉或石棉绳。

　　随着对陶瓷底电炉中等离子加热原理和电弧等离子枪电源合理化的不断探索，促成了三相交流电的使用。使用交流电工作时，电势可以通过等离子电弧传导给炉料或金属熔池。这种电炉的电路原理详见图 4.17[50]。三支等离子枪安装在炉子拱顶 3 上，与纵轴相

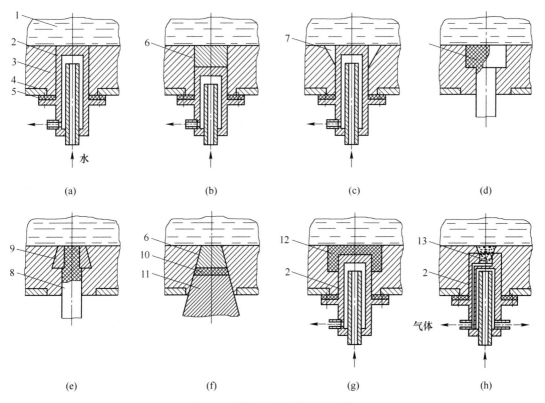

图 4.16 最普遍的炉底电极结构

（a），（c）铜质水冷电极；（b），（g），（h）复合电极（铜质水冷加延长段）；（d），（e）石墨电极；（f）金属非水冷电极

1—金属熔池；2—炉底电极；3—耐热炉底；4—外壳；5—绝缘垫片；6—金属延长段；7—炉底漏斗；8—石墨电极；

9—金属套管；10—过渡导电夹层；11—铜制电极；12—石墨顶盖；13—用耐热材料制作的多孔插片

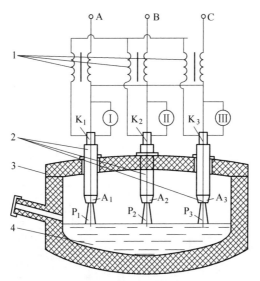

图 4.17 三枪三相电源等离子电弧炉电源结构图

I，II，III—直流电源；K_1，K_2，K_3—等离子枪阴极；A_1，A_2，A_3—阳极（喷嘴）；P_1，P_2，P_3—等离子体射流（火舌）；

1—三相交流电源；2—电弧等离子枪；3—拱顶；4—金属熔池

对称。每支等离子枪连接一个功率不大的直流电源，用于点燃辅助电弧，让它在每支等离子枪的阴极 K 和阳极（喷嘴）A 之间燃烧。每个喷嘴都连接三相交流电源 1 中的一相。此后，交流电从 A_1 通到 A_2，再通到 A_3，然后以电阻最小的方式返回 A_1，即经过等离子火舌 P_1 和金属熔池 4 到达火舌 P_2，再经过熔池 4 到达火舌 P_3，从 P_3 再一次经过熔池 4 返回 P_1，如此循环往复。这时金属不仅从等离子体射流受热，还从等离子体火舌之间传输交流电时金属熔池释放的焦耳热那里吸收热量。在这种情况下，电能利用率更高。

类似的使用现代化元器件的电源电路在带等离子电极的三枪式交流等离子枪组中也得到广泛应用。所以这一电路在车里雅宾斯科冶金工厂改装 DCP-5A 型电弧炉时也被采用了。改装任务是该工厂与巴顿电焊接研究所的专家共同完成的。改装中用交流等离子枪替换了石墨电极。

这座电炉上等离子枪的电源电路详见图 4.18。主电弧（工作电弧）的电源是一台性能不受电流强度影响的 ETTSPK 7500/10 型三相电炉变压器。主电弧的电流调节（从 800A 到 5000A）与建立下降特性，是通过两个并联 A1474 型三相扼流圈实现的，它们依次接入等离子枪的电源电路。等离子枪电极通过"无接触"电路（电极与熔池间的电弧）与交流电路接通。在每支等离子枪辅助电极与主电极之间燃烧的辅助电弧的电源，是一台具有下降特性的 OB-1917 型隔离变压器和一台 A-1557 型整流器。点燃辅助电弧用的是 OB-1335 型振荡器。等离子电弧电流的均匀调节是通过控制模块实现的，它保证了饱和扼流圈（可双向调节扼流圈）的对称工作状态。电源系统采用了 LC 滤波器，以保护电路元器件免受振荡器高压高频脉冲的影响。

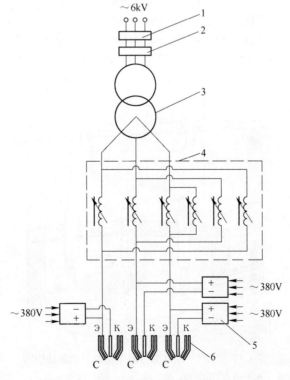

图 4.18　三枪式等离子枪组电源的电路图

1—断路器；2—开关；3—变压器；4—扼流圈；5—直流电源；6—等离子枪；K—阴极；Э—电极；C—喷嘴

大规模建造等离子电弧炉的工作始于 20 世纪 70 年代的苏联和民主德国。第一批等离子炉的容量为 1~12t，于 20 世纪 70 年代在苏联投产。在发展等离子电弧熔炼工艺的第一阶段建造这种炉子，目的是用它们取代真空感应炉，简化复杂合金与高合金钢材的生产。所以给等离子炉分类的依据也是所熔炼钢材与合金的种类，例如高温合金、精密合金、特种耐蚀耐候不锈钢、马氏体时效钢、高强度和快速切削钢与合金、铸造用不锈钢等[51]。苏联和民主德国专家们共同努力，建造了几座用金属废料熔炼多种钢材的大型等离子电弧炉。

民主德国第一座容量为 3t 的等离子电弧炉于 1969 年在 VEB Edelstahlwerke Freitail 冶金厂投产。它是在一座电弧炉的基础上改建的，可以用一支或三支等离子枪工作[52]。

1972 年一座容量为 10t 的等离子电弧炉在优质钢材厂（弗拉依塔尔市）投入使用。炉子上安装了三支电弧等离子枪，电流达到 6kA，电弧电压为 200~600V。等离子枪的总功率为 2.5~3.0MW[52~55]。

1977 年，在同一家工厂又投产了一套 30t 的等离子电弧炉（图 4.19）。它是在苏联专家的参与下建成的。这座炉子有可移动拱顶和便于快速维修的可拆卸炉壁。炉衬采用了铬镁砖和同样材质的填充物。炉上安装了 4 支电弧等离子枪，电源来自 15kV 的工厂电网，电流经过变压器、扼流圈和晶闸管转换器到达等离子枪。每支等离子枪的最大电流强度在电压为 150~600V 时可达到 9kA。炉子的技术参数见表 4.11[54,55]。必要时允许在熔炼过程中不中断炉子工作更换等离子枪。炉子的所有传动机构都是液压的。等离子枪使用的气源为氩气。炉底使用的是铜质水冷电极，工作可靠。

这种炉子主要用于熔炼高合金钢和镍基合金。合金元素的吸收水平非常高：97%~99%Mn；96%~98%Cr；98%~100%Ni；98%~100%Mo；60%~80%Ti，铁的损耗不超过 2%。这座炉子投产后在三年内生产了超过 3 万吨各种牌号的不锈钢。

图 4.19　OKB-1556 型 30t 等离子电弧炉模型（"电力—77"展览会）

表 4.11　30t 等离子电弧炉的技术性能

项　目	参　数
容量/t	30
装机容量/kW	24300
等离子枪的额定电流/kA	9.0
整流电压/V	150~660
金属熔化期电能单位消耗量（计算值）/kW·h·t⁻¹	625
单支等离子枪的氩气消耗量/m³·h⁻¹	60
冷却水消耗量/m³·h⁻¹	60
生产能力/t·h⁻¹	20
电能平均消耗量/kW·h·t⁻¹	500

在民主德国，与这座 30t 熔炉同时研制出来并投入工业使用的还有容量为 15t 和 35t 的等离子电弧炉（表 4.12）[53,56,57]。

表 4.12　容量为 15t 和 35t 的等离子电弧炉技术参数

参　数		P15	P35
容量/t		15	35
装机容量/kW		10000	20000
单支等离子枪的电流强度/kA		6.0	9.0
最大电压/V		700	700
电路供电电压/kV		15	15
电流频率/Hz		50(60)	50(60)
氩气消耗量/m³·h⁻¹		18	45
冷却水消耗量/m³·h⁻¹	纯水	60	90
	工业用水	40	70
生产能力/t·h⁻¹		9	20
电能平均消耗量/kW·h·t⁻¹		550	500

应该看到，20 世纪 70~80 年代是等离子冶金的繁盛期。在这个时期，依靠先行一步的理论研究成果开发了新的工艺技术，建造了可以完成多种工艺任务的工业熔炼炉。世界上许多国家的主流冶金单位都创办了实验室，研究课题均为如何实际应用等离子熔炼技术满足具体的需求和生产条件。

根据苏联和民主德国专家设计和使用 30t 熔炉的经验，奥地利 Voest-Alpine 公司（林茨市）获得了民主德国等离子电弧炉的专利权。1983 年 11 月该公司在自己的工厂里投产了容量为 45~60t 的等离子电弧炉，取代了原先使用的电弧炉[58~60]。这座炉子是在上述专利基础上研制的。它至今仍是世界上容量最大的等离子电弧炉。金属熔池直径为 5.8m，装机容量为 (29~36)×10³kW。炉子上安装了 4 支功率为 6000~7500kW 的直流等离子枪，直流电压为 800V。等离子枪以倾斜角度安装在炉壁窗口上。熔炉的生产能力为 24~28t/h，设计能耗为 480kW/t。根据相关资料,等离子枪阴极的使用寿命为 5h,喷嘴寿命为 30h。熔炉壁衬可工作 150 个炉次,炉底可工作 450 个炉次,拱顶可工作 120 个炉次。熔炼主要在氩气环境中进行。氩气平均消耗量为 3.6m³/t。

除此之外,Voest-Alpine 公司还有一座 5t 的等离子炉,用于研究各种工艺状态。该公司对等离子工艺的应用研究集中在以下方向:熔炼钢与铁合金;还原金属(锰铁合金、铜、硅);制取高温材料(陶瓷、碳化物、贵重金属);提纯金属(锰铁合金、铬铁合金)。

那座 45t 熔炉在使用期间(1983~1989 年)共生产出 8.4 万吨合金钢,其中 54%用于轧制,36%用于锻造,其余用于生产铸件[61]。熔炉工作是有间歇的,存在间歇不是技术原因,所以实际生产能力要比以上数字大很多。平均单位能耗在 520~580kW·h/t 之间,波动取决于所熔炼钢的牌号,均高于计算值。钢材的合格率比电弧炉炼的钢高 2%~3%,钢中的氧、氢含量低于电弧炉炼的钢。氩气消耗量低于使用石墨电极时。生产费用总体低于电弧炉。

20 世纪 80 年代初,克虏伯钢铁股份公司(德国)的研究所设计并投产了容量为 3t 的试验兼工业等离子炼钢炉,炉上使用一支 4kA 交流等离子枪,无炉底电极[62,63]。等离子枪的长度为 2m,直径为 108mm。单支等离子枪的功率为 1.6MW(400V 电压时电流为 4kA),电弧长度为 700mm。试验结果表明,氩气消耗量为 7m³/h,冷却水消耗量为 8m³/h,电极寿命为 100h。

这座等离子炉可以重熔单位体积重量为 1.2~2.0t/m³ 的金属废料。等离子电弧先熔化出一个深而窄的"竖井",在底部形成液态金属熔池。长电弧几乎完全被四周的破碎炉料所屏蔽。等离子电弧的电流稳定性很好,而电弧电压在炉料熔化过程中或等离子枪位置变化时缓慢改变。能耗平均为 670kW·h/t。

从 1984 年开始,该公司开始建造一座 10t 三相等离子电弧炉(德国,锡根市),功率为 20MW,设计电流可达 6.0kA。当时还计划建造一座容量为 50t、等离子枪额定电流达到 12kA 的炉子,但是没有这一计划是否完成的信息。后来,1987 年计划改建一座 45t 钢包炉,把石墨电极替换成使用交流电的等离子枪,甚至计划设计多种等离子设备,用于在连铸式工业钢包炉中对钢水进行加热保温。

20 世纪 70~80 年代,苏联建造了一系列容量从 250kg 到 12t 的陶瓷底等离子电弧炉(表 4.13)。在容量为 5t 和 12t 的炉子里,为冷却等离子枪和炉底电极这两个炉内热负荷最大的部件,在闭合回路中使用了化学净化水。

表 4.13 苏联时期设计的陶瓷底等离子电弧炉技术性能

指标	PDP-0.25	OKB-1220	OKB-1354	PDP-5	OKB-1494
容量/t	0.25	0.25~0.5	5	5~7	12
等离子枪数量/支	1	1	1	1	3
熔炼空间直径/m	0.64	0.60	2.37	2.2	2.7
熔炼空间高度/m	0.39	0.40	1.0	1.20	1.25
等离子枪离解直径/m	—	—	—	—	1.1

指　标	PDP-0.25	OKB-1220	OKB-1354	PDP-5	OKB-1494
等离子枪额定电流/kA	2.0	2.0	6.5	9.0	6.5
等离子枪额定电压/V	100	150	400	460	460
额定功率/kW	200	300	3000	3500	3000
等离子气源	Ar, N_2, H_2	Ar	Ar	Ar, N_2	Ar, N_2

1968 年苏联第一座陶瓷底等离子电弧炉在西伯利亚电钢厂投入工业使用[64]。这座炉子的容量为 1000kg，安装一支直流电弧等离子枪。

1970 年，一座 5t 的等离子电弧炉（DCP-5A 型）在车里雅宾斯克冶金厂投入使用。后来炉子的装料量增加到 7t，炉内安装一支直流等离子枪，它是由全俄电热设备科学研究院（莫斯科市）和车里雅宾斯克冶金厂的专家一起制造的。在整个熔炼过程中，当电流达到 10kA 和电弧电压为 200~400V 时，等离子枪都能稳定工作。

1979 年这座炉子经过改装使用交流电工作。为此采用了巴顿电焊接研究所设计的 PDM-6000（ПДМ-6000）型电弧等离子枪。炉子的主要技术性能见表 4.14。

表 4.14　改装后的 DCP-5A（ДСП-5A）型炼钢炉技术性能

技　术　指　标	数　值
电源额定功率/kW	5000
变压器型号	ITCHPK 7500/10
控制阀门型号	A1474
空载时电源电压/V	268~321
电源额定电流/kA	5.0
带等离子电极的交流等离子枪型号	PD121
等离子枪数量/支	3
等离子枪额定电流/kA	5.6
辅助电弧电流/A	300~600
等离子气源	氩气
单支等离子枪氩气消耗量/$m^3 \cdot h^{-1}$	25
单支等离子枪冷却水消耗量/$m^3 \cdot h^{-1}$	55
冷却水压力/Pa	7×10^5

炉子的工作特点之一是电弧电压在熔炼过程中会发生变化（图 4.20）。熔炼开始时（起动阶段），随着电弧长度加大，电弧电压增高（图 4.20 曲线 1），电压梯度大约为 6V/cm。当电弧在炉料中烧出"竖井"那一刻，电弧电压可以达到 270~310V。随着炉内空间被逐渐加热，电弧电压对电弧长度的依赖关系发生变化。当电弧长度为 150~200mm 时，电弧电压增大，电压梯度下降到 2.2~2.5V/cm。随着电弧长度继续增大，电压增长会明显减缓，当电弧长度达 $L_\partial = 400$mm 以上时，电压基本上就不再变化了（图 4.20 曲线 2）。

车里雅宾斯克冶金厂在世界上首次使用这种容量的等离子电弧炉炼出了 40 余个牌号

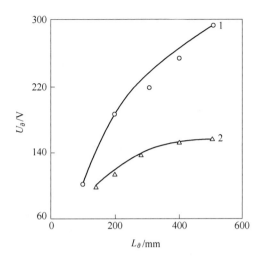

图 4.20 电弧电压与电弧长度的曲线关系
1—熔炼起动阶段（炉腔是"冷"的）；2—炉腔是"热"的

不同等级的钢与合金，包括工具钢、锻造钢、快速切屑钢、各种类型的不锈钢（尤其是低碳的、钛稳定的、高氮的不锈钢）、电阻合金等。

后来，德国克虏伯联合钢铁公司购买了曾在车里雅宾斯克冶金厂使用的 PDM-6000（ПДМ-6000）型交流电弧等离子枪，用于改装自己容量为 3t 的炉子，甚至想装在钢包炉上。

在传统冶炼用等离子枪发展的同时，用空心石墨电极充当电弧等离子体发生器的等离子炉也得到了应用[65]。20 世纪 80 年代初，苏联已经开始使用容量为 12t 的带石墨等离子枪的直流等离子电弧炉[66,67]。这座炉子是密封的，在可控气氛中工作。等离子气源用的是氩气或氩氮混合气体。专家认为，石墨等离子枪的主要优点是，单支石墨等离子枪的功率就远超数支钨电极等离子枪。而每生产 1t 金属石墨的消耗量不到 1kg，比直流电炉低了至少一半，比开放式交流电弧炉低了 4 倍。苏联曾计划以此为原型建造使用石墨等离子枪的大吨位直流等离子电弧炉，炉子的技术性能如下[67]：

容量/t	50~70
单位有效功率/MW·t^{-1}	0.8
等离子枪数量	1
最大电流/kA	80
噪声水平/dB	85
密封性（工作空间表压）/Pa	100~200
熔炼工艺循环控制方式	自动控制系统

要建造的这座熔炼炉是独一无二的，全部主要技术指标和工艺性能不仅优于最现代化的超大功率电弧炉，而且超过了所有现有的新型金属熔炼炉。建造这座炉子是一项非常艰巨的任务，因为完成每一项指标都需要使用复杂的设计方案，有的还是创新性方案。遗憾的是，由于国家政治经济变故，这座炉子的建造后来被迫终止了。

在等离子电弧熔炼工艺飞速发展时期（20 世纪 70~80 年代），等离子炉共计熔炼出了

150 多个牌号的钢材。等离子炉熔炼产品有：高温合金、精密合金、专用耐蚀耐候不锈钢、马氏体时效钢、高强钢、高速钢、铸造用不锈钢等[51]。

分析这些等离子熔炼产品的质量表明，这类钢的氧气和非金属夹杂物含量低于普通电弧炉熔炼的钢。从电弧熔炼转向等离子熔炼，可以将金属熔炼的合格率提高 1.5 倍，将合金元素 Cr、W、Mo、V 的损失分别降低 4%、1%、3%、6%。另外还能在不增加使用与维护费用的情况下改善劳动条件。

陶瓷底等离子电弧炉在重熔高合金钢与合金废料方面的作用越来越受到冶金工作者的重视和认可。它可以代替价格更昂贵的真空感应炉，还可以减少对环境的负面影响。

建造大吨位的等离子炉，并在能量特性方面不逊于使用大功率变压器的现代化开放式电弧炉，是一项相当复杂的任务，在技术和工艺上都需要创新。现有的技术和工艺设计水平，已经允许着手设计和建造容量为 60~80t 的直流等离子炉了。

综上所述，世界上建造和使用陶瓷底等离子电弧炉的经验表明，这种炉子具有以下一系列优于电弧炼钢炉的特点：

（1）熔炼空间内是中性气氛（在氩气中熔炼），有助于金属更多吸收合金元素；

（2）炉内使用还原或中性气氛，可使炼出的钢最终氧含量更低；

（3）不使用石墨电极或石墨化电极，可以炼出碳含量极低的钢；

（4）用氮气或氮气与其他气体组成的混合气体作等离子气源，可以不使用昂贵的含氮铁合金就炼出高氮钢；

（5）能保障电气参数高度稳定，噪声低，生态保护性好。

现有陶瓷底等离子电弧炉大多是在电弧炼钢炉的基础上建造的，用等离子枪取代了石墨电极。但是也有许多专家认为，等离子炉熔炼空间的几何尺寸应该与电弧炼钢炉有所不同，以便保障耐火内衬的最佳热工作条件和电炉的最大效率。

按照 N. P. Lyakishev（Н. П. Лякишев）院士的意见，陶瓷底等离子电弧炉熔炼工艺今后应在以下两个方面得到发展[67]：

（1）建造和改进小容量和中等容量（6t、12t、25t）的直流等离子炉，主要用于特种冶炼。它们主要用于生产成品金属或供重熔用的高级坯料。改进的主要方向应该是为炉内进行的所有冶金反应创造最有利条件。小容量和中等容量熔炉的经济性，首先来自于它们能充分吸收合金元素，能最大限度地利用合金废料，能炼出高品质的金属（接近或等同于真空感应熔炼）。

（2）设计和建造容量为 50~100t 使用多支等离子枪的大型熔炉，以此代替开放式交流电弧炉。这种大型熔炉的经济性来自于节省合金元素，减少金属炉料的损耗，降低石墨化电极消耗量，节省维护和大修费用，将节省下来的资金用于环境保护与解决劳动卫生问题。

大吨位等离子炉的经济性问题比小容量熔炉更复杂，因为随着炉子容量增大和产量增加，在所熔炼金属中低合金或非合金这类价格较低廉品种的比重必然增加。这样一来，贵重合金元素损耗少所形成的等离子冶炼工艺的主要经济优势，就变得意义不那么大了。

现在，所有带钨电极的交流等离子枪的功率都偏小，不足以支持建造大吨位的等离子电弧炉，所以设计师们还不得不使用石墨电极。

4.3 在水冷坩埚和结晶器中用等离子电弧重熔金属与合金

在陶瓷底等离子电弧炉中熔炼钢与合金只能部分解决金属质量问题，因为等离子加热作为一种工艺手段，它的所有潜力无法在这种炉子上得到全部发挥。

在陶瓷炉底上进行等离子电弧熔炼的主要局限性是：

（1）没有排除金属熔体与炉衬耐火材料的接触。所以不能用这种设备熔炼活泼性高的金属（钛、铬、稀土金属等），以及这些金属含量较多的合金。在熔炼过程中这些金属会与耐火炉衬相互作用产生氧化物污染合金。

（2）在有陶瓷底的炉子上熔炼金属时，金属基本上不能以熔滴形式向熔池转移。这就限制了液态金属的自由表面，不利于提高多相反应速度。

（3）没有避免把熔炼好的金属向模具浇铸的过程，有可能导致外部夹杂对金属造成二次污染，甚至二次氧化。这种钢锭通常会有收缩缺陷，合金元素和非金属夹杂物偏析较严重。

（4）不能通过定向结晶对金属进行补充提纯，因为只有在铜质水冷结晶器中重熔并成锭才能产生这一特殊效果。

所以，为了获得高品质的钢锭，在工业生产中广泛应用了能够避免液态金属与耐火材料接触的熔炼方法，即熔炼金属与成锭都在铜质水冷结晶器或水冷坩埚中完成，如真空电弧重熔、电渣重熔、电子束重熔。

在上述重熔工艺得到发展的同时，类似的以等离子电弧加热为基础的熔炼方法也得到了发展，如等离子电弧凝壳熔炼、在水冷结晶器中进行的等离子电弧重熔和成锭。

4.3.1 等离子电弧凝壳熔炼

"凝壳"一词来自法语 qarnissaqe，意为坚硬的保护层。凝壳是熔炼过程中液态金属在水冷结晶器或水冷坩埚内壁上结晶而形成的一层薄壳。凝壳可以保护结晶器（坩埚）的水冷壁免受机械磨损。

1903 年，凝壳熔炼的想法首次由 V. Bolton（В. Болтон）以试验方式实现。他把钽置于一块受到强制冷却的铜垫片上，然后用电弧熔化了钽。

20 世纪 30 年代末，Kroll 使用带铜质水冷坩埚（阳极）的实验室电弧炉熔炼了钛和锆。图 4.21 展示了 Kroll 的熔炉结构，他用这种炉子实施了电弧熔炼，电弧在非自耗电极（钨电极）与金属之间燃烧。在这类炉子中，通常使用钨或石墨芯杆作为非自耗电极。当钨电极直径为 12mm 时，可通过的电流强度为 2000A，当直径为 18mm 时，可通过的电流强度达 3000A。使用非自耗电极熔炼时电弧应当足够长，防止飞溅的金属落到电极上造成破坏。但是在真空条件下（小于 13.3Pa）长电弧会变得不稳定。所以这种炉子要在工作时给熔炼室充满氩气（~40Pa），避免金属中的气体大量析出。另外，使用石墨电极时很难避免大量碳元素落入金属熔池，在有些情况下这种污染是不允许的。

近年来在使用凝壳炉熔炼金属与合金时开始使用电弧等离子枪，即开始用等离子枪替代非自耗钨电极或石墨电极。

无论使用何种加热源，凝壳炉的首要基础部件都是凝壳坩埚。为了熔炼出高品质的金属，保障熔炼工艺达到优良的技术经济指标，凝壳炉应该满足以下要求：

（1）排除坩埚材料与凝壳和液态金属发生相互作用的可能性；

（2）保障金属长时间处于液态，化学成分不改变；

（3）保障能最大限度倒出金属，即保障良好的热效率；

（4）保障熔炼过程安全。

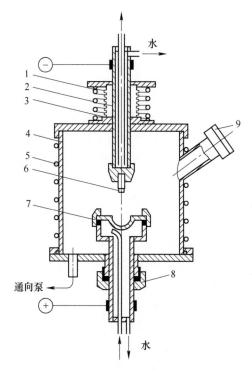

图 4.21　Kroll 所用凝壳电弧炉的结构图
1—弹簧；2—电极座（阴极）；3—波纹管；4—熔炼室；5—熔炼室的冷却系统；
6—钨电极；7—水冷坩埚（阳极）；8—坩埚移动机构；9—舱口

凝壳坩埚与所使用的加热源一起工作时，热强度极高。加热源释放的热量中有 40%～70% 是经过坩埚排放的[68]。

根据多位作者的资料[68-71]，凝壳的内表面，也就是与液态金属相接触表面的温度等于金属的结晶温度。凝壳的外表面，即与结晶器内壁相接触表面的温度则有较大变化。例如，用石墨坩埚熔炼钛时，凝壳外表面温度通常为 900～1200℃，而用不锈钢坩埚熔炼钛时，外表面温度不大于 300～450℃。

在凝壳坩埚里，除了发热过程，还存在因凝壳与坩埚材料之间相互作用而产生的复杂物理化学过程。凝壳坩埚是电路的组成部分，因为它参加等离子电弧通电，并且在使用线圈搅拌金属时参与电磁场的形成。所以凝壳炉的技术经济指标与坩埚结构关系极大，对此必须给予足够重视。图 4.22 展示了目前在熔炼炉中使用的各种凝壳坩埚结构[72]。

凝壳坩埚主要由坩埚、水冷系统、凝壳三部分组成。此外，在坩埚结构中还包括电流导线、金属浇铸机构（上水口），有时还有线圈。凝壳原则上不是坩埚结构的组成部分，它是熔炼过程中熔化的金属遇到水冷坩埚后凝结而成的物体。凝壳有两个作用：一是保护金属熔池不受坩埚材料污染，如果是石墨坩埚，这一点尤为重要，因为碳能在许多金属中

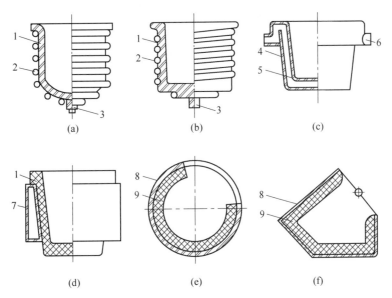

图 4.22　现代凝壳坩埚结构

（a）用金属板材冲压的坩埚；（b）铜铸坩埚；（c）水冷箱形坩埚；（d）由高温导电材料（石墨）制作的坩埚；

（e）圆筒形石墨坩埚；（f）箱形坩埚

1—坩埚；2—水冷管；3—导电接头；4—外壳；5—内壳；6—辊颈；7—水冷外壳；

8—非水冷金属外壳；9—石墨壳体

快速溶解，破坏金属的性能；二是凝壳保护坩埚本身不受金属熔液和热源（如电弧或等离子电弧）的破坏，如果是金属坩埚，凝壳的保护作用尤为重要。使用这种坩埚时，在熔炼前要制作所谓的"人工凝壳"，防止电弧或等离子电弧局部烧穿坩埚壁。

评判凝壳坩埚结构是否合理的标准之一，是看位于坩埚侧壁和底部的凝壳最佳厚度是否稳定。坩埚壁上凝壳的形成取决于坩埚冷却强度。热反应的高强度和熔炼时热反应的变化对凝壳强度影响很大。坩埚熔炼或冷却状态的变化可以使凝壳变厚，也可以使凝壳变薄。

在熔炼过程中金属熔池的容积逐渐增加通常会导致熔池温度场发生变化，即熔池温度场不是固定的。在凝壳坩埚里金属熔池的温度从熔池表面到底部沿轴向逐渐降低，与金属熔体接触的底部凝壳表面的温度等于金属结晶温度。温差同样存在于辐射方向。加强金属搅拌可以促进熔池内金属温度的均衡，同时增强金属熔体向凝壳的热传递，从而加快从具有超熔点温度的金属熔体中释放热量。不固定的熔池温度场，以及熔池内流体动力变化的不稳定性都会导致凝壳厚度在熔炼过程中不断改变。保持凝壳厚度稳定的主要条件，是金属熔体传向凝壳的热流与从凝壳传向坩埚壁的热流均等。上述特点使凝壳坩埚内的熔池热状态有别于用电弧在水冷结晶器中炼制金属锭时金属熔池的热状态[72]。

制造凝壳坩埚的材料，通常是铜、石墨，有时也用不锈钢。其实凝壳熔炼中使用最普遍的石墨坩埚并不完全符合熔炼要求，尽管它能保障较好的技术经济指标。

只有金属水冷坩埚能够避免液态金属与坩埚材料相互作用，从而提高所熔炼金属的质量。

同样使用自耗电极时，等离子电弧凝壳熔炼优于电弧凝壳熔炼。这首先是因为前者在自耗电极的熔化速度与电弧的电流强度之间没有硬性联系。这样一来，使金属熔池保持液态就没有了时间限制，可以视完成工艺处理（合金化、变性、脱氧或提取试样等）的需要而定。另外，在金属水冷结晶器中进行等离子电弧凝壳熔炼还有以下工艺特点：

（1）熔炼过程中电气状态的稳定可以保障熔池温度状态稳定，有利于保持凝壳厚度；

（2）可以调整金属保持液态的时间；

（3）可以获得固定数量按指定温度超熔点加热的液态金属；

（4）对炉料没有特殊要求；

（5）可以用活性气体作等离子气源，精炼金属熔体；

（6）可以在熔炼过程中实现金属的变性处理与合金化。

等离子电弧凝壳炉的一个重要优点，是利用氮气分子在低温等离子体中具有的高度活泼性，直接用气相氮对钢与合金进行合金化。此前，这一反应过程通常是在熔炼室保持高压的条件下进行的。所以，可以把等离子电弧凝壳熔炼视为高压熔炼与铸造的一个替代品[73]。

高压熔炼可以选用不同的压力值作用于金属熔体，不仅在熔炼、保温和浇铸时如此，在金属结晶时也如此。高压铸造可以在压力下完成各种合金复杂异形铸件的结晶，还可以使用任何材料的铸模，包括金属的、陶瓷的或砂土的。

等离子电弧凝壳炉也有多种类型，坩埚的尺寸和结构、主要构件的配置方式、等离子枪数量、浇铸台的结构等都可以根据需要而变化。

等离子电弧凝壳炉不仅可以成功生产金属锭，还可以用钢与多元复杂合金制造异形铸件。重熔时可以使用匀称的自耗坯料，也可以使用块状（散粒状）炉料。这种炉子对于重熔化学稳定性低的块状金属废料特别有效，例如钛废料。

现在单支等离子枪凝壳炉已经得到广泛应用，坩埚容量从一到数十公斤不等。在这类炉子里通常使用金属（铜质）水冷坩埚，但坩埚的结构有较大区别。

例如，最初的一种等离子电弧凝壳炉中使用了沟槽形坩埚。它是由捷克奥斯特拉夫市采矿冶金研究所制造的（图4.23）[74]。坩埚由水冷铜管制成，可以在熔炼室内沿自身轴线水平移动。这座炉子利用局部熔炼原理工作，是一种实验室熔炉，可以重熔块状和散粒状炉料，并制备1kg以内的金属锭。这台凝壳炉可以生产熔点不超过3400℃的同质金属锭。移动机构可以让坩埚以 $3\times10^{-3}\sim3\times10^{-1}$ m/min 的速度完成往复运动。由于坩埚-结晶器能逆向运动，可以实现与局部精炼相反的效果，即让被重熔金属在全体积内没有浓度梯度。这种方法甚至能用不同质的初始材料熔炼出化学同质性较高的金属锭。

凝壳炉内装有一支喷口直径为16mm、功率为100kW的电弧等离子枪，可以在水平坩埚-结晶器中熔炼宽40mm、高30mm、长400mm的纯金属与合金钢锭。

等离子凝壳炉有一个补充清洁等离子气源的组件，还有一个等离子气源再循环系统，可以让从熔炼室排出的气体重新返回等离子枪。熔炼时在动态压力作用下，金属熔池表面会形成一个月牙坑，这样可确保紧邻坩埚-结晶器边缘的炉料都被熔化。

在水平坩埚中，向重熔金属传递热量的效率接近50%。鉴于熔炼时金属损耗小，这种炉子非常适合重熔与制备稀有贵重金属合金，如金、银、铂金等。

带水平坩埚-结晶器的等离子炉，因其独到的热条件和工艺能力，适合熔炼由物理性能差别很大的元素构成的合金，如钛钽铝系合金等。

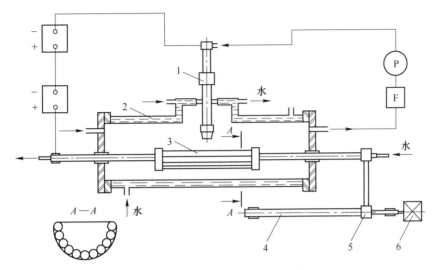

图 4.23 带水平坩埚-结晶器的等离子电弧凝壳炉原理图

1—等离子枪；2—熔炼室；3—坩埚-结晶器；4—移动螺杆；5—螺母；

6—结晶器移动舵机；F—过滤器；P—循环泵

全俄电热仪器科学技术研究所（莫斯科市）的专家们设计了系列等离子电弧凝壳炉[72,80]。图 4.24 展示了一种容量为 100kg 的 OKB-1150（ОКБ-1150）型等离子电弧凝壳炉的结构。炉内使用一支功率为 360kW 的电弧等离子枪。炉子的熔炼室有一个固定盖板 3，在盖板上安装着坩埚 2，有一个旋转机构可以让它倾斜。浇铸漏斗 6 用于向铸模浇铸金属。等离子枪 1 穿过密封结构件垂直伸入熔炼室 7。在熔炼室里坩埚浇铸口下面有一个可转动的铸模摆放台 5。熔炼室主体安装在运输小车 8 上，小车沿轨道移动。将熔炼室 7 从盖板 3 移开后向坩埚内装填炉料。坩埚装入炉料后将熔炼室与盖板连接并利用真空系统 4 对熔炼室抽真空。坩埚内的炉料被等离子枪产生的低温等离子体熔化。

广泛应用的单支等离子枪加热方式也有不足，例如金属熔池表面容易发生局部过热，特别是在阳极斑点区；金属易喷溅，具有较高蒸气压的合金元素易挥发；金属熔池周边加热强度低，沿熔池截面易形成较大温度梯度。

巴顿电焊接研究所建造了一座多支等离子枪呈放射状的熔炼铸造凝壳炉（图 4.25）。这座炉子在配置和动力设备方面都优于只用一支等离子枪熔炼金属的坩埚凝壳炉，主要表现在：

（1）多支等离子枪加热可以在必要时分散金属熔池表面的热量，或者相反，把热量集中于某一区域，可用这种方法调节熔池各区域的热力状态；

（2）可以重熔匀称的自耗坯料，金属以熔滴形状转移到熔池，极大增加了液态金属的裸露表面积；

（3）多支等离子枪方式可以通过增加等离子枪数量轻松增加熔炉功率，不必提高单支等离子枪的单位功率，在技术上极为简便。

UP-109（УП-109）型等离子电弧凝壳铸造炉用于制备高合金钢与合金铸件。重熔的原料是自耗坯料。作为动力设备的电弧等离子枪可以使用直流电源，也可以使用交流电

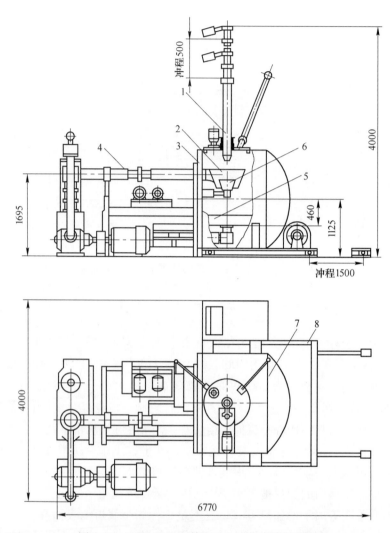

图 4.24　OKB-1150 型等离子电弧凝壳炉原理图
1—等离子枪；2—凝壳坩埚；3—固定盖板；4—真空系统；5—铸模摆放台；
6—浇铸漏斗；7—熔炼室；8—小车

源。熔炉的技术性能详见表 4.15。

　　UP-109 型熔炉的基础是一个密封的熔炼室 6，熔炼室内有浇铸台（立式旋转浇铸机）10，上面摆放着铸模 7。熔炼室内还有可旋转的凝壳坩埚 5，其上方的连接杆 2 上挂着自耗坯料 4。安装于熔炼室球形拱顶上的三支 PDM-13RM（ПДМ-13PM）型电弧等离子枪 12 呈放射状布置，有一个调节机构保障它们纵向移动。等离子枪的纵向移动由液压舵机完成，角度旋转依靠手动操作。凝壳坩埚以悬臂方式固定在连接杆上，旋转机构 11 和舵机安装在熔炼室外边。旋转机构保障向摆放在浇铸台 10 上的铸模 7 内浇铸金属。浇铸台下面有一个电机驱动的转动机构 8。在浇铸台 10 上可以摆放 1~16 个铸模，摆放铸模的数量与铸件重量有关，铸模相对于坩埚的高度由一个专用螺杆来调节。

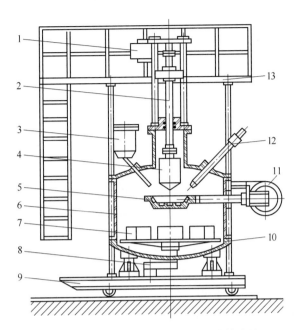

图 4.25 UP-109 型等离子电弧凝壳铸造炉

1—自耗坯料移动舵机；2—自耗坯料移动机构连接杆；3—熔剂料斗；4—自耗坯料；
5—凝壳坩埚；6—熔炼室；7—铸模；8—浇铸台转动机构；9—小车；
10—浇铸台（立式旋转浇铸机）；11—坩埚倾斜机构；
12—等离子枪；13—维护平台

表 4.15 UP-109 型等离子凝壳炉技术性能

技术指标		数值
液态金属一次铸造量/kg		30
最大铸件重量/kg		20
铸模最大尺寸/mm	长	400
	宽	250
	高	400
浇铸台上铸模的数量/个		6
自耗坯料尺寸/mm	直径	≤240
	长	≤650
自耗坯料最大重量（按钢算）/kg		230
自耗坯料移动速度/mm·min^{-1}	过渡速度	4~44
	工作速度	260
自耗坯料旋转速度/r·min^{-1}		6
等离子枪数量/支		3
等离子枪总功率/kW		1000

续表 4.15

技 术 指 标		数 值
熔炼一炉金属的等离子气源消耗量/m³		3
冷却水总计消耗量/m³·h⁻¹		≤145
等离子枪电源	交流电，A-1474 型电源	1
	直流电，A-1458 型电源，A-1557 型整流器	3

　　整个凝壳炉安装在小车 9 上，小车将坩埚移动到工作位置或卸载铸模位置，并准备炉子进行下一次熔炼。另外，在小车上有四台液压起重机（图 4.25 上未标），通过它们完成熔炼室上下半腔的连接。承载炉子的小车在液压舵机驱动下沿轨道移动。保障液压舵机工作的是两台泵站（泵+电机）。

　　UP-109 型熔炉有一个维护平台 13，安装在四个支撑柱上。为了便于维护，自耗坯料的移动机构 1 也安装在这个平台上。熔炉还有真空系统和等离子枪气源保障系统。等离子气源进入等离子枪之前首先进行补充清洁，要除湿、脱氧、清除机械杂质。对各机械装置和熔炼工艺状态的控制在操作台上完成。

　　凝壳炉主要结构件之一是铜质水冷坩埚（图 4.26）。坩埚内壳 1 的工作表面呈半球状，从热力学角度看这种形状效率最高。外壳是钢制的，内外壳之间的空隙里是循环冷却水。坩埚金属通过浇铸口 2 进行浇铸。为此坩埚可以沿水平轴转动。

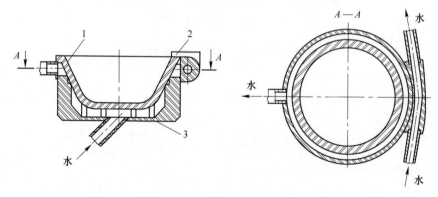

图 4.26　水冷金属凝壳坩埚
1—内壳（铜）；2—浇铸口；3—外壳（钢）

　　等离子炉加热金属的强度远高于电弧加热或感应加热。所以在设计新熔炉和改进现有凝壳炉，以及论证和选择电气参数、工艺参数、熔池几何尺寸时，必须全面分析在凝壳坩埚中发生的热交换过程。等离子电弧凝壳熔炼过程中的能量参数和炉子的热功参数是以热平衡为基础来评价的。有了关于热平衡结构的数据，就能大致确定等离子炉中主要的能量消耗，选择合适的功率，确保炉子实现高生产率和最大效率。

　　影响凝壳炉各部位之间分配导入功率的因素，是炉子的结构特性，即熔炼室内各部件的布局、水冷部件的几何尺寸、金属熔池的表面积、熔炼的工艺参数和电气参数、所熔炼金属的热物理性能等。

根据热量在炉子各部位之间分配的数据，可以确定承受热应力最大的部位和对其进行冷却的系统，选择制造坩埚和熔炼室的材料，制定有效保护受热部件并降低非生产性热耗的措施，确定在熔炼室中配置电弧等离子枪的最佳位置和角度等。

图 4.27 展示了电弧等离子凝壳炉熔炼室内热量分配情况。等离子枪组产生的总体电功率 $W_{пл}^{s}$ 在凝壳炉中消耗方式如下：

（1）部分功率被等离子枪本身（电极（$Q_{э}$）、喷管（Q_{c}）、壳体（$Q_{пл.кор}$））吸收；

（2）部分功率从等离子电弧传递给熔炼室壁（$Q_{кам}$），并通过上沿（$Q_{п.т}$）和外壳体（$Q_{к.т}$）传递给凝壳坩埚（$Q_{дт}$）；

（3）部分功率以等离子电弧柱支撑斑点内被激活的带电粒子轰击金属的方式传递给金属熔池（$Q_{м}$），还有部分功率以等离子电弧产生的对流、辐射方式传递给金属熔池。

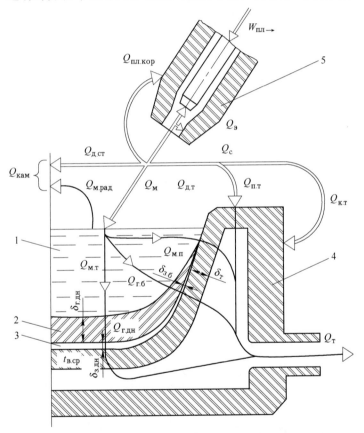

图 4.27 等离子电弧凝壳熔炼热量平衡图

1—金属熔池；2—凝壳；3—气体间隙；4—坩埚；5—等离子枪；

$\delta_{т}$—坩埚壁厚度；$\delta_{з.б}$—坩埚侧壁与凝壳之间的间隙；

$\delta_{з.дн}$—凝壳与坩埚底之间的间隙；$t_{в.ср}$—平均水温

在金属熔池中释放的热量 $Q_{м}$ 用于加热和熔化坩埚中的炉料，以超熔点温度加热熔化的金属（$Q_{м.т}$），以及加热凝壳。在熔化的金属与坩埚壁接触的圆带状区域，热量以对流和熔池导热方式传递给坩埚壁（$Q_{м.т}$）。但是与对流作用相比，金属熔池导热作用不大。部分热量是通过侧凝壳（$Q_{г.б}$）、下凝壳（$Q_{г.дн}$），以及凝壳与坩埚壁 $\delta_{з.б}$ 之间、凝壳与坩

坩埚底 $\delta_{\text{з. дн}}$ 之间的气体间隙，从金属熔池传递给坩埚壁的。

对等离子电弧凝壳炉主要水冷部件（等离子枪、凝壳坩埚和熔炼室）在氩气介质中进行的热测量表明，电源提供给等离子枪的总功率是按下列方式分配的：4 支等离子枪上的能量消耗为 28%～30%，凝壳坩埚上的能量消耗为 45%～50%，熔炼室壁上的能量消耗为 20%～25%。

使用氩氦混合气时，从等离子体传递给金属熔池的热量增长 10%～15%。而等离子枪和熔炼室壁上的热量消耗与在氩气中熔炼时相比差别不大。

4.3.2　在水冷结晶器中进行的等离子电弧重熔与成锭

人们在建造大容量等离子电弧炉（带陶瓷底和凝壳的炉子）熔炼金属的同时，还建造了另一种等离子电弧重熔炉——可以同时熔炼金属并让金属结晶成锭。金属熔炼过程和成锭方式类似于在铜质水冷结晶器中进行的电子束熔炼和真空电弧熔炼。

与使用耐火炉衬的等离子炉相比，采用水冷结晶器成锭技术的炉子具有以下优点：

（1）可以重熔熔点高于最佳耐火炉衬材料工作温度的金属；

（2）金属熔体不与耐火炉衬接触，所以在重熔合金或金属时没有化学成分限制；

（3）大多数在水冷结晶器中成锭的工艺，都有重熔自耗坯料阶段，都有液态金属以熔滴形式从坯料顶端向金属熔池转移的过程，可形成极大的液态金属表面积，能极大提高多相反应速度；

（4）金属成锭时可以定向结晶，从而使金属锭内气体杂质、内生和外生杂质的含量降至最低；

（5）可以控制钢锭的结晶速度和结晶面形状，为更深度精炼金属熔体提供充分条件。

除了上述优点，重熔金属并在水冷结晶器中成锭还免除了修理极易损耗的耐火炉衬。

40 多年来，建造有水冷结晶器成锭功能的等离子电弧炉，主要是按以下两种工艺思路进行的：一种是根据重熔金属的种类（块状炉料或自耗坯料），另一种是根据等离子枪的数量（单枪或多枪，见图 4.11c）。

用等离子电弧炉重熔自耗坯料并在立式结晶器中成锭的首次成功经验，是 20 世纪 60 年代初在捷克斯洛伐克取得的（图 4.28）[76]。为重熔自耗坯料 10 使用了单支电弧等离子枪 1，它垂直同轴安装在铜质水冷结晶器上方。结晶器 5 里的底盘 6 上面是自耗坯料 10 熔化后形成的金属熔池 9，坯料 10 从侧面伸入等离子电弧 4 工作区。液态金属在结晶器内积累后，先沿结晶器壁和底盘形成凝壳，然后形成钢锭，在熔炼过程中钢锭逐渐向下抽出。

20 世纪 60 年代中期，在苏联科学院拜科夫冶金研究所（莫斯科市）建造了苏联第一台试验用单枪等离子电弧炉。与捷克斯洛伐克的方案不同，三根自耗坯料彼此呈 120°角同时从侧面输送到熔炼区（图 4.29）[77]；另一个区别是，电弧在三个自耗坯料 2 之间燃烧，电弧共用一个电源 7。熔化自耗坯料靠的是在坯料之间燃烧的电弧，加热金属熔池靠的是由电弧等离子枪 1 产生的电弧等离子体。

用电弧熔化自耗坯料可以降低制备钢锭的单位能耗。

单枪等离子电弧重熔工艺规定，钢锭直径增大时要提高等离子枪功率，首先是增大等离子枪的电流。但是这样做可能会加重等离子枪电极的损耗和喷嘴气蚀，造成重熔金属污染。另外，单枪结构不能保障金属熔池四周全部得到充分加热，从而无法保障所制备的大

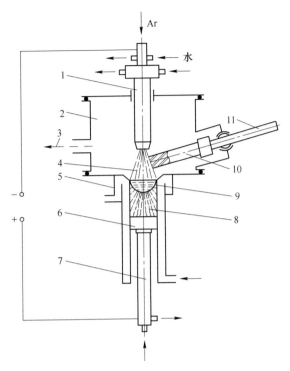

图 4.28 单枪等离子电弧炉熔炼钢锭原理图

1—电弧等离子枪；2—熔炼室；3—连接熔炼室与真空系统的套管；4—等离子电弧；5—结晶器；6—底盘；
7—抽锭机构连接杆；8—钢锭；9—金属熔池；10—自耗坯料；11—坯料供给机构连接杆

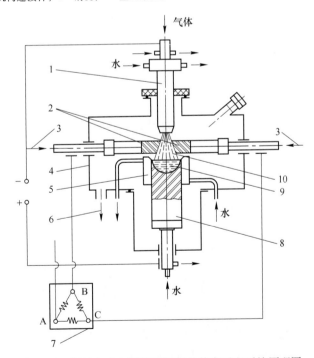

图 4.29 拜科夫冶金研究所研制的等离子电弧炉原理图

1—电弧等离子枪；2—自耗坯料（三根）；3—自耗坯料传递方向；4—熔炼室；5—结晶器；6—通向真空系统；
7—在坯料间燃烧的电弧的电源；8—钢锭；9—金属熔池；10—等离子电弧

直径钢锭有良好的侧表面。再者，单枪结构保障不了金属熔池表面均匀加热，特别是在大电流时，相反会在熔池表面造成局部过热，使金属熔体中的某些成分过度挥发。另外，与金属熔池交界的结晶面呈倒锥形，这种结晶面会妨碍非金属夹杂物和气体杂质从金属熔池深处上浮。

　　巴顿电焊接研究所的专家们设计了一种全新的等离子电弧重熔工艺（图 4.30）[78]。重熔自耗坯料 2 时，坯料安置在与结晶器 4 同轴的上方，数支等离子枪 10 斜向安装在熔炼室窗口上。直流或交流电源 6 经过一个启动调节器接入等离子枪和钢锭。如果使用直流电，接入等离子枪的是负极，接入钢锭的是正极。坯料 2 在熔炼前垂直固定在机构 1 的连接杆上，重熔时下降并沿纵轴自转，进入等离子电弧工作区。坯料遇上与金属熔池表面成斜角的等离子电弧 9 后，发生熔化，液态金属以熔滴形态转移到金属熔池。随着金属熔池 8 的积累，钢锭不断成型，并由抽锭机构 7 拉出结晶器。在整个熔炼期间，金属熔池的几何参数和热力参数是不变的。机构 1 和 7 的协调工作可以保障重熔过程不间断地进行。

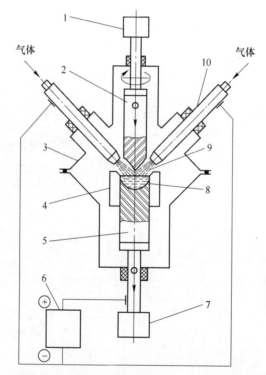

图 4.30　巴顿电焊接研究所等离子电弧炉原理图
1—自耗坯料移动机构；2—自耗坯料；3—熔炼室；4—结晶器；
5—钢锭；6—等离子枪电源；7—抽锭机构；8—金属熔池；
9—等离子电弧；10—等离子枪

　　等离子枪围绕自耗坯料和结晶器呈放射状安装在熔炼室窗口上。每支等离子枪都能在自己的密封结构件中沿轴向移动和做圆周转动。这种转动可以让等离子电弧到达金属熔池的任何区域，还可以让等离子枪呈正切角度朝向熔池。用等离子枪组进行熔炼可以分散熔池表面的热负荷并精细调节熔池不同区域的加热状态。

多支等离子枪结构可以重熔大截面的自耗坯料，不用向其导入电势，也就是说熔炼时坯料处于电中性。这种工艺通过分散加热可以形成扁平状的金属熔池，与所重熔金属的导热性无关，与钢锭直径也无关。这样有利于在钢锭内获得致密金属，在钢锭头部不出现等轴晶和中心疏松。

扁平的钢锭结晶面有利于将固态和液态非金属夹杂物挤向金属熔体（熔池）一侧。结果，重熔的金属洁净度很高，非金属夹杂物和气体杂质很少，在钢锭纵横截面上化学成分的均质性也都很高。

多支等离子枪结构可以重熔整块坯料，也可以重熔由小块材料（圆形、方形或从轧钢板切割下来的边角废料）捆扎起来的坯料。在这种情况下，坯料与钢锭截面的比例关系可以在大范围内变化。

通常，重熔坯料的截面积是钢锭截面积的 0.7~0.8。可以重熔更小直径的坯料，也可以重熔与钢锭直径一样的坯料。坯料直径与钢锭直径越接近，炉子的热效率越高。

重熔时必须保证所熔坯料的顶端与金属熔池表面间距不大，这样有利于更充分地利用等离子电弧的热量。

等离子电弧重熔工艺规定坯料与钢锭上下同轴配置，等离子电弧射向它们之间的空隙，这样做可以保障很高的热效率。如果重熔时使用氩气等离子体，效率可以达到 40%~45%。如果使用氩氮或氩氢混合气体做气源，热效率可以提高到 65%。

由于自耗坯料在很大程度上屏蔽了金属熔池表面和等离子电弧，熔炼室壁上的热消耗不超过 15%~20%。

使用放射状配置的等离子枪组的经验表明，如果具备了调节熔池不同区域加热状态的能力，在同一座炉子上不仅可以制备圆形钢锭，还可以制备正方形或长方形钢锭，只要调换一下结晶器和底盘即可。

巴顿电焊接研究所设计的炉子可以在熔炼室气压不大的条件下工作（13~50kPa），用气相氮对金属熔体进行合金化时也可以在几个大气压条件下完成作业。

日本乌里瓦克公司建造了一系列在低压条件下工作的等离子电弧炉，熔炼室气压为 1.3×10^{-2}~0.13kPa（图 4.31 和表 4.16）[46]。设计者认为这种炉子的优点是等离子气源消耗量小。然而这种工艺的极大不足是等离子枪结构比较复杂，因为它必须保障等离子枪能在低压条件下激发和保持电弧放电。

表 4.16 乌里瓦克公司等离子电弧炉技术性能

参 数		炉子类型			
		FMP-60	FMP-120	FMP-240	FMP-480
熔炼室尺寸/mm	直径	600	900	1200	1500
	高度	1600	2000	2400	3600
熔炼时熔炼室压力/kPa		1.3×10^{-2}~0.13	1.3×10^{-2}~0.13	1.3×10^{-2}~0.13	1.3×10^{-2}~0.13
等离子枪数量/支		1	1	2	2

参　数		炉子类型			
		FMP-60	FMP-120	FMP-240	FMP-480
等离子枪工作参数	功率/kW	60	120	120×2	240×2
	电流强度/A	200~1200	400~2400	(400~2400) ×2	(400~2400) ×2
	电压/V	30~70	30~70	30~70	40~80
炉料形状		块状或棒状			
结晶器直径/mm		100	150	210	320
钢锭长度/mm		500	800	1200	1800
炉底尺寸/mm	长	800	1200	未考虑在炉底熔炼	
	宽	40	55		
	深	25	35		

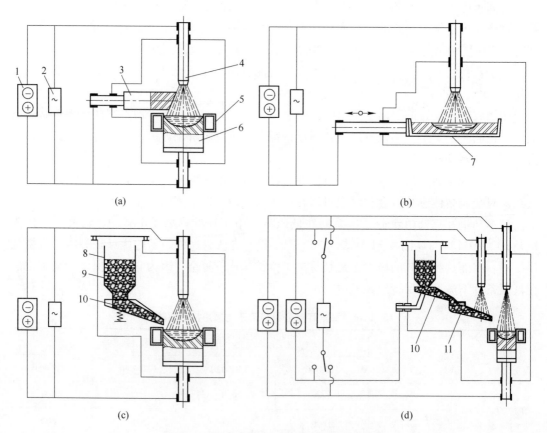

(a)　　　　　　　　　　　　　　　(b)

(c)　　　　　　　　　　　　　　　(d)

图 4.31　乌里瓦克公司等离子电弧炉原理图

（a）自耗坯料重熔；（b）凝壳坩埚重熔；（c）块状炉料重熔；（d）块状炉料过渡槽中重熔

1—直流电源；2—供电弧点火的电源；3—自耗坯料；4—等离子枪；5—结晶器；

6—钢锭；7—凝壳坩埚；8—料斗；9—块状炉料；10—振动式滑槽；11—过渡槽

综上所述，低压等离子电弧炉适合熔炼蒸气压较低的金属与合金，或者用于增强清除气体杂质的效果。

4.4 熔炼和加工金属熔体与钢锭的特种方法

低温等离子体作为一种高能热源应用范围正在逐步扩大。在各工业领域，包括冶金领域已经在工业化或半工业化地应用等离子电弧技术，例如等离子电弧切割坯料和钢锭，在水冷结晶器中进行等离子电弧重熔并成锭，在陶瓷底等离子炉和装有等离子电弧附加设备的感应坩埚炉中熔炼金属与合金。

等离子电弧是一种功能强大的加热源，被广泛应用于多种生产工艺中，例如在钢包炉中对金属熔体进行炉外加工，精炼金属坯料的表层，培养难熔金属单晶体，制取快速淬火的颗粒状、条状和鱼鳞状非晶态金属材料。

4.4.1 用等离子加热源在钢包炉中加工金属

近几十年来，在工业发达国家的钢铁冶炼中形成了一套具有高水准的工艺理念，其实质是采用双联工艺生产高品质钢材，即在电弧炼钢炉中对钢材进行预熔炼，随后进行炉外精炼。这种工艺将电弧炼钢炉作为高效预熔炼设备，高速熔化装填的炉料和渣料成分。

随后，由炉外精炼完成以下工艺任务[79~82]：

(1) 使钢材完全达到预定的化学成分和温度；

(2) 精炼金属，清除有害夹杂、气体杂质和非金属夹杂物；

(3) 实现金属的微合金化和变性处理，控制非金属夹杂物的形态；

(4) 优化钢材生产的技术经济指标（既包括精炼阶段，也包括钢材炼制的整个过程）。

目前，最完善的钢材炉外精炼设备就是电弧钢包炉或等离子电弧钢包炉（图4.32），在这些设备中完成液态金属的加热保温、搅拌、添加块状和粉状材料（反应剂）。

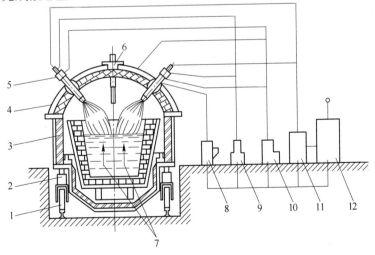

图4.32 等离子电弧钢包炉原理图

1—运钢车；2—液压缸；3—熔炼室；4—顶盖；5—等离子枪；
6—热电偶；7—带底吹的金属熔体；8—主控制台；9—气体保障部件；
10—液压部件；11—电弧电流调节器；12—动力变压器

电弧炼钢炉按传统工艺工作时，所有工艺流程都是在炉内完成的，精炼钢材的时间比熔化炉料的时间长 2~3 倍，精炼钢材阶段消耗的功率占装机容量的 27%~70% 以上。对钢材质量要求越高、炉料品质越差、装机容量越大，炉子变压器的有效利用率就越低[83]。例如，25t 电弧炼钢炉炼钢时，单位能耗为 690~850kW·h/t（布玛士有限公司资料，俄罗斯，伊日克夫斯克市）。对于这种炉子，熔化炉料的单位能耗为 435kW·h/t[84]，精炼钢材的单位能耗为 255~415kW·h/t。而如果用电弧或等离子电弧钢包炉对钢材进行炉外精炼，单位能耗只有 30~60kW·h/t[85,86]，比在电弧炼钢炉中把钢材精炼到最终参数减少能耗 4.2~13.9 倍。

在电弧或等离子电弧加热的钢包炉中，能量消耗还应该包括加热钢包从倒出上一炉钢水至倒入下一炉钢水之间保持给定温度所消耗的能量。

与电弧炼钢炉配套使用电弧钢包炉时，不需要改变电弧炼钢炉的功率，就能将生产效率平均提高 30%~50%。使用大功率电弧炼钢炉时，双联工艺（电弧炼钢炉＋电弧钢包炉）的生产效率可以提高 50%~80%[79]。

从提高钢的质量和节省合金成分的角度考察，双联工艺也优于电弧炼钢炉的多阶段炼钢工艺。在炼钢车间里使用电弧钢包炉可以扩大熔炼钢材的品种。使用电弧钢包炉可以炼出碳素钢、低合金钢和高合金钢，包括滚珠轴承钢、轨道钢、锅炉钢、弹簧钢、工具钢、不锈钢、深冲钢等。

在电弧钢包炉，特别是在等离子电弧钢包炉中合金元素被吸收的程度远高于电弧炼钢炉（表 4.17）[87]。之所以在等离子电弧钢包炉里合金元素被吸收程度最高，是因为钢的精炼过程是在惰性气体介质（氩气）中进行的。

表 4.17　各种设备中合金元素被吸收的程度

设　备	合金元素（质量分数）/%					
	C	Si	Mn	Cr	Ni	Al
电弧炼钢炉	—	0.7	0.75	0.85	0.9	0.4
电弧钢包炉	—	0.9	0.95	0.95	1.0	0.5
电弧钢包炉	0.98	0.9	0.98	1.0	1.0	—
等离子电弧钢包炉	1.0	1.0	1.0	1.0	1.0	—

使用电弧钢包炉和等离子电弧钢包炉进行炉外精炼，还可以提高金属熔体化学成分和温度的均匀性，减少钢材化学成分的波动（表 4.18）。

表 4.18　用不同方法对钢材进行合金化时化学成分的变化情况

合金化方式	成分波动/%				
	C	Si	Mn	Al	V
从电弧炼钢炉出钢时添加合金元素	0.06	0.12	0.23	0.07	0.02
出钢前预进行合金化，在钢包精炼时最终完成合金化	0.03	0.09	0.11	0.03	0.015
在炉外精炼过程中完成合金化	0.02	0.05	0.05	0.02	—

所以等离子电弧钢包炉是最具有通用性的炉外精炼设备之一。

以上资料表明，与电弧炼钢炉相比，等离子电弧钢包炉具有一系列工艺优点，如在精炼金属时熔炼空间充满惰性气体，可以保护金属不受空气中氧、氮和湿气的影响；避免了金属熔体增碳；在钢包盖上固定和移动等离子枪的机构比较简单；向熔炼空间伸入等离子枪的位置易于密封；由于等离子枪的倾斜角度可以改变，电弧长度可以调节，电弧燃烧稳定性高，所以能减少炉衬损耗；金属熔体和熔渣的温度更易于在所需范围内调节；可以用活性气体精炼金属熔体，实现金属深度脱氧或用气相氮对金属进行合金化。

此外，等离子电弧加热源还具有效率高，电能转换为热量的经济性好，等离子放电稳定性高、可控性强并且清洁等特点。这些因素保证了炉内气体成分具有良好的可控性，工艺气体压力可以在大范围内调节。

以上优点都扩展了炉外综合精炼设备在动力、工艺和冶金方面的能力，如降低了单位能耗；缩短了重熔时间；减少了钢包炉衬损耗；提高了合金元素吸收率；有利于使用气体和渣料对金属进行精炼；可以将金属中的碳、氮、氢降到最低限度；改善生产过程的环境条件和劳动卫生保健条件。

此外，使用等离子电弧钢包炉还可以精确调整单炉冶炼和炉外冶炼工艺，生产出能顺利通过国际标准认证的钢材。

炉外精炼设备和工艺设计者的主要任务之一，是计算以指定速度加热金属熔体时所需要的功率。为此必须了解等离子电弧加热设备工作时热量在钢包炉中的分配情况。

等离子枪的总体电功率为 $Q_{пл}^{\Sigma}$，部分功率分散到了电极（$Q_{з.i}$）和喷嘴（$Q_{c.i}$）（图4.33）[88~91]。喷嘴释放的热量传递给了金属熔体（Q_{M}），传递方式包括被激发的带电粒子在等离子电弧活跃斑点内的直接撞击，还有等离子电弧产生的热对流与辐射。电弧柱的部分能量以辐射和热对流方式传递给钢包盖（$Q_{к}$），用于加热炉衬和顶盖，并补偿从盖子外表面传向周围环境的热损失（$Q_{пот.к}$）。电弧柱的较大部分能量（$Q_{M.гг}$）从加热到很高温度

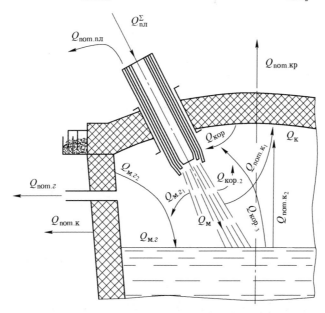

图 4.33　热量在钢包炉熔炼空间内的分配图

的炉衬上反射回来，传递给金属。另外，电弧活跃斑点外的热量 $Q_{\text{M. }z_1}$ 也以辐射方式从电弧柱传递给金属。等离子枪外壳承受着来自被加热炉衬、液态金属和等离子电弧辐射的作用。大部分热量被冷却水带走，还有一部分熔炼区的热量 $Q_{\text{nom. }z}$ 随废气排出，一部分被加热金属的热量 $Q_{\text{nom. к}}$ 经过钢包壁损失掉。

让我们看一下钢包炉金属加热过程中热量平衡的各个分量。进入熔炼空间的能量，即是保障所有等离子枪工作时产生的总功率[91]：

$$Q_{\text{пл}}^{\Sigma} = \sum_1^n Q_{\text{пл. }i} = \sum_1^n I_{\partial. i} U_{\partial. i} \tag{4.3}$$

式中，$Q_{\text{пл. }i}$、$I_{\partial. i}$、$U_{\partial. i}$ 分别为每支等离子枪的功率、电弧电流强度、电压；n 为等离子枪数量。

提供给等离子枪的总功率 $Q_{\text{пл}}^{\Sigma}$ 消耗到加热金属熔体、补偿散发到周围环境的各种热损失这两个方面。

在活跃斑点内从等离子体传递给金属的功率为：

$$Q_{\text{м}} = n I_{\partial. i} q_{\text{м}}^* \tag{4.4}$$

式中，$q_{\text{м}}^*$ 为金属的有效热参数（电弧在氩气中燃烧时为 25W/A）。电弧在其他气体介质中燃烧时，参数值 $q_{\text{м}}^*$ 是有区别的。

等离子枪内部的热损失按下式确定：

$$Q_{\text{nom. пл}} = Q_{\text{э. }i} + Q_{\text{з. }i} + Q_{\text{к. }i} + Q_{\text{кор. }i} \tag{4.5}$$

式中，$Q_{\text{с. }i}$、$Q_{\text{э. }i}$、$Q_{\text{к. }i}$、$Q_{\text{кор. }i}$ 分别为喷嘴、电极、阴极、等离子枪外壳上的热损失。等离子枪外壳上的热损失量值，取决于接收了多少来自被充分烤热的顶盖的热量 $Q_{\text{кор. 1}}$、等离子电弧柱的热量 $Q_{\text{кор. 2}}$ 和金属熔池表面的热量 $Q_{\text{кор. 3}}$。

喷嘴、电极、阴极上的热损失按下式确定：

$$Q_{\text{с. }i} = I_{\partial. i} q_{\text{с}}^* \tag{4.6}$$

$$Q_{\text{э. }i} + Q_{\text{к. }i} = I_{\partial. i} q_{\text{э}}^* \tag{4.7}$$

式中，$q_{\text{с}}^*$、$q_{\text{э}}^*$ 为喷嘴、电极的有效热参数，当等离子枪在氩气中工作时它们分别为 12 ~ 15W/A、6 ~ 8W/A。

等离子枪外壳上的功率损耗 $Q_{\text{кор. }i}$ 取决于热流密度 $q_{\text{кор}}$，热流来自于等离子电弧柱、金属熔池表面、被充分烤热的炉衬表面；还取决于承受上述热流的等离子枪壳体外表面积 $F_{\text{кор}}$：

$$Q_{\text{кор. }i} = q_{\text{кор}} F_{\text{кор}} \tag{4.8}$$

在不同的试验研究中，热流密度值 $q_{\text{кор}}$ 处于 $(1.4 \sim 6.3) \times 10^5 \text{W/m}^2$ 之间，数值取决于等离子枪外壳对熔炼空间的热绝缘程度。等离子枪外壳具有可靠的隔热覆盖层时 $q_{\text{кор}}$ 值最小，而没有隔热涂层时 $q_{\text{кор}}$ 值最大。

从总体上说，试验数据表明，当等离子枪在钢包坩埚上工作时，总体热损失可以按下式确定：

$$Q_{\text{nom. пл}} = (0.137 \sim 0.286) I_{\partial. i} U_{\partial. i} \tag{4.9}$$

钢包炉外表面向周围环境散发的热量和水冷结构件上形成的热损失，占电极总功率的 12% ~ 20%。

$$Q_{\text{пот. кр}} + Q_{\text{пот. к}} = (0.12 \sim 0.20) \sum_1^n I_{\partial.i} U_{\partial.i} \tag{4.10}$$

经过顶盖向周围环境散发的热量，或顶盖水冷却形成的热损失，可以按下式确定：

$$Q_{\text{пот. к}_1} = \alpha_{\text{к}_1} F_{\text{к}_1} (t_{\text{к}_1} - t_{\text{внеш}}) \tag{4.11}$$

式中，$\alpha_{\text{к}_1}$ 为从顶盖向周围环境散发热量的系数；$F_{\text{к}_1}$ 为顶盖外表面积；$t_{\text{к}_1}$ 为顶盖外表面温度；$t_{\text{внеш}}$ 为车间内空气温度。研究结果表明，当 $t_{\text{внеш}} = 20\,℃$、$t_{\text{к}_1} = 400 \sim 500\,℃$ 时，$\alpha_{\text{к}_1}$ 值处于 $28 \sim 48\,\text{W/(m}^2 \cdot ℃)$ 之间。

用相应方法还可以确定从钢包壁向周围环境散发的热量：

$$Q_{\text{пот. к}} = \alpha_{\text{к}} F_{\text{к}} (t_{\text{к}} - t_{\text{внеш}}) \tag{4.12}$$

式中，$\alpha_{\text{к}}$ 为从钢包外壁向周围环境散发热量的系数；$F_{\text{к}}$ 为钢包外表面积；$t_{\text{к}}$ 为钢包外表面温度。当 $t_{\text{внеш}} = 20\,℃$ 和 $t_{\text{к}} = 100 \sim 200\,℃$ 时 $\alpha_{\text{к}}$ 值处于 $16 \sim 23\,\text{W/(m}^2 \cdot ℃)$ 之间。

用式（4.9）和式（4.10）计算热损失 $Q_{\text{пот. кр}}$、$Q_{\text{пот. к}}$ 表明，等离子枪总功率的 5%～8% 会经过顶盖和钢包外表面散发到周围环境中去，而顶盖水冷结构件上的热损失占等离子枪总功率的 5%～15%。

所以，为了有效利用电弧等离子枪产生的热量，必须力争将等离子枪外壳和水冷顶盖结构件的隔热做到最佳，尽量减小等离子枪深入熔炼室部分的外形尺寸。

在水冷结构件上的热损失（在已知承热件的表面积为 $F_{\text{охл. э}}^{\Sigma}$ 时）可以按下式确定：

$$Q_{\text{охл. э}}^{\Sigma} = F_{\text{охл. э}}^{\Sigma} q_{\text{кр}} \tag{4.13}$$

式中，$q_{\text{кр}}$ 为顶盖水冷结构件承受的单位热流，$q_{\text{кр}} = (1.4 \sim 6.3) \times 10^5\,\text{W/m}^2$。

在水冷面积为 $F_{\text{к}_2}$ 的顶盖上热损失通常在 $3.5 \times 10^4 \sim 1.1 \times 10^5\,\text{W/m}^2$ 之间，数值取决于等离子枪工作时间长短。在容量为 100t 的钢包炉中进行炉外精炼时，水冷顶盖上的平均热损失为 $(7.5 \sim 8.7) \times 10^4\,\text{W/m}^2$。

钢包炉水冷顶盖上的热损失可以按下式确定：

$$Q_{\text{пот. к}_2} = (7.5 \sim 8.7) \times 10^4 F_{\text{к}_2} \tag{4.14}$$

随气体排出的热损失通常不超过等离子枪总功率的 9%～10%：

$$Q_{\text{пот. г}} = (0.09 \sim 0.10) \sum_1^n I_{\partial.i} U_{\partial.i} \tag{4.15}$$

在长时间中断精炼时顶盖内衬的温度可能冷却到 $300 \sim 400\,℃$。这时应考虑将这部分内衬加热到工作温度时所消耗的热量：

$$Q_{\text{свд}} = m_{\text{свд}} c_{\text{ф}} (t_{\text{свд. ср}} - t_{\text{свд. н}}) \tag{4.16}$$

式中，$m_{\text{свд}}$ 为耐火材料的重量；$c_{\text{ф}}$ 为炉衬材料的热容，$c_{\text{ф}} \approx 0.45\,\text{W} \cdot \text{g/(kg} \cdot ℃)$；$t_{\text{свд. ср}}$ 为顶盖平均温度，$t_{\text{свд. ср}} = 900 \sim 1000\,℃$；$t_{\text{свд. н}}$ 为顶盖初始温度。

顶盖加热到工作温度的时间可以按下列公式确定：

$$\tau = \frac{m_{\text{свд}} c_{\text{ф}} (t_{\text{свд. ср}} - t_{\text{свд. н}})}{q_{\text{кр}} F_{\text{свд}} - Q_{\text{пот. кр}}} \tag{4.17}$$

式中，$F_{\text{свд}}$ 为朝向熔炼空间的顶盖面积。

在钢包中加热金属时的总体功率损耗按下式确定：

（1）在顶盖炉衬为冷状态时：

$$Q_{\text{пот}}^{\Sigma} = \sum_{1}^{n} Q_{\text{пот. пл}_i} + Q_{\text{пот. кр}} + Q_{\text{пот. г}} + Q_{\text{свд}} + Q_{\text{охл. э}}^{\Sigma} \tag{4.18}$$

（2）在顶盖炉衬为热状态时：

$$Q_{\text{пот}}^{\Sigma} = \sum_{1}^{n} Q_{\text{пот. пл}_i} + Q_{\text{пот. кр}} + Q_{\text{пот. к}} + Q_{\text{пот. г}} + Q_{\text{охл. э}}^{\Sigma} \tag{4.19}$$

传递到金属的热量，在考虑实际热损失后可以用差值计算：

$$Q_{\text{м}}^{\Sigma} = Q_{\text{пл}}^{\Sigma} - Q_{\text{пот}}^{\Sigma} \tag{4.20}$$

钢包中金属的加热速度为：

$$\Delta t_{\text{м}} = Q_{\text{м}}^{\Sigma} / (m_{\text{м}} c_{\text{м}}) \tag{4.21}$$

式中，$m_{\text{м}}$ 为钢包炉中金属的重量；$c_{\text{м}}$ 为液态金属的质量热容，钢为 $c_{\text{м}} = 0.255 \text{W} \cdot \text{g} / (\text{kg} \cdot \text{℃})$。

钢包炉中金属加热过程的效率按下式确定：

$$\eta_{e\phi} = Q_{\text{м}}^{\Sigma} / Q_{\text{пл}}^{\Sigma} \tag{4.22}$$

保障在容量为 $m_{\text{м}}$ 的钢包内以规定速度加热金属的等离子枪总功率 $Q_{\text{пл}}^{\Sigma}$，等于传递到钢包内金属的热量 $Q_{\text{м}}^{\Sigma}$ 与全部热损失 $Q_{\text{пот}}^{\Sigma}$ 之和。

为了确定保障等离子枪规定总功率所需的电弧电流强度和电压，必须计算和建立等离子枪静态伏安特性曲线，要考虑到电弧长度、等离子气源成分、炉内大气成分。

静态伏安特性曲线可以使用已知的公式计算：

（1）用氩气作等离子气源时：

$$U_{\text{д. Ar}} = 1.1 (b I_{\text{д}}^{m} P_{\text{к}}^{n} L_{\text{д}} + l_{\text{э}} E_{\text{с}} + 10) \tag{4.23}$$

式中，b 为 1.65~2.2 之间的系数；m、n 为幂数，数值分别为 0.065~0.085、0.43；$P_{\text{к}}$ 为熔炼空间气压；$L_{\text{д}}$ 为电弧长度；$l_{\text{э}}$ 为电极伸入喷口的深度；$E_{\text{с}}$ 为电弧柱内电压梯度。

（2）用氩氦、氩氮、氩氢混合气体作等离子气源或电弧在这些气体构成的气氛中燃烧时：

$$U_{\text{д. см}} = U_{\text{д. Ar}} \left[10^2 \{\Gamma\} \right]^{n_1} \tag{4.24}$$

式中，$\{\Gamma\}$ 为气体在含氩混合气中的体积；n_1 为幂数，使用 Ar-He 混合气体时 $n_1 = 0.05~0.08$；使用 Ar-N_2 和 Ar-O_2 混合气体时 $n_1 = 0.12~0.17$，使用 Ar-H_2 混合气体时 $n_1 = 0.32~0.35$。图 4.34 和图 4.35 展示了静态伏安特性曲线计算值的范围和在三相等离子枪电弧电气参数试验中实际得到的电压值。试验研究是用一座 100t 容量的钢包炉在不同工艺状态下进行的。在"热"环境和氩气中燃烧的等离子枪电弧的静态伏安特性曲线斜率在 $(0.66~1.0) \times 10^{-2} \text{V/A}$ 之间（"热"环境指熔炼室温度为 2000~2100℃），而当电弧在氩气与 80% 空气构成的混合气体中燃烧时，曲线斜率在 $(1.1~1.33) \times 10^{-2} \text{V/A}$ 之间波动。

应该指出，电弧在氩气与空气构成的混合气体中燃烧是精炼初期所特有的状态。开通等离子加热设备后 10~12min，空气被氩气从熔炼室排空之后，电弧电压会降低近 2 倍。

在钢包炉精炼的一个工艺周期内电弧电压可能发生剧烈波动，原因是双原子气体（N_2、O_2、H_2）、湿气或空气侵入炉腔。此时电弧电压可能在 100~400V 之间变化。以上气体进入炉腔可能是因为加入渣料和添加铁合金时局部打开了密封，还可能因为铁合金与渣料在加热和熔化过程中释放出气体和水分。

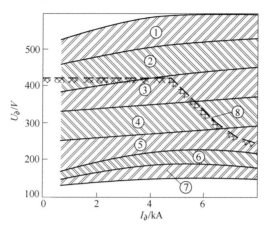

图 4.34 在起动阶段等离子加热设备伏安特性曲线计算值

（等离子气源为 Ar；熔炼室内气体成分为 Ar+80％空气）

①—电弧长度 L_∂=700mm；②—电弧长度 L_∂=600mm；③—电弧长度 L_∂=500mm；④—电弧长度 L_∂=400mm；

⑤—电弧长度 L_∂=300mm；⑥—电弧长度 L_∂=200mm；⑦—电弧长度 L_∂=150mm；

⑧—限定等离子加热设备使用状态范围的曲线，设单支等离子枪

以最大功率（2000kW）工作和电源以最大电压供电

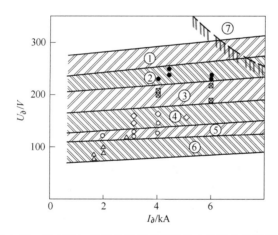

图 4.35 等离子加热设备的等离子枪伏安特性曲线计算值

与稳定状态下（在氩气环境中）电弧电压试验值

①—电弧长度 L_∂=700mm；②—电弧长度 L_∂=600mm；③—电弧长度 L_∂=500mm；

④—电弧长度 L_∂=400mm；⑤—电弧长度 L_∂=300mm；⑥—电弧长度 L_∂=120~200mm；

⑦—限定等离子加热设备使用状态范围的曲线，设单支等离子枪

以最大功率（2000kW）工作和电源以最大电压供电

钢的补充加热速度取决于输入功率、等离子气源成分、钢包和顶盖内衬的温度状态，以及渣料状况。在等离子加热设备功率为 3.4～3.8MW 时，钢的补充加热速度为 1.0～1.5K/min，当功率提高到 4.8～5.3MW 时，补充加热速度提高到 5.0～5.5K/min（表4.19）[88]。

表 4.19　AKPOS-30（АКПОС-30）型等离子电弧钢包炉主要技术参数

指　标		数　值
钢包炉容量/t		25~30
等离子加热设备功率/kW		2200~5500
等离子枪工作参数	电弧电流强度/kA	5.0~9.0
	电弧电压/V	110~270
	电弧长度/mm	250~500
	等离子气源消耗量/m³·h⁻¹	10~25
金属加热的效率/%		50~60
单位能耗/kW·h·t⁻¹		20~80
钢的加热速度/K·min⁻¹		1.5~5.3
金属熔池内渣层厚度/mm		≤200

在同样功率下，等离子电弧钢包炉补充加热金属熔体的速度明显高于电弧钢包炉。它用于补充加热金属熔体、精炼和调整化学成分的单位能耗通常在 20~80kW·h/t 之间，单位有效功率不超过 0.9kW·h/(t·K)，即便在钢包内衬只有初始温度 300~400℃ 时也如此。

在综合精炼设备中应用等离子体精炼钢液，可以比电弧加热更好地清除气体杂质、非金属夹杂物和其他有害夹杂。用等离子体在氩气、氮气或氩氮混合气体介质中对钢液进行炉外精炼后，钢材的质量指标不逊于用其他特种冶金方法制备的钢材。

4.4.2　用低温等离子体重熔金属坯料表层

传统冶金生产包括两个阶段：一是熔炼金属；二是把液态金属浇入锭模或铜质水冷结晶器。液态金属凝固时，在金属锭表面很难避免出现气孔、氧化膜、大颗粒非金属夹杂物之类的缺陷。当结晶面从锭模表面向钢锭中心移动时，这些夹杂就会被挤压到钢锭较深的部位。在许多情况下正是这个原因导致了金属锭表层质量不合格。

在生产钛与钛合金、不锈钢、高温合金、精密合金时，通常需要把有缺陷的金属锭表层清理掉。冶金领域清理金属锭表层缺陷的方法是从机械制造业借鉴过来的，主要是借助磨具或切削工具进行机械切削。

现在，用磨具进行强力研磨、快速研磨，或者在加热后把表层切削掉，已经是广为人知的处理方法。但是，这些方法无一例外存在一个明显不足，就是把大量具有优良化学成分的金属材料变成了废料。结果成百上千吨有色金属和稀缺金属，例如钨、钼、铬、镍等，从工业生产中消失了。

机械清理金属锭表层，特别是研磨清理，会造成大量金属损失，不利于环保，自动化水平也很低。多年来，不仅在乌克兰，人们一直在寻找能在冶金生产中用不产生废料的方法对金属锭和坯料进行表层处理的工艺。

例如，1970 年美国西屋电气公司为一种清除扁平钢锭和大型钢坯表层缺陷的设备注册了专利（图 4.36）[92]。在这台设备上，有一支电弧沿环形轨迹快速移动，对坯料 1 表面进行加工。电弧 3 在非自耗电极 4 与坯料表面之间燃烧。被加工坯料表面设有一个保护罩 5，里面充满惰性气体。沿坯料移动方向距离保护罩不远有一个喷淋装置，用于对经过加工的坯料表面作喷淋处理。

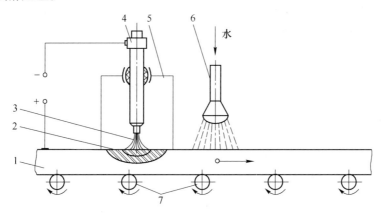

图 4.36　清除扁平钢锭和大型钢坯表层缺陷的设备
1—扁平形坯料；2—金属熔池；3—电弧；4—非自耗电极；
5—防护罩；6—喷淋设备；7—旋转滑轮

　　但是上述加工设备的结构和熔炼工艺都无法实现非常均匀地沿被加工表面分配热流。这个原因使它不能在坯料的各个部位均匀地把坯料表层熔炼到必要深度。

　　后来，无废料加工不同形状金属锭和坯料表层的发展需求催生了若干种等离子电弧精炼重熔坯料表层工艺。以下几种工艺方案在实验室条件下进行了尝试，有的实现了工业应用（图 4.37）。

　　使用电弧等离子体加工立式金属锭表层的原理是，在水冷结晶器中抽动金属锭，完成表层重熔（图 4.37a）。熔炼过程中几支等离子枪呈放射状对准坯料，形成并保持环状液态金属熔池。这种熔池的内缘是金属锭内部，外沿是结晶器内壁。这种工艺要求使用复杂的设备，热效率比较低。不能排除从结晶器中抽锭时形成其他表层缺陷，或者因熔池过深造成缺陷的可能。

　　比较完善并易于操作的工艺是水平放置金属锭，让被熔炼表层自然成型（图 4.37b、c）。可以用单支等离子枪或数支同步安装的等离子枪重熔旋转的金属锭的表层。在金属锭旋转的同时等离子枪也以一定速度沿金属锭移动。这种工艺适合精炼圆柱形或锥形金属锭或坯料。也可以用纵向移动等离子枪加步进式旋转金属锭的方式精炼金属锭（图 4.37c）。

　　图 4.37（d）展示的原理对于熔炼扁平金属锭表层是最理想的。按照这个原理，几支等离子枪做左右摆动，可以在整个金属锭表面形成金属熔池。当金属锭相对于等离子枪发生移动时，金属的熔炼位置与结晶位置也随着金属锭移动，最后整个面向等离子枪的坯料表层都得到精炼。

　　广泛与综合的基础研究和技术探索总是领先于工业设备和工艺设计。为了寻找最有效的加工方式，许多单位付出了努力，首先是乌克兰巴顿电焊接研究所，还有黑色金属机械金属加工设备设计技术局（乌克兰）、上萨尔达冶炼生产联合体（俄罗斯）、电钢厂（俄

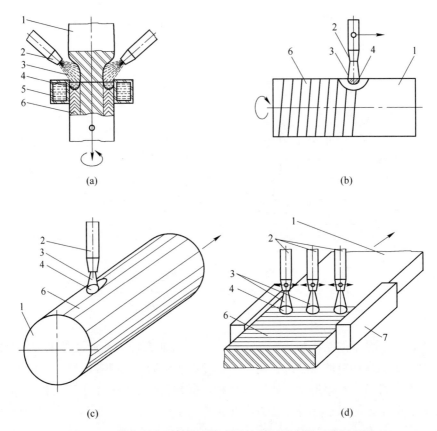

图 4.37　等离子电弧精炼重熔金属锭和坯料表层工艺原理图

（a）在结晶器内的立式重熔；（b）金属熔池螺旋移动的水平重熔；

（c）金属熔池沿母线移动的水平重熔；（d）扁平金属锭和坯料的表层重熔

1—金属锭或坯料；2—等离子枪；3—等离子电弧；4—环形熔池；

5—结晶器；6—需要重熔的金属层；7—水冷导向滑靴

罗斯）和德聂伯特钢厂（乌克兰）。专家们研究了等离子电弧对局部液态熔池的作用力度，以便稳定熔池的扩展范围，把熔池保持在金属锭凸出的圆弧表面上；研究了等离子体热流并确定了在等离子体作用下进行局部性金属熔炼的规律；研究了金属熔体与气体在电弧斑点内发生的化学反应，了解了在等离子体中激活气体粒子和强化气体交换过程的因素；制定和优化了防止在重熔层形成裂纹的表面处理方法；设计了熔炼设备的结构件以及合理配置方案。

　　这些工作的结果就是建造了各种用途的等离子电弧精炼重熔设备（表 4.20），有的可以重熔旋转体金属锭（圆柱形和圆锥形）表层，有的可以重熔平坦坯料表层。这些设备具有真空系统和气体系统，等离子气源可以循环使用。它们还有在闭路状态下工作的水冷系统。设备上的等离子枪既可以使用直流电，也可以使用交流电。为了保证不间断工作，有些设备上还安装了气密过渡舱，可以在这里装卸需要做表面处理和已完成处理的金属锭。

表 4.20 等离子电弧精炼重熔设备的技术性能

参 数		精炼圆柱形和锥形金属锭设备	精炼扁平金属锭设备
精炼金属锭或坯料的尺寸/mm	直径	230~630	—
	长	1200~3600	≤10000
	宽	—	≤1500
	厚	—	≤250
重熔层厚度/mm		≤12	≤12
等离子枪数量/支		2~6	3~6
等离子枪电源类型		直流	直流、交流
等离子气源		Ar, Ar+（H_2, N_2）	Ar, Ar+（H_2, N_2）
冷却水消耗量/$m^3 \cdot h^{-1}$		20~50	≤100
年生产率/t		2500~5000	2000~50000

图 4.38 展示的是 UP-117（УП-117）型设备的熔炼室（剖面图），这是现有重熔薄板坯式扁平金属锭表层的最大设备。熔炼室里有 5 支安装在水平的连接杆支架上的等离子枪，连接杆通过熔炼室侧面的真空密封伸向外面。这种固定方式可以让等离子枪在熔炼室内完成下述动作：沿连接杆轴前后移动（调整等离子枪相对于金属锭的位置），以连接杆为轴左右摆动（调整等离子枪相对于金属锭的位置，在工作时沿金属锭宽度分散热量）。为了控制这组等离子枪的横向摆动，熔炼室内有一台带曲柄连杆机构的专用舵机。等离子枪的摆动幅度通过变化曲柄连杆机构中曲柄的长度来调节。居中的三支等离子枪为一组，使用三相交流电源工作。边缘的两支等离子枪使用直流电，它们的职能是保障金属锭边缘进入熔池。直流电弧沿水冷导向滑靴重熔边缘部位，交流电弧重熔金属锭的宽表面。熔炼深度由电弧功率和金属锭的移动速度调节。

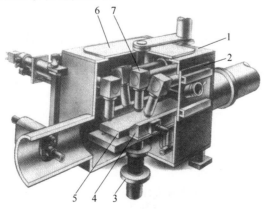

图 4.38 UP-117 型设备熔炼室

1—熔炼室外壳；2—舱门；3—导电体；4—导向滑靴；
5—被加工的金属锭（坯料）；6—上顶盖；7—等离子枪

　　沿金属锭移动方向的两侧装有两个水冷导向滑靴，用它们防止正在熔炼的液态金属溢出。这个部件可以有两种工作方式，一种是导向滑靴与金属锭直接接触，另一种是两者有间隙（图 4.39）。后一种情况下与金属锭接触的是固定在导向滑靴上的旋转滑轮。

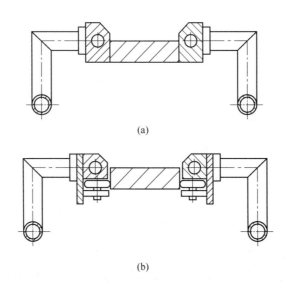

(a)

(b)

图 4.39　水冷滑靴与被处理金属锭的相对位置

(a) 直接接触；(b) 有调节间隙

　　UP-117 型设备的功能组件是根据工艺过程呈线形排列的（图 4.40）。上下两个宽表面的重熔是经过两个熔炼室连续进行的。需要处理的坯料先放到装载平台 1 上，由辊轴输送机 13 送入气密过渡舱 3，再经过过渡室 4 进入第一熔炼室 5。处理完上表面后坯料进入翻转室 6，完成相对于纵轴的 180° 旋转，之后进入第二熔炼室 7，完成另一个表面的重熔。此后坯料进入第二过渡室 9，再经过气密过渡舱 10，最后进入卸载平台 11。

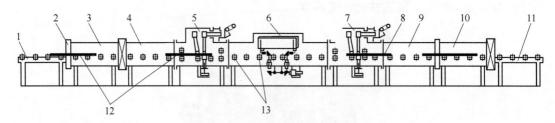

图 4.40　UP-117 型设备配置图

1，11—装、卸载平台；2—真空闸门；3，10—气密过渡舱；4，9—过渡室；5，7—熔炼室；6—翻转室；

8，12—金属锭（坯料）；13—辊轴输送机

　　UP-117 型设备的技术性能详见表 4.21。

　　在整个表面处理过程中，坯料（金属锭）的移动都是靠辊轴输送机完成的。所有位于等离子电弧作用区或坯料炽热表面烘烤区的部件都配有水冷系统。UP-117 型设备的线形配置和无逆向运动保证了金属重熔的高生产率、高稳定性和高品质。

表 4.21 UP-117 型设备主要技术性能

参	数		数 值
精炼坯料尺寸/mm		长	2500
		宽	260
		厚	50
坯料移动速度/mm · min^{-1}		过渡速度	0.8~9.0
		工作速度	17
等离子枪数量/支			5×2
等离子枪总功率/kW			660
单支等离子枪电流强度/A		直流电	500~1000
		交流电	500~700
处理一个坯料的等离子气源消耗量/m³			0.3
冷却水消耗量/m³ · g^{-1}			~100
设备外形尺寸/mm		长	34500
		宽	6700
		高	3700

在等离子电弧重熔时表面会出现波纹，形成的原因是熔炼过程中液态金属有波动，结晶过程有间隔（图 4.41）[93~97]。

图 4.41 扁平金属锭重熔后的外表面

扁平金属锭表层重熔后纵截面（图 4.42）的宏观组织表明，在重熔层里没有缺陷。

对重熔表层过程的热平衡分析表明，从等离子电弧传递给坯料的热量，主要消耗给了熔化和超熔点加热金属表层，其余热量一部分传递给了未熔化的固态金属，还有一部分随着散发的热气传播给了周围环境。实际上，在此过程中传递给固态金属的热量只能提高坯料的热含量，多数情况下是一种能量浪费。所以在选择等离子电弧精炼重熔工艺时，首先要做的是优化坯料表面加热状态。

单位能耗是按所熔炼金属的重量计算的。重熔强度高时（曲线 1），单位能耗会小于重熔强度一般时（曲线 2，曲线 3），即随着等离子枪电流强度增大，单位能耗指标会下降

图 4.42　50H 号合金钢坯料纵截面宏观组织情况

（图 4.43）。但是强化状态也有可能把坯料表层熔化得过深，并非总是好事。

　　同时，单位能耗还取决于坯料厚度（图 4.44）。坯料厚度越大，单位能耗越低。原因是金属熔池表面减少了，辐射损失自然减少。

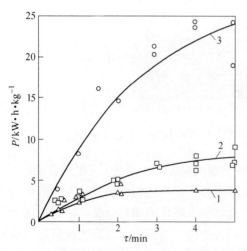

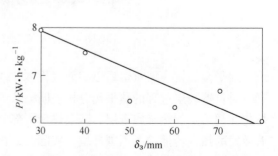

图 4.43　单位能耗与坯料表层加热时间的关系曲线　　　图 4.44　单位能耗与坯料厚度的关系曲线
1—电流强度 I=300A；2—电流强度 I=630A；
3—电流强度 I=963A

　　对于圆柱形金属锭，春天-2型设备是运用等离子电弧精炼重熔工艺进行表层处理的经典代表（图4.45）[96]。这台设备包括：密封熔炼室5，里面有两个滚柱4，滚柱上装载着圆柱形金属锭3，金属锭表面的上方是电弧等离子枪1，等离子枪可以在螺旋舵机2作用下沿金属锭移动。这台设备可以处理直径达600mm、长度近2500mm的金属锭表面。向金属锭传输电流的是装载金属锭的两滚柱之一。等离子枪使用直流电源，由一台VKSM-1000型整流器提供。

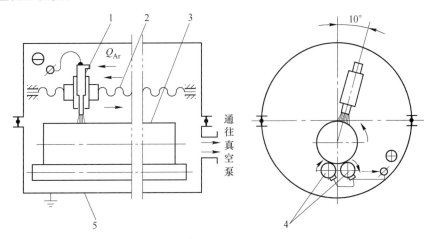

图4.45　春天-2型等离子精炼重熔设备原理图
1—等离子枪；2—等离子枪移动机构；3—金属锭；4—转动金属锭的滚柱；5—熔炼室

　　图4.46展示了安装在第聂伯特钢厂车间的春天-2型工业化设备的外形。这台设备用于精炼重熔由高温合金浇铸的圆柱形电极的侧表面，随后将电极送去进行真空电弧重熔[98]。在金属锭或坯料表面电弧斑点内形成金属熔池的状态，取决于熔化其表层的等离子电弧的参数。图4.47展示了圆柱形坯料表面重熔层形成情况[99]。金属锭或坯料表层熔化深度应大于表层缺陷埋藏深度。

图4.46　用等离子电弧精炼圆柱形金属锭表层的工业化设备

　　等离子电弧加热的主要指标之一是金属坯料的熔化面积（轨迹的横截面），这是决定

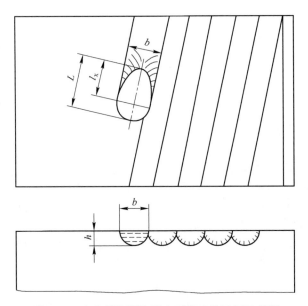

图 4.47　在金属锭圆柱形表面形成熔炼层示意图

L—熔池长度；l_x—熔池尾部；b—熔池宽度；h—熔池深度

其生产效率的指标。金属横截面的熔化面积可以用熔池线性尺寸来表示：

$$F = \mu hb \tag{4.25}$$

式中，μ 为填充系数；b、h 分别为局部金属熔池的宽度和深度。

建议使用 F、h_0、b_0 确定等离子电弧熔炼坯料表层的工艺状态（F 为单位熔炼面积；h_0 为熔池单位深度；b_0 为熔池单位宽度）。这些参数按下式计算：

$$h_0 = h/UI \tag{4.26}$$

$$b_0 = b/UI \tag{4.27}$$

式中，U 为等离子电弧电压；I 为电弧电流强度。

$$F_0 = \mu h_0 b_0 = \mu \frac{h}{UI} \cdot \frac{b}{UI} = \frac{F}{U^2 I^2} \tag{4.28}$$

金属熔池的长度和宽度取决于等离子电弧电流强度和功率，以及金属熔池沿金属锭表面移动的速度，但是速度影响是逆向的（图 4.48）。工艺状态（电弧电流强度、金属锭或熔池移动速度、气体介质成分）必须视具体情况在每次调试熔炼状态时进行修正。

等离子电弧精炼重熔工艺应用最广泛的场合，是对用真空电弧重熔法炼制的镍基高温合金锭进行表面处理。

众所周知，金属的致密度是判断金属被非金属夹杂物、气体杂质和其他宏观与微观缺陷污染程度的综合指标之一。表 4.22 列举了沿圆柱形金属锭截面检测镍基高温合金致密度的结果。

用等离子电弧重熔金属锭表层时，会形成全新的质量表面：重熔层相当致密，各种宏观缺陷如裂纹、鳞皮、氧化膜、气孔等会在重熔过程中完全消失（图 4.49）。精炼镍基坯料或金属锭时，当金属开始熔化尚未形成液相时氧化皮就被清除掉了。

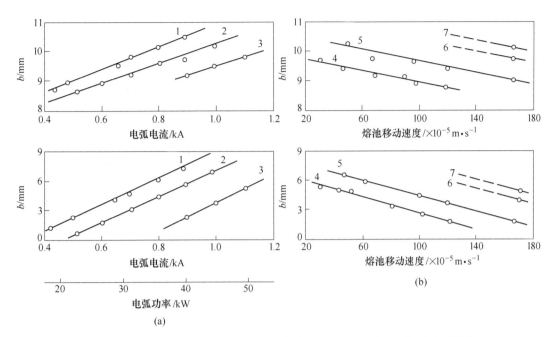

图 4.48 等离子电弧功率（a）和熔池移动速度（b）对熔池几何尺寸的影响

1—33.3×10⁻⁵m/s；2—83.4×10⁻⁵m/s；3—166.7×10⁻⁵m/s；4—电弧电流强度 $I_∂$ 为 0.7kA；

5—电弧电流强度 $I_∂$ 为 0.9kA；6—电弧电流强度 $I_∂$ 为 1.0kA；7—电弧电流强度 $I_∂$ 为 1.08kA

表 4.22 用真空电弧重熔工艺制备的镍基高温合金锭经等离子精炼后的致密度

测试位置	金属致密度/g·cm⁻³	
	变化极限	平均值
初始表层	8.3851~8.4525	8.4182
重熔表层	8.5503~8.5886	8.5691
金属锭 1/2 半径处	8.5309~8.6063	8.5686
金属锭轴心区域	8.4067~8.4645	8.4364

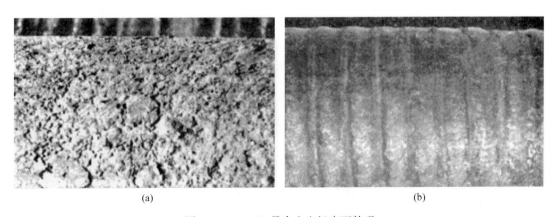

图 4.49 ЭИ698 号合金电极表面外观

（a）等离子电弧精炼前；（b）等离子电弧精炼后

　　从（表 4.22）所列数据可看出，经过等离子电弧精炼重熔后表层金属的致密度明显提高，与锭子主体金属（1/2 半径处）几乎没有区别。致密度能有如此大的提高表明，初始表层上缺陷很多，经过重熔缺陷被有效清除掉了（图 4.50）。

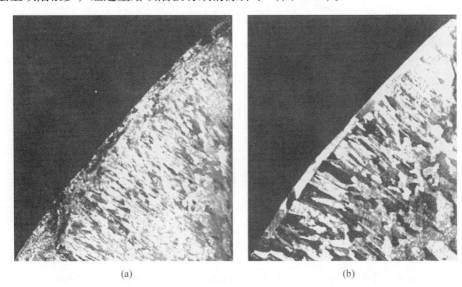

(a)　　　　　　　　　　　　　　　　　(b)

图 4.50　用真空电弧重熔工艺制备的 ЕИ844 号钢的钢锭表层的宏观组织（横截面）

(a) 等离子电弧重熔前；(b) 等离子电弧重熔后

　　在重熔表层时，金属中接近总含量 90% 的氧被清除掉，重熔层里剩余的气体杂质与金属基体中的含量已经没有区别。在其他杂质含量与合金元素含量方面，重熔层与金属基体也几乎无区别。

　　等离子电弧重熔金属锭表层的效果，还可以从气体杂质的变化情况来判断（表 4.23）。

表 4.23　高温合金锭不同区域的气体含量

合金牌号	检测位置	气体含量/$\times 10^{-4}$%		
		[O]	[H]	[N]
ЕИ698	初始表层	25	3.0	80
	重熔后表层	19	2.0	50
	金属主体	20	2.9	60
ЕИ437Б	初始表层	30	3.7	150
	重熔后表层	28	3.7	90
	金属主体	29	3.9	110
EI787	初始表层	25	3.0	96
	重熔后表层	23	3.1	80
	金属主体	22	3.1	78

　　综上所述，用等离子电弧重熔金属锭表层可以有效提高表层质量，不需要切削这些表层。等离子电弧精炼重熔可以把金属的损耗率平均减少 20%。

4.4.3 培养难熔金属单晶体

高科技工业领域的发展，特别是航空航天、核能和国防工业技术的发展，受制于结构材料的性能，其中包括难熔金属、以难熔金属为主的合金、或含有难熔金属元素的合金。所以获得具有预定性能的功能材料是一个迫切需要解决的课题，例如让材料具有在高温和腐蚀介质条件下、在多循环和大负荷条件下、在强辐射条件下，以及在其他严酷条件下长期工作的能力。由于难熔金属单晶体具有一系列独一无二的物理力学性能，能够在极大程度上满足现代技术装备的要求，所以被认为是最具前景的金属材料。

在自然界中金属晶体极为稀少，能归入此列的主要是一些贵金属（银、金、铂）[101]。现代技术装备上使用的金属单晶体，都是用现代化加热源和最先进熔炼工艺人工获得的。采用何种培养方法取决于对单晶体及其功能特性的要求。

现有培养单晶体的方法很多[101]，可以按不同特征对这些方法进行分类。根据参与单晶体形成的物态成分，可以划分为气相培养、液相培养、固相培养。每一类方法中可以继续分组，根据加热源种类，可以划分为辐射培养、感应培养、电子射线培养、等离子体培养、激光培养、太阳能培养，以及组合使用几种加热源的培养。

单晶体生产领域的最大成就，是开始使用电弧等离子枪。促成因素是在高温化学和冶金的各相关领域中，应用低温等离子体已经成为大趋势。采用电弧等离子枪培养难熔金属单晶体的需求，源于新的技术装备对大尺寸、异型且有指定晶向的单晶体的需求。

等离子电弧加热源可以熔炼体积相对较大的难熔金属，创造出成分和压力均可控的气体环境，保护液态金属免受污染，利用等离子气源与金属中有害夹杂之间的物理化学反应提纯金属。

目前利用等离子电弧加热源培养难熔金属单晶体的方法有许多种。

维尔纳叶法（Verneuil process，又称焰熔法）（图 4.51）培养单晶体的过程是熔化进入高频等离子体核心的金属粉末[102]。在熔炼过程中，由于表面张力作用，金属熔池在单晶体上端形成并保持。但是高频等离子体加热可以保障的最高温度不超过 2500~2800℃。在某些情况下这个温度不足以熔化难熔金属，例如钼、钽和钨等。

20 世纪 60~70 年代等离子冶金的总体发展趋势和由此催生的建造单体大功率低温等离子体发生器的行动，推动了维尔纳叶法向工业化制取难熔金属单晶体的方向进一步发展。无坩埚等离子电弧熔炼工艺的出现（维尔纳叶法的发展），明显增大了晶体几何尺寸，扩大了晶体产品几何形状的种类[103,104]。

这种利用等离子电弧加热源培养难熔金属单晶体的做法，可以熔化较大数量的金属并保持液体状态，在熔炼室创造有指定成分和压力的气氛，这些特点都使它优于电子束局部熔炼[105]。

难熔金属单晶体制造领域的一个巨大成就，是 1968 年在拜科夫冶金研究所（莫斯科市）建成了一台试验设备。熔炼初始材料和保持液态金属熔池都使用了直接作用电弧等离子枪（图 4.52）[106]。这种方法的实质，以及设备工作过程是：将难熔金属单晶体的初始籽晶固定在一个铜质水冷连接杆上，连接杆可以沿轴线纵向移动。在连接杆和籽晶正上方是直接作用直流电弧等离子枪。熔炼时，从侧面向等离子枪和籽晶之间送进自耗棒材或线材。

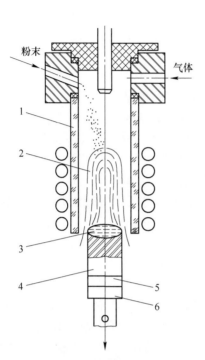 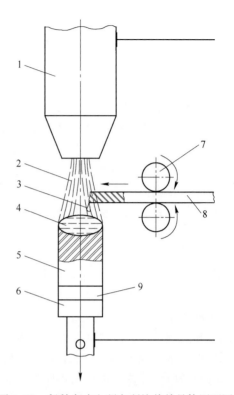

图 4.51　用维尔纳叶法培养单晶体原理图
1—高频等离子枪；2—等离子体放电核心；
3—金属熔池；4—单晶体；5—籽晶；6—水冷连接杆

图 4.52　拜科夫冶金研究所培养单晶体原理图
1—电弧等离子枪；2—等离子电弧柱；3—金属熔滴；
4—金属熔池；5—单晶体；6—水冷连接杆；
7—供应线材的滚筒机构；8—自耗棒材（线材）；9—籽晶

按这种方法培养单晶体时，先是籽晶顶端的表面在高温等离子电弧作用下开始熔化，形成熔池，不断有金属以熔滴形态进入熔池。籽晶顶端的金属熔池和随后位于不断生长的单晶体顶端的金属熔池，都是在金属熔体表面张力作用下保持的。为了保持电弧长度不变，进而保障电气参数的稳定性，连接杆带着单晶体一起向下移动，其速度与单晶体生长的线速度相同。

比较上述两种方法（维尔纳叶法和拜科夫冶金研究所研制的方法）可以看出，后者使用了功率更大的直接作用电弧等离子枪，自耗材料已经不是粉末而是锻造过的棒材或线材。

后一种等离子电弧方法可以培养出直径为 50mm 的钨单晶体和直径为 30mm 的钼单晶体。因为金属熔池中温度梯度较大，这种方法获得的单晶体具有带状结构。

用等离子电弧方法培养难熔金属单晶体，例如钨单晶体时，作为等离子气源优先选用了氩气并添加了一些氦气。这种气体介质可以保障对液态金属进行超熔点加热，在熔炼过程中有效清除碳、硅、氧、磷、硫、铁、铬、锰、镍和其他夹杂。部分夹杂在棒材熔化成熔滴时被清除，部分夹杂随后从金属熔体中被清除[107]，最终钨单晶体中的碳含量不超过 0.002%～0.005%。

为了炼制大直径单晶体必须保持较大数量的液态金属，以便不间断地补给正在生长的晶体。这就需要使用特殊结构的等离子枪，它产生的进入等离子体状态的气流能使四周边缘区处于金属结晶温度。如果金属熔池中心的温度远高于边缘区，结晶面会呈现一个中心凹陷的半圆，有利于在单晶体顶端保持大量液态金属[108]。可是一旦结晶面弯曲度过大，会导致接近结晶面的固相中缺陷增多。

用这种等离子电弧方法培养的晶体尺寸较大，具有较粗大的亚结构，这种亚结构是在不同温度场，以及较大的径向和轴向温度梯度作用下形成的。钨和钼单晶体分布的位错密度达到 $10^6 \sim 10^7 \mathrm{cm}^{-2}$ 水平。

结晶体侧表面的质量与等离子加热源的电气参数是否稳定关系很大，多数情况下不能令人满意，使后续对晶体进行的塑性变形加工（轧制、拉拔等）更加困难。

对于后续轧制薄板或箔片最有利的单晶体形状是矩形板材或带材。拜科夫冶金研究所在自己的等离子电弧试验设备上炼制出了 9.5mm×38mm×305mm 的板状钨单晶体和 8mm×75mm×160mm 的板状钼单晶体[101]。

20 世纪 80 年代初，巴顿电焊接研究所的专家在 Yu. V. Latash（Ю. В. Латаш）和 G. M. Grigorenk（Г. М. Григоренк）领导下设计了全新的难熔金属单晶体培养工艺，把等离子电弧加热与感应加热结合在一起。毫不夸张地说，这在异型单晶体培养工艺领域是一个实质性突破。这种方法有别于著名的拜科夫冶金研究所等离子电弧方法的原则性特征，采用了独立的感应加热源对正在生长的单晶体边缘区进行补充加热。

单晶体培养的过程是，沿长晶面方向逐层堆焊金属，同时通过高频电磁场给晶体生长部位有控制地加温（图 4.53）。具有指定晶向的单晶体籽晶 3 固定在水冷炉底 10 上，并且依靠机构 11 安置在感应器 6 上。一台高频发电机给感应器提供电源，将籽晶加热到适当温度。在等离子枪 4 与籽晶之间激发电弧，在籽晶水平表面形成局部金属熔池 1。自耗棒材 5 从侧面进入等离子电弧柱。棒材前端在等离子电弧的作用下熔化，液态金属以熔滴形态落入籽晶上面的金属熔池。

等离子枪每次都沿着籽晶向自耗棒材方向移动。与此同时，位于籽晶表面的局部金属熔池也与等离子枪一起移动，金属熔滴不断落入熔池。当局部金属熔池到达籽晶边缘时，等离子枪停止运动，从籽晶的另一端伸出另一根棒材，到达与等离子电弧相接触的位置时，等离子枪开始向相反方向运动。用这种办法，单晶体一层层地长大。随着晶体垂直晶面增长，抽锭机构 11 把单晶体向下抽动。

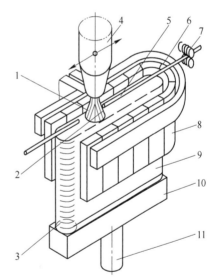

图 4.53 巴顿电焊接研究所用等离子感应炉培养异型难熔金属单晶体原理图

1—局部金属熔池；2—金属熔滴；3—单晶体籽晶；
4—等离子枪；5—自耗棒材；6—感应器；
7—棒材送料机构；8—分段水冷壁；9—单晶体；
10—炉底；11—单晶体抽锭机构连接杆

巴顿电焊接研究所建造了一座 UP-122M（УП-122М）型试验兼工业化应用的等离子感应炉（图 4.54 和图 4.55），实现了用等离子感应工艺培养难熔金属单晶体的设想。炉

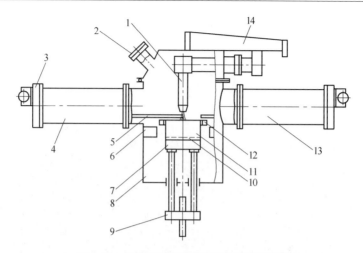

图 4.54　UP-122M 型等离子感应炉原理图

1—等离子枪；2—观察窗；3—输送自耗棒材的电动舵机；4—左料斗；5—耗棒材；
6—收集残渣的料斗；7—炉底板；8—熔炼室；9—炉底板移动机构；10—籽晶；
11—单晶体；12—感应器；13—右料斗；14—等离子枪移动机构

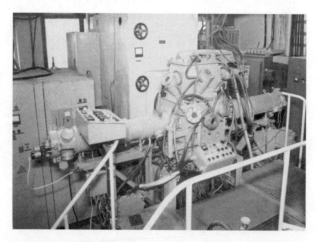

图 4.55　带高频发电机的 UP-122M 型等离子感应炉外观

子的设计要求，是炼制尺寸为 20mm×250mm×300mm 的扁平状单晶体（表 4.24）。在建造炉子时设计了两个滚筒式专用料斗，用来装载直径 4～8mm、长度接近 800mm 的自耗棒材。每个料斗可以存放 20 根棒材。把单晶体往下抽出的炉底板固定在两个平行的水冷连接杆上，连接杆依靠螺旋机构同步平稳地沿垂直方向移动。

表 4.24　UP-122M 型等离子感应炉主要技术性能

技 术 指 标	参　数
单晶体最大截面/mm	250×25
单晶体最大长度/mm	300
等离子枪数量/支	1
等离子枪额定功率/kW	40

技 术 指 标		参 数
等离子枪电流类型		直流
等离子枪电流调节范围/A		150~450
等离子气源		Ar；Ar+He
等离子气源消耗量/m³·h⁻¹		0.6~1.8
感应器额定功率/kW		160
感应器电流频率/kHz		66
等离子枪移动速度/mm·min⁻¹	过渡速度	2.0~8.0
	工作速度	50.0
炉底板移动速度/mm·min⁻¹	过渡速度	1.0~2.0
	工作速度	25~40
棒材料斗数量/个		2
自耗棒材尺寸/mm	长	800
	直径	4~8
每个料斗放置棒材的数量/根		20
单晶体最大重量/kg		36
向熔炼区输送棒材的速度/mm·min⁻¹		10~120
冷却水消耗量/m³·h⁻¹		≤20

在熔炼过程中等离子枪沿水平方向做往复运动。在过渡状态时等离子枪的移动速度保持在 2.0~8.0mm/min 之间。在工作状态时等离子枪的移动速度为 50mm/min。等离子枪使用直流电源，电流调节范围为 150~450A。

炼制水平晶面长度大于 150mm 的单晶体的最初尝试没有成功。增大水平熔炼面的长度会因辐射效应使晶体表面的热损失增大。为了补偿这些损失必须提高感应器的功率，结果容易使感应器与单晶体之间发生电击穿，破坏熔炼过程中电气状态的稳定。电气状态不稳定会对金属熔池内的热状态产生负面影响，导致单晶体结构质量恶化，生成寄生的亚晶粒并造成表面缺陷。

后来，防止电击穿与稳定金属熔池的热状态都取得了成功，方法是在感应器与单晶体之间设置了一个与分段水冷结晶器类似的分段水冷壁。水冷壁的各分段之间是电绝缘的，在相邻平面之间设置了由绝缘材料制作的专用衬垫。水冷壁与感应器之间也是电绝缘的。

在培养钨、钼和其他难熔金属单晶体时，通常使用的是氩氦混合气体。

用等离子感应工艺培养单晶体时，保持金属熔池不溢出的力除了表面张力外，还有感应器产生的电磁场。熔炼时通过调节等离子枪和感应器的功率可以稳定所培养单晶体的几何尺寸，防止在单晶体表面形成缺陷（图 4.56）。照片上单晶体逐层形成的痕迹清晰可见，在表面张力较大、吸湿度较低的钨板上体现得尤为突出。

在单晶体培养过程中电弧等离子枪沿着所炼制晶面方向往复运动，形成了单晶体的分

(a)　　　　　　　　　　　　　　　　(b)

图 4.56　用 UP-122M 型等离子感应炉

培养的钼（a）和钨（b）单晶体

层生长。每一层的熔炼厚度（表 4.25）取决于自耗棒材的直径，因为等离子枪从单晶体的一端向另一端移动时自耗棒材不运动。

表 4.25　扁平状钼单晶体逐层生长参数

等离子枪移动速度 /m·h⁻¹	自耗棒材直径 /mm	熔炼的重量速度 /kg·h⁻¹	不同单晶体宽度时制备层厚度/mm		
			0.020m	0.022m	0.024m
6.0	6	0.178	1.4	1.3	1.15
	8	0.310	2.5	2.3	2.10
	10	0.490	4.0	3.6	3.30
9.6	6	0.295	1.4	1.3	1.15
	8	0.520	2.5	2.3	2.10
	10	0.820	4.0	3.6	3.30
15.0	6	0.430	1.4	1.3	1.15
	8	0.780	2.5	2.3	2.10
	10	1.230	4.0	3.6	3.30

等离子感应加热可以在金属熔池区创造良好的热力条件，有利于形成近乎扁平的结晶面。这种结晶面的优点是，在层层堆焊单晶体的过程中，如果出现偶然波动，可以防止结晶缺陷向晶体深处生长，促使缺陷向晶体表面析出。与其他纯粹的等离子电弧冶炼一样，因为有可调节的气体介质，在钨单晶体中碳含量大大降低，可达到 0.0005%，氧含量达到 0.0008%，氮含量不超过 0.002%。

用 X 射线对钼和钨单晶体的亚结构进行研究的结果显示，它们是致密的单晶体，晶面定向符合允许偏离籽晶生长轴心 3°的要求。位错密度为 $(1 \sim 5) \times 10^6 cm^{-2}$。

研究单晶体变形处理后的物理力学性能表明，它们在一系列功能指标上均超出了用传统工艺获得的单晶体，完全可以用作制造特殊用途产品的结构材料。

4.4.4　制备颗粒状金属粉末

工业化制备颗粒状金属粉末的历史并不长。火箭航天技术和新型航空发动机制造业得到迅猛发展对这种材料产生需求。由镍基和钛基高温合金制备的相应尺寸的颗粒状金属粉末，可以用于制造一系列航空和火箭发动机零件，如叶轮、涡轮、各种复杂的壳体部件等。

传统铸造工艺经常遇到的问题是，由于金属冷却速度较低（10~50K/s），铸件中会出现偏析、成分不均匀、晶粒生长过大等缺陷。而铸造金属中晶粒粗化则是铸件力学性能较差的主要原因。

颗粒状金属粉末以 $4 \times 10^3 \sim 2 \times 10^4 K/s$ 的速度异常迅速地结晶，可以保障获得均匀的微小晶粒组织，均匀分配其中的各相合金元素，并且可以让这些颗粒组织中包含大量合金成分，这是普通铸件无法比拟的[109]。

此前积累的有关生产和使用由颗粒状金属粉末制造关键结构件的经验，以及研究其性能的结果表明，为了获得具有高稳定性的物理力学性能，不允许初始金属受到污染，也不允许在制造颗粒过程中发生污染。在炼制颗粒状金属粉末阶段，污染的主要来源是加热源、脱氧系统和熔炼室的气体环境等。

在工业领域，为了获得镍基和钛基高温合金的颗粒状金属粉末，最广泛应用的方法是离心喷雾法，即自耗坯料在惰性气氛中高速旋转，端面熔化形成喷雾。

1958年自耗坯料离心喷雾法在美国取得专利并命名为 REM 工艺（Rotating Electrode Method）[110]。其实质是把一根不长的自耗电极夹在卡盘上高速旋转，自耗电极伸出的一端正对着一支钨电极，在两个电极之间激发电弧，自耗电极的顶端被电弧熔化（图4.57）。电极使用直流电源，自耗电极接电源正极。这种结构可以让自耗坯料顶端形成的液态金属薄膜在离心力作用下获得极大动能，结果液态金属以无数微小熔滴形态脱离坯料的边缘，在气体介质中飞行，快速冷却并结晶成颗粒状。

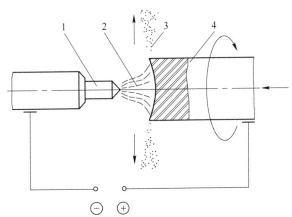

图4.57　使用电弧加热源制备颗粒状金属粉末的离心喷雾原理图
1—钨电极（阴极）；2—电弧；3—金属颗粒；4—自耗电极

在电弧近电极区，电迁移效应会造成电极表面腐蚀，钨电极也不例外，脱落的微小钨分子会在喷雾过程中落入制成的颗粒状材料中造成污染。从颗粒状金属粉末中分离出这些次生品非常复杂，而且常常无法保证分离干净。为了防止钨落入颗粒状材料，曾试图用其他材料代替钨充当电极（阴极），如用需要熔化的那种合金。但是因为这种熔化不可控制，此方案没有实现。

上述喷雾方法本身的不足限制了它的广泛应用。

使用电子束枪和电弧射流等离子枪（间接作用）对自耗坯料进行离心喷雾可以大大降低有害夹杂（钨颗粒和挥发性合金元素）落入颗粒状材料的机会，简化对喷雾过程的控制，并且大幅度提高电气状态的稳定性。目前世界上已经设计了大量自耗坯料离心喷雾工艺方案，一部分实现了工业化生产，还有一些仍处于试验修正阶段[111~114]。

全俄轻合金研究所和全俄航空材料研究所的专家们运用等离子技术设计了 VGU-2（ВГУ-2）型工业化自耗坯料离心喷雾设备。其工作原理是利用等离子体熔化自耗坯料（图 4.58）。该型号设备上使用的是 PSM-100（ПСМ-100）型射流等离子枪。这种等离子枪能使用 1000A 以内的直流电有效工作。电流强度超过这一数值时，能观察到在铜喷嘴（阳极）和钨电极（阴极）处腐蚀加剧。这会导致颗粒状金属粉末被铜和钨夹杂污染，并且在其后极难筛除。

VGU-2 型设备（图 4.58）包括熔炼室 3，其一侧与自耗坯料输送室 6 和料箱 17 连接。

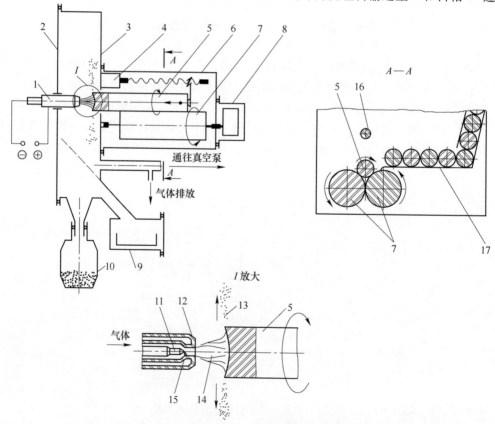

图 4.58　VGU-2 型设备原理图和自耗坯料在等离子射流作用下的喷雾过程

1—等离子枪；2—舱门；3—熔炼室；4—坯料纵向移动舵机；5—自耗坯料；6—自耗坯料输送室；7—坯料旋转滚筒；
8—滚筒用电舵机；9—残头收集箱；10—颗粒状金属粉末储存箱；11—等离子枪的阴极；12—喷嘴（阳极）；
13—金属颗粒；14—等离子射流；15—值班电弧；16—坯料轴向移动舵机螺杆；17—放置坯料的料箱

熔炼前在料箱内放置必要数量的自耗坯料 5。驱动自耗坯料旋转的是两个水平滚筒 7（喷雾时坯料旋转速度达到 8000~12000r/min）。输送室中还安装着舵机 4 和旋转螺杆 16，用于在坯料熔化喷雾时向等离子枪一侧轴向移动自耗坯料。熔炼室的另一面是舱门 2，等离子枪 1 安装在舱门上与自耗坯料 5 同轴的位置上。熔炼室直径为 3~5m。每颗金属熔滴从旋转坯料上脱离后都飞过与熔炼室半径相等的距离。由于金属熔滴在气体介质中飞行时急剧冷却，它们会以极快的速度结晶，并以颗粒形状到达熔炼室的墙壁。在熔炼室的下部有个孔，通过一个密封圈与颗粒状金属粉末储存箱 10 相连，用于收集所得颗粒。熔炼时自耗坯料的残头都被推出熔炼室，落入一个专门收集残头的废料箱 9。

坯料在惰性气体介质中实现雾化，气体介质的成分与等离子气源是一致的。这就可以保护颗粒表面不被氧化，还能提高颗粒结晶速度。颗粒的冷却速度取决于熔炼室内气体介质成分（氩气或氦气）以及坯料合金的化学成分。总体上说，颗粒结晶时的冷却速度为 $(2~5)×10^3~(3~5)×10^4$K/s。

文献［113］列举了有关颗粒状粉末成分对自耗坯料旋转速度、等离子枪电流强度、坯料直径依赖关系的研究数据（图 4.59 和图 4.60）。在等离子枪电流减小、自耗坯料直径增大和旋转速度提高时，所得粉末的细度提高。颗粒状粉末的粒径在 30~500μm 较宽范围内分布。粒径大小既取决于工艺因素（自耗坯料旋转速度、坯料直径和熔化的质量流速等），也取决于用于喷雾的合金的物理性能（表面张力、黏度和流动性等）。

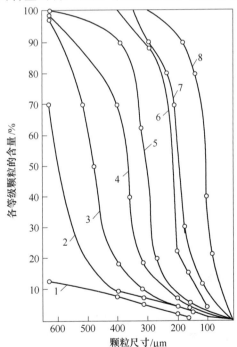

图 4.59　各等级颗粒含量对自耗坯料旋转速度 $v_{эл}$ 的依赖关系

1—$\phi_{эл}$ = 15mm，$v_{эл}$ = 6000r/min；2—$\phi_{эл}$ = 15mm，$v_{эл}$ = 8000r/min；
3—$\phi_{эл}$ = 15mm，$v_{эл}$ = 10000r/min；4—$\phi_{эл}$ = 15mm，$v_{эл}$ = 12000r/min；
5—$\phi_{эл}$ = 15mm，$v_{эл}$ = 15000r/min；6—$\phi_{эл}$ = 30mm，$v_{эл}$ = 16000r/min；
7—$\phi_{эл}$ = 30mm，$v_{эл}$ = 17000r/min；8—$\phi_{эл}$ = 60mm，$v_{эл}$ = 25000r/min

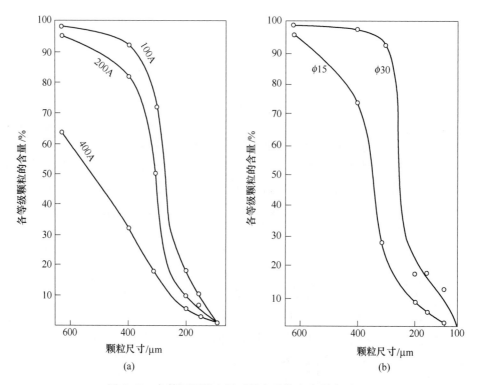

图 4.60　各等级颗粒含量对等离子枪电流强度（a）、
自耗电极直径（b）的依赖关系

所得颗粒具有近乎完美的球形，表面平整光滑，内部组织无气孔（图 4.61）。

图 4.61　用离心喷雾方法制备的镍基合金颗粒外观（×250）

球形颗粒结构不能在冷状态下压制产品，在热状态下的成型能力却很强（例如热挤压法），而且在慢速做变形处理时常常具有超强塑性。颗粒状粉末的另一个特性是具有淬火金属才有的结构。

通常，颗粒状粉末经筛选后成为初始原料，此后在等静压机中经高温挤压制成形状复杂的零件。

离心喷雾法的缺点是自耗电极会产生大量剩余"残头"（占到总量的 30%~40%），另外必须精细制备电极，避免其在旋转时摆动[115]。

4.4.5　制备非晶态和微晶态结构的金属带材

精密合金冶炼领域的技术进步，还体现在制备非晶态结构或亚稳结构的金属材料并找到最佳生产方法方面。金属合金的非晶态（玻璃状）具有一系列特殊的物理力学性能，与普通结晶状态下形成的合金有极大不同。

非晶态（源自希腊字母 α-"非粒子"和 morphe-"形态"）是物质的一种固体形态，其性能具有各向同性（在所有方向都一样）。在美国刊物上非晶合金（amorphous alloy）被称做玻璃钢（metallic glasses），因为非晶态是硅酸玻璃所特有的。如果材料中晶体份额不超过其体积的 10^{-6}，黏性达到 10^{-12}Pa·s，这种材料就被视为非晶体。

非晶合金中没有晶体材料所特有的缺陷，例如断层的晶界以及堆垛层错。可以认为，非晶合金具有近乎完美的化学均匀性。

在固体状态下原子呈长程无序排列的金属合金被称为非晶合金。炼制非晶金属有多种方法，基础都是瞬间把液态转变成固态。凝固速度必须很快，让原子在尚未改变液态下的形态时就被冻结住。

现在，几乎所有工业领域都在解决制备非晶态、纳米晶态和微晶态金属合金的问题。每个领域都提出了各自的任务，既对产品的清洁度，也对产品的形状提出要求。多数非晶合金是以涂层形式获得的，涂层为非晶结构。非晶合金也可以是具有一个以上微小尺寸（带状、丝状、鱼鳞状或粉末状）的产物。目前已知获取非晶合金的方法很多。形成非平衡结构的冷却速度范围很宽，获取普通微小薄壁铸件用 $10~10^2$K/s 的冷却速度就够了，而用飞轮强甩液态金属的方法制备非晶合金时的极限冷却速度可以达到 $10^5~10^8$K/s。

获得非晶材料的基本方法可以归纳为金属原子气相沉积、超高速淬火、对固态结晶体施加影响三大类[110,116,117]。

用第一类方法可以获得各种非晶态涂层。这类方法的特点是，涂层厚度很小，设备较为复杂。第二类方法的生产效率很高，也是当前最流行的。第三类方法是对固态物体施加影响，首先是辐射晶体表面，其次是冲击波处理，高压处理等。这一类方法在近期有所发展。

着重分析一下直接从金属熔体制备非晶金属带材或鳞片的方法。这种方法包括[110,118~122]：用水冷轧辊轧制金属熔体、从金属熔体中萃取（离散作用）、用飞轮强甩金属熔体。

轧制金属熔体（图 4.62a）的方法是，通过安装在陶瓷坩埚底部的缝隙状喷嘴挤出一股金属熔体，让它流入两个反向旋转的水冷轧辊的间隙。轧制用的金属熔体是在感应加热炉的耐火材料坩埚中制备的。带材的生产速度达到 30~45m/s，金属结晶速度为 $10^5~10^6$ K/s。在轧制金属熔体时可能会出现陶瓷嘴堵塞现象。此外，带材与其中一个轧辊的接触经常被破坏，使金属结晶速度降低。

从金属熔体中萃取（图 4.62b）的原理是，让一层薄薄的金属熔体在一个高速旋转的水冷盘上冻结。用于萃取的金属熔体也是在耐火材料制作的坩埚中利用感应加热源炼制的。萃取过程在真空或惰性气体环境中进行。萃取方法生产效率高，可以获得快速淬火的金属材料（可以是带状，也可以是鱼鳞状）。这时金属结晶速度可以达到 $10^6 \sim 10^7 K/s$。这种方法的设备和工艺都比轧制简单。

用飞轮强甩金属熔体（图 4.62c）的原理是，金属熔体在一定压力 p 作用下通过设置在坩埚底部的陶瓷喷嘴挤出来，落到高速旋转的冷却轧辊结晶器上。用于强甩的金属熔体可以在石英坩埚或其他耐火材料坩埚中利用感应加热源炼制。金属浇铸过程在可控气氛（通常是惰性气体）中进行。用这种方法可以获得很薄的带材（厚度 $10 \sim 130 \mu m$），生产速度达到 $20 \sim 40 m/s$。这时金属结晶速度达到 $8 \times 10^5 \sim 2 \times 10^6 K/s$。为保证液态金属流的形状，坩埚底部陶瓷喷嘴为缝隙状。

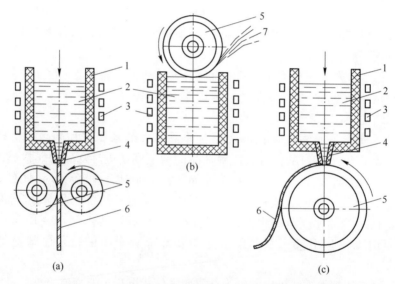

图 4.62　用现代方法获取高速淬火金属材料的原理图
（a）轧制金属熔体；（b）从金属熔体中萃取；（c）用飞轮强甩金属熔体
1—坩埚；2—金属熔体；3—感应器；4—缝隙状喷嘴；5—结晶盘；
6—高速淬火的金属带材；7—带状、丝状、鱼鳞状高速淬火产品

上述几种炼制高速淬火金属材料的方法的一个不足之处是，在制备金属熔体时都离不开耐火材料坩埚。金属熔体与坩埚的耐火材料相互作用会导致金属污染，对金属制品的质量产生负面影响。另外，在耐火材料坩埚中不能熔炼活泼金属、以活泼金属为基础的合金或者活泼金属含量较大的合金。感应加热时金属熔体在电磁场作用下的剧烈搅拌会加剧金属熔体与坩埚耐火材料之间的活性反应。

巴顿电焊接研究所设计了强甩金属熔体工艺，并用铜质水冷坩埚代替了耐火材料坩埚，用等离子电弧加热代替了感应加热[123,124]。这台新建造的 OP-133（ОП-133）型试验设备（图 4.63 和图 4.64）有一个带观察窗和工艺操作舱门的熔炼室 3，熔炼室下面连接

着铜质凝壳坩埚4，坩埚底部中心位置有一个可更换的缝隙状陶瓷喷嘴9。熔炼室固定在支撑垂直移动机构的立柱10的悬臂上。在顶盖上沿熔炼室轴向安装着PD-110（ПД-110）型电弧等离子枪1，等离子枪与垂直移动机构2相连。强甩组件7包括滚筒冷却器（结晶器）5、电动舵机和调节机构。设备还包括为等离子枪供气的等离子气源保障系统、储气罐6和真空泵8。OP-133型设备的主要技术性能见表4.26。

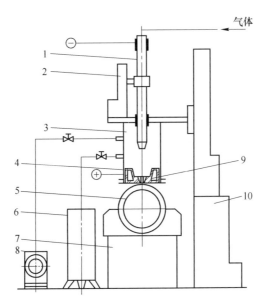

图4.63　获取非晶金属带材的OP-133型等离子电弧试验设备原理图

1—电弧等离子枪；2—等离子枪纵向移动机构；3—熔炼室；4—凝壳坩埚；5—滚筒冷却器（结晶器）；
6—储气罐；7—滚筒冷却器组件；8—真空泵；9—缝隙状陶瓷喷嘴；
10—支撑熔炼室垂直移动机构的立柱

图4.64　OP-133型设备外观

表 4.26　OP-133 型设备技术性能

指　　标		数　值
坩埚容积/m³		0.5×10^{-3}
等离子枪数量/支		1
电流种类		直流
等离子枪额定电流/A		1000
滚筒冷却器旋转速度/r·min⁻¹		50~3000
滚筒冷却器直径/mm		300
金属带材几何尺寸	厚度/μm	10~100
	宽度/mm	≤15
等离子气源消耗量/m³·h⁻¹		0.42~0.60

制备非晶金属带材方法如下：在凝壳坩埚装入相应成分的炉料，将熔炼室密封，封住底部的陶瓷喷嘴，将熔炼室抽真空。然后向熔炼室内充满氩气并达到预定压力（不低于大气压），点燃等离子电弧。炉料熔化时接通滚筒冷却器驱动舵机，并让它达到所需的转速。当炉料完全熔化、金属熔体超熔点加热到预定温度后，打开陶瓷喷嘴的密封，并把滚筒冷却器移至喷嘴下方。加大等离子枪工作电流，并从储气罐向熔炼室补充送气，使熔炼室压力提高。陶瓷喷嘴上面的金属凝壳熔化，液态金属在熔炼室气压作用下被挤向滚筒冷却器的小轨道（滑槽）。结果，金属带材就在高速旋转的小轨道（滑槽）表面成型了。

在陶瓷喷嘴下方不远处，带材会在离心力作用下脱离滚筒冷却器的工作轨道（滑槽），落入收集器料斗。

用超高速淬火方法制备非晶带材时，在滚筒冷却器工作（接触）表面会产生很多宏观和微观的凹凸不平[125]，造成这种情况的原因很复杂，因素可能有：

（1）气泡和异质颗粒被吸入金属熔体与滚筒冷却器的接触面之间；

（2）有难于冷凝的气体从滚筒表面释放出来；

（3）最后处理工序未能保障滚筒表面的光洁度；

（4）金属熔体的流体动力参数和特性（黏度、表面张力等）产生了影响。

由此可以得出结论，制备优质非晶金属带材的主要条件是金属熔体与滚筒冷却器工作轨道（滑槽）之间有良好的热交换，而这一点与润滑条件关系很大。

经过研究可以对带材成型的热模式得出以下重要结论和推断：

（1）导热系数 k 是一个对滚筒冷却器工作轨道（滑槽）润滑程度很敏感的数值，并且会受金属熔体和转盘材料化学成分的影响；

（2）在加快促使带材成型的线速度时导热系数 k 也应提高；

（3）在空气中淬火会产生氧化薄膜，在真空中淬火可以避免这一缺陷，金属熔体会更贴近滚筒冷却器，使 k 值提高；

（4）对导热系数 k 可能产生影响的还有喷嘴出口与滚筒工作轨道表面的距离，以及熔炼室内金属熔体上方的压力。

强甩金属熔体时发生的热力过程具有极其重要的作用，在很大程度上影响着对熔炼室合理结构的选择，也影响着熔炼工艺和生产的经济性。图 4.65 展示了等离子电弧产生的热量在炼制非晶带材设备各部件上的分配原理。表 4.27 列举了热量在 OP-133 型试验设备各部件上的实际分配数据。从表中可以看出，等离子电弧所释放热量的主要受体是凝壳坩埚、熔炼室、等离子枪。这几个部件吸收了等离子电弧所释放热量的 90%。表 4.27 所列数据是针对炉料熔炼阶段的，未考虑金属熔体在滚筒冷却器上浇铸时的情况。未考虑的热损失还有陶瓷喷嘴的冷却作用和测量误差。

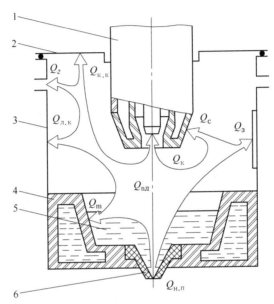

图 4.65 OP-133 型设备各部件上热量分配原理图

1—等离子枪；2—等离子枪纵向移动机构；3—熔炼室；4—凝壳坩埚；

5—金属熔池；6—缝隙状陶瓷喷嘴

表 4.27 OP-133 型设备各部件上热量分配情况

设备部件		热功率/kW	占总功率比例/%
等离子电弧释放的热量 $Q_{пл}$		26.6	100
热量在设备各部件上的分配	坩埚（Q_m）	14.7	55.2
	阴极（$Q_к$）	0.9	3.4
	等离子枪喷嘴（Q_c）	2.57	9.7
	熔炼室（$Q_{п.к}$）	5.0	18.8
	加料舱口（$Q_з$）	0.23	0.9
	熔炼室顶盖（$Q_{к.к}$）	1.55	5.8
	熔炼室排出的气体（Q_e）	1.12	4.2
未考虑的热损失（$Q_{н.п}$）		0.53	2.0

当加大等离子电弧电流时，可以观察到电极承受的那部分电弧功率降低，传递给熔炼室壁的热量增加。

根据现有的熔炼过程热平衡数据，获得非晶金属带材的单位电耗为 4~5kW·h/kg，而强甩过程的热效率 $\eta_{\text{терм}} = 12\% \sim 13\%$。在 OP-133 型设备上强甩过程的效率大约为等离子枪功率的 55%。

用强甩工艺生产非晶金属带材时，有时能观察到微观结构不均匀，原因可能是在带材与滚筒冷却器表面接触致密度不同的区段上导热条件有变化。如果滚筒冷却器材料表面湿滑程度不够，带材成型过程中厚度也会有变化。热接触好的区段带材厚度大，相反热接触弱的区段带材厚度小[126]。

用强甩工艺生产的非晶金属带材具有相当致密的结构，在样件上未发现非金属夹杂物和气泡（图 4.66）。

图 4.66　用 Ni-Si-B 合金制备的非晶金属带材纵向测试片

（a）带材厚度 50μm，×1000；（b）带材显微结构，×7300；

（c）带材显微结构，×50000

第 5 章　带水冷结晶器等离子电弧炉的结构特点

等离子电弧加热源用途相当广泛，既可以在带陶瓷底的炉子和坩埚里对钢与合金进行熔炼和提纯，也可以在水冷结晶器中对金属与合金进行重熔并成锭。已经有多种结构的等离子电弧炉在工业化和实验室条件下使用。等离子电弧炉从结构上来说是比较复杂的。

等离子电弧炉的金属结构件主要有：熔炉框架、熔炼室、结晶器、底座、自耗坯料供料机构、抽锭机构、颗粒炉料（块状炉料）料斗、向结晶器供给炉料的计量装置、电弧等离子枪等。此外，在熔炉构成中还包括一系列保障正常工作所必须的系统：受热部件的水冷系统、真空系统、等离子气源净化和再循环系统、等离子枪电源组件、熔炼状态和传动装置控制系统、锁定和信号报警系统。

巴顿电焊接研究所首创了自耗坯料、结晶器、钢锭同轴垂直配置方案，并把它作为在水冷结晶器中直接成锭的等离子电弧炉的基本结构。在采用这一结构的所有炉子里，主要部件的布局都是相同的。

5.1　等离子电弧炉的结构件、执行机构和保障系统

5.1.1　熔炉框架

框架是熔炉的基础，所有部件、执行机构和设备都将固定在框架上，此外还要在这里安装各保障系统和控制模块。所以对框架有如下要求[1]：

（1）有足够的强度，能承载炉子的所有组件，承受各执行机构运行时产生的负荷；

（2）安装各组件、机构的结构件标高精确，确保各部件、机构正常连接。

有的炉子高达 10m，仅工作台面积就有几十平方米。

5.1.2　熔炼室

熔炼室是炉体结构的中心部位，料斗、自耗坯料室、存锭室、真空系统等都与之相连接。熔炼室的构造像一个真空密闭水冷钢罐。熔炼室可以具有各种外形，例如立方形、圆柱形、两个底座相连的截锥形等。外形选择取决于等离子枪的数量、需要熔炼钢锭的大小、是否有料斗等因素。为便于维护熔炼室内的各种设备和机构，以及把必要的工艺设备（等离子枪、计量器、保险阀等）送入熔炼空间，熔炼室上有一系列舱门。舱门上安装有观察熔炼过程的窗口。此外，熔炼室上还有用于接通真空系统、排气系统、舱压检测仪器（真空计、压力表等）的连接管。熔炼室顶盖上面安装的是自耗坯料室。熔炼室下面由一个法兰连接着存锭室，熔炼过程中钢锭从结晶器中抽出来进入存锭室。舱口和法兰接头的数量、位置和尺寸取决于特定熔炉的结构。

为了扩展熔炉的工艺能力，可以安装一个或数个计量器，利用它们从料斗向熔炼中的

金属熔池表面定量添加熔剂或颗粒状合金元素。

　　值得一提的是，等离子电弧炉的熔炼室虽然容积不大，却可以炼出相当大的钢锭。例如 U-400(У-400) 型熔炉的熔炼室容积只有 1.5m³，却可以炼制 400kg 的钢锭。

　　熔炼室、坯料室、存锭室都是用非磁性不锈钢板材制作的。

5.1.3　等离子枪及其控制机构

　　能在水冷结晶器中成锭的等离子电弧炉，通常根据钢锭的截面积、钢锭形状，以及等离子枪电流种类决定安装几支等离子枪。在制备直径不大的圆截面钢锭时通常使用 3 支等离子枪，熔炼方截面钢锭时通常使用 4 支等离子枪。使用交流电时，炉内安装等离子枪的数量为 3 的倍数。

　　在自耗坯料垂直配置的炉子里，等离子枪呈放射状安装，锐角朝向坯料和结晶器的轴线。这时，对熔化坯料发挥作用的不仅有等离子电弧，还有从熔池表面反射升腾的气流和熔池表面产生的辐射。在有些炉子里，等离子枪的倾斜角度可以在熔炼过程中改变，有的甚至能让安装角度与坯料垂直轴线形成正切。这样就可以通过等离子枪喷射的等离子态气流改变金属熔池的旋转速度。

　　等离子枪通过安装在熔炼室舱口上的专用球形密封伸入熔炼室（图 5.1）。这种密封装置不仅能让每支等离子枪沿锥形表面旋转，而且能让它们轴向移动，改变喷嘴到金属熔池表面的距离，即调节等离子电弧的长度。上述这些调整都是通过熔炼室外的螺旋手柄手动操作的。为了保证维护人员的安全，球形密封外壳和螺旋机构都有绝缘防护，防止等离子枪导电元件漏电。

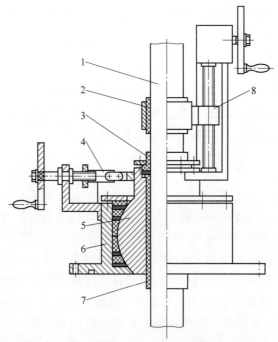

图 5.1　保障等离子枪伸入熔炼室的球形密封
1—等离子枪；2，3，7—电绝缘套管；4—等离子枪横向移动机构；
5—球形密封；6—外壳；8—等离子枪轴向移动机构

5.1.4 结晶器

结晶器是一个箱状水冷金属结构，金属熔体在那里汇集，积累到一定数量后形成钢锭。结晶器是等离子电弧炉中承受热量最多的结构件，因为它与液态金属直接接触，而顶层则受到等离子电弧产生的高温气流的炙烤。所以对结晶器结构的基本要求之一便是保障可靠散热。

在等离子电弧炉中结晶器是可替换部件。结晶器的形状决定炼出的钢锭具有何种截面。所以根据钢锭规格需求，一座等离子电弧炉可以配备一套不同形状的结晶器。

根据文献［2］对结晶器的划分，等离子电弧炉使用的结晶器可以归入滑动类。滑动类结晶器的特点是，熔炼过程中钢锭与结晶器的接触面是可移动的。根据熔炼条件，结晶器的冷却手段只能是水箱式的，即不能有明水从结晶器漏出。

由于从结晶器向下抽锭会产生摩擦力，所以结晶器里会出现附加的力学应力。因此对结晶器机械强度的要求相当严格。

结晶器的基本结构件是位于内侧的成形套筒1（见图5.2）。套筒的外侧是外罩3。在成形套筒和外罩之间有冷却水流动。为了上水和下水，外罩上焊有连接管2和4。为了加强对成形套筒的冷却效果，同时避免在成形套筒接触金属熔体的表面形成气膜，水道可以做成螺旋状。这能让冷却水定向循环，并将水流速度提高到5m/s。在等离子电弧炉中，滑动式结晶器由法兰支座5固定在炉子的熔炼室底部。

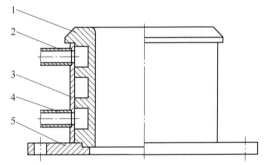

图5.2 用于等离子电弧重熔的结晶器原理图
1—成形套筒；2，4—连接管；3—外罩；5—法兰支座

制造成形套筒的材料，是经过轧制或锻造的M1、M2号铜，还可以用铬铜，例如БрХ08。套筒壁厚与套筒直径有关，从几毫米到10~20mm不等。

结晶器的外罩可以用铜或非磁性钢材制造。

5.1.5 底座

底座与结晶器一样也是等离子电弧炉中的可更换部件，它们是各型号结晶器的配套件。底座的结构特点，首先是要满足冶炼过程中从结晶器向下抽锭的需要。所以每次熔炼前必须将一根引锭杆牢牢固定在底座上，以便把长在引锭杆上的钢锭从结晶器中拉出来。

引锭杆可以使用先前炼制钢锭的切头，也可以使用轧制过的棒材、带材。引锭杆的化学成分应与重熔合金一致。图5.3展示了将引锭杆固定在等离子电弧炉底座上的最常见方法。方案一（图5.3a），引锭杆1由两个搭扣2固定，搭扣安装在底座3两个正相对的方向上。方案二（图5.3b），引锭杆固定在"鸠尾榫"型凹槽上。第二种方案使用得更普遍，因为没有反转零件，不会在反转中被卡住。在以上两种情况下，都是既可以使用钢锭切头，也可以使用经过轧制的带材。为了固定引锭杆，还可以采用向引锭杆尾部孔眼插销子的办法（图5.3c）。

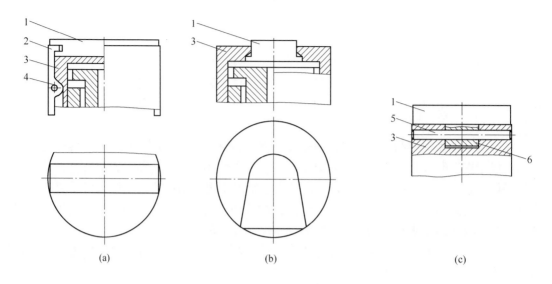

图 5.3   等离子电弧重熔炉底座引锭杆的固定方法示意图
（a）搭扣固定；（b）"鸠尾榫"型凹槽固定；（c）销子固定
1—引锭杆；2—搭扣；3—底座；4—旋转轴；5—销子；6—引锭杆尾部

5.1.6   自耗坯料供料机构

自耗坯料供料机构的职能是把要熔化的自耗坯料顶端推进等离子电弧作用区。它应保证 2~6mm/min 的过渡速度和 200~500mm/min 的行进速度。工作状态过渡时速度需要慢一些，进入熔炼状态后行进速度需要快一些，这给选择和设计等离子电弧炉的执行机构增加了一定难度。另外，供料机构不仅要保证自耗坯料在熔炼过程中以指定速度沿轴线向下移动，还要保证坯料围绕自身轴线旋转。

等离子电弧炉自耗坯料供料机构的几种最常见结构见图 5.4。

在巴顿电焊接研究所最初设计的炉子中，保障自耗坯料供料的，是同轴安装在结晶器上方坯料室的连接杆机构（图 5.4a）。通过同轴固定在连接杆上的螺母 4，连接杆 5 带着坯料 7 实现步进移动。螺杆在螺母中做旋进或旋出运动时，提供动力的是由减速机和电机组成的电动舵机 1。连接杆做自转运动时，提供动力的是电动舵机 8，其中包括一部两级蜗杆减速机。这种供料机构的不足是，连接杆与滚珠丝杠同轴布局，增加了炉体的高度。

图 5.4（b）展示了悬臂式供料机构示意图。连接杆 5 带动自耗坯料 7 做升降移动时，提供动力的是电动舵机 1、减速机 2 和滚珠丝杠副。这时螺母 4 固定在滑动架 9 上，滑动架可沿立柱做升降移动（图中未标）。连接杆自旋转时，提供动力的是安装在滑动架上的舵机 8。悬臂式供料机构可以大幅度降低等离子电弧炉的高度，但是悬臂的附加载荷会导致其他结构性缺陷，例如供料机构重心偏斜等。

有些炉子采用了双丝杠步进式连接杆的方式，避免了连接杆在真空密封中的重心偏斜，提高了工作可靠性（图 5.4c）。连接杆 5 带动自耗坯料 7 做轴向前进时，提供动力的是电动舵机 1 和圆柱形齿轮 10。两个螺杆 3 驱动横梁 11 上下移动，而连接杆则连接在横梁上。连接杆自转靠的是安装在横梁上的电动舵机 8。

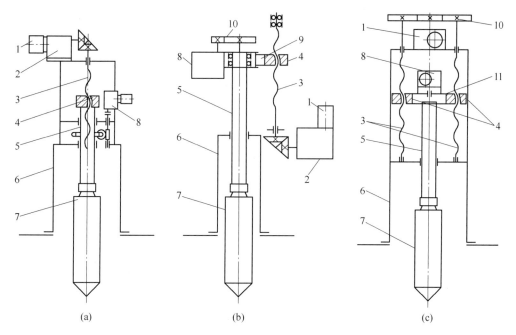

图 5.4 自耗坯料供料机构连接杆工作示意图

（a）丝杠与连接杆同轴配置；（b）丝杠与连接杆悬臂配置；（c）双丝杠驱动连接杆配置

1—连接杆升降舵机；2—减速机；3—螺杆；4—螺母；5—连接杆；6—坯料室；7—自耗坯料；
8—连接杆旋转舵机（电动）；9—滑动架；10—圆柱形齿轮；11—横梁

使用连接杆的供料机构会限制炉子的能力，因为熔炼时形成的升华物和其他粉尘物质常常会凝结在连接杆上，需要对连接杆进行养护。

后来，钢索供料机构取代了连接杆供料机构，极大降低了炉体高度。自耗坯料靠钢索机构实现轴向移动，可以连续向前，也可以反向移动，保障送料的是一台带动钢索绞盘的舵机。保障坯料自转，包括反转的是另一台舵机和蜗轮盘，它们能让带钢索的绞盘完成水平方向转动。

钢索绞盘机构（图 5.5）安装在坯料室 3 上，供料机构的外壳 4 经过密封件伸入坯料室内，与结晶器保持同轴方向。头罩 8 内有绞盘 7、钢索 6 和悬挂自耗坯料 2 的吊钩。绞盘通过齿轮传动 10 与电动舵机 9 相连，而头罩 8 通过蜗轮盘 11 与电动舵机 5 相连。

从结构图中可以看出，自耗坯料通过电动舵机 9 实现步进移动，电动舵机 9 通过减速机和开放式齿轮传动 10 转动绞盘 7。绞盘旋转时钢索 6 会绕起或放开，结果悬挂在吊钩上的坯料 2 就实现了上下移动。头罩 8 的水平旋转依靠的是带蜗轮减速机的电动舵机 5 和与供料机构外壳 4 连在一起的蜗轮盘 11。

尽管电动舵机本身相对简单，但是在某些情况下，为了使用它却使执行机构变得相当复杂（例如大传动比的非标准减速机、滚珠丝杠等），以至于有时不如使用带分流阀的液压机构。

分流阀式液压调节器的优点是尺寸小，重量轻，速度快（对指令信号迅速反应），主要原因是活动部件惯性小，动力强度高以及延迟量小。另外这类机构还有无极变速调节，无时间延迟，运行平稳，操作简便，工作可靠性高等特点。

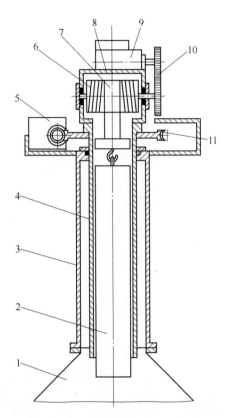

图 5.5　钢索绞盘供料机构工作原理图

1—熔炼室；2—自耗坯料；3—坯料室；4—供料机构外壳；5—坯料自转电动舵机；
6—钢索；7—绞盘；8—头罩；9—绞盘旋转电动舵机；10—齿轮传动；11—蜗轮盘

5.1.7　抽锭机构

　　抽锭机构的作用是在熔炼过程中控制从结晶器向下抽锭的速度并在熔炼结束后卸载锭子。所以这种机构也有两种移动状态：过渡状态和行进状态。保障移动的机构通常是滚珠丝杠，有与锭子同轴的单滚珠丝杠，有利用悬臂的单滚珠丝杠，还有带活动横梁的双滚珠丝杠。抽锭机构安装在熔炼室下面，有一根与底座相连的连接杆从下方伸入存锭室。连接杆与结晶器保持同轴。

　　等离子电弧炉抽锭机构的工作原理见图 5.6。

　　从动力学角度看，与钢锭同轴的单滚珠丝杠（图 5.6a）最简便，使用性能也高。主要缺点是增加了炉子的整体高度，连接杆的结构也较为复杂。

　　利用悬臂的单滚珠丝杠（图 5.6b）能够降低炉体高度，但是也有很多不足：增加了导向柱，从而增加了机构的金属容量和结构复杂性；带螺母的悬臂重心偏斜，跨度大，容易造成轴承游隙变大和弹性变形；连接杆铰接结构复杂，偏载会导致摩擦副表面快速磨损。

　　双滚珠丝杠（图 5.6c）结合了上述两种滚珠丝杠的优点。双滚珠丝杠可以安装在炉子侧面，既能降低炉体高度，又能保持螺杆载荷平衡。不过双滚珠丝杠也有一些不足：安

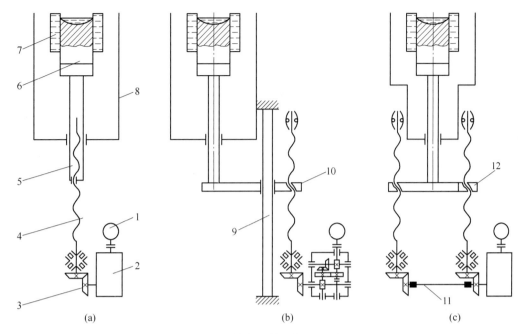

图 5.6 抽锭机构工作原理图

（a）与钢锭同轴的单滚珠丝杠；（b）利用悬臂的单滚珠丝杠；（c）双滚珠丝杠

1—电动机；2—多级减速器；3—锥形齿轮传动；4—螺杆；5—与螺母和底座相连的连接杆；

6—钢锭；7—结晶器；8—存锭室；9—导向柱；10—带螺母的悬臂；11—平衡轴；12—带螺母的横梁

装和维护较复杂，保障螺杆同步旋转较复杂，动力螺母会出现游隙等。

考察一下等离子电弧炉上带电动舵机的供料机构和抽锭机构的工作原理，可以得出结论，为了获得缓慢和平稳的过渡速度，在大多数情况下需要使用非标准的多级减速器。这种减速器与丝杠传动相结合，可以在移动的连接杆与执行机构电机之间获得较大传动比。

众所周知，在实现反向运动并且有动力载荷时，带丝杠传动的电动舵机会有延迟，原因是滚珠丝杠进行间隙选择需要一定时间。执行机构传动比越大，即过渡速度越小，时间延迟会越大。

近年来，在新建造的大型电子束重熔炉上已经开始应用液压执行机构完成抽锭。所以，不排除将来在等离子电弧重熔炉上也会使用液压机构。

5.1.8 存锭室

存锭室是熔炼过程中存放成形钢锭的地方。存锭室都有侧舱口，有些侧舱口是用来卸载钢锭的，例如熔炼小锭子的 UPP-3（УПП-3）、U-365（У-365）、UP-102（УП-102）型熔炉。有些炉子是从存锭室的上开口卸载钢锭。卸载时需要把装有锭子的存锭室与熔炼室分开，把存锭室移到一边，例如 UP-102、U-467（У-467）型熔炉。这时，需要通过存锭室侧舱口让锭子脱离底座。

为了便于装填沉重的自耗坯料，卸载钢锭，清除灰渣以及维修结晶器，抽锭机构和结晶器可以在液压机构帮助下脱离熔炼室，用专用小车送到炉子外面，例如 UP-102、U-467、U-600（У-600）型熔炉。对这种机构的总体要求是，所有摩擦部件都不应该位于熔炼室内，应该离热源（等离子电弧）越远越好。

5.1.9　水冷系统

水冷系统应该保证有效冷却炉中直接与高温气体和液态金属相接触的部件，以及承受等离子体辐射、炽热钢锭和高温对流气体影响的受热部件，首当其冲是离子枪、结晶器、底座、熔炼室。用于冷却的应该是经过滤、不含溶解杂质、压力为（3～5）×10²kPa 的软化水。如果车间管道水压不足，要给炉子配备自主给水装置。

5.1.10　等离子气源供给、净化和循环系统

用于生成等离子体的气体是用气瓶供应的，其中带有一定数量在生产过程中产生的水分、氧气和其他气体。这些杂质可能对重熔金属的质量产生不良影响。所以等离子电弧炉配备有净化系统，从即将使用的气体中清除掉上述杂质。图 5.7 展示了净化系统的典型结构图，可以确保向等离子枪提供纯净的等离子气源（氩气）或混合气体（氩气+氮气）。净化系统包括以下机构：必要的截止和调节机构，用于保障和调节输送给等离子枪或熔炼室的供气量；检测仪表，用于监控气体流量和熔炼室压力的稳定性；安全阀，用于在充气容器（熔炼室、储气罐、管道等）增压时应对紧急情况。

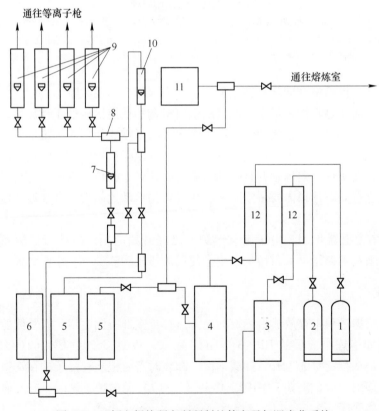

图 5.7　巴顿电焊接研究所研制的等离子气源净化系统

1—氩气瓶；2—氮气瓶；3—氮气储存罐；4—氩气储存罐；5—清洁氩气的加热炉；6—清洁氮气的加热炉；
7—测量氮气流量的转子流量计；8—气体混合器；9—每支等离子枪的转子流量计；
10—测量氩气流量的转子流量计；11—真空泵；12—气体干燥器

补充净化等离子气源的方法是，让充当等离子气源的气体穿过在专用加热炉里加热到高温的反应剂。

给等离子气源除湿的方法是让其穿过干燥器。干燥器中最常用的反应剂是五氧化二磷，它能把气体中的水分降低到 2.5×10^{-2} mg/m^3（2.5×10^{-5} mg/L）。

使用分子筛给气体脱湿是一种极有发展前景的方法。这是一种具有大量细小气孔的天然或人工合成的矿物晶体沸石。沸石有极为发达的气孔内表面积，有些甚至超过普通的吸附剂。这些晶体的气孔尺寸接近气体分子的直径。较小的气体分子会进入气孔并被吸附在气孔表面，较大的气体分子从气孔旁边穿过沸石。

分子筛是非常出色的等离子气源干燥器。在同等条件下使用不同的干燥剂时，经过处理的气体中水蒸气含量差异很大，例如[3]：

硅胶	20N/m^2
高氯酸镁	2N/m^2
沸石	0.01N/m^2

沸石有下列优点：（1）在水蒸气低分压区有很高的吸附力；（2）能在高压和高温下进行干燥；（3）干燥效果稳定，等级高；（4）力学性能优良。

沸石能在高温下出色工作，而其他干燥剂在高温下吸附力会下降。此外沸石还原还相当简单，只要在真空中加热到高温或者用干燥气体吹拂一下就行。

对于添加了氮气和氢气的等离子气源，除去湿外还必须脱氧。可以让氮气穿过930K的红铜碎屑实现净化，而净化氢气的温度为600~700K。

净化氩气的办法是，把镁碎屑和优质海绵钛加热到能使镁和钛表现出最大活泼性的温度，然后让氩气从其中穿过去。

要增大熔炼钢锭的重量，就要相应提高等离子电弧炉的功率，自然也会加大等离子气源的使用量。所以减少等离子气源消耗是一个现实问题。可以采用循环利用的办法。要减少气体消耗就必须建立让气体在密闭状态下循环使用的净化系统。图5.8展示了等离子气源循环净化系统原理图。气体循环系统的特点是：

（1）必须用过滤器8，14净化等离子气源，清除悬浮于其中的固相和液相颗粒；
（2）采用专用压缩机15向净化和循环系统输送气体；
（3）必须使用储气罐4（一次性使用等离子气源不需要储气罐）。

使用各种混合气体时，保障循环系统正常工作的基本条件之一，是它们的等质性，特别是在储气罐没有充分搅拌的条件下。

文献［3］对温度为300K、压力为0.5MN/m^2、高度为6m的储气罐内氩氮混合气体（1:1）分层的可能性做了计算。结果表明，混合气体基本未发生分层，所以不需要对罐内的氩氮混合气体进行强制搅拌。

5.1.11 真空系统

真空系统的作用是在熔炼开始前排净熔炼空间（熔炼室+坯料室+存锭室）内的空气，以便向那里填充惰性气体或指定成分的混合气体。若是进行低压熔炼，则要用真空系统从

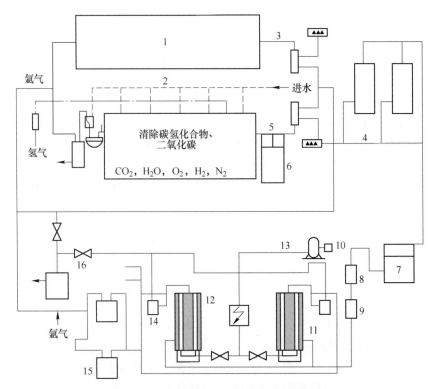

图 5.8 双元等离子气源的循环净化系统原理图

1—1 号精滤模块；2—2 号精滤模块；3—流量计；4—储气罐；5、9—冷柜；
6—湿度计；7—炉子；8、10、14—滤芯；11—吸附器；12—加热器；
13—鼓风机；15—隔膜压缩机；16—真空泵

熔炼空间排走全部气体，并在整个熔炼期间保持必要的真空度。保障标准大气压真空条件，使用预抽真空泵就行了。保障低压真空条件，除了预抽真空泵还要使用增压泵。真空系统的管道由不锈钢制造。

5.1.12 等离子枪电源系统

等离子枪电源系统包括：电力降压变压器、整流器、启动调节和保护装置。使用直流电并安装一组等离子枪的炉子，最可取的方案是给每一支等离子枪配备单独的电源，单独的等离子体激励器（振荡器）。使用三相（交流电）等离子枪组的炉子，电源系统包括：电力变压器、可控饱和节流器、短网、启动调节和保护装置。

5.1.13 锁定和信号报警系统

这个系统包括大量安装在炉子受热部件（等离子枪、结晶器、熔炉底座、熔炼室等）的冷却系统中的传感器。在供气系统中也安装有检测等离子枪气体流量的传感器。所有传感器都接入电源系统，一旦出现紧急情况，立刻通过继电接触器中断等离子枪工作。等离子气源净化和循环系统中的开关阀也会锁定。在所有锁定机构均启动的同时，控制台上的灯光和音响信号也会报警。

5.2 用于金属与合金提纯或用氮气进行合金化的熔炉

20世纪60年代初巴顿电焊接研究所研制出用于金属焊接和切割的电弧等离子枪,工作电流不超过300A。这些等离子枪当然不适用于工业冶炼设备[4]。不过设计人员用小功率等离子枪在实验室熔炉上进行了试验性熔炼,所得结果令人信服地证明了等离子热源在熔炼和提纯各种金属与合金方面的高效率[5]。当时文献[5]就指出:等离子电弧重熔可以兼容更多种有助于提高重熔金属质量的工艺手段(表5.1),例如:

(1)用炉渣和气体作提纯添加剂,强化脱硫、脱磷、清除非金属夹杂物;

(2)超熔点加热金属,强化用溶解的碳给金属熔体脱氧的过程,加快非金属夹杂物上浮;

(3)给金属熔体创造真空环境,提高碳的脱氧能力,减少气体杂质和蒸气分压高的有色金属夹杂;

(4)金属定向结晶,把夹杂挤向金属熔池,获得具有理想宏观结构的钢锭,避免局部偏析、气泡和缩孔。

表 5.1 最常见熔炼方式中用于提高金属质量的工艺手段

金属熔炼方式	用炉渣和气体精炼	重熔金属	真空环境	金属定向结晶
真空感应熔炼	无	无	有	无
真空电弧重熔	无	无	有	有
电渣重熔	有	有	无	有
电子束重熔	无	有	有	有
可控环境中的等离子电弧重熔	有	有	无	有
真空环境中的等离子电弧重熔	无	有	有	有

在水冷结晶器中进行等离子电弧重熔并成锭的工艺,既可以在熔炼室保持标准大气压或高于一个标准大气压,使用中性或还原气体条件下采用;也可以在熔炼室内保持低压条件下采用。如果需要给金属深度脱气或者想用溶解在金属中的碳给金属脱氧,应该选择在低压下熔炼。前一种方法适合重熔含有低沸点元素的合金,避免它们蒸发。

等离子电弧重熔与其他常见的二次重熔工艺的能力指标比较见表5.2。从表中可以看出,等离子电弧重熔在控制熔炼室气氛、稳定工艺状态与金属化学成分、调节熔炼速度与钢锭结晶速度等方面,都毋庸置疑地优于电渣重熔,更优于真空电弧重熔。例如,进行电渣重熔和真空电弧重熔时,改变自耗电极熔炼速度势必引起电气状态的变化,而这又会造成金属熔池几何形状与温度参数的变化。就是说,在这两种重熔方式中电极熔炼速度、电流强度与金属熔池参数之间存在硬性联系。而等离子电弧重熔和电子束重熔则与之不同,具有在一定范围内改变自耗坯料熔化速度的灵活性,只需要改变一下把自耗坯料前送至熔炼区的速度即可,不需要改变电气状态,也不会有其他不良后果。

表 5.2　工艺能力指标比较[5]

重熔方式	炉内气氛	可否炼方形锭	对重熔合金的化学成分有无限制	可否使用炉渣	可否调节金属熔池温度	可否调节金属熔池结晶速度
真空电弧重熔	真空	否	不能重熔含氮、锰、铝的合金	否	有限	有限
电子束重熔	真空	可	同上	否	大范围	大范围
电渣重熔	中性、氧化、还原	可	很难重熔含稀有金属的合金	必用炉渣	有限	有限
等离子电弧重熔	中性、氧化、还原、真空	可	无限制	可用，可不用	大范围	大范围

　　1963 年巴顿电焊接研究所研制的第一台 OB-627（ОБ-627）型等离子电弧炉投入使用，熔炼出了直径为 75mm 的钢锭。这座炉子的熔炼室状似两个底部相连的截锥体。炉内配备了三支带钨芯阴极的等离子枪，使用不超过 500A 的直流电。这座炉子装备的是最早问世的直流电等离子枪，而且采用了在氩气环境中进行等离子电弧重熔工艺，熔炼出了第一批以软磁精密合金、镍和钛为原料的钢锭。

　　1964 年末，在已有经验基础上建造了更加完善的 UPP-3（УПП-3）型等离子电弧炉。它的熔炼室为立方形（图 5.9，表 5.3）。炉上安装了 4 支 500A 直流电弧等离子枪，总功率为 160kW。这座炉子能够熔炼直径为 125mm、重量为 50kg 的钢锭。炉内还安装了滚珠丝杠步进式自耗坯料供料机构和抽锭机构。

图 5.9　UPP-3 型多用途等离子电弧炉
用于重熔和提纯金属与合金

表 5.3 巴顿电焊接研究所试验用等离子电弧炉技术参数

参 数	熔炉型号			
	UPP-3	U-365	U-461	U-468
等离子枪功率/kW	160	240	160	240
等离子枪数量/支	4	6	4	6
坯料最大长度/mm	700	1150	840	1250
钢锭最大直径/mm	125	150	100	150
钢锭最大重量/kg	50	130	30	130
抽锭速度/mm·min^{-1}	1~40	1~40	0.5~30	110
炉体高度/mm	4760	3550	3520	5260
工作平台面积/m^2	8.5	10.25	10.5	10.5
供料机构类型	连接杆式	钢索式	无连接杆螺旋式	连接杆式
抽锭机构类型	同轴连接杆式	悬臂连接杆式	无连接杆棱柱导向式	悬臂连接杆式

1966 年第二座同一型号的炉子在叶卡捷琳堡工厂（俄罗斯）投入工业使用，用于冶炼有色金属。在很长时间里，这座炉子都用于重熔和精炼铂基合金，并回收利用本企业生产线上产生的合金废料[5]。在这座炉子上很快就熔炼出了多种铂基合金，质量远远超过用传统方式熔炼的金属。

多支等离子枪组合使用的方法，使熔炉完成了由实验室（锭子重量不大于 50kg）到工业使用的转变，熔炼钢锭的重量达到 400kg。取得这个结果的方法很简单，就是把等离子枪数量从 3 支增加到 4~6 支。后来为了制备更大的钢锭，又把等离子枪的功率（工作电流）从 500A 提高到 3000A（表 5.4）。

表 5.4 巴顿电焊接研究所工业化等离子电弧炉技术参数

参 数	熔炉型号			
	UP-102	U-400	U-467	U-600
等离子枪功率/kW	300	240	970	1800
等离子枪数量/支	3	6	6	6
坯料最大长度/mm	1000	2000	2000	3700
钢锭最大直径/mm	125	150~250	150~250	650 以内 450×450
钢锭最大重量/kg	50	400	450	5000
抽锭速度/mm·min^{-1}	1.27~12.7	1.38~13.8	1.8~18	2~20
炉体高度/mm	5350	10400	7600	19350
工作平台面积/m^2	22.0	38.5	42	48
气体循环系统效率/m^3·h^{-1}	10	—	—	—
每作业小时生产率/kg·h^{-1}	50~70	90	90~135	400~900
耗水量/m^3·h^{-1}	20	18	30	45

　　1966 年 9 月 U-400 型熔炉（图 5.10）在电钢厂（俄罗斯）投入试验和工业使用[6]，标志着等离子电弧重熔工艺开始应用于冶炼高质量钢与合金。这座炉子上安装了 6 支等离子枪，总功率为 240kW，可以熔炼直径为 280mm、重量为 500kg 的钢锭。

　　20 世纪 70 年代巴顿电焊接研究所的专家设计了几个从技术角度看很有意思的等离子电弧炉。首当其冲就是著名的 UP-102 型熔炉（图 5.11）和 U-467 型熔炉（图 5.12）。

　　UP-102 型等离子电弧炉用于在气体成分可控的环境中提纯镍基或铬基高温合金、精密合金和高纯金属。炉子是按照自耗坯料、结晶器、钢锭同轴垂直配置的结构建造的（图 5.11）[7]。等离子枪呈辐射状安装，枪口朝向坯料和钢锭的轴线。

图 5.10　U-400 型等离子电弧炉　　　　　　　图 5.11　UP-102 型熔炉

　　炉子由熔炼室、带供料机构的坯料室、存锭室组成。坯料室和供料机构位于上平台。带抽锭机构的存锭室和结晶器安装在滑动小车上，沿轨道移动。炉子上还配置了真空系统、等离子气源循环与再生系统、等离子枪电源。操纵台和控制柜位于下工作平台。冷却系统包括过滤器、监测每个水冷部件压力和调节流量的仪表。等离子枪电源既可以是直流电，也可以是交流电。熔炼前，真空系统保障在熔炼室形成真空环境，压力不大于 1.33kPa。

　　这座炉子的新颖之处是，为了卸载钢锭，带抽锭机构的存锭室安装在一辆专用小车上，小车可以沿轨道移出熔炼室。

　　这座炉子的工作特点是，主要在纯氩气或氢气含量为 10% 的氩氢混合气体环境中重熔

合金。等离子气源循环与再生系统由放置气瓶
的柜子、压缩机、输气管道、气体（氩气和氢
气）净化装置（清除机械杂质、除湿、脱
氧）、调节机构和流量计组成。

1974 年 UP-102 型等离子电弧炉在斯图皮
诺冶金公司（俄罗斯）投入使用，用氩氢混
合等离子体对镍基耐高温合金进行重熔提纯。

1971 年 U-467 型多功能等离子电弧炉在巴
顿电焊接研究所投入使用（图 5.12）。20 世纪
70 年代中期这种型号的第二座炉子在圣彼得
堡市（俄罗斯）轧钢厂投入试验和工业化使
用。这台设计功率 970kW 的炉子可以小批量
熔炼直径为 150~250mm、重量为 450kg 的钢
锭，并且可以进行各种工业化工艺技术
研究[8]。

U-467 型熔炉使用了钢索供料机构来输送
自耗坯料，这样大大降低了炉体高度。为了清
除杂质和湿气以便提纯等离子气源，炉子中配
置了一个使用不可再生吸附剂的气体过滤系

图 5.12 带工作平台的 U-467 型熔炉

统。用氩气和氩氮混合气体作等离子气源。在使用混合气体工作时，先用纯净氩气点燃等
离子电弧，然后送入调配好的混合气体。

世界上最大的带水冷结晶器的 U-600 型等离子电弧炉是由巴顿电焊接研究所和依热夫
斯基冶金工厂合作建造的（图 5.13 和图 5.14）。这座炉子于 1977 年投入工业使用。它的
主体结构保留了早已被工业化生产证明行之有效的自耗坯料、结晶器，钢锭同轴垂直配置
布局。炉子的结构与动力装备可以保障熔炼重达 5t 的圆形或方形钢锭。炉上安装了 6 支等
离子枪，总功率达到 1800kW。等离子枪使用两个 A-1474 型交流电源，等离子枪电流的调
节范围为 600~3000A。炉体加地坑的总高度为 19.35m。炉内配备了一个最大直径为
650mm 的圆形结晶器和一个 450mm×450mm 的方形结晶器，后者用于熔炼矩形钢锭。为了
输送自耗坯料和抽锭，使用了与连接杆同轴配置的电动丝杠机构。

为了方便机械化装载重坯料、卸载钢锭、清除灰渣和维修结晶器，抽锭机构和结晶器
可以在液压作动器的作用下与熔炼室脱离，通过专用小车运输到炉子以外。存锭室的上升
与下降、存锭室与熔炼室的连接、结晶器的上升、坯料的自转都是由液压舵机驱动的。炉
子的所有部件都可以通过主控制台远程控制。

炉上安装有等离子气源保障系统，包括气体除湿与脱氧组件、压缩机、流量计，每支
等离子枪上还有气体流量监测仪表。

值得一提的是，熔炉的上述结构主要是为熔炼高温合金和精密合金钢锭设计的。炉上
配有小料斗，可以在熔炼过程中给金属熔池表面添加熔剂。

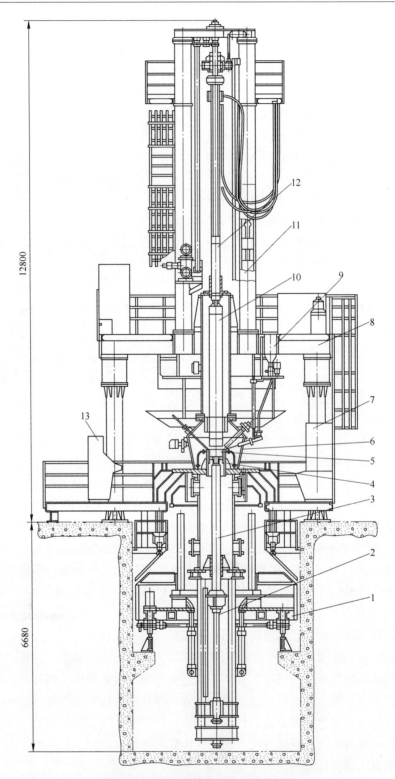

图 5.13 U-600 型等离子电弧炉结构图

1—带抽锭机构的小车；2—抽锭机构丝杠；3—抽锭机构连接杆；4—结晶器；5—底座；6—熔炼室；7—水冷液压组件；
8—框架；9—助熔剂进料斗；10—自耗坯料；11—自耗坯料供料机构；12—自耗坯料供料机构连接杆；13—主控制台

图 5.14 U-600 型等离子电弧炉熔炼室旁的工作平台

5.3 用于重熔钛回炉料的熔炉

在苏联，自钛工业创建之日起，海绵钛的生产企业就隶属于有色冶金部，而致密金属锭和钛合金的生产企业则隶属于航空工业部冶金总局。

制备锭子的主要方式至今依然是真空电弧重熔。真空电弧重熔炉使用的自耗电极是由海绵状和块状回炉料压制而成的。虽然工艺和设备都不复杂，但是此方法有很多不足。首先，熔炼过程中大约有 2% 的钛会损失掉，无法还原。另外，如果重熔的钛合金中包含蒸气分压更高的合金元素（例如铝或锰），这些元素的损失会大于基体金属。

金属熔体蒸气冷凝在金属熔池表面上方的结晶器内壁上，会形成所谓"花环"状结晶体。熔炼过程中，当金属熔池水平面升高时，结晶器内壁上的一部分"花环"会被液态金属熔化。这种情况会破坏合金的化学成分，使锭子在高度与横截面上出现化学成分的不均匀性。

粘在结晶器内壁上的一层未熔化的"花环"还会使锭子表面形成疏松层，随后必须清除掉。由于这一原因，许多锭子做变形处理前必须先在金属加工车床上进行粗切削，这样一来会造成额外的劳动损耗和金属损耗。

与真空电弧重熔不同，等离子电弧重熔能够保证锭子具有高质量的表面，不需要进行粗切削。另外，不需要将准备重熔的炉料压制成相应形状。这就为重熔（回收利用）钛与钛合金回炉料开拓了全新的可能，不再顾虑回炉料的种类和形态。

5.3.1 重熔薄板状钛回炉料的 U-599 型等离子电弧炉

由巴顿电焊接研究所设计并于 1972 年在阿尔切夫斯基冶金企业投入使用的 U-599 型熔炉（图 5.15 和图 5.16）彻底实现了可以重熔任何形式的炉料、不用将坯料压制或焊接成一定形状的设想。建造这座炉子就是为了解决一个多年未找到合理答案的难题，即如何回收利用（重熔）薄板状边角料。工厂在轧制和剪裁钛板过程中会产生很多这样的废料。

U-599 型熔炉需要间歇工作，需要在惰性气体环境和 110~120kPa 的压力下完成熔炼。

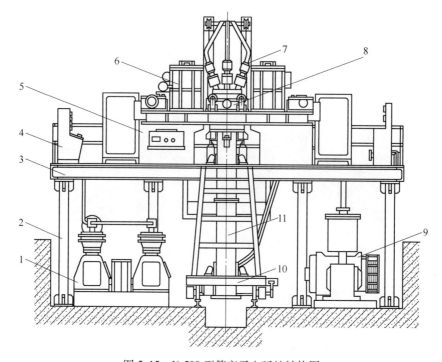

图 5.15 U-599 型等离子电弧炉结构图
1—压缩机；2—支柱；3—维护平台；4—控制台；5—便携式遥控器；6—料斗；7—等离子枪；8—熔炼室
9—真空泵；10—小车；11—存锭室

熔炼室的结构像一个立方形箱子，外带水冷套筒。通过熔炼室顶盖上的孔道安装了六支等离子枪 7。顶盖可以拆卸，便于在准备熔炼时对等离子枪进行养护和小规模维修。熔炼室 8 固定在维护平台 3 上。熔炼室两侧对称连接着两个相同的料斗 6。熔炼开始前将必要数量等待重熔的薄板状回炉料成摞码放在两个料斗内[9~11]。

这种新颖的结构是在设计带料斗的装填机构（图 5.17）时确定的。在准备区将尺寸匀整的薄板状坯料 5 码入盛料箱 7，盛料箱像一个两面敞开的盒子。盛料箱前端底板上有一个朝下的窗口，从这里将坯料送入熔炼室。

图 5.16 U-599 型等离子电弧炉

送料机构是滚珠丝杠带一个滑动架，可以在水平方向上进行往返和步进运动。传动螺母驱动滑动架移动。滑动架前端的水平轴上交错安装着若干个凸轮，可以把小薄板平稳、均匀地送入熔炼区。

滑动架的舵机是双向的，用电磁开关调整转动方向。这台舵机可以保证滑动架以必要的工作速度（行进速度）朝结晶器方向移动，然后快速返回初始位置。磁控换能器可以在

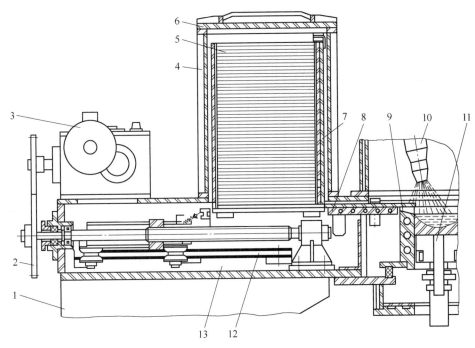

图 5.17 送料机构的料斗

1—外壳；2—齿轮传动；3—送料机构舵机；4—料斗；5—码放好的坯料；6—料斗盖；7—盛料箱；
8—轨道；9—结晶器；10—等离子枪；11—抽锭机构；12—送料机构；13—舱室

1~10 倍的范围内调节速度。为了保证重熔坯料定向移动，在盛料箱 7 和结晶器 9 之间装有一条铜制水冷轨道 8，带两个导向槽。轨道下面的舱室里安装了金属隔板，避免送料机构的部件遭受对流热气体烘烤。

熔炼室与下面的结晶室密闭连接，结晶室里有铜质水冷结晶器，内壁呈 1∶4.5 的矩形。这种结构允许同时从两面向熔炼区添加薄板状回炉料，形成扁平的锭子，并将其抽出（图 5.18）。

结晶器的舱室下面连接着存锭室。存锭室带有抽锭机构和卸锭机构，都安装在小车上。

负责把扁平钛锭从结晶器中抽出来的是双连接杆抽锭机构，包括存锭室、框架、电动舵机、固定在连接杆上的水冷底座（图 5.19）[12,13]。采用双丝杠结构可以保证无偏斜和速度均匀地从结晶器向下抽锭，不会给个别组件和零件造成过载，同时能避免底座最远点在各种摩擦力作用下对连接杆与底座的连接处产生弯曲力矩压力。两根连接杆对称安装在底座下面，选择其间距的标准是保证连接最牢固。

负责将带抽锭机构的存锭室升高并与熔炼室压紧，卸载时移开，随后送回进行下一炉熔炼的，是一台液压舵机。液压舵机的启动和停止由操纵台控制。

水冷存锭室 10 的上开口为矩形截面，通过活节螺栓与结晶室下的法兰相连接。存锭室内有水冷底座 12，固定在两个空心连接杆 6 上，便于返回和步进运动。底座的冷却水从一个连接杆导入，从另一个连接杆导出。底座两侧有夹紧器 9，用于固定熔炼出的钛锭 11。活动卡盘 8 可将夹紧器固定在工作位置上。

图 5.18　由薄板状边角料制成的钛合金锭子

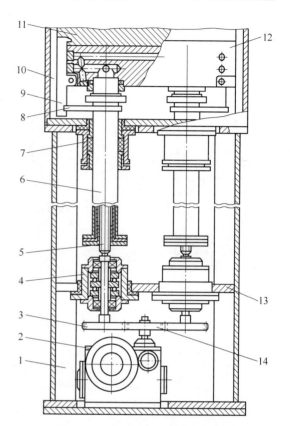

图 5.19　U-599 型炉子的抽锭机构

1—框架；2—钛锭双向驱动舵机；3—齿轮传动；
4—轴承；5—传动丝杠；6—连接杆；7—密封组件；
8—活动卡盘；9—夹紧器；10—存锭室；
11—钛锭；12—底座；13—横臂；14—主导齿轮

连接杆 6 的下部同轴方向装有螺纹套管（螺母），传动丝杠 5 在其中旋转。螺杆底部安装在轴承组件 4 上。轴承组件的底部牢固连接着与主导齿轮 14 啮合在一起的齿轮 3，以及可逆向运动的舵机 2。舵机 2 和传动螺杆的固定件都安装在框架 1 的横臂 13 上，框架 1 与存锭室 10 的底部相连接。舵机上安装着速度传感器和同步传感器，主控制台和便携式控制器根据传感器的数据通过相应仪器调整抽锭速度和确定锭子的长度。

为了保证连接杆与炉子其他器件的电绝缘，以及密封组件 7 与存锭室之间的绝缘，齿轮 3 也由电绝缘材料（夹布胶木）制作。

抽锭机构的连接杆是阳极电路的组成部分，通过它们把电势引导给熔炼中的钛锭。虽然由于底座不宽，两个连接杆的尺寸受到限制，但是它们横截面的总面积还是足以向钛锭输送密度不大于 $1.5 \sim 2.0 A/mm^2$ 的所需电流。

抽锭机构可以保证底座以过渡和工作两种速度运动。

给钛锭（底座）导电使用的是滑动式自定位接触器（电刷），这种方式可以缩短短网，减少纯电阻和感抗。每个电刷都是一个导电板，固定在弹簧杠杆上的刀刃把导电板压紧在滑动表面上（图 5.20）[14,15]。电刷 1 的形状像一个矩形导电板，在矩形下部有一个比较宽的向内弯曲的弧形表面,其弧度与抽锭机构连接杆7的半径弧度相同。电刷外缘的中间位置有一个横向 V 形槽 6,电刷两端由接线柱 2 固定。压紧装置包含杠杆 3、弹簧 4 和刀片 5,刀刃的角度比电刷 V 形槽角度略小一些。

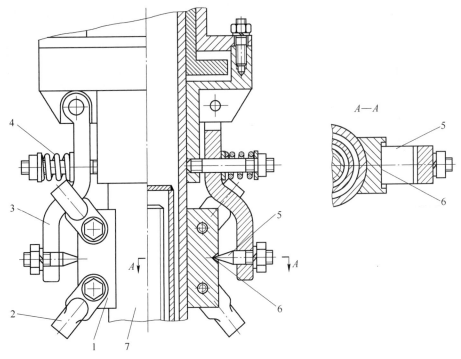

图 5.20 向滑动表面导电示意图

1—电刷;2—接线柱;3—杠杆;4—弹簧;5—刀片;6—V 形槽;7—抽锭机构连接杆

滑动导电的结构允许电刷相对于刀刃有角度摇摆,也允许其沿滑动表面移动,从而保证电刷在"滑动"过程中始终均匀地压紧移动的圆柱体表面。电刷压紧移动表面的力度可以根据需要进行调节。

U-599 型熔炉首次尝试了用气动系统保障彼此独立的等离子枪在点火阶段进行轴向移动。在等离子电弧被点燃之后,气动系统保障等离子枪返回工作位置,这一位置可以在熔炼过程中进行调整。气动系统的能源可以是空气,也可以是主管道内的气体,或与气动系统连接的气罐内的气体[16~18]。

气动系统由气动组件、等离子枪移动机构和布线成分组成。控制等离子枪移动的气动控制器位于气动组件内。另外,气动组件内还包含:6 个空气分配器,用于把气流导向各移动机构气压作动器的腔体;6 个电气阀,用于开关气压作动器与压缩空气管路的连接;1 个节流阀,用于调节等离子枪移动速度;1 个带回水器和滤芯的除湿器,用于除湿和净化压缩空气中的灰尘与污垢;1 个压力调节器,用于保障系统的必要压力;1 个喷油器,用于自动润滑等离子枪移动机构上的作动器;1 个气压计。

等离子枪移动机构的结构见图 5.21。移动机构包括气压作动器 3、带活动顶盖 6 和上下管接头 2 的气动舵机。等离子枪 1 从位于顶盖与气压作动器底部的孔中穿过,等离子枪外壳同时发挥气压作动器连接杆的作用。在等离子枪外壳上,活塞 4 被夹具 5 固定在气压

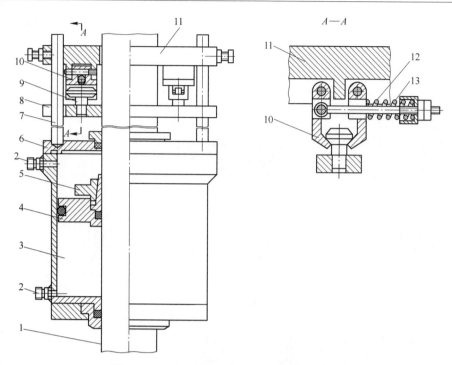

图 5.21　U-599 型熔炉等离子枪轴向移动机构

1—等离子枪；2—管接头；3—气压作动器；4—活塞；5—夹具；6—顶盖；7—支柱；8—卡箍；
9—支架；10—钳口；11—限制器；12—弹簧；13—螺杆

作动器内。活塞在等离子枪外壳上的位置可以调节。

　　为了防止抽真空时等离子枪 1 在炉内大气压作用下向结晶器方向发生轴向移动，在气动舵机作动器的顶盖 6 上有一个从上方将等离子枪锁定的机构。锁定机构包括两个被刚性固定在顶盖 6 上的支柱 7。支柱上用螺栓固定限制器 11，限制器上的两对被弹簧 12 压紧的钳口 10 起制动作用，防止等离子枪向上移动。钳口的收缩力度可以调节。钳口收紧形成一个圆锥形的腔体，固定在卡箍 8 上的支架 9 被包围在腔体之内，而卡箍 8 则安装在等离子枪外壳上，位于顶盖 6 与限制器 11 之间。卡箍 8 上有供支柱 7 通过的凹槽。在移动等离子枪时凹槽起定向作用。

　　等离子枪应该处于靠上的（工作）位置，为此要将带制动组件的限制器 11 沿立柱从作动器顶盖向上移动一定距离，然后锁住。带支架的卡箍 8 则固定在等离子枪下面靠近作动器顶盖的位置。等离子枪启动前被制动组件的钳口固定在最上面的位置。为了激活主电弧，让它在等离子枪与底座金属引锭杆之间燃烧，需要按动操作台上的按钮，打开相关的电气阀，让气体（空气）进入作动器上腔，将等离子枪向下移动，顶在连接着顶盖 6 的卡箍 8 上。主电弧被激发后，给作动器下腔供气（空气），将等离子枪推回上面的工作位置，并锁住。在熔炼条件为正常大气压或略高于正常大气压时，气动系统可以让等离子枪停留在任何中间位置。

　　为了保证工作的安全性与可靠性，熔炉上安装了液压系统、气动系统、冷却系统、给离子枪提供等离子气源的系统、系统内压力监控仪表以及熔炼室的保险阀。

　　冷却系统在封闭状态下工作，用于冷却炉内承受高温炙烤的组件和机构。冷却系统包括冷却水蓄水池、泵站、两个液压组件和一些上下水用的软管。一个液压组件保障向最关键部件,如等离子枪、结晶器、底座供应的冷却水;另一个液压组件保障其他部件使用的冷却水。使用过的冷却水返回蓄水池,然后再次进入液压组件。

气体保障系统负责不间断地给等离子枪提供必要流量的气体,并且将熔炼室指定压力保持在 101k~121kPa。这是一个闭合回路,这个链条中包括装有等离子枪的熔炉、真空泵、过滤机械杂质(沉积物、湿气和油污)的滤芯、压气机、两个用于给等离子气源清除气体杂质(氧和氮)的加热炉、冷却机和储气罐。每支等离子枪的气压和气体流量由仪表实施监控。

等离子枪可以使用由数个晶闸管整流器提供的直流电源。这种整流器的特点是三相整流组合电路结构,一路使用非控二极管,另一路使用晶闸管。

熔炉的电路设计规定对下列系统实施独立控制:等离子枪、把薄板状回炉料送向熔炼区的送料机构、抽锭机构、熔炼室顶盖升降机构、液压系统、气动系统、水冷系统、等离子枪气源保障系统。控制等离子枪的机关和监控电气参数的仪表、控制从料斗向炉内加料和抽锭的机关都装配在主操作台和便携式控制器的面板上。

等离子枪在熔炼时的总功率可以达到 340~350kW。熔炼室的压力保持在 $(1.3~1.6) \times 10^2$kPa。每支等离子枪的氩气消耗量为 $(5.1~6.0) \times 10^{-4} m^3/s$。炉子的生产能力为 88kg/h。

U-599 型熔炉可以用薄板状回炉料熔炼出 650mm×145mm×(950~1200) mm、重达 500kg 的扁平钛锭。

表 5.5 中熔炉热平衡和热流分布数据表明:在结晶器中释放的热量最多(超过35%);熔炼室顶盖(≈28%)和6支电弧等离子枪(≈27%)吸收的热量大体相同;存锭室的热损失最少,仅略大于1%。

表 5.5 U-599 型熔炉的热平衡指数

吸热和排热项目	数值		吸热和排热项目	数值	
	kW	%		kW	%
吸热			排热		
等离子电弧释放的热量:			等离子枪吸收的热量:		
1 号等离子枪	63.8	18.7	1 号等离子枪	15.9	4.67
2 号等离子枪	54.0	15.8	2 号等离子枪	14.9	4.36
3 号等离子枪	51.9	15.2	3 号等离子枪	15.5	4.54
4 号等离子枪	60.0	17.6	4 号等离子枪	15.9	4.65
5 号等离子枪	52.3	15.3	5 号等离子枪	16.7	4.88
6 号等离子枪	59.2	17.4	6 号等离子枪	17.0	4.99
			其他部件吸收的热量:		
			熔炼室顶盖	93.4	27.4
总计	341.2	100	结晶器	120.0	35.2
			熔炼室内壁	9.0	2.6
			引锭杆和底座	1.9	0.6
			存锭室	4.2	1.2
			废气吸收的热量	1.3	0.4
			未考虑到的热损失	15.4	4.5
			总计	341.2	100

U-599 型等离子电弧炉的总体热有效系数为 11% 左右。这台设备的使用经验表明，完全可以建造更加经济的等离子电弧炉用于重熔薄板状钛回炉料。

5.3.2　重熔低等级海绵钛的 UP-100 型等离子电弧炉

在生产钛产品的过程中会产生大量的钛废料，大部分都没有得到合理利用。按化学成分评价，绝大部分废料（60%~65%）都属于可用金属，可以充当生产钛锭的炉料。然而以真空电弧重熔为基础的传统钛锭生产工艺，不允许加入炉料的回炉料超过炉料总重量的 30%[19,20]。而且用真空电弧炉重熔钛时，自耗电极都是由海绵钛压制而成的坯料。压实自耗电极需要使用带专用工装的大功率压实机。为了提高压制坯料的强度，还要向炉料内添加 0.3%~0.6% 的铝。

用氯化物含量高的海绵钛压制电极，不仅不理想，而且有危险。重熔这种电极时，在电弧燃烧区可能出现镁蒸气和氯化物蒸气的无序喷发，导致所谓放电"电离"。

放电电离是个非常危险的现象，它会在自耗电极与结晶器内壁之间诱发电弧放电。一旦发生这种情况，处于电弧支撑斑点内的结晶器内壁可能被熔穿，冷却水流入液态金属，形成金属氧化。还可能出现更糟情况，产生更严重后果，例如炉壁熔穿造成炉子漏气，气体进入熔炼室可能引起爆炸，摧毁电炉。

上述缺点不仅存在于用真空电弧炉重熔镁或氯化镁含量高的海绵钛过程中，也存在于其他电弧加热类工艺，包括在"涅瓦"型凝壳炉上进行的真空电弧熔炼[21]。

巴顿电焊接研究所的专家凭借在等离子电弧重熔领域多年积累的经验，以等离子电弧加热为基础研发了重熔这种海绵钛的有效方法，使未经压制的低品质海绵钛（回炉料）充当炉料的比例达到了 100%。这一工艺的独到之处是，过去不合格的海绵钛只能拿去炼钛铁，而现在可以将其重熔，获得高品质的钛锭，随后作为真空电弧凝壳炉的自耗电极用于制造异形铸件。

巴顿电焊接研究所和扎波洛热钛镁联合企业共同努力，研制出了 UP-100 型等离子电弧炉，并投入工业使用[22,23]。这是一座间歇作业的炉子。它包括熔炼室、两个料斗、两个结晶器、抽锭机构、水冷系统、等离子气源净化循环系统、用于传动和锁定的液压系统、锁闭和应急报警系统（图 5.22）。

这座炉子上安装了 6 支交流等离子枪，是 PDM-13RM（ПДМ-13РМ）的改进型，由两台 A-1474 型交流电源供电。由于使用交流电，等离子枪分为两组，每一个结晶器对应 3 支等离子枪。等离子枪的总功率为 1600kW，即每一组功率为 800kW。

炉子的主要结构件之一是熔炼室 3，其他组件和部件都是围绕它布置的，熔炼钛锭的工艺操作也是以此为基础的。熔炼室是一个焊接而成的结构件，因为它要承受来自等离子电弧和液态金属的超强热辐射，需要水冷。熔炼室由圆筒状壳体和半球状顶盖组成，它们之间由一个带环形密封的法兰连接。熔炼时，在熔炼室内壁会沉积吸湿性升华物，主要是氯化镁。它们是生成腐蚀性化合物的主要元素，会导致炉壁腐蚀。所以制造熔炼室需要使用 1X18H10T 号不锈钢板。

在熔炼室圆柱体两侧对应位置上有两个法兰，连接着振动送料器 4 的外壳。这里还有其他带观察窗的法兰。等离子气源循环系统也连接到这里。底部水平方向的法兰上固定着一个支撑平台，连接着两个直径为 270~300mm 的结晶器 2。平台下面，存锭室 1 通过液

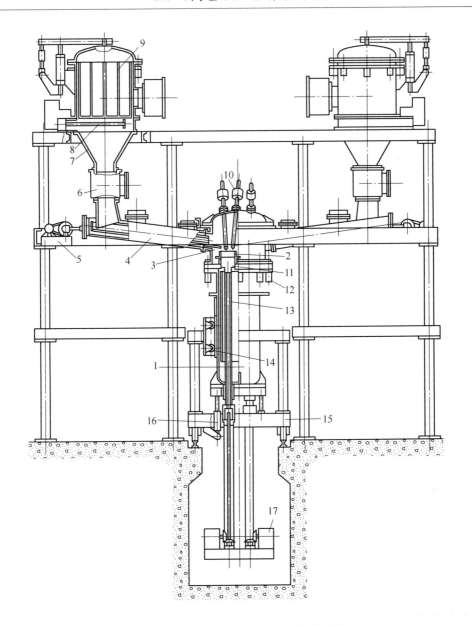

图 5.22　UP-100 型等离子电弧炉原理图

1—存锭室；2—结晶器；3—熔炼室；4—振动送料器；5—振动送料器驱动舵机；
6—真空阀；7—漏斗；8—横梁；9—料斗；10—等离子枪；11—底座；12，16—液压作动器；
13—抽锭机构连接杆；14—导辊；15—拖车；17—抽锭机构驱动舵机

压作动器与抽锭机构相连。

　　熔炼室的球形顶盖上有六个带法兰的孔，这里安装着等离子枪 10。每支等离子枪都有自主调节机构，控制接近金属熔池的距离。等离子枪伸入熔炼室之处有专用真空密封结构件，结构件由一套橡胶和氟塑料环组成。等离子枪的轴向移动是由电动舵机驱动的，圆锥形运动则是通过"斜法兰"的旋转实现的。

　　观察窗上安装了石英玻璃和铅玻璃。等离子电弧和金属熔池的图像可以通过镜子和镜头系统投影到屏幕上。每个观察窗上有手柄，可带动里面的机关清除熔炼时落在玻璃上的沉积物。

　　炉子最重要部件之一是结晶器，熔化炉料、盛放金属熔体和形成钛锭都在这里进行。UP-100 型熔炉同时安装了两个直径相同的结晶器。每个结晶器的高度为 280mm，与钛锭直径大体相同。这样可以保证在抽锭速度为 40mm/min 时钛锭侧表面凝固的金属形成牢固和致密的表皮。熔炼室内结晶器示意图见图 5.23。

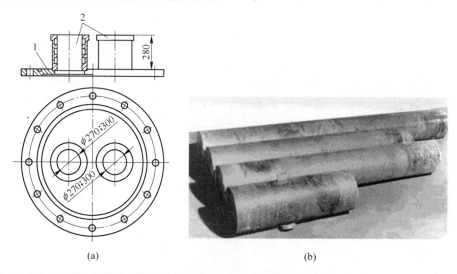

图 5.23　UP-100 型熔炉熔炼室内结晶器示意图（a）和由海绵钛炼制的直径为 270mm 的钛锭（b）
1—支撑平台；2—结晶器

　　圆柱形结晶器由两层套筒构成，两层套筒的上下两端焊接起来形成一个中空的封闭箱体。上端焊缝高出套筒顶端 50mm，避开高热负荷区。为使冷却水定向流动并加快流动速度，在两层套筒之间安装了一个上下水导管。两个结晶器的供水是各自独立的。

　　UP-100 型熔炉的使用经验表明，在圆筒形结晶器中重熔的海绵钛破碎块最佳尺寸不宜大于 25mm。如果使用大块海绵钛，有可能在等离子枪喷嘴或外壳之间形成搭接，因为在这种结晶器中，很难把数支较大功率的等离子枪完美地分布在金属熔池上方。

　　为了重熔大块海绵钛（不大于 70mm），专门设计了能炼制 400mm×210mm 截面钛锭的矩形结晶器（图 5.24）。每个结晶器配有同样尺寸的矩形底座，底座固定在抽锭机构的连接杆上。这种结晶器的高度与圆形结晶器一样，也是 280mm。

　　UP-100 型熔炉的改进型可以熔炼出尺寸为 400mm×210mm×2500mm 的钛锭（图5.25）。熔炼时，结晶器中液态金属的水平面保持在距结晶器顶端 15~20mm 处。结晶器的受热很不均匀。靠上面的一层受热极大，因为直接与液态金属和等离子电弧辐射相接触。结晶器靠下的部位受热较少，因为钛锭会略微收缩脱离开结晶器内壁。

　　存锭室的结构像一个有底座的柱形圆筒。圆筒、底座和法兰都由 1X18H10T 号不锈钢制作。存锭室顶端焊有一个法兰，法兰上有 12 个液压锁 1（图 5.26），可以把存锭室与熔炼室连接起来。存锭室和所有附属机构都安装在小车 6 上。另外，小车上还有导辊 3、垂直移动存锭室的液压舵机 5、抽锭机构 8、电动舵机 9。存锭室下部有两个舱门，可以从下面维修底座和清除存锭室的沉积物。存锭室的外侧壁上有三个导向杆 2，保证炉子组装时

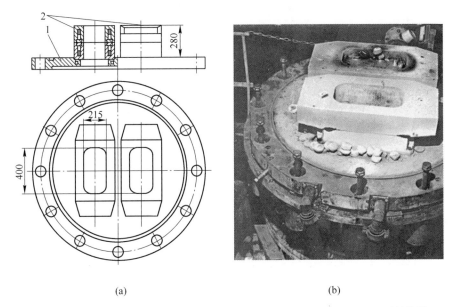

(a) (b)

图 5.24 矩形结晶器在支撑平台上的示意图（a）和 UP-100 型熔炉上的矩形结晶器（b）
1—支撑平台；2—结晶器

存锭室在小车 6 上垂直移动。

抽锭机构连接杆 13 借助一个独立舵机 9（含蜗杆减速机和直流电动机的螺旋副）实现移动。电动机转速可在 150～1500r/min 范围内调节。小车在液压舵机 7 驱动下沿钢轨 10 进行水平移动。小车的行程为 1500mm。两根连接杆的顶端连接着底座 14，底座上有搭扣夹具，在熔炼和抽锭时抓住引锭杆 15。

为了减少存锭室受热，熔炼过程中每个钛锭都有一个专门的冷却器 12 进行补

图 5.25 UP-100 型熔炉炼出的矩形截面钛锭

充冷却。冷却器安装在存锭室中，是一种"管套管"的水冷结构，高度相当于钛锭的长度。

用于重熔的炉料装在两个对称安装在熔炼室两侧的料斗内（图 5.22）。每个料斗能装 800kg 海绵钛。

料斗（图 5.27）是一个带球面顶盖的柱形圆筒。顶盖在 12 个液压锁的作用下固定在圆筒上。顶盖通过液压作动器提升和放下。料斗内是一个子母料仓 6，包含 12 个 300mm×300mm 盒子状的网格。每个格子下面有一个旋转门，处于关闭状态时有专用夹具锁住。安装在料斗下部的摇臂可以打开格子。料斗内炉料用完的时间取决于熔炼速度，从 60min 到 6h 不等。向料斗装填海绵钛的作业在炉外完成，车间里设有一个专门场地，移动料斗时使用车间桥式起重机。每个料斗有一个套管用于接通真空系统。

振动送料器的功能是可调节从料斗向结晶器输送的海绵钛。振动送料器由外壳、振动

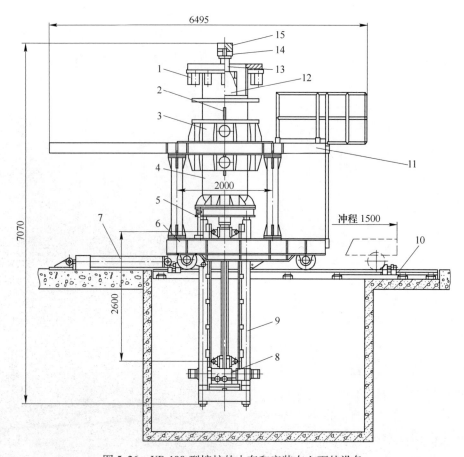

图 5.26　UP-100 型熔炉的小车和安装在上面的设备

1—液压锁；2—导向杆；3—导辊；4—存锭室；5—驱动存锭室垂直移动的液压舵机；6—小车；

7—驱动小车移动的液压舵机；8—抽锭机构；9—驱动抽锭机构的电动舵机；10—轨道；11—小车工作平台；

12—冷却器；13—抽锭机构连接杆；14—底座；15—引锭杆

溜槽、舵机组成（图 5.28）。振动送料器的输送量取决于溜槽的振幅。开始把振幅设定为 3mm，但是满足不了向结晶器供料的速度。研究工况后将振幅调整为 6mm，保证了很高的输送量。振动送料器的外壳 2 是一个带水冷的管道，一端通过法兰固定在熔炼室上，另一端是进料口，与料斗底端对接。振动溜槽 4 通过两个挂钩 3 悬挂在壳体里。溜槽由不锈钢制成，避免熔炼的钛锭被铁污染。振动溜槽的前端 1 承受着等离子火舌的灼烤，所以由铜制成，并且为水冷结构。振动溜槽的振动频率通过电机转速调节。

　　后来在使用过程中不断优化向结晶器供料的方式，振动溜槽的结构发生了本质性改变。

　　根据初始方案，溜槽顶端与振动送料器外壳处于相同高度，与水平轴线呈 7°角。结果这种结构的振动溜槽只适合连续供料，并且块料尺寸要求小于 12mm。重熔大块炉料时（12~70mm），由于热物理特性不同，必须有间隔地分批供应料块。振动溜槽的工作周期是每分钟开启 3~4 次。频繁开关导致了电机过热。后来采用了改变溜槽振动频率的方法调节炉料供给速度。振动频率为 12~13Hz 时，炉料正常进入结晶器，振动频率降低到

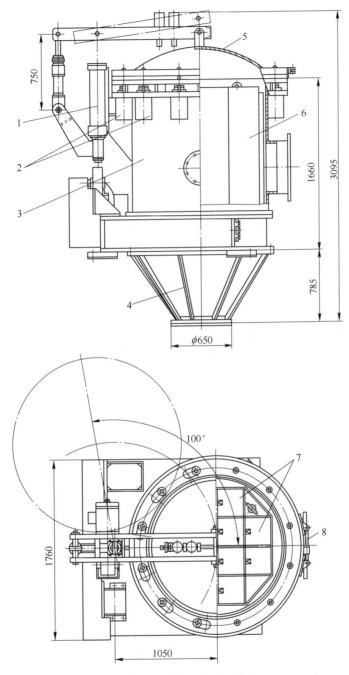

图 5.27 UP-100 型等离子电弧炉料斗
1—顶盖提升机构；2—液压锁；3—圆筒；4—漏斗；
5—顶盖；6—料仓；7—盒子状网格；8—顶盖封闭机构

0.5~3Hz 时，炉料供给速度会放慢。

UP-100 型等离子电弧炉的动力部分包括：ETMPK-3200 型变压器，副线圈空载时的相电压为 $U = 250V$；A-1474 型可控饱和扼流器，可在等离子电弧电流为 800~2500A 时保障

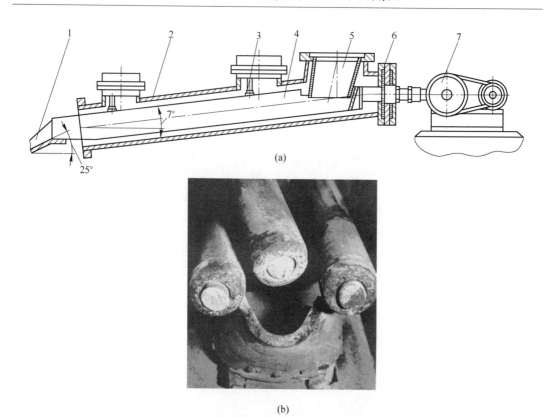

(a)

(b)

图 5.28　UP-100 型等离子电弧炉的振动送料器

（a）振动送料器结构图；（b）振动送料器溜槽顶端

1—溜槽顶端；2—外壳；3—挂钩；4—振动溜槽；5—过渡漏斗；6—密封；7—电动舵机

平稳调节。

　　保障等离子电弧炉工作可靠性的最重要系统之一是供水系统。对冷却水质量要求最高的部件是等离子枪，因为冷却管道的横截面只有几毫米。机械杂质落入管道、冷却水温度升高、水流速度不足，这些因素都会导致喷嘴管壁熔穿。

　　UP-100 型熔炉最初的水冷系统包括：用于清除机械杂质的双室过滤器 1，容积为 $10m^3$ 的水箱 2，两个排量为 $140m^3/h$ 的离心泵，止回阀 4，包含温度和流量监测仪表的液压组件 5，管道系统，各种阀，手动和电机械驱动的闸门（图 5.29）。

　　根据结构图显示，水从工厂冷却塔的循环供水管道进入过滤器，随后流入水箱，在离心泵产生的 0.4~0.5MPa 压力下流出水箱，经过止回阀定向供给到结晶器、等离子枪、熔炼室、存锭室等部件实施冷却。使用过并被加热的水进入液压组件，经过安装在水冷组件内的温度和流量监测仪表，沿着回路管道流向工厂冷却塔。水在冷却塔内冷却到指定温度，然后再次供给到增压管道，进入与 UP-100 型熔炉供水系统连接的车间总管道。

　　从经济性角度说，这种供水系统是最节省的，但是使用经验表明，它在工作效率方面存在缺点，尤其是在炎热季节。另外当流量约为 $140m^3/h$ 时清除循环冷却水中的机械杂质也有一定困难。尽管冷却水在工厂冷却塔中已经被净化过，过滤网（筛孔尺寸为 1.0mm）很快就被循环水中的杂质堵塞。显然，在工厂冷却塔与配置 UP-100 型熔炉的车间之间循

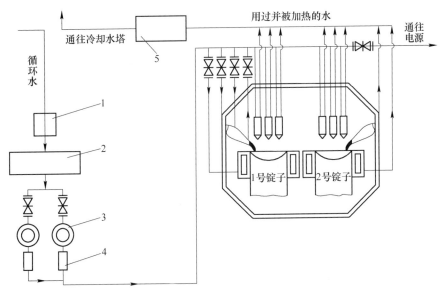

图 5.29 UP-100 型熔炉的循环供水结构图

1—双室过滤器；2—水箱；3—离心泵；4—止回阀；5—液压组件

环水增压管道太长了，而且这些管道是用 20 号钢制作的，这种钢在使用过程中极易被腐蚀。铁锈颗粒在水流压力作用下从管道壁上脱落，被水流冲到过滤网才沉淀下来。过滤网被堵塞的过程基本上是不可控的。过滤网很快被堵，保障被冷却部件的供水量随之减少，炉子经常因此而停工。

这套冷却系统的另一个不足是，在炎热季节等离子枪的电极损耗很快。分析原因得知，电极寿命缩短的原因是冷却水的温度升高了，经常达到 28~30℃。

为了减少等离子枪电极的损耗，设计了使用氯化钙溶液自主冷却循环水的供水方案，氯化钙溶液在管式换热器内的温度为 15℃（图 5.30）。考虑到氯化钙溶液价格较贵，经这种换热器冷却的水只用于冷却等离子枪和结晶器上层。理论计算和随后的检测证明，这些部件消耗水的总量为 60m³/h，为了将水温降到 25℃以下，需要将近 44m³/h 的氯化钙溶液。

改进后的电炉供水系统有两种工作状态。寒冷季节，循环水的余热通过片式换热器 6 被工厂总管道的循环水带走。炎热季节空气温度升高，可使用管式换热器 7。片式换热器断开，转为备用。这时电炉各部件按以下顺序冷却：水通过泵 3 从水箱 2 流出，一部分经过调节阀供给管式换热器 7（大约有 60m³/h），另外超过 100m³/h 的水通过导管供给到结晶器和熔炼室。

15℃的氯化钙溶液通过专门装置从上方注入换热器，经过直径 20mm 的细小管道（超过 460 个）流到下面。在沿管道流动的过程中，氯化钙溶液吸走被加热水的余热，然后从下排水口流出。被加热水沿管道流向水箱，与从液压组件流出的水混合。测量流出水的温度表明，在等离子枪内温差不超过 5℃。

UP-100 型熔炉的使用经验表明，必须把不同的冷却水分别供给炉子的两个主要部件等离子枪和结晶器。这既有经济性考虑，也有工艺方面的原因。经济性指的是不宜大量消

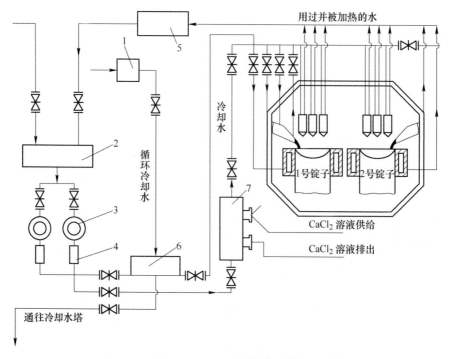

图 5.30   带自主冷却器的 UP-100 型熔炉循环水供给结构图
1—双室过滤器；2—水箱；3—离心泵；4—止回阀；5—液压组件；6—片式换热器；7—管式换热器

耗氯化钙溶液，它们比集中供应的循环水贵很多。工艺原因指的是没有必要用专门降温后的水去冷却结晶器。这会导致熔炼速度降低，锭子表面质量恶化，在锭子上部形成环形偏析。等离子枪和结晶器分别冷却可以提高等离子枪电极的稳定性和炉子的生产效率。

用 UP-100 型熔炉重熔海绵钛时可以使用 A 号（GOST1015-79）氩气作为等离子气源，其消耗量为 100~150L/min。为了节省氩气，电炉配有气体再循环系统，氩气经过粉尘和有害杂质过滤可以多次使用（图 5.31）。再循环系统包括以下主要部件：压缩泵、真空泵、储气罐、脱氢用反应器、换热器、空气干燥器、压力调节组件、气体仪表柜、过滤器、截止调节阀和检测仪表。

系统工作顺序是：将等离子气源（氩气）从气瓶释放到容积为 10m³ 的储气罐 1 中。储气罐的气压保持在 0.5~0.6MPa。气体经过压力调节组件 7 从储气罐进入气体仪表柜 16。压力调节组件里的气压下降到 0.25~0.3MPa。气体从气体仪表柜供给到等离子枪。一小股气体从主管道引出吹拂观察窗玻璃。

气体经过等离子枪进入预先抽真空的熔炼室。熔炼前用 VN6-G（BH6-Γ）型和 2DVN-1500（2ДBH-1500）型真空泵给炉子抽真空。抽真空后的真空度约为 13~20Pa，抽真空时间为 1.5~2h。

熔炼时沸点低的氯化钙和氯化镁化合物会从炉料中析出。其他元素，例如氢，也许还有微量液体杂质也会部分蒸发[24]。一部分析出的杂质会沉积在熔炼室的冷却壁、等离子枪的外壳和结晶器上。其余的升华物与用过的热气一起从熔炼室排出，进入两个前后相连的换热器 4。在换热器出口，气体温度已经不超过 25~40℃。

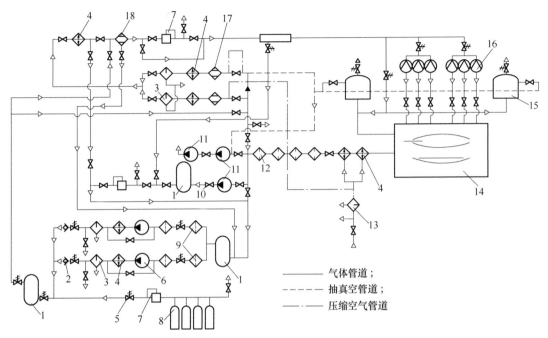

图 5.31　UP-100 型熔炉等离子气源再循环原理图
1—储气罐；2—止回阀；3，13—沉淀器；4—换热器；5—电磁阀；6—压缩机；7—压力调节组件；
8—气瓶；9—精洗过滤器；10—气阀；11—真空泵；12—粗洗过滤器；14—熔炼室；
15—冷却器；16—气体仪表柜；17—反应器；18—气体干燥器

冷却后的气体进入四个首尾相连的过滤器 12，清除悬浮颗粒。这些过滤器的滤芯使用的是耐酸布。滤芯使用寿命取决于重熔海绵钛的质量，大约为 1~3 个月。

气体在过滤后进入压缩机 6。在选择压缩机时考虑了穿过等离子枪吹拂观察窗的一股氩气和穿过氩气干燥器 18 的氩气的消耗量。所以设计安装了 4 个 1.6MK-2012.5M1 型隔膜压缩机用于传输惰性气体，排气量为 20m³/h。压缩机工作时最好保证吸气管内为恒定气压，所以每台压缩机前都增加了一个补充蓄气罐。尽管这会增加再循环系统的复杂程度，但是这种安排还是有必要的，因为它能保证压缩机稳定工作，没有冲击和振动，可以延长隔膜的使用寿命。

压缩机以 0.5~0.6MPa 的压力把氩气泵入储气罐。随后氩气经过压力调节组件重新进入气体仪表柜、等离子枪等设备。如果重熔的是高品质海绵钛或者是钛板切头加少量低品质海绵钛，就可以采用这种供气方式。所以给氩气补充脱氢并非必不可少的环节。这种气体再循环系统可以极大降低气体消耗量，同时保证清除氧气、湿气、氯化物以及粉尘杂质的效果。

重熔充满气体的回炉料，特别是小粒径（2~12mm）块状海绵钛时会释放出大量的氢气。每经过 15~20min，熔炼室内的氢气含量即可达到 1%，这就需要在再循环系统中净化等离子气源[20]。

过滤氢气的主要设备是以氧化铜作吸附剂的反应器（图 5.32 和图 5.33）。在装满氧化铜的反应器中，当温度达到 400℃时氢与氧会结合。这个反应可以通过下式描述：

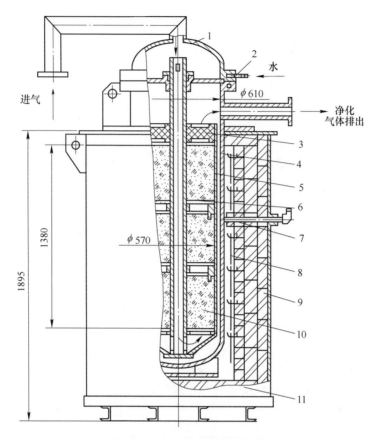

图 5.32　吸附氢气的反应器结构图

1—顶盖；2—密封件；3—玻璃棉；4—蒸罐；5—子母盒；6—金属网；7—热电偶；8—加热器；
9—耐火砖；10—氧化铜；11—外壳

$$CuO + H_2 \Longrightarrow Cu + H_2O \qquad\qquad (5.1)$$

所形成的水分会在干燥器内被吸附掉。

反应器的结构是一个带顶盖 1 的直立蒸罐 4。蒸罐是一个焊接容器，直径为 630mm，高度为 2000mm，壁厚为 10mm。有两个连接管将气体从蒸罐中导入和导出。蒸罐内部有子母盒 5，状似管道，直径为 570mm，内置氧化铜（CuO）。子母盒的下面由法兰焊接封闭。

沿管道高度每隔 530mm 安装了一个篮筐，一共有三个篮筐。篮筐的底是筛孔为 1mm×1mm 的钢网，侧壁是由板材焊接的。篮筐内氧化铜充填物高度大约为 430mm。最上面的篮

图 5.33　给等离子气源脱氢的反应器外观

筐覆盖有 100mm 厚的玻璃棉绝热层。球形顶盖 1 和蒸罐 4 之间还有一个过渡盖，把净化后的气体与污染气体分隔开。

炉衬是双层的：一层是 90mm 厚的 SHLB-1.3 型耐火砖，另一层是 65mm 厚的 PD-400

（ПД-400）型泡沫硅藻土。加热器使用的是 5mm 直径的镍铬合金线。

反应器的出口有一个冷却器，用于降低再生氩气的温度。

启动反应器之前要先用 VN6-GM 型和 2DVN-1500 型真空泵预先抽真空，使余压不大于 10~13Pa，然后充入氩气，通电加热（炉子进入状态需要 3h）。达到指定温度后从反应器顶盖送入污染气体，让其沿中心管道下行到蒸罐底部，然后气体上升，经过装有加热氧化铜的篮筐把氢气滤除。气体在反应器的出口被冷却器降温，接着进入干燥器。在反应器出口用 TP-1130(ТП-1130) 型气体分析仪监测氢气在氩气中的含量。

第一个反应器氧化层耗尽后启动另一个反应器，同时向第一个反应器（不中断加热）中送入空气。空气中的氧与铜相互作用，产生出新的氧化物。让活泼反应层周期性再生的方式可以保障反应器长时间使用，不需要更换氧化铜。

反应器技术参数：

处理能力/m³·h⁻¹	100
内部容积/m³	0.6
反应器内气体流速/m·min⁻¹	6.8
氧化铜总量/kg	700
氧化铜充填物高度/m	1.3
竖炉加热器功率/kW	42
加热温度/℃	400
加热时间/h	3.0

重熔饱含气体的海绵钛时，气体再循环系统的工作顺序如下：氩气从气瓶释放到储气罐，之后进入反应器吸附氢气，再进入干燥器除湿，最后经过压力调节组件进入气体仪表柜、等离子枪、熔炼室。使用过的（被污染的）氩气从熔炼室排出后首先进入换热器，然后进入粗滤和精滤。清除掉升华物和粉尘的氩气在压缩机的作用下泵入储气罐，重新进入反应器。循环氩气在反应器中完成脱氢，进入干燥器，经过压力调节组件和气体仪表柜重新进入等离子枪。此后，气体按照上述工艺路线循环往复。

UP-100 型熔炉在使用过程中对气体再循环系统做了一些改变，包括减少了截止调节阀和监测仪的数量，改进了氩气干燥器等。

决定所有等离子电弧炉（包括 UP-100 型熔炉）工作可靠性和无事故性的主要因素，是所使用等离子枪的结构、重熔金属的种类和熔炼工艺的特点。安全生产是熔炼类似于钛这种活泼性较高的金属以及设计熔炼工艺时必须重视的问题。重熔海绵钛时这个问题更值得关注，因为块状炉料落入熔池表面时可能引起金属熔体飞溅（图 5.34）。溅到喷嘴通道上的钛液可能会填满电极与喷嘴之间的缝隙，这会使电弧支撑斑点从电极转移到喷嘴壁上。喷嘴与金属熔池之间发生电弧放电会导致喷嘴烧穿，水会落入金属熔池。

另一种事故情形是，块状炉料从振动溜槽滚下时造成喷嘴与地线（金属熔池）之间短路。这是由于在等离子电弧的热作用下振动溜槽顶端可能产生海绵钛烧结块，形成接通电流的额外电路，它也会在等离子枪电极与喷嘴壁之间激发电弧。铜喷嘴被熔穿，水就会落入金属熔池。

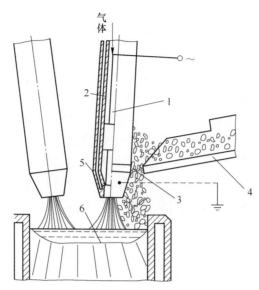

图5.34　等离子枪与金属熔池以及炉料系统中额外电路形成原理

1—等离子枪的电极组件；2—等离子枪外壳；3—块状炉料；

4—振动溜槽；5—钛液堵塞电极-喷嘴缝隙位置；6—金属熔池

　　为了及时发现和消除事故萌芽，设计了海绵钛重熔作业安全保障系统，这一功能的基本原理是电势沿电弧柱分布规律。在工作状态下，当电极之间或喷嘴与地线之间不存在短路时，喷嘴的电势有一个确定值。当一个或两个受监测的间隙电阻发生改变时，就会导致电极与喷嘴、喷嘴与地线之间的电势重新分配。

　　UP-100型熔炉等离子枪安全工作系统的结构见图5.35。选择监测仪表时考虑了特定等离子枪的工作参数（电弧电压70~100V，工频交流电）。为了测量等离子枪电压，使用了电磁仪。在内电极与喷嘴、喷嘴与熔池之间的电路中使用了测量范围为0~75V的E390K（Э390K）型专用电压表。在应急断开系统中使用了P1730（П1730）型电压表，与三位一体报警调节系统配套工作。

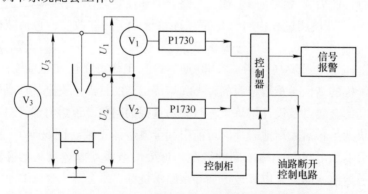

图5.35　UP-100型熔炉等离子枪安全工作系统电路图

　　熔炼前要求在每一个电压表的调节定值器上设定被监测电压的上下临界值。如果熔炼中被监测电压未超出设定范围，那么E390K型电压表不给P1730电压表传递信号。如果电压变化超出设定范围，P1730 电压表会把信号传递给控制报警灯的继电器。同时，电压会传给时间继电器，3s 之内就会接通线圈电源，起动油路断开阀，动力电压骤降，等离子枪电弧熄灭，灯光信号盘亮灯，并显示跳闸原因。

电极与喷嘴、喷嘴与地线之间出现短路时，仪表 U_1 和 U_2 上的电压会出现极限变化情况。飞溅的钛熔液落到电极与喷嘴之间造成短路，会使 U_1 的电压降低到 $0 \sim 5V$，U_2 的电压升高到 $75 \sim 80V$。块状炉料造成喷嘴与地线短路，会使 U_2 的电压降低到 $0 \sim 5V$，U_1 的电压升高到 $75 \sim 80V$。

上述电压值在熔炼期间是变化的。熔炼开始时，金属熔池尚未形成，尚未向结晶器添加炉料，这时的电弧电压是最低的，电极与喷嘴之间的电压比喷嘴与地线之间的电压低 $10 \sim 15V$（图 5.36）。随着炉内温度上升、金属熔体在熔池内越积越多、块状炉料加入熔池，U_1 和 U_2 的电压趋于相等，电弧电压也会上升。

熔炼开始后，经过 $40 \sim 50min$ 达到稳定状态。此时气相氢的浓度达到最大值。电弧电压 U_3 也达到最大值。此后，炉内环境中氢浓度下降，电弧电压也随之降低。

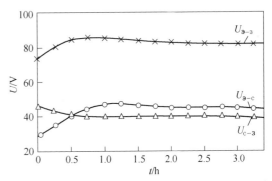

图 5.36 熔炼时被监测电压变化图

$U_{з-з}$—电极与坯料之间的电压；$U_{з-с}$—电极与喷嘴之间的电压；
$U_{с-з}$—喷嘴与坯料之间的电压

UP-100 型熔炉的工作特点是，熔炼时块状炉料（海绵钛）直接落入结晶器，并在金属熔池表面熔化。

等离子熔炼时的热流分布是一个相当复杂的过程，即便是熔炉中只有一个结晶器也不例外[23]。对双体熔炉（两个结晶器，两个锭）热能做功的研究表明：两组等离子枪一起工作时的相互作用使热能做功变得异常复杂。所以图 5.37 中只展示了一组等离子枪熔炼时炉内热流的情况。

激发几个喷嘴（Q_c）与等离子枪电极组件（$Q_{эл}$）之间的电弧会损失掉一部分等离子电弧释放的热量。

剩余热量是按下述方式分布的：热量以辐射与对流方式传递给熔炼室壁和顶盖（$Q_{к+кш}$）、振动送料器（$Q_{вп}$）、结晶器上层（$Q_{кр}$）、块状炉料（$Q_{шх}$）。一小部分热量被使用过的等离子气源（$Q_{газ}$）带走。进入金属熔池的热量，一部分用于熔化炉料（$Q_{ш.p}$）和超熔点加热液态金属，另一部分进入结晶器（$Q_{мв.кр}$）和底座（$Q_п$）。此外，热量还通过辐射（$Q_В^{ИЗЛ}$）与对流（$Q_В^{КНВ}$）从熔池表面传递给熔炼室、振动送料器的溜槽、等离子枪喷嘴和电极。钛锭（$Q_{сл.ак}$）中也储存了一部分热量，这部分热量通过侧表面传递给存锭室的冷却器（$Q_{х.сл}$）。

分析确定热平衡的分量相当复杂。所以表 5.6 和表 5.7，以及图 5.38 中列出的这些热平衡分量，只是在现有炉子上用测热仪测量的结果。

分析这些数据表明，等离子电弧炉中受热最大的部件是结晶器。圆形结晶器内的热量损失为 $26\% \sim 27\%$，而矩形截面结晶器内的热量损失将近 40%，因为金属熔池体积增大了，与熔液接触的结晶器壁面积也相应增大了。这些数据与文献［25］所述非常吻合，该著作研究了重熔轴向悬挂在结晶器上方的自耗坯料时结晶器的热负荷。

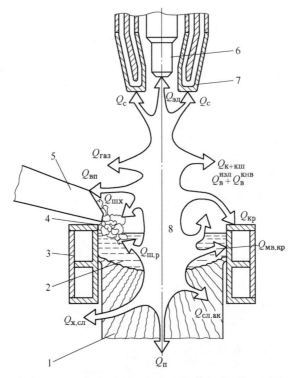

图 5.37　等离子电弧在熔炼区释放的热量分布图

1—钛锭；2—金属熔池；3—结晶器；4—块状炉料；5—振动溜槽；
6—电极；7—喷嘴；8—等离子电弧

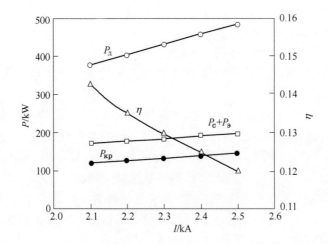

图 5.38　UP-100 型熔炉的热平衡构成与热效率对等离子电弧电流强度的依赖关系

$P_д$—等离子电弧总功率；$P_c+P_э$—等离子枪喷嘴和电极损失的功率；

$P_{кр}$—结晶器壁吸收的功率；η—炉子的效率

表 5.6 UP-100 型熔炉的热平衡分量对等离子枪电流强度的依赖关系
（直径为 270mm 的圆形结晶器）

产生项/损失项		电流强度/A					
		2000	2100	2200	2300	2400	2500
等离子电弧产生的热量/kW		468	491	514	538	561	585
损失的热量/kW	阴极						
	1	7.4	7.7	7.8	8.1	8.3	8.5
	2	7.4	7.6	7.8	8.1	8.4	8.5
	3	7.3	7.6	7.8	8.1	8.3	8.5
	喷嘴						
	1	47.0	49.0	52.0	55.0	57.0	60.0
	2	46.0	48.0	53.0	54.0	57.0	59.0
	3	46.0	49.0	53.0	54.0	57.0	6.0
	结晶器	126.7	132.8	138.7	145.9	151.4	157.9
	熔炼室	105.3	108.0	110.7	112.0	115.0	117.0
	存锭室	24.7	26.0	27.5	29.1	30.8	32.8
	振动送料器溜槽	34.1	36.6	39.1	42.1	44.8	49.0
	底座	3.0	3.2	3.5	3.7	3.9	4.1
	排出气体	2.8	2.9	3.1	3.2	3.3	3.5
	其他损失	10.3	12.5	11.5	14.2	13.9	16.2

表 5.7 UP-100 型熔炉使用不同结构结晶器时的热平衡分量

产生项/损失项		圆形结晶器		矩形结晶器	
		kW	%	kW	%
等离子电弧产生的热量/kW	1	187	33.3	156	29.8
	2	187	33.3	192	36.7
	3	187	33.3	175	33.5
总计		561	100	523	100
损失的热量/kW	喷嘴	172	30.0	131.8	25.2
	阴极	25	4.5	11.6	4.5
	结晶器	151.4	27.0	210.8	40.3
	熔炼室	115	20.4	93.04	17.8
	存锭室	30.8	5.5	31.4	5.8
	振动送料器溜槽	44.8	8.0	18.6	3.6
	底座	3.9	0.7	11.4	2.2
	排出气体	4.0	0.7	4.8	0.8
	其他损失	14.0	2.5	9.6	1.8
总计		561	100	523	100

熔炼室和顶盖也承受了大量热负荷（16% ~ 20%）。在结晶器从圆形换为矩形时（熔池表面积扩大），从金属熔池表面辐射到熔炼室壁的热量没有被考虑在内。大体原因是块状海绵钛炉料直接填入金属熔池时，很大面积的熔池表面被遮住了。等离子枪喷嘴与电极上的热损失大约为 30% ~ 35%。这一数据与结晶器内的热量损失大体相当。

根据图 5.38 的数据，当等离子电弧的电流强度从 2000A 增加到 2500A 时，炉子水冷部件上的热损失增加，总效率降低，并且最大效率不超过 15%。

使用带铜质水冷结晶器的等离子电弧炉的经验表明，目前它们工作时的效率相对较低（一般不超过 15%）。所以在降低单个受热部件电能和冷却水的单位消耗量方面还有很大的改进潜力，将来无论是重熔薄板状钛回炉料，还是低品质的海绵钛，都可能建造出更经济的熔炉。

第6章 带水冷结晶器的等离子重熔工艺

正如第3章所述，等离子电弧重熔的首要特点是进入激活态的气体分子和原子与金属熔体的表面发生相互作用。这一过程能够发生普通冶炼方法无法实现的工艺反应，例如用气相氮对钢与合金进行合金化或者利用等离子体中的氢给金属脱氧。

在水冷结晶器里进行等离子电弧重熔的另一个特点是金属熔池很浅，熔池形状系数接近1，也就是说，分散加热、强化搅拌金属和缓慢抽锭有利于形成平坦的结晶面[1]。当钢锭结晶面从液相向固相转变时，开始结晶的固态金属与相邻的液态金属之间发生着质量交换。

在确定的重熔状态下，每单位时间内以熔滴形态进入熔池的液态金属体积与开始结晶的金属体积相等。随着金属从液态向固态的相变，气体溶解度会发生跳跃性变化。在所有已知的金属与气体系统中，不论气体溶解热效应如何，在熔炼温度下开始结晶的固态金属所溶解的气体总是少于液态金属溶解的气体。

如果金属熔体凝固过程足够缓慢，那么靠近相界的质量转移过程就可以全部完成。这时液体中的夹杂浓度会高于钢锭开始结晶时的夹杂浓度。由于在等离子电弧重熔时金属熔池被强烈搅拌，所以被挤入金属熔体的夹杂在熔池各部位浓度一致。

当结晶面的推进速度超过夹杂从结晶面向金属熔体纵深扩散的速度时，相界表面金属熔体一侧的夹杂浓度会升高。当每单位时间从固相排挤出的夹杂数量多于从结晶面向金属熔体纵深扩散的夹杂数量时，就会发生夹杂积累。这样，在边界层液体一侧，夹杂浓度会形成一个固定的梯度。这时，在液体边界层的夹杂浓度可以用下式表示[2]：

$$[\Gamma]'_{ж} = [\Gamma]_{ж}\left[1 + \left(\frac{1-K_0}{K_0}\right)e^{-\frac{vx}{D}}\right] \tag{6.1}$$

式中，v 为固相增长速度，cm/s；D 为扩散系数，cm/s；x 为结晶面到金属熔体纵深的距离，cm；$[\Gamma]_{ж}$ 为整个液体中的夹杂浓度；$[\Gamma]'_{ж}$ 是厚度为 x 的液体层内局部夹杂浓度；K_0 为分布系数，$K_0 = [\Gamma]_{M}/[\Gamma]_{ж}$。

根据式（6.1），靠近结晶面的液体层里夹杂浓度比金属熔体全体积内的总体浓度大 K_0 倍（当 $x = 0$，$[\Gamma]'_{ж} = \dfrac{[\Gamma]_{ж}}{K_0}$ 时）。

当液相一侧形成夹杂富有层时，固相中的夹杂浓度也会增加，所以固相中的夹杂浓度取决于液相一侧夹杂富有层内的夹杂浓度，即 $K_0[\Gamma]'_{ж}$ 的乘积[2]。因此，当液相一侧夹杂富有层内的夹杂达到饱和极限时，正在结晶的固体内的夹杂浓度可能达到与液相一侧夹杂富有层相同的程度，即分布系数 K_0 达到1。就是说，在现实的金属结晶条件下，分布系数 K_0 可能从某一个平衡值（取决于熔池体积内总体夹杂浓度）过渡为1。

用等离子电弧重熔金属与合金时，抽锭速度通常为 2~10mm/min，即 $10^{-2} \sim 10^{-3}$ cm/s。已知，液态金属中氢气的质量转移系数 β 为 10^{-2} cm/s，而氮气和氧气的质量转移系数为

$10^{-2} \sim 10^{-3}\,cm/s^{[3,6]}$。可见，等离子电弧重熔的抽锭速度与双原子气体的质量转移系数是相同的。那么，等离子电弧重熔钢锭所特有的定向结晶现象就可以视为一种工艺手段，用于在炼制钢锭过程中对金属进行精炼提纯。

等离子体加热源是一种不受熔炼过程限制的高强度热源，可以通过调整等离子枪的空间位置形成不同形状的加热区，重熔各种类型的炉料（颗粒、块状炉料，均匀的自耗坯料），可以在一座熔炉中实现多种工艺技术。从这个角度说，等离子电弧重熔是一种相当灵活的冶炼技术。它既可以对含有非金属夹杂物和气体杂质的金属进行提纯，如脱硫与脱氧，也可以用气相氮对金属进行合金化。

应用等离子技术时需要根据具体任务选择最恰当的工艺方案。在工业实践中通常采用的等离子电弧重熔方案有以下 4 种：

(1) 用含氮等离子体中的氮对钢与合金进行合金化；

(2) 在惰性气体中对金属进行精炼重熔；

(3) 用含氢等离子体给金属脱氧；

(4) 进行等离子电渣重熔。

上述重熔方案在实践中可以单独使用，也可以组合使用。

6.1　在等离子电弧炉中用氮气对钢与合金进行合金化

在普通冶炼设备中炼钢时，氮含量的最大值受液态钢在液相线温度时的标准溶解度限制。已知帮助氮气进入不锈钢并保留下来的主要合金元素是铬[6~8]。

为了炼制出氮含量超过标准溶解度的高氮钢，人们开始采用高压容器炼钢和铸钢[9]。基于大量实验室试验和用高压容器半工业化冶炼高氮钢的实践，产生了一个完全确定的概念：氮可以像其他元素一样被视为独立的合金元素。不同于其他合金元素的特性，氮在通常条件下是气体。

Fe-C 和 Fe-N 的二元系状态图谱很相似，氮对钢内部结构的影响类似于碳。氮形成间隙固溶体后，能够强化奥氏体，而且氮对奥氏体钢的强化作用比碳高两倍（图 6.1）[7,10~12]。氮能强化钢的原因，是它能在奥氏体中形成间隙固溶体。氮化合金钢不仅能在常温下，而且能在低温条件下（-195℃，甚至更低）保持良好的力学性能。在低温度时，钢的塑性，特别是冲击韧性仍能保持在很高水平[13]。

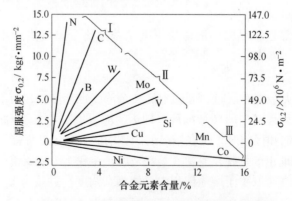

图 6.1　用各种元素进行合金化时 18~10 号奥氏体钢屈服强度的变化

I —渗透性元素；II —铁素体形成元素；III —奥氏体形成元素

在生产低碳结构钢时通常在标准溶解度范围内增加氮，产生的积极影响是提高了钢的屈服强度和冲击韧性[14]。这些钢中的氮作为一种合金元素能够创造出细小和分散的铝基、钛基或钒基氮化物，而铝、钛、钒也对提高钢的上述性能有益。

把氮添入含有钨和钼的高速切削工具钢，可以提高红硬性、硬度，以及工具的耐用性[7,15,16]。

用感应炉和电弧炉炼钢时，氮含量不会超过液相线温度时的标准溶解度。而用等离子电弧在含氮气体环境中炼钢，则能在大气压条件下使钢中的氮含量高于标准溶解度。

俄罗斯电钢厂在 U-400（У-400）型等离子电弧炉中使用氮气炼制了多种规格的合金钢其氮含量见表 6.1。

表 6.1　U-400 型等离子电弧炉所炼制钢锭的氮含量[13]

钢材牌号	氮含量/%		标准溶解度（1873K）/%
	在自耗坯料中	在钢锭中	
X25H16Г7AP	0.12	0.69	0.34
X20H10ЛГ6	—	0.50	0.26
X16H25AM6	0.08	0.30	0.13
X16H25M6AФ	0.08	0.30	0.14
X17H4Г14AФ	—	0.52	0.43
X18AH9	—	0.40	0.19
X21Г7AH5	0.17	0.46	0.33
X25H12AP	0.42	0.58	0.29
X15H5AM2	0.09	0.21	0.18
X15AГ15	—	0.44	0.32
X19AH16	—	0.18	0.17
X20Г10H7AM2	—	0.99	0.35
X18H20M3Д2AБ	—	0.34	0.18
X18AH10	—	0.41	0.19
X23H12AГ8	—	0.46	0.34

等离子电弧重熔时氮气与钢完成合金化过程的突出特点是，液态金属吸收氮气的速度异常迅速，超过普通冶炼炉 10 倍以上。对金属进行等离子电弧重熔时，只有与等离子火焰直接接触的那部分液态金属表面猛烈吸收氮气，因为在这里与液态金属表面相互作用的氮分子处于全激发态。熔池其他表面与氮气相互作用时基本上处于振动状态，可以认为一部分富余的氮气会通过这部分表面从金属熔体中解析出来。所以，氮气在金属熔体中的动态平衡含量取决于吸收氮气与析出氮气两者面积的比例，以及这些过程的动态变化。

使用等离子电弧重熔工艺可以在工业化规模上炼制出氮含量远超标准溶解度的高氮钢。不仅如此，这样炼出的钢锭尽管氮含量很高，致密度却非常理想，完全没有表层下砂眼和中心疏松。

高氮钢生产工艺的基本思路是，用电弧炉炼制自耗坯料时，可以使用便宜的未氮化的铁合金，而钢与氮的合金化则在等离子电弧炉重熔坯料时用气相氮完成，只需要使用氩氮混合气体作等离子气源即可。这样就能得到洁净度相当高的高氮钢，不必使用价格昂贵的含氮铁合金。

在等离子电弧炉和含氮气体环境中对钢进行合金化，不仅能使金属充分吸收氮，还能对金属精炼提纯，清除内部夹杂（非金属夹杂物）。用等离子电弧炉熔炼出的钢锭，结构质量远高于在锭模中浇铸的钢锭。因为前者是在定向结晶和可控结晶条件下成型的；而后者在铸模中自然凝固，那些导致合金元素与夹杂物局部偏析、形成疏松和砂眼等缺陷的过程未受到任何限制。

用等离子电弧工艺冶炼高氮钢的技术始终是按照两个方向发展的[1]：

（1）研制具有耐蚀性的经济型合金钢，氮被用作形成奥氏体的元素（用氮部分代替镍），在等离子电弧炉中完成熔炼；

（2）炼制高强度低碳钢，氮被当作独立的合金元素使用。

在研制具有"超平衡态"的高氮钢时，必须确定在超过标准溶解度的区域内氮与镍、氮与锰的等值系数。为了研究这一问题，V. I. Lakomsky（В. И. Лакомский）和他的同事们使用了三组铬含量不同的钢：18%~20%Cr，21%~24%Cr，26%~28%Cr，研究结果见表6.2。

表 6.2　氮对镍铬钢结构的影响

化学成分			氮的标准溶解度	结构成分	
Cr	Ni	N	$S_{N,1873}$/%	金相学评估	按舍夫勒组织图，无氮
18.3	2.2	0.44	0.18	A+M+F	M+F
18.3	2.2	0.59	0.18	A	A
19.5	4.7	0.33	0.19	A+M +F	A+M+F
19.5	4.7	0.48	0.19	A	A+M+F
21.0	3.0	0.45	0.23	A+10%F	A+M+F
21.0	3.0	0.55	0.23	A+F 微量	A+20%F
21.0	3.0	0.58	0.23	A	A+18%F
21.0	6.0	0.47	0.31	A+21%F	A+13%F
21.0	6.0	0.56	0.31	A+F 微量	A+8%F
21.0	6.0	0.61	0.31	A	
23.5	6.5	0.42	0.32	A+10%F	A+18%F
23.5	6.5	0.45	0.32	A+F 微量	A+17%F
23.5	6.5	0.51	0.32	A	A+14%F
28.1	2.3	0.74	0.38	A+25%F	A+58%F
27.8	4.8	0.76	0.37	A+11%F	A+25%F
27.8	4.0	0.84	0.37	A+8%F	A+23%F
26.9	8.2	0.92	0.44	A	A+8%F

注：A—奥氏体；M—马氏体；F—铁素体。

根据表6.2中数据可以得出如下结论[1,13,18]：在使用含氮混合气体和水冷结晶器成锭的条件下，等离子电弧重熔在金属增氮方面具有很强的技术能力，可以使钢锭中氮含量超过标准溶解度数倍以上。在钢中提高氮含量可以扩大奥氏体区，减少或完全排除铁素体。

第一组钢含铬18%~20%。这类钢在化工机械制造业应用最广泛，用于制造在中等腐蚀环境下工作的设备。给这类钢增加氮，可以扩大 γ-区，把稳定奥氏体的边界向镍含量低的方向移动。增加不同数量的氮可以改变钢的结构成分，由三相结构（奥氏体+马氏体+铁素体，氮含量为0.35%）转变为单一奥氏体，氮含量为0.48%。

第二组钢含铬21%~24%。根据钢中氮含量的变化，结构成分由奥氏体+8%铁素体的双相结构转变为全部奥氏体。

第三组钢含铬26%~28%。向钢内增加高于标准溶解度的氮（0.92%N），能创造有利条件保障在镍含量只有8.2%时形成单一奥氏体结构。在铬含量几乎不变的情况下进一步增大有利于形成奥氏体的元素含量，能在不改变钢结构的情况下使奥氏体具有更强的稳定性。

高浓度氮对镍铬低碳钢结构的影响见图6.2[18]。图中所显示的结构曲线图是以经典谢菲尔德曲线为基础的。图6.2（a）为与标准溶解度相当的氮含量，（b）为标准溶解度的2倍，（c）为标准溶解度的3倍，（d）为标准溶解度的4倍，温度均为1600℃。对图6.2各曲线的分析表明，氮含量越高，在镍铬钢中获得稳定奥氏体所必须的镍的含量就越少。

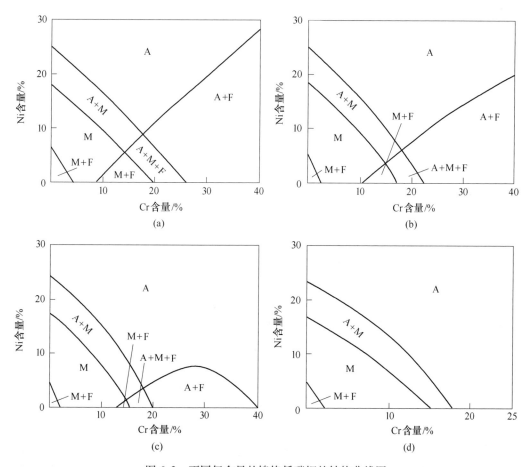

图6.2　不同氮含量的镍铬低碳钢的结构曲线图

（a）$[N]=S_{N,1873}$；（b）$[N]=2S_{N,1873}$；（c）$[N]=3S_{N,1873}$；（d）$[N]=4S_{N,1873}$

已知，铬是形成铁素体的重要元素，同时它又帮助氮渗入到镍铬钢和镍铬锰钢中。这样一来，提高铬的浓度，作为奥氏体形成元素的氮的含量也会随之升高。由于氮对 γ-区的扩展作用强于铬对 γ-区的收缩作用，所以在铬含量高的钢中两相结构（A+F）区会发生尖灭，纯奥氏体结构区会扩大（图 6.2（c）、(d））。当液态金属中氮含量 4 倍于溶解值时，就可能在不含镍的钢中获得纯奥氏体结构，而铬含量则保持在 18% 上下[1,18]。

关于抽锭速度对镍铬锰钢锭中氮含量的影响，取得了一些互相矛盾的结果。根据文献 [19]，提高重熔速度会明显降低钢锭中的氮含量，这种情况是在抽锭速度大于 15mm/min 时出现的。而根据 V. I. Lakomsky（В. И. Лакомский）和 G. F. Torhov（Г. Ф. Торхов）的资料[13]，在重熔 ЭИ835 号、ЭИ981 号、ЭИ395 号高铬钢时抽锭速度达到了 23mm/min，并没有对氮含量产生影响。

在 $\beta_a = \beta_0 = \beta$ 条件下，我们对等离子电弧重熔条件下的扩散动力学方程做如下分析：

$$C_N = \frac{F_a c_N^* + F_0 c_N^p}{F}(1 - e^{-\beta \frac{F}{V}\tau}) \tag{6.2}$$

这里必须指出，动力学因素 $F\tau/V$ 不是别的，而是抽锭的线速度 $V_{сл}$。此时式（6.2）可以记为：

$$C_N = \frac{F_a C_N^* + F_0 C_N^p}{F}(1 - e^{-\frac{\beta}{V_{сл}}}) \tag{6.3}$$

如果将抽锭速度代入式（6.3），可以看到当速度接近 10mm/min 时，括号内数值凭经验准确度来说相当于 1。这时得公式如下：

$$C_N = \frac{F_a C_N^* + F_0 C_N^p}{F} \tag{6.4}$$

或

$$C_N = \frac{F_a K_N^* + F_0 K_N}{F}\sqrt{P_{N_2}} \tag{6.5}$$

换句话说，在确定的重熔状态下，抽锭速度不大于 10mm/min 时（通常用氮气炼制合金时抽锭速度为 4~8mm/min），在工业等离子电弧炉中金属熔池吸收气相氮的程度会达到或超过由斯维尔特斯法则规定的浓度。

对于氮含量超平衡态的钢，应考虑到在进行热处理时会发生脱氮情况。实践验证表明，在无气压调控的热处理炉中，把钢加热到 1100℃ 并保持 100h，在厚度小于 0.3mm 的金属表层发生了脱氮现象（图 6.3）[1]。在真空中加热时，脱氮表层的厚度可以达到 1mm。

已经开发成功并在工业化条件下应用的等离子电弧炉冶炼高氮钢工艺（俄罗斯电钢厂和伊热夫斯克冶金厂）表现出了高效性。用这种工艺炼制的钢锭表层质量很好，宏观结构非常致密（图 6.4）。钢锭表层下没有缺陷，钢锭中没有中心疏松。金属中溶解的氮相当均匀地分布在整个钢锭中（图 6.5）。

俄罗斯伊热夫斯克冶炼厂在重熔各种钢材过程中，在 U-600（У-600）型工业化等离子电弧炉上用气相氮对多种钢材进行了增氮冶炼，取得了令人信服的结果（表 6.3）。为了重熔这些钢材使用了分路送气法，氩气经过等离子枪送入熔炼室，氮气在等离子枪之外单独送入。这样做是为了避免氩氮混合气体通过等离子枪时造成等离子枪喷嘴热负荷过高。

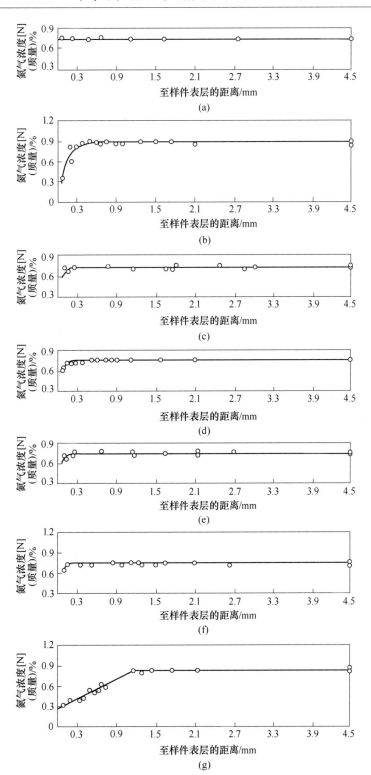

图 6.3 ЭИ835 号钢在不同气体环境下退火后样件横截面上氮的分布（T=1100℃）

（a）空气，8h；（b）空气，100h；（c）氩气，1h；（d）氩气，8h；（e）氢气，1h；

（f）氢气，8h；（g）真空，3.99×10⁻⁶kPa，4h

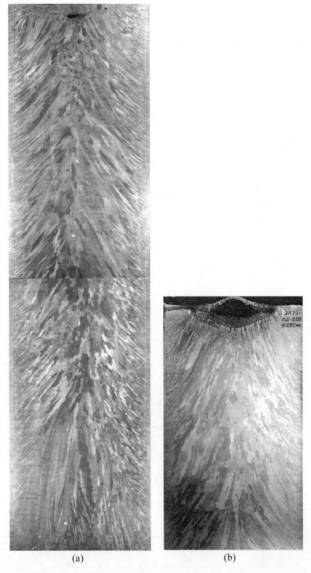

(a)　　　　　　　　　(b)

图 6.4　在等离子电弧炉和含氮气体介质中所炼制钢锭的宏观结构

(a) X25H16Γ7AP 号钢，钢锭直径为 250mm，[N] = 0.56%；

(b) ЭП-731 号钢，钢锭直径为 250mm，[N] = 0.60%

表 6.3　用 U-600 在含氮气体中熔炼的 500mm 钢锭中的氮含量

钢牌号	炉内压力/kPa	炉内气氛中氮含量/%	钢锭中氮含量/%
55X20Γ9AH4	150	0.74	0.47
	120	0.64	0.43
08X21Γ11AH6	100	0.68	0.56
X18H7Γ10AM3	160	0.80	0.58

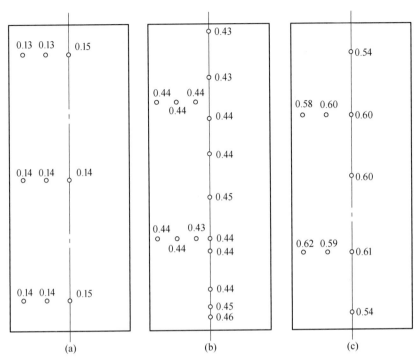

图 6.5 等离子电弧重熔钢锭中氮的分布

（a）P6M5 号钢；（b）X25H16Г7AP 号钢，标准氮含量（平衡态）；

（c）X25H16Г7AP 号钢，高氮含量（超平衡态）

V. K. Granovsky（В. К. Грановский）和 G. F. Torhov（Г. Ф. Торхов）在等离子电弧凝壳炉上用含氮等离子体熔炼 X20H5Г2Л 号钢时，也验证了类似合金规律（表 6.4）。

表 6.4 在等离子电弧凝壳炉上熔炼的 X20H5Г2Л 号钢的氮含量

研究对象	熔炼状态		金属中氮含量/%
	等离子枪总电流/A	熔炼室压力/kPa	
原始金属	—	—	0.03
等离子电弧重熔后	1800	150	0.46
	1800	200	0.53
	1800	300	0.56
原始金属	—	—	0.02
等离子电弧重熔后	1600	150	0.42
	1600	200	0.46
	1600	300	0.53
原始金属	—	—	0.04
等离子电弧重熔后	1400	150	0.41
	1400	200	0.44
	1400	300	0.48

用等离子电弧炉重熔金属时，保障氮气与钢完成合金化的等离子工艺的基本步骤是：

（1）在开放的感应炉中不使用含氮铁合金熔炼初始金属，把液态金属浇铸到锭模中；

（2）通过打磨清理或金属切削粗加工除去自耗坯料上肉眼可视的表层瑕疵；

（3）使用含氮等离子体对自耗坯料进行等离子电弧重熔。

6.2　利用含氢等离子体进行金属与合金脱氧

对于传统炼钢工艺而言，氢是一种无法避免的降低钢材质量的夹杂。它会降低金属的塑性，产生"氢脆"。钢锭中含氢会导致钢材出现一系列典型缺陷，首先是白点、气泡和裂纹。

从冶金角度看，把氢变成脱氧剂的想法具有极大的吸引力。用氢给金属脱氧可以产生如下反应：

$$\{H_2\} + [O]_{Me} \Longrightarrow \{H_2O\} \tag{6.6}$$

V. I. Lakomsky(В. И. Лакомский) 和同事们认为[21]，当重熔速度缓慢时，氢氧反应是在动力学状态下进行的，当重熔速度加快时，氢氧反应是在扩散状态下进行的。而 A. A. Erokhin(А. А. Ерохин) 则认为[5]，重熔速度变化仅能改变反应的作用时间和反应程度，改变不了质量转移条件，所以影响不了反应机制。

氢氧反应的平衡常数为：

$$k = (p_{H_2O}/p_{H_2}) \cdot a_0 \tag{6.7}$$

对于铁、镍、铁镍熔体 $a_0 = [O]_{Me}$，则为：

$$k = (p_{H_2O}/p_{H_2}) \cdot [O]_{Me} \tag{6.8}$$

式中，a_0 为氧气活性；$[O]_{Me}$ 为溶解在金属中的氧气浓度，%；p_{H_2O}、p_{H_2} 分别为水蒸气和氢气分压。

铁、镍、50H 号镍铁合金的平衡常数的温度曲线彼此相当接近（图 6.6）。它们具有下列形式[20,21]：

$$\lg k_{Fe} = 6817/T - 3.13 \tag{6.9}$$

$$\lg k_{Ni} = 10526/T - 3.52 \tag{6.10}$$

$$\lg k_{50H} = 8520/T - 3.505 \tag{6.11}$$

在推导铁、镍、镍铁合金的脱氧反应平衡常数公式时人们认为，在金属熔体中氧气活性与浓度相等。而碳、硅、锰、铝这些夹杂对平衡常数的影响则被忽略不计。文献 [22] 利用相互作用参数对这类影响进行了评估，结果表明，在添加少量脱氧剂元素时氢脱氧的热力学特征没有实质性变化。

氢浓度即便不大也是足够强烈的脱氧剂。为了分析氢的脱氧能力，我们可以研究一下用感应炉熔炼金属时得到的结果。表 6.5 给出了感应炉中温度为 1873K 时氢脱氧能力的相关计算数据与试验数据。计算数据与试验数据之间有一定偏差，应该是液态金属与炉衬之间的相互作用造成的，这一作用会导致额外的氧气进入金属，另外也与反应速度较慢有关。

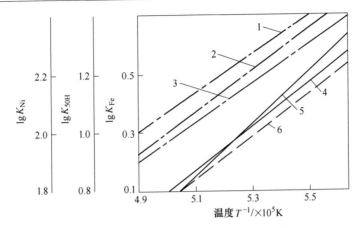

图 6.6　用氢给铁（1，2，3）、镍（4，5）、50H 号镍铁合金
（6）脱氧的平衡常数的温度曲线[20,21,23]

表 6.5（a）　感应炉内温度为 1873K 时氢的脱氧能力（铁中氧含量）

氢的露点温度/℃	水蒸气在氢中的分压 p_{H_2O} /N·m⁻² （mmHg）	p_{H_2O} / p_{H_2}	氧含量/%	
			计算数据	试验数据
-60	1077.3×10^{-3} （8.1×10^{-3}）	1.1×10^{-5}	3.5×10^{-6}	—
-40	1284.78×10^{-2} （9.66×10^{-2}）	1.3×10^{-4}	4.1×10^{-5}	0.0055
-30	109.85（0.826）	3.8×10^{-4}	1.2×10^{-5}	0.0048
-20	103.20（0.776）	1.0×10^{-3}	3.2×10^{-4}	—
-10	259.35（1.950）	2.6×10^{-3}	8.2×10^{-4}	—
0	609.00（4.579）	6.1×10^{-3}	1.9×10^{-3}	—
+10	1224.79（9.209）	1.2×10^{-3}	3.8×10^{-3}	—

表 6.5（b）　感应炉内温度为 1873K 时氢的脱氧能力（镍中氧含量）

氢的露点温度/℃	水蒸气在氢中的分压 p_{H_2O} /N·m⁻² （mmHg）	p_{H_2O} / p_{H_2}	氧含量/%	
			计算数据	试验数据
-60	1077.3×10^{-3} （8.1×10^{-3}）	1.1×10^{-5}	6.1×10^{-8}	—
-40	1284.78×10^{-2} （9.66×10^{-2}）	1.3×10^{-4}	7.2×10^{-7}	0.002
-30	109.85（0.826）	3.8×10^{-4}	2.1×10^{-6}	0.0023
-20	103.20（0.776）	1.0×10^{-3}	7.2×10^{-6}	—
-10	259.35（1.950）	2.6×10^{-3}	1.4×10^{-5}	—
0	609.00（4.579）	6.1×10^{-3}	3.4×10^{-5}	—
+10	1224.79（9.209）	1.2×10^{-3}	6.8×10^{-5}	—

表 6.5（c）　感应炉内温度为 1873K 时氢的脱氧能力（合金中氧含量）

氢的露点温度/℃	水蒸气在氢中的分压 $p_{H_2O}/N \cdot m^{-2}$（mmHg）	p_{H_2O}/p_{H_2}	20%Ni+80%Fe 合金中氧含量/%	
			计算数据	试验数据
-60	1077.3×10^{-3} (8.1×10^{-3})	1.1×10^{-5}	3.1×10^{-7}	—
-40	1284.78×10^{-2} (9.66×10^{-2})	1.3×10^{-4}	3.7×10^{-5}	0.0025
-30	109.85(0.826)	3.8×10^{-4}	1.1×10^{-5}	0.0026
-20	103.20(0.776)	1.0×10^{-3}	2.9×10^{-4}	—
-10	259.35(1.950)	2.6×10^{-3}	7.5×10^{-5}	—
0	609.00(4.579)	6.1×10^{-3}	1.7×10^{-4}	—
+10	1224.79(9.209)	1.2×10^{-3}	3.4×10^{-4}	—

对感应炉脱氧过程进行的动力学分析表明：熔炼镍、铁、镍铁合金时脱氧的制约因素是氧气在金属熔体中的转移速度，脱氧过程与水蒸气在气相中的质量转移基本无关[22]。

使用等离子电弧重熔时，氢脱氧反应过程的动力学条件得到极大改善，这是因为：

（1）被熔化的坯料顶端会形成一层液态金属薄膜，随后液态金属熔滴从坯料顶端落入位于水冷结晶器中的金属熔池，这就保证了液态金属比表面积非常大。等离子电弧重熔时，液态金属裸露的表面积 S 相对于其体积 V 的比例，较之感应炉熔炼时提高 $100 \sim 1000$ 倍。这样一来，液态金属与氢气等离子体相互作用的时间也就增加了。

（2）金属熔池中由等离子体射流造成的液态金属宏观流动使得熔池深处的氧气不断地被带到熔池表面来参加反应。

此外，用等离子体加热给金属进行氢脱氧的另一个无可争辩的优点是，等离子体中的氢分子处于激发态。这时溶解于金属中的氧与尚未完全松弛、携带振动能量的分子态氢，即处于激发态的氢分子相互作用，可以描述为以下公式：

$$(H_2^*)_z + [O]_{Me} = (H_2O)_z \tag{6.12}$$

$$2(H) + [O]_{Me} = (H_2O)_z \tag{6.13}$$

式（6.12）和式（6.13）的反应平衡常数与不同温度下氧在铁中稳定浓度的计算结果见表 6.6[24]。

表 6.6　用氢对铁进行脱氧反应的热力学指数

温度/K	气相氢的状态					
	分子态的		激发态的		原子态的	
	K（式（6.6））	$[O]/\%$（按质量）	K^*（式（6.12））	$[O]/\%$（按质量）	K（式（6.13））	$[O]/\%$（按质量）
1873	3.23	3.1×10^{-4}	4.37×10^5	1.1×10^{-8}	1.03×10^8	4.9×10^{-11}
2000	1.90	5.3×10^{-4}	1.36×10^5	3.7×10^{-8}	1.05×10^7	4.8×10^{-10}
2500	3.95×10^{-1}	2.5×10^{-3}	4.41×10^3	1.1×10^{-6}	1.23×10^4	4.1×10^{-7}

根据表6.6，当气体环境（p_{H_2O}/p_{H_2}）中氧化势能相同时，铁脱氧反应常数在极大程度上取决于气相氢的状态。等离子体中的氢分子被激发，能使铁脱氧常数有极大提高，金属熔体表面温度为2000K时可提高十万倍，金属熔体表面温度为2500K时可提高一万倍。如果氢气进入原子状态，脱氧能力会进一步提高。此外，可以推断在集中的等离子体射流中也会发生热分解，一部分氢氧反应的产物（水蒸气）被分解掉。当温度为2500K、总气压为0.1MPa时，分离出一个氢原子的水蒸气离解度可以达到0.06（设全部水分子分解为氧气和氢气为1）[26]。

研究表明，50H号合金钢锭中的氧含量与等离子电弧重熔速度有关（图6.7）[21]。图6.7中显示的关系曲线有一个最低值和三个明显的状态区域：

（1）区域Ⅰ，加快抽锭速度导致金属中氧含量降低。脱氧反应是在动力学状态下进行的，即制约因素是化学反应速度。

（2）区域Ⅱ，脱氧反应是在过渡状态下进行的。金属内氧含量不仅取决于重熔速度，而且取决于等离子电弧的功率。

（3）区域Ⅲ，这个区的特点是，等离子电弧重熔速度越快，金属内氧含量越高。脱氧过程是在扩散状态下进行的。这时制约因素应该是能否把在金属熔池内溶解的氧原子提升到反应表面去或者把水分子变成气体。

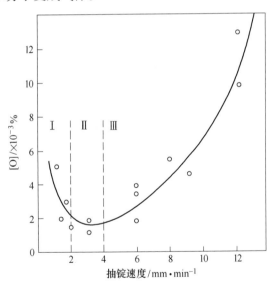

图6.7 用氩氢混合气体重熔50H号合金时金属中氧浓度对重熔速度的依赖关系

目前对于溶解于金属中的氧如何在气相环境中与氢相互作用还没有一致意见。根据文献［27，28］，双原子气体的化学吸收作用是通过以下形式实现的：与气相接触的金属表面不停受到气体分子的轰击，有些气体粒子的动能在与金属表面接触时跌至临界值之下，剩余能量不足以让其从金属表面挣脱，这些气体粒子就被金属表面抓住。这样形成的气体原子还会振动一段时间，直到与金属的晶格找到平衡。金属表面不停地有氧原子和氢原子游动，特别是当金属处于液体状态、金属表面因熔体宏观搅动不断更新时更是如此。

所以完全有理由推断：氢与氧之间的相互作用与反应式（6.13）会经历两个阶段：起初在液态金属（熔池）表面形成氢氧基OH，接着与氢的第二个原子碰撞转变为水分子，瞬间转变为气相。从这里可以看出，氢对金属进行脱氧反应时，不一定要溶解在金属中。

根据 V. I. Lakomsky（В. И. Лакомский）和同事们的研究数据[21]，当重熔速度为 0.08 ~ 0.20mm/s 时，氧在液态镍铁合金中的质量转移系数在（1~3）×10⁻⁴ m/s 范围内浮动（表 6.7）[5,21]。根据表 6.7 的数据可以得出结论：进行等离子电弧重熔时，在坯料顶端形成液态薄膜阶段氢脱氧反应最充分，这一反应是由毛细管力形成并保持的。液态金属存在的三个阶段（液态薄膜、熔滴、熔池）中液态薄膜的比表面积系数是最大的。这时金属熔体温度接近于纯金属熔点，或者叫合金重熔时的固液相曲线。

表 6.7　等离子电弧重熔工艺参数对 50H 号合金脱氧精炼水平的影响

熔炼工艺参数		氧含量/%			精炼程度/%			质量转移系数 /cm·s⁻¹
功率 /kW	进料速度 /cm·min⁻¹	坯料中	熔化层	熔池中	总共	坯料中	熔池中	
28.7	0.8	0.0488	0.006	0.0056	89	88	1	2.9×10⁻²
28.9	0.6	0.0469	0.005	0.0014	97	89	8	2.1×10⁻²
32.3	0.6	0.0469	0.005	0.0035	92	89	3	1.9×10⁻²
47.5	0.6	0.0469	0.009	0.0040	92	81	11	2.0×10⁻²
47.1	0.9	0.0469	0.009	0.0057	88	81	7	0.8×10⁻²
39.2	1.0	0.078~0.1	0.009	0.0015	98	90	8	1.0×10⁻²
39.2	1.2	0.0469	0.006	0.0017	96	87	9	2.5×10⁻²
33.5	1.2	0.078~0.1	0.013	0.0110	87	85	2	2.5×10⁻²
35.5	1.2	0.09~0.1	—	0.0041	95	—	—	1.0×10⁻²
35.2	1.2	0.0041	0.002	0.0006	85	51	34	1.7×10⁻²

根据图 6.8 的数据，可以判断等离子电弧重熔过程中功率对钢锭中氧含量的影响：等离子枪功率越大，钢锭中氧含量越高。

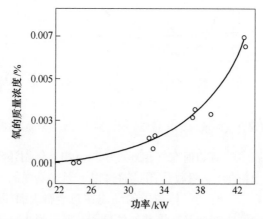

图 6.8　在氩氢气氛中重熔 50H 号合金时金属中氧浓度对等离子枪功率的依赖关系

加大等离子枪功率时，重熔速度加快，但是坯料液态金属薄膜的温度实际上并没有改变，仍然是接近于金属熔化温度 $T_{пл}$。这时，液态金属比表面积也没有改变，改变的只是金属熔体在液态薄膜阶段停留的时间（缩短了一些）。

与此同时，等离子枪的功率对金属熔池表面温度影响很大，从而影响熔池和钢锭内的氧含量。所以在液态薄膜阶段被成功脱氧的金属熔体在滴入金属熔池的过程中会再次被氧化，氧含量会再次升高。

用含氢等离子体对 58H 号、47HД 号镍合金进行脱氧，取得了相当有说服力的结果（表 6.8）[1,29]。根据表 6.8 的数据得知，在含氢气环境中进行的等离子电弧重熔可以最大限度排除气体杂质和非金属夹杂物，保证最佳提纯效果，明显优于真空电弧重熔和电子束重熔。对 47HД 号合金进行等离子电弧重熔后，金属中气体含量降低了 6~9 倍。

表 6.8 58H 号、47HД 号合金中气体杂质与非金属夹杂物含量

合金牌号	熔炼方法	[O]/%	[H]/%	[N]/%	非金属夹杂物含量（质量分数）/%
58H	开放式感应重熔	0.009	—	0.005	0.0184
	电子束重熔	0.0022	0.00025	0.003	0.0018
	等离子电弧重熔	0.0035	0.001	0.003	0.0015
47HД	开放式感应重熔	0.044	0.0003	0.0065	0.0069
	真空电弧重熔	0.042	0.001	0.0039	0.0053
	电子束重熔	0.042	0.0001	0.0039	0.0052
	等离子电弧重熔	0.006	0.0001	0.0040	0.0015

对 47HД 号合金进行未腐蚀磨片金相研究结果表明：非金属夹杂物的主要种类是氧化物（FeO、Al_2O_3、MnO）和成分复杂的硅酸盐（$2FeO \cdot SiO_2$）。

用等离子电弧炉重熔的金属不仅洁净度高，结构和致密度也很好（图 6.9）。79HM 号合金的致密度达到了 $8.5740g/cm^3$，而用开放式电弧炉熔炼的轧制坯料的致密度不超过 $8.5287g/cm^3$。

整套工艺方法保障了熔炼的钢锭致密度很高、没有气孔和疏松。

用等离子电弧在含氢气体中重熔钢材与精密合金的现代化工艺要点如下：

（1）用开放式感应炉熔炼用于制作自耗坯料的金属，使用的炉料要洁净，经过部分扩散脱氧处理，避免钢锭在锭模中增大；

（2）用感应炉熔炼初始金属时尽可能避免使用脱氧剂元素，包括铝（不可超过 0.01%）、硅、锰；

（3）用等离子电弧重熔自耗坯料，在熔炼过程中用氢气给金属脱氧。在等离子气源中氢气浓度不应超过 8%~10%。

综上所述，在工业化等离子电弧冶炼设备中可以

图 6.9 用等离子电弧炉熔炼的 50H 号合金钢锭宏观结构（直径 100mm）

实现用气相氢给金属与合金脱氧这一过程。并且，给金属脱氧的水平与给金属增氮的水平一样高。

冶金领域多年来工业化应用含氢等离子体实现还原反应的经验证明了这一工艺的高效性，包括重熔含有易产生泡沫元素（如钴）的镍基高温合金。使用等离子电弧在氩氢混合气体中重熔这些合金，不仅能清除气体杂质和非金属夹杂物，提高合金洁净度，而且能使钢锭具有优质表面，做变形加工前不需要进行额外的机械加工。

6.3　等离子电弧重熔时的提纯过程

金属的质量取决于金属的洁净度，而判定洁净度的方法是测量金属中所溶解的气体、有色金属、硫、磷的含量，以及非金属夹杂物（硅酸盐、氮化物、氧化铝、氰化物等）的数量和分散度。

等离子电弧重熔并在水冷结晶器中成锭工艺会对提高重熔金属质量产生有利影响，这主要体现在以下几方面：

（1）不使用耐火炉衬，可以避免在熔炼过程中因炉衬与金属熔体相互作用而产生外来非金属夹杂物；

（2）在自耗坯料顶端产生液态金属薄膜，金属以熔滴形态转移到金属熔池，可以使液态金属具有极大的比表面积；

（3）等离子电弧中含有处于激活态的双原子气体分子（氢、氮），加之液态金属比表面积极大，可以利用这些气体对金属熔体进行有效加工；

（4）钢锭定向结晶，结晶面不断移动，可以更有效地清除金属熔池内的气体杂质和非金属夹杂物；

（5）用等离子电弧超高温加热渣池，可以促进融渣在熔炼过程中对非金属夹杂物的同化，促使金属深度脱硫。

由于存在这么多工艺因素，所以能对提纯过程进行灵活的控制：可以给金属脱氧，增氮，清除非金属夹杂物和有害的微小气体杂质，清除易挥发的有色金属，还能实现氧化过程。

6.3.1　在惰性气体中进行提纯重熔

现代化的重熔方式（如真空电弧重熔、电渣重熔、电子束重熔、等离子电弧重熔）具有高超的提纯能力，首先归功于金属在自耗坯料顶端以薄膜形态层层熔化并随后以熔滴形态从坯料（电极）表面落入熔池。这两个阶段在金属提纯过程中起着举足轻重的作用。它们使液态金属拥有了极大的比表面积。

清除金属中的气体杂质，主要是在金属处于液体状态时完成的，其实严格地讲，给金属脱气在某些条件下是从金属尚未完全熔化时就开始了[30]。降低金属中气体杂质的含量是提高金属与合金质量的重要途径之一。所以在惰性气体中重熔金属与合金首先应被视为一种保障清除金属中溶解气体的工艺手段。

在进行等离子电弧重熔时，清除气体杂质与非金属夹杂物的过程存在于液态金属的所有阶段：自耗坯料顶端、熔滴、金属熔池。但是，每个阶段在脱气过程中发挥的作用是有区别的。

我们看一下用多支等离子枪进行等离子电弧重熔时金属熔滴从自耗坯料顶端滴入熔池的示意图（图 6.10）。自耗坯料的熔化速度取决于坯料顶端在等离子电弧制造的温度场中的位置。坯料的熔化速度是可以控制的，只需要改变向前输送坯料的速度即可，与电弧电流强度以及熔池加热程度没有关系。也就是说，冶炼时的电气参数与自耗坯料的熔化参数之间没有硬性联系。这一点是等离子电弧重熔区别于真空电弧重熔或电渣重熔的一大优点。在等离子电弧重熔时，坯料熔化过程的自我调节功能是很有意义的，它表现为，在选定的供料速度下，熔化的顶端会始终保持在热流正好吹拂到的位置上。

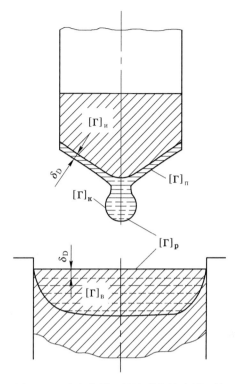

图 6.10 中，$[\Gamma]_\text{и}$ 为气体杂质在金属坯料中的原始浓度；$[\Gamma]_\text{п}$ 为坯料顶端液态金属薄膜中的夹杂浓度；$[\Gamma]_\text{к}$ 为金属熔滴中的夹杂浓度；$[\Gamma]_\text{в}$ 为金属熔池中的夹杂浓度；$[\Gamma]_\text{р}$ 为与气相平衡的液态金属夹杂浓度；δ_D 为液态金属扩散层边界厚度。

图 6.10 液态金属以熔滴形状从自耗坯料
顶端转移到金属熔池示意图

分阶段排除气体杂质、提纯金属的课题在文献［30］中有详细描述。由于气体分子具有扩散性，所以当金属内的夹杂浓度高于气相中的浓度时，液态金属内的气体就会析出。

阶段Ⅰ：坯料顶端的液态金属薄膜。气体杂质从液态金属薄膜析出进入炉内气氛，这一扩散流用下列公式计算：

$$dq = -\beta F([\Gamma]_\text{з} - [\Gamma]_\text{р})d\tau \tag{6.14}$$

式中，q 为从熔体中析出的气体杂质数量；F 为参加反应的表面积；τ 为液态金属与炉内气体相互作用时间。

用 $V_\text{з}d[\Gamma]_\text{з}$ 替换 dq 并除以变量，求积分后得到：

$$-\ln([\Gamma]_\text{з} - [\Gamma]_\text{р}) = \beta \frac{F}{V_\text{з}}\tau + A \tag{6.15}$$

式中，$V_\text{з}$ 为坯料顶端液态金属薄膜体积；A 为积分常数。

考虑到最初条件：

$$\ln \frac{[\Gamma]_\text{и} - [\Gamma]_\text{р}}{[\Gamma]_\text{п} - [\Gamma]_\text{р}} = \beta \frac{F}{V_\text{п}}\tau \tag{6.16}$$

在式右侧乘以并除以 S（坯料的横截面积），再做替换 $V_\text{з}/S\tau = W$，可得：

$$\ln \frac{[\Gamma]_\text{и} - [\Gamma]_\text{р}}{[\Gamma]_\text{з} - [\Gamma]_\text{р}} = \frac{F}{S} \cdot \frac{\beta}{W} \tag{6.17}$$

式中，W 为向熔化区前送坯料的线速度。

根据式（6.16），坯料熔化面积越大，液态金属中气体杂质的质量转移系数越高，向熔化区前送坯料的线速度越慢，从坯料顶端液态薄膜中析出的气体杂质越多。

根据重熔工艺可知，坯料熔化顶端可以是扁平形状（$F = S$），可以是近圆锥形状，也可以是它们之间的某一形状。根据式（6.16），从金属提纯角度看，圆锥形熔化电极的效果优于扁平形。

阶段 Ⅱ：金属熔滴。首先约定熔滴为球形，金属处于熔滴状态的时间是指前一个熔滴分离到下一个熔滴分离之间的时间。杂质在熔滴阶段排出金属的微分方程为：

$$dq = -\beta S_{\text{к}}([\Gamma]_{\text{к}} - [\Gamma]_{\text{р}})d\tau \qquad (6.18)$$

式中，$S_{\text{к}}$ 为熔滴的表面积。

当 $\tau = 0$，$[\Gamma]_{\text{к}} = [\Gamma]_{\text{п}}$ 和 $A = -\ln[\Gamma]_{\text{п}} - [\Gamma]_{\text{р}}$ 时，得到：

$$\ln \frac{[\Gamma]_{\text{п}} - [\Gamma]_{\text{р}}}{[\Gamma]_{\text{к}} - [\Gamma]_{\text{р}}} = \beta \frac{S_{\text{к}}}{V_{\text{к}}} \tau \qquad (6.19)$$

式中，$V_{\text{к}}$ 为熔滴体积。

熔滴与炉内气体相互作用的时间 τ 可以用一个时间单位内形成的熔滴数量 n 来表示。那么，在式（6.18）中以熔滴半径 $R_{\text{к}}$ 表示了 $S_{\text{к}}/V_{\text{к}}$，再去掉 τ 之后，就可以得到计算此阶段气体杂质析出数量的公式：

$$\ln \frac{[\Gamma]_{\text{п}} - [\Gamma]_{\text{р}}}{[\Gamma]_{\text{к}} - [\Gamma]_{\text{р}}} = \frac{3d\beta}{nR_{\text{к}}} \qquad (6.20)$$

根据式（6.20），质量转移系数越大，熔滴尺寸越小，从金属熔体中析出的夹杂越多。

阶段 Ⅲ：液态金属熔池。气体杂质穿过金属熔池表面析出，这一扩散流的微分方程为：

$$dq = -\beta S([\Gamma]_{\text{в}} - [\Gamma]_{\text{р}})d\tau \qquad (6.21)$$

变形后取得：

$$\ln \frac{[\Gamma]_{\text{к}} - [\Gamma]_{\text{р}}}{[\Gamma]_{\text{в}} - [\Gamma]_{\text{р}}} = \beta \frac{S}{V_{\text{в}}} \tau \qquad (6.22)$$

式中，$V_{\text{в}}$ 为金属熔池体积；S 为熔池表面或钢锭截面面积。

按照上述公式计算了用不同速度抽锭时每个重熔阶段结束后金属内气体的含量（表 6.9 和图 6.11）。计算时设 $[\Gamma]_{\text{р}} = 0$，$\beta = 1 \times 10^{-2}\text{cm/s}$，$S = F$，$R_{\text{к}} = 0.4\text{cm}$。结果表明，自耗坯料顶端阶段和金属熔池阶段对提纯结果贡献最大；提纯效果与重熔速度，以及坯料（d_3）与钢锭（d_c）的直径比例也有很大关系。当 $d_3/d_c = 1$ 时，重熔速度不起作用，坯料顶端阶段对金属提纯起决定性作用；而当 $d_3/d_c \approx 0.7$ 时，只有抽锭速度低于 5mm/min 时，坯料阶段的提纯才起决定性作用。在以更快速度抽锭时，熔池阶段的提纯作用占优势（图 6.11）。这证明，工艺参数对提纯过程有决定性影响。

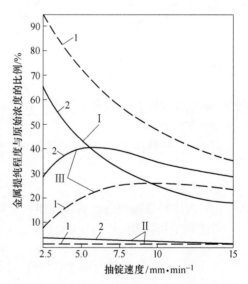

图 6.11　重熔速度对液态金属提纯水平的影响

Ⅰ，Ⅱ，Ⅲ—液态金属存在的阶段；

1—$d_3/d_c = 1$；2—$d_3/d_c \approx 0.7$

表 6.9 等离子电弧重熔时的精炼工艺参数

抽锭速度/mm·min⁻¹	杂质从原始状态减少比例/%			
	阶段Ⅰ：坯料	阶段Ⅱ：熔滴	阶段Ⅲ：熔池	总脱气量
2.5	90.5	1.3	7.5	99.3
5.0	70.0	1.6	20.0	91.6
7.5	55.1	1.7	23.8	80.6
10.0	45.1	1.6	24.2	70.9
15.0	33.0	1.3	21.0	55.9

关于等离子电弧重熔时从钢与合金中清除溶解气体的系统数据并不多。在文献［17］中记述了用等离子电弧重熔 X18H12 号不锈钢时几种不同的脱气情况，在熔炼原材料时使用了不同的脱氧剂（表6.10）。从表6.10中可以看出，无论金属中氧和氢的原始含量如何，在重熔后其含量都大幅降低，而氮含量基本没有改变。

表 6.10 等离子电弧重熔对 X18H12 号钢气体含量的影响

金属特性	金属中的气体含量/%		
	[O]	[N]	[H]
未做脱氧处理的原始金属	0.0165	0.059	0.00067
等离子电弧重熔后	0.0115	0.058	0.00050
用硅作脱氧剂的原始金属	0.0120	0.024	0.00099
等离子电弧重熔后	0.0044	0.29	0.00029
用铝作脱氧剂的原始金属	0.0019	0.054	0.00100
等离子电弧重熔后	0.0008	0.051	0.00041
用铝钙碱性渣和铝作脱氧剂的原始金属	0.0011	0.052	0.00059
等离子电弧重熔后	0.0007	0.054	0.00042

表6.11引用了文献［1，5，17］中列举的用不同重熔方式炼制的几种钢与合金中气体含量的数据。这些数据表明：等离子电弧重熔清除气体杂质的水平与真空电弧重熔不相上下，而对于高温合金，等离子电弧重熔优于真空电弧重熔（这也证实了关于物理真空与化学真空等值的假设）。

表 6.11 用不同重熔方式炼制的几种钢中气体含量数据

钢（合金）牌号	重熔方式	气体含量/%		
		[O]	[N]	[H]
X21H5T	等离子电弧重熔	0.002	0.0081	0.0007
	真空电弧重熔	0.002~0.003	0.0059~0.0114	0.003~0.0009
	电子束重熔	0.002~0.003	0.0043~0.0070	0.0005~0.0007
ЭП615（ХН70ВМТЮ）	等离子电弧重熔	0.0012	0.024	—
	真空电弧重熔	0.0020	0.030	—
ЭП109（ХН56ВМКЮ）	等离子电弧重熔	0.0011	0.020	—
	真空电弧重熔	0.0020	0.024	—
ЭП220（ХН50ВМКЮ）	等离子电弧重熔	0.0013	0.019	—
	真空电弧重熔	0.0020	0.023	—

　　表 6. 12 列举了另外几种钢的气体含量数据，这些钢是在 DSV-3. 2（ДCB-3. 2）型工业熔炉中重熔的。熔炉经过专门改造，为的是能以多种工艺方案进行"自耗等离子枪"重熔。从表 6. 12 可以看出：使用自耗等离子枪重熔有效清除了钢锭中的氧气，在一定程度上减少了氢气，氮气没有大变化；清除气体效果最好的是在真空中进行的重熔；如果金属熔池表面有炉渣会妨碍气体析出。在氮气中重熔时可以看到氧气和氢气的清除效果都相当明显，或许是因为氩气的湿度比氮气大。

表 6. 12　采用自耗等离子枪重熔的钢材中的气体含量

钢材牌号	工艺方案	分析对象	气体含量/%		
			[O]	[N]	[H]
18X2H4BA	氩气重熔，压力 101.0kPa	电极	0.0098	0.020	0.00036
		钢锭	0.0042	0.019	0.00026
	真空重熔，压力 0.013kPa	电极	0.0098	0.018	0.00037
		钢锭	0.0029	0.012	0.00020
	氩气重熔，带炉渣	电极	0.00104	0.019	0.00029
		钢锭	0.0058	0.019	0.00026
ЭП222	氮气重熔，压力 101.0kPa	电极	0.018	0.027	0.00087
		钢锭	0.006	0.26~0.28	0.00052
ЭИ835	氮气重熔，压力 101.0kPa	电极	0.019	0.042	0.00105
		钢锭	0.0109	0.35	0.00056

　　用等离子电弧凝壳工艺进行熔炼时金属的脱气情况符合上述公式。表 6. 13 展示了 V. K. Granovsky（В. К. Грановский）和 G. F. Torhov（Г. Ф. Торхов）用等离子电弧凝壳炉进行镍铬钢重熔时取得的试验数据。从表 6. 13 可以看出，加大等离子枪电流可以提高金属脱气效果，而增大熔炼室压力则效果相反，会妨碍溶解于金属的气体析出。同时用氮气对金属进行合金化对脱气的性质没有影响。

表 6. 13　凝壳熔炼各工艺状态对 X20H5AГ2Л 号钢中氧、氢含量的影响

研究对象	熔炼状态		气体含量/%	
	等离子枪总电流/A	炉室中压力/kPa	[O]	[H]
原始金属等离子电弧重熔后	—	—	0.0138	0.00013
	1800	150	0.0070	0.00002
	1800	200	0.0083	0.00002
	1800	300	0.0090	0.00005
	—	—	0.0135	0.00013
原始金属等离子电弧重熔后	1600	150	0.0095	0.00002
	1600	200	0.0110	0.00005
	1600	300	0.0113	0.00006
	—	—	0.0162	0.00015

续表 6.13

研究对象	熔炼状态		气体含量/%	
	等离子枪 总电流/A	炉室中压力 /kPa	[O]	[H]
原始金属 等离子电弧重熔后	1400 1400 1400	150 200 300	0.0110 0.0135 0.0135	0.00003 0.00003 0.00006

注: 1. 熔炼持续时间为 30min;

2. 熔炼是在含氮 (0.35%~0.50%) 的气体环境中进行的。

6.3.2 清除非金属夹杂物的提纯

清除非金属夹杂物与清除气体杂质一样,贯穿于液态金属存在的所有阶段:自耗坯料顶端薄膜熔化、熔滴下落、金属熔池搅拌。提纯过程中包含着多种现象:

金属熔化时夹杂会溶解在金属熔体中,当熔池冷却时,会再次生成夹杂,夹杂的成分和数量是由熔池内夹杂分解前的成分决定的。V. A. Boyarshinov(В. А. Бояршинов)认为真空电弧重熔和电子束重熔时情况是这样的[31]。S. E. Volkov(С. Е. Волков)认为电渣重熔时情况也是这样的[32]。这一过程在金属熔池阶段比较典型,在前两个阶段不明显。

夹杂能够机械地上浮到液态金属表面。根据许多研究者提供的资料[5,17,33],这一过程始于在坯料顶端形成液态金属薄膜时,终于液态熔池阶段。起初,坯料顶端液态金属薄膜与固相交界处出现由上浮夹杂形成的细缕,上浮到细缕中的夹杂不断增多,单个夹杂的尺寸也逐渐变大[33]。接下来,细缕扩展为断断续续的非金属夹杂物层,然后在形成熔滴的区产生大块非金属夹杂物,这类夹杂易于以机械方式清除,因为它们漂浮在表面上。

在惰性气体中进行等离子电弧重熔时,既有夹杂部分溶解的现象,也有夹杂析出到液态金属薄膜表面的现象,如果使用活性气体或炉渣,夹杂还会转变为气相或者被吸入经化学反应形成的熔渣[5,33]。坯料上熔化的液态金属薄膜的厚度与大块夹杂的尺寸差不多,所以夹杂会落在金属熔体表面。由于这一层金属熔体的流动具有波浪性,所以稍小些的夹杂也有可能落在金属熔体表面。上浮到液态薄膜表面的夹杂会留在那里,不大可能再返回到金属熔体内部去。

钢材中球形夹杂的浮起速度与著名的斯托克斯公式非常接近:

$$\omega = 2/9(gr^2/\eta)(\rho_M - \rho_B) \tag{6.23}$$

式中,ω 为夹杂浮起速度,m/s;g 为重力加速度 (9.81m/s²);η 为动态黏度,Pa·s;r 为夹杂半径,cm;ρ_M 和 ρ_B 是金属熔体密度和夹杂密度,kg/m³。

M. MKlyuev(М. М. Клюев)在其著作[17]中计算了最典型的非金属夹杂物在钢水中浮起的速度,并将其与等离子电弧重熔时的抽锭速度做了对比。为了方便计算,取式 (6.23) 中的数值如下:$\eta = 0.0230$Pa·s(1600℃ 的碳素钢);$\rho_M = 7.16 \times 10^3$kg/m³(1600℃ 时铁的密度);$\rho_{SiO_2} = 2.2 \times 10^3$kg/m³;$\rho_{Al_2O_3} = 3.8 \times 10^3$kg/m³;$\rho_{FeO·SiO_2} = 4.2 \times 10^3$kg/m³。计算结果见图 6.12,这个图上的斜线区为等离子电弧重熔时的实际抽锭速度。从图 6.12 可以看出,钢锭凝结的速度与非金属夹杂物浮起速度是有对应关系的。这就有力证明了,在使用等离子电弧重熔和水冷结晶器成锭时，完全有可能因夹杂上浮而使金属熔体得到提纯。

利用夹杂上浮原理能在多大程度上清除金属熔体中的非金属夹杂物，取决于两个因素：一个是结晶面形状（此处为熔池形状系数），另一个是结晶面移动的速度与夹杂浮起速度有多大差值。这时，扁平结晶面（熔池形状系数接近于 1）更加理想。如果结晶面为凹形，则可以看到晶体呈辐射状生长，结晶体的枝权会把非金属夹杂物抓住。

计算结果和试验数据表明，清除非金属夹杂物的过程主要发生在坯料与气体边界，在金属熔池与气体边界较少[5,17,34]。苏联科学院拜科夫冶金研究所和中央机械制造工艺研究所的专家们联合进行的专门研究证实了这一结论[35]。

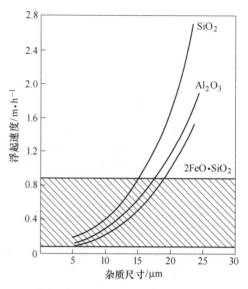

图 6.12　非金属夹杂物（球状的）尺寸与浮起速度（斜线区）的关系

这些试验的要点是：在一座等离子电弧炉里（拜科夫冶金研究所）重熔了一个直径 30mm 的自耗电极，电极由专门被硅酸盐夹杂污染的 X18H12 号钢制成。先用 0.28kg/min 的固定结晶速度重熔，从熔池中清除夹杂的条件保持不变。然后改变电极熔化速度。通过增加或减少同时熔化的电极数量来改变电极熔化速度，但抽锭速度保持不变。原始金属中的氧含量在 0.010%~0.014% 之间，或者说平均值为 0.012%。

以下是实验结果，从中可知熔滴存在时间 τ_κ 对钢锭提纯水平和氧含量的影响：

τ_κ/s	钢锭氧含量 [O] /%	提纯水平/%
1.35	0.0103	13
3.4	0.0056	53
5.7	0.0048	66

当熔滴寿命 τ_κ 从 1.35s 增长到 5.7s 时，金属提纯水平（重熔后氧含量与重熔前氧含量相比）提高了 4 倍多。所以研究者得出结论，对提纯贡献率最大的是自耗坯料顶端液态金属阶段。

坯料阶段液态金属对清除氧化物夹杂所起的决定性作用，可以由钢锭中的氧含量与脱离坯料的熔滴中的氧含量没有明显区别这一事实来证明（图 6.13）[5]。

等离子电弧重熔时，平行存在着两个过程，值得同等关注，一个是夹杂在液态金属中溶解，另一个是夹杂机械地向金属熔体表面浮起。这两个过程决定着重熔时排除夹杂、提纯金属的水平。

为确定等离子电弧重熔时金属的提纯水平，M. M. Klyuev(М. М. Клюев) 进行了计算并推断[17]：这两个过程都受扩散环节制约，因为两个过程的速度都与夹杂浓度 c 成比例关系，所以夹杂清除速度、溶解速度分别等于 $dc_1/d\tau = k_1c$、$dc_2/d\tau = k_2c$。熔体中剩余夹杂的数量取决于这两个过程的总体速度：

$$dc/d\tau = - \left[(dc_1/d\tau) + (dc_2/d\tau) \right] = - (k_1 + k_2)c \qquad (6.24)$$

$$c = c_o e^{-(k_1+k_2)\tau} \qquad (6.25)$$

这样，清除夹杂速度等于：

$$dc_1/dt = k_1 c_o e^{-(k_1+k_2)\tau} \qquad (6.26)$$

$$c_1 = k_1/(k_1 + k_2)c_o(1 - e^{-(k_1+k_2)t}) \qquad (6.27)$$

积分时，取 $\tau = 0$，$c = c_o$，$c_1 = 0$。

数值 c_1 为熔池和熔滴中氧气的原始浓度与剩余浓度之差，用时间函数表示见图6.14。试验点令人满意地分布在与方程式相符的曲线上：

$$c_1 = 80 \times 10^{-4}(1 - e^{-1.33\tau}) \qquad (6.28)$$

这样，金属熔体提纯的极限水平（当 $\tau = \infty$ 时）取决于以下关系式：

$$c_1/c_o = k_1/(k_1 + k_2) \qquad (6.29)$$

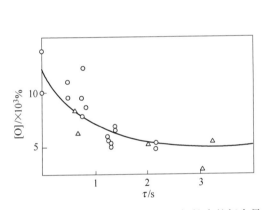

图6.13 熔滴中的氧含量（△）、钢锭中的氧含量
（○）对熔滴寿命的依赖关系

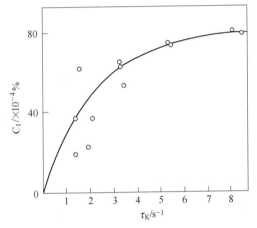

图6.14 等离子电弧重熔时清除氧气
（硅酸盐夹杂）的动态变化

针对夹杂溶解动力学的试验研究详见文献 [35]。作者在含 0.1%Si、0.010%O_2、氧气平衡含量为 0.017% 的铁熔体中研究了纯 SiO_2 的溶解动力学。作者确定，半径为 $10\mu m$ 的粒子可以在 6.5s 内完全溶解，而半径为 $1\mu m$ 的粒子不到 1s 就能溶解（图6.15）。为了计算半径为 r 的夹杂完全溶解的时间，提出了以下公式：

$$\tau = r^2/B\{[O]_r - [O]_f\} \qquad (6.30)$$

式中，$[O]_r$、$[O]_f$ 分别为熔体中氧气的平衡浓度、实际浓度；B 为 2000℃ 条件下质量转移的总系数[35]。类似的计算资料在文献 [36] 中也有记载，计算的是夹杂 SiO_2、Al_2O_3 在 1800℃ 下的情况（图6.16）。用这些数据与电极顶端液态金属存在时间相比对，就能证实以下论断：在这一阶段夹杂只能部分溶解。

清除非金属夹杂物的程度取决于很多因素，其中包括夹杂的类型和熔炼速度。当熔炼速度不变时 (0.32 ~ 0.35kg/min)，提纯水平取决于夹杂的类型（表6.14）[34]。清除硅酸盐夹杂的程度最高，清除氧化铝和尖晶石夹杂的效果差些。

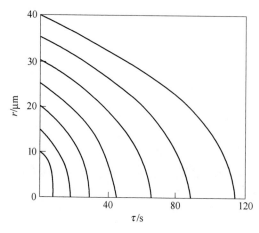

图 6.15　纯 SiO_2 夹杂在铁熔体中
溶解时半径的变化

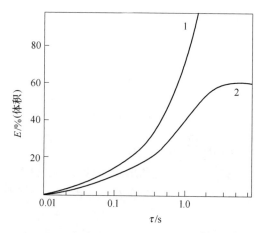

图 6.16　铁熔体中溶解水平 E 与时间的关系
1—直径为 $4\mu m$ 的 Al_2O_3 夹杂；2—直径为 $20\mu m$ 的 SiO_2 夹杂

表 6.14　夹杂类型对于 X18H12 号钢提纯程度的影响

夹杂类型	提纯水平 $E/\%$	
	氧气	氧化物夹杂
硅酸盐	60~70	60~70
铁锰铬尖晶石	20~30	25~30
钢玉	15~20	45~60

　　熔炼速度加快，成锭速度自然也加快，坯料阶段（液态金属薄膜和熔滴阶段）金属相互作用的时间就会缩短，这会降低金属的提纯水平（表 6.15 和表 6.16）[17,34]。对用硅脱氧的金属进行重熔时出现了最高的提纯水平。针对这一结果，作者的解释是，硅酸盐夹杂尺寸大，分解速度相对较慢；清除尖晶石夹杂的效果差一些，是因为它们比硅酸盐尺寸小，溶解速度太快。

表 6.15　以不同速度进行等离子电弧重熔时 X18H12 号钢的提纯程度

原始金属		重熔状态		钢锭中氧	提纯水平
脱氧方法	[O]/%	$G/kg \cdot min^{-1}$	τ_K/s	含量/%	$E/\%$
无脱氧	0.015	0.32	4.45	0.0115	23.3
		0.69	2.35	0.0115	23.3
硅铁脱氧	0.012	0.35	3.40	0.0044	63.3
		0.52	2.15	0.0085	29.1
铝脱氧	0.0019	0.56	2.05	0.0100	16.7
		0.33	5.15	0.0008	57.0
		0.55	2.70	0.0010	47.4

　　可以根据表 6.16 的数据[17]比较和判断等离子电弧重熔与其他重熔工艺清除非金属夹杂物的能力。清除非金属夹杂物的效率取决于原始金属中夹杂的性质。用等离子电弧和真

空电弧对无脱氧剂熔炼的原始金属进行重熔时，可保障大体一致的提纯水平（30%～40%）。用酸性炉渣和碱性炉渣对此类金属进行电渣重熔不产生提纯效果。上述重熔方法都能很好地提纯经过硅脱氧的金属。对降低夹杂含量最有效的方法是使用碱性炉渣的电渣重熔（大约降低 4 倍），其次是等离子电弧重熔（大约降低 3 倍），最后是真空电弧重熔（降低 2.5～3 倍）。使用酸性炉渣的电渣重熔实际上不发挥提纯作用。用真空电弧重熔和等离子电弧重熔对经铝脱氧的金属进行重熔，可以保证清除夹杂的比例达到大约 20%，而使用酸性炉渣的电渣重熔起不到金属提纯作用。对先经过铝钙碱性渣和铝脱氧，后经过真空电弧重熔、等离子电弧重熔的金属进行的研究表明，其提纯效果与仅用铝脱氧后重熔的金属相比几乎相同。

表 6.16　用各种工艺重熔后 X18H12 号钢的非金属夹杂物含量

重熔方式和金属特点	非金属夹杂物在总夹杂中的百分比/%				
	SiO_2	MnO	FeO	Cr_2O_3	Al_2O_3
经硅脱氧的原始金属	57.24	0.86	0.76	10.22	32.94
等离子电弧重熔	58.95	1.43	无	19.0	20.89
使用碱性炉渣的电渣重熔	7.4	无	无	10.31	82.39
使用酸性炉渣的电渣重熔	63.65	1.6	无	16.6	17.98
真空电弧重熔	49.3	2.33	2.07	3.47	42.89
经铝脱氧的原始金属	13.34	无	2.68	4.10	79.95
等离子电弧重熔	13.15	无	无	7.32	79.53
使用酸性炉渣的电渣重熔	29.05	8.30	2.51	3.41	56.74
真空电弧重熔	8.49	无	无	18.05	73.48
经铝钙碱性渣和铝脱氧的原始金属	17.69	无	1.68	4.02	78.12
等离子电弧重熔	46.30	无	无	10.24	43.46
真空电弧重熔	13.80	无	无	9.51	70.20

由此不难得出结论：就清除氧化物夹杂而言，等离子电弧重熔与真空电弧重熔的效果不相上下。

6.3.3　利用等离子体和炉渣进行金属脱硫

炉渣对金属质量的有利影响早已为冶金工作者所熟知。用合成炉渣加工金属和进行电渣重熔能有效清除金属中的非金属夹杂物，尤其是用特殊成分的渣料与金属熔体相互作用能有效脱硫[37,38]。

等离子电弧重熔优于其他重熔工艺，是因为它能大范围调节熔炼室内的气体成分和压力，控制自耗坯料的熔化速度和钢锭的结晶速度，同时还能把多种成分的合成炉渣作为补充工艺手段加以利用。对金属与合金进行等离子电弧重熔时使用炉渣，被称做等离子电渣重熔[39]。

众所周知，在开放式冶金炉中熔炼原始金属并铸锭时，会发生活泼成分的氧化，首当其冲是钛和铝。随后对含有大量氧化成分的钢与合金进行等离子电弧重熔时，自耗坯料熔化的顶端和结晶器内的金属熔池都被一层难熔的氧化物薄膜所覆盖。这层薄膜会加大金属提纯难度，恶化钢锭表面质量。最先遇到这种现象的是重熔高温合金。熔炼其他种类的钢材时也能观察到单独的或大或小的非金属夹杂物和夹渣存在，造成钢锭表面质量恶化。所以这是一个必须解决的问题，最好的解决方法就是在进行等离子电弧重熔时使用炉渣，渣料成分视具体任务而定。

根据等离子电弧的特点，采用的渣料应满足下列要求[17,39]：

（1）渣料中不应混入热稳定性差的氧化物。

（2）渣料应具有高脱硫能力，所以 CaO、MgO 的含量应高些，FeO、SiO_2 的含量应低些。

（3）渣料应具有一定的表面特性：渣料与重熔金属交界的表面张力 $\sigma_{w-м}$ 应大于渣料与非金属夹杂物交界的表面张力 $\sigma_{w-вкл}$。这一特性使炉渣有能力不让自身颗粒污染金属，同时能很好地吸附非金属夹杂物。

（4）渣料蒸气压要低，渣成分在等离子电弧作用下应保持无大变化。

（5）为了顺利进行等离子电渣重熔，渣料应具有足够高的导电性。

（6）渣料应在较大温度范围内保持低黏度。根据温度变化对黏度的影响，炉渣可分为"长渣"和"短渣"。长渣黏度小，温度变化很大时黏度改变不大；短渣的黏度在温度出现微小变化时就会发生显著变化。使用长渣可以在更大范围内调整重熔的热力状态，对金属中的非金属夹杂物产生最佳的湿润作用。

温度决定黏度变化，这一特点影响着等离子电弧重熔时钢锭的形成。在其他条件相同时，炉渣越"短"，凝壳就越厚，钢锭表面质量也就越差。

进行等离子电渣重熔与进行传统电渣重熔一样，所采用的渣料以氟化钙为基础，其中包含氧化钙（CaO）、氧化铝（Al_2O_3）、氧化镁（MgO）和其他成分。供等离子电弧重熔用的炉渣要预先在电炉中熔化，形成颗粒状。可以把渣料连续地添加到金属熔体表面，也可以在专用计量器和给料器帮助下定时向炉内添加。熔炼过程中炉渣的消耗量相当于结晶钢锭重量的 2%。

在等离子电弧和液态金属的热效应下，渣料很快熔化，沿着熔池表面向四周扩散，一部分还转化为气相。一些蒸发的渣料成分凝结在自耗坯料的侧表面和顶端。炉渣的主要部分仍然留在金属熔池表面，通常会在钢锭和结晶器之间形成凝壳。

等离子电渣重熔的特点是熔炼区温度相当高，不可避免地导致熔渣蒸发，一些成分被分解。渣料蒸发物可能参加到冶金反应中去。所以，为了控制这一过程，必须知道所使用渣料会产生何种气相成分。

A. A. Zhadanovsky（А. А. . Ждановский）和 V. I. Lakovsky（В. И. Лакомский）在其著作[39]中对 CaF_2-CaO 系炉渣蒸气中各种化合物的分压进行了计算，揭示了蒸气主要是由 CaF_2 产生的，即当温度为 1773K 时，CaF_2 的分压超过其余成分的分压 $10^5 \sim 10^{15}$ 倍。继续提高温度，这种分压差的比例会缩小，但是差值依然巨大。在 2773K 时差异为 $10^4 \sim 10^{10}$ 倍，在 3773K 时为 $10^3 \sim 10^8$ 倍。在渣料中增加 CaO 成分会使 CaF_2 蒸发物的分压有所降低，使 CaO 蒸发物有所增加，Ca、F_2、F、O_2、O 这些可能的蒸发物的分压都不大。由此可见，传统电渣重熔时金属只与一种炉渣相互作用，而等离子电渣重熔时则可以采用 CaF_2-CaO 系炉渣，金属在坯料顶端液态薄膜和熔滴状态时就与 CaF_2 接触，在熔池表面，金属还与氟氧化物渣料接触。

当采用 CaF_2-CaO-Al_2O_3 系炉渣时蒸气相主要由 CaF_2、Al_2O_3 组成[40]。

清除钢与合金中的非金属夹杂物可以通过两种途径实现：如果非金属夹杂物强度很高，未在熔炼过程中分解，那么它们会被宏观流带到熔池表面，与熔渣相接触并被同化掉；如果非金属夹杂物全部分解为其组成元素，所有的氧或氮都会留在溶液中。清除这些氧和氮的途径就是根据两种不相溶的液体成分分配定律把这些氧和氮萃取到熔渣中去。炉渣溶解氧和氮的能力比金属好得多，作为一个力求平衡的系统，炉渣会在极大程度上吸收这些气体。

最终的提纯效果取决于温度条件，以及金属和炉渣的化学成分。文献［40］研究了在等离子电渣重熔时采用 AHФ1П(98%CaF_2、1.6%CaO、0.4%Al_2O_3) 和 AHФ7(67%CaF_2、21%CaO、11%Al_2O_3) 两种熔剂对阿姆克铁进行含氟炉渣脱氧的情况，这两种熔剂广泛应用于钢与合金的电渣重熔。研究结果表明，等离子电渣重熔时含氟炉渣可以非常有效地给金属脱氧，而且 AHФ1П 系炉渣的脱氧能力高于 AHФ7 系（图 6.17）。

在分析等离子电渣重熔过程中清除硅酸盐夹杂问题时，文献［39］的作者计算了 ШX15 号钢中氧气浓度对温度的依赖关系，分别使用了两种成分的炉渣：A 系 (97.25%CaF_2、2.75%SiO_2) 和 B 系(70%CaF_2、27.25%CaO、2.75%SiO_2)。在计算中设定，当金属与炉渣保持平衡时，所有的氧气只与硅发生反应，计算中还考虑了钢中硅与氧气的活性系数，以及 A 系与 B 系炉渣中氧化硅的活度。图 6.18 中曲线 1 为使用 A 系炉渣的情况，曲线 2 为使用 B 系炉渣的情况，虚线 3 为氧气在坯料中的实际含量，虚线 4 为氧气在钢锭中的实际含量。使用 A 系炉渣时氧化硅在温度低于 1453~1530K 时是稳定的，使用 B 系炉渣后，氧化硅分解成它的组成元素（温度达 1853~1943K）。因此可以认为：ШX15 号钢清除硅酸盐夹杂的提纯活动主要发生在熔化的坯料顶端，而从被熔渣局部覆盖的金属熔池中清除氧气，则是熔渣萃取的结果。

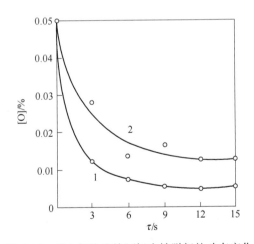

图 6.17　用含氟炉渣给阿姆克铁脱氧的动态变化

1—AHФ1П 系熔剂；2—AHФ7 系熔剂

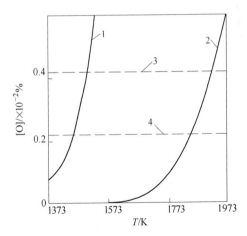

图 6.18　ШX15 号钢氧气浓度对温度的依赖关系和金属中实际氧含量

为了评估等离子电渣重熔时清除氮化物的机制，必须考虑到氮气在液态金属中的存在形式。图 6.19 展示了 X18H10T 号钢中氮的稳态浓度曲线，曲线 1 为钢中钛含量最多时 (0.5%Ti)，曲线 2 为钢中钛含量最少时 (0.14%Ti)[39]。虚线为钢中氮的实际浓度。从图

中可以看出：在钛含量为 0.5% 的钢中含有氮
时，氮化钛分解的温度不低于 2073K。钛的浓
度降低至 0.14% 会使分解温度降低至 2053K。
因为等离子电渣重熔时水冷结晶器金属熔池内
的熔液达不到这个温度，所以未必会发生氮化
钛的分解。

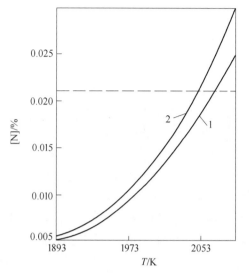

图 6.19　X18H10T 号钢氮的稳态浓度对
温度和钛含量的依赖关系

文献［41 ~ 43］指出：过渡金属（铝和
硅）的氮化物很容易被 AH-29 系石灰-氧化铝
熔渣所湿润，对 AHФ-6 系氧化铝-氟化物熔渣
反应弱些，而氮化硼完全不被这些熔渣所湿润。
因此有充足理由认为：进行等离子电渣重熔时，
对清除不锈钢中的氮化物和氮起关键作用的是
液态金属熔池。

如果说炉渣对清除氧气的作用相对较弱的
话，那么给金属脱硫基本上离不了炉渣。
A. A. Erogeny（А. А. Ерохин）及其同事们研究
了等离子电渣重熔时的脱硫动力学[5,44]。在金属熔池中发生的交换反应是在经历以下阶段
后实现物质平衡的：硫随着熔滴落入金属熔池，大部分硫被熔渣吸附，小部分硫残留在结
晶的金属里。这一过程的动力学公式为：

$$\mathrm{d}(\rho V_x)\mathrm{d}\tau = c_0 g - \beta \rho F(z - c_p) - z g_3 \tag{6.31}$$

式中，ρ 和 V_x 分别为熔体的密度和体积；z，c_0，c_p 分别为成分的非稳态浓度、原始浓度、
稳态浓度；β 为质量转移系数；F 为金属与熔渣的接触表面；g，g_3 分别为金属的熔化质量
流速、凝固质量流速。

经过一系列的转换和代入之后，作者最终得出了计算金属中硫浓度 x 和熔渣中硫浓度
y 的公式：

$$x = [1/(1 - e^{-k\tau})][a_1 - a_2 e^{-k\tau} - a_3 e^{-(k+\beta)\tau}] \tag{6.32}$$

$$y = c_{\text{PM}} + (1/\chi)(c_{\text{PⅢ}} - x) \tag{6.33}$$

式中，$a_1 = [\beta S(c_{\text{PM}} - \chi c_{\text{PⅢ}}) + k(1 + \chi L)c_{\text{PM}}]/(1 + \chi L)(k + \beta S)$；$a_2 = (c_{\text{PM}} + \chi c_{\text{PⅢ}})(1 + \chi L)$；
$a_3 = k\chi(c_{\text{PM}}L - c_{\text{PⅢ}})/(1 + \chi L)(k + \beta S)$；$k = g_3/\rho V$；$\beta$ 为质量转移系数；χ 为渣池体积 $V_{\text{Ⅲ}}$ 与金
属熔池体积 V_{M} 的比例；c_{PM} 为金属熔体中硫的稳态浓度；$c_{\text{PⅢ}}$ 为熔渣中硫的稳态浓度；L 为
硫在熔渣与金属熔体中的分配系数。

根据式（6.32）和式（6.33），随着熔渣体积与液态金属体积比例（χ）增大，熔渣
与金属熔体中硫的分配系数（L）、质量转移系数（β），以及反应表面与金属熔池体积比
例（$F/V = S$）增大，脱硫的程度会提高并且速度会加快。增加熔渣数量对金属脱硫会产生
有力影响。然而增加渣池的数量（体积）也是有限度的，炉渣过多会使钢锭表面质量恶
化。增加熔渣体积并不能使与液态金属反应的表面积发生太多变化。由于炉渣层变厚了，
渣池与结晶器的接触面积就增大了，结果热度不够的熔渣数量也就增多了。这会导致质量
转移系数 β 降低，最终导致脱硫条件恶化。

仔细观察金属脱硫与炉渣化学成分之间的关系可以发现，最佳的脱硫剂是 CaO-CaF$_2$

系炉渣，而且 CaO 含量越高，金属脱硫效果越好。但是当 CaO 含量超过 40%时，脱硫效果就开始下降了，显而易见是因为炉渣黏度过高了。

图 6.20 展示了硫沿 X18H12 号钢的钢锭高度分布的情况。钢锭是使用不同成分的炉渣在等离子电弧炉中炼制的：1 号渣由 20%CaO、80% CaF$_2$ 组成，2 号渣由 50% CaO、50%CaF$_2$组成[5]。2 号渣比 1 号渣吸收硫的能力更强。但是从另一角度看，2 号渣黏性大，不仅使脱硫速度降低，而且使脱硫达不到应有程度。所以使用 2 号渣时钢锭中硫的稳定含量更高，尽管 2 号渣吸收硫

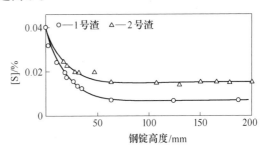

图 6.20 硫沿 X18H12 号钢的钢锭
高度分布的情况

的能力强。就吸收硫的能力而言，排在 CaO-CaF$_2$ 系炉渣之后的是 CaF$_2$-MgO 系炉渣、CaF$_2$-Al$_2$O$_3$-CaO 系炉渣、CaF$_2$-Al$_2$O$_3$ 系炉渣和 CaF$_2$ 系炉渣。

等离子电渣重熔时脱硫程度能达到 50%~70%，金属中硫含量能降低到 0.003%~0.004%。

进行等离子电渣重熔时必须考虑到这一工艺的下列特点：

（1）由于等离子电弧和气流的压力，金属熔池轴心的炉渣会被挤向周边，这会减少液态金属与熔渣的接触面积；

（2）接触结晶器的熔渣层越厚，熔渣层的温度就越低，这会给这一区域的质量交换造成阻碍，会减少实际参与提纯的熔渣数量（尤其是难熔渣料）；

（3）钢锭表面质量取决于炉渣的物理特性，提高熔渣的液态流动性有助于获得表面平滑的钢锭。

6.3.4 利用氧气进行金属脱碳

在惰性气体中进行等离子电弧重熔，可以大幅度降低溶解于金属中的有害夹杂含量。对于奥氏体不锈钢，碳即是这类夹杂之一。碳会沿奥氏体晶粒边界形成碳化物，使固溶体中铬含量减少。这时钢会产生晶间腐蚀趋势。

关于等离子熔炼过程中氧与碳在液态金属中相互作用的问题在很多著作中都有论述[45~50]。V. I. Kashine（В. И. Кашин）和同事们对铁、钼、钨的脱碳进行了研究[46,47]，确定了在惰性气体（氩气）中进行等离子熔炼时，氧与碳发生反应的情形与真空条件下一样。反应速度最快的是熔化阶段，取决于气相氧的分压。氧在液态金属中的质量转移过程是反应的限制阶段。

文献［45］研究了对铁、铬铁（含铬 35%）和镍铁（含镍 25%）二元合金熔体进行脱碳的情况。另外，有研究者对 15X28 号欠脱氧钢进行了重熔。试验冶炼是在容量为 200kg 的有陶瓷底的等离子电弧炉中进行的。等离子气源是氩氧混合体。氩气流量为 2.0m^3/h，氧气流量为 0.009m^3/h。研究结果表明，当氧气含量达到 0.03%~0.04%时，在碳含量为 0.1%的金属熔池中就开始出现由碳的氧化物造成的气泡。此后熔池中碳浓度降低，氧气浓度增加，当金属熔体中碳含量降到 0.02%时，沸腾停止，脱碳速度迅速下降。总体上脱碳速度平均为每分钟 $2×10^{-3}$%。

当重熔 Fe+35%Cr，特别是 Fe+25%Ni 二元合金时，在氩氧混合气体中脱碳的速度相当高。在后一种合金中，碳含量从熔化阶段就降到极低水平（0.004%～0.005%）。文献 [45] 作者认为，用含氧的等离子体加工液态金属对于在有耐火炉衬的炉子中熔炼低碳钢非常有效[45]。

在重熔 15X28 号钢时，碳含量从 0.025% 降至 0.007%～0.012%，而氧含量降至 0.010%～0.014%。这时 $[C] \times [O]$ 的乘积为 $7 \times 10^{-5} \sim 1.8 \times 10^{-4}$，这与一氧化碳在真空条件下的平衡剩余分压 $P_{co} \approx 665\mathrm{Pa}$ 是相符的。据报道，日本学者用等离子电弧炉进行了不锈钢脱碳研究，用氩氢等离子体代替了氩氧等离子体，只在个别情况下添加了少量氧[48,49]。他们用氩氢等离子体对不锈钢、Fe+60%Cr 二元合金进行了脱碳。氢气分压从 5.9kPa 升高到 80kPa。在 100min 内，不锈钢中碳浓度就从 0.15% 降至 0.002%。在 130min 内，Fe+60%Cr 二元合金的碳含量也降至同等水平。并且混合气体中氢的分压越大脱碳速度越快。文献 [49] 的作者认为，溶解在金属中的碳是在金属熔池表面与等离子体中被激发的氢相接触并相互作用的。

巴顿电焊接研究所的科学家们研究了给 X18H9 号不锈钢脱碳的过程[51]，在各种气相环境中进行了等离子重熔，包括使用氩氢等离子体。试验设备是带凝壳坩埚的等离子电弧炉，样品重量为 10g。使用了 A 牌号氩气做等离子气源，还使用了 Ar+5%H₂、Ar+10%H₂ 混合气体。没有对氩气和氢气进行补充净化。初始钢的碳含量为 0.09%，氧含量为 0.034%～0.040%。从熔炼室排出的等离子气源的湿度是用湿度计测量露点来确定的。

图 6.21 展示的熔炼试验结果表明：熔炼 4～5min 后碳在钢中的稳态浓度确定了下来。在纯氩气环境中重熔的样品，稳态浓度为 0.007%，在含氢 5% 的氩氢混合气体中重熔的样品，稳态浓度为 0.005%，在含氢 10% 的氩氢混合气体中重熔的样品，稳态浓度为 0.004%。图中用箭头标出了碳含量少于 0.003% 的样品。

研究结果表明，氢在等离子气源中的浓度对金属脱碳速度几乎没有影响。随着气相环境中氢气分压的增加，钢中碳的最终含量只是略有降低，而氧含量却从 0.034%～0.040% 降至 0.020%～0.024%。

等离子气源中氢气分压越高，从熔炼室排出的气体湿度越大。在纯氩气中进行熔炼时，废气中水蒸气含量为 900mg/m³，而在含氢 5% 的混合气体中进行熔炼时，水蒸气含量为 1500mg/m³。

于是，试验结果让研究者得出以下结论：在含氢环境中给不锈钢脱碳时，碳会与溶解在金属中或者由气相进入到金属中的氧发生相互作用。对金属表层进行超熔点加热为发生这种反应创造了有利条件：

$$[C] + [O] == CO \qquad (6.34)$$

用脱过氧和除过湿的等离子气源进行试验冶炼的结果，也有助于证明这种脱碳机制的合理性（表 6.17）。表格中的数据表明，当使用低氧和低湿度气体（提纯和干燥后的气体）时，脱碳效率大为降低。式（6.34）所述反应加剧靠的是 CO 从金属熔体表面析出，而 CO 析出的原因则是等离子气源的不停流动，以及靠近熔炼室水冷壁的一氧化碳与氢气的反应：

$$CO + H_2 == H_2O + C \qquad (6.35)$$

在试验冶炼时看到，这种反应是在温度低于 900K 时发生的，并形成了炭黑和水分。

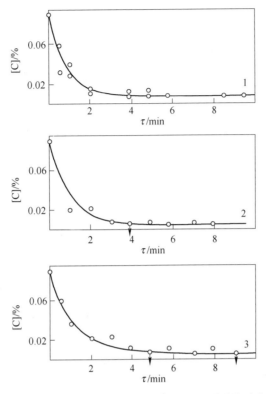

图 6.21 在等离子电弧熔炼中给 X18H9 号钢脱碳的动态变化

1—纯氩气中的熔炼；2—Ar+5%H₂混合气体中的熔炼；3—Ar+10%H₂混合气体中的熔炼

表 6.17 用不同净化程度的等离子气源冶炼时金属中的碳含量

等离子气源成分/%		重熔后碳含量/%	重熔后氧含量/%	备 注
Ar	H₂			
100	—	0.028	0.010	
95	5	0.024	0.011	气体经过干燥和除氧
90	10	0.027	0.011	
90	10	0.010	0.022	气体未经干燥和提纯

注：各次试验冶炼的时间均为 3.5min。

由此可见，在使用等离子电弧熔炼或重熔的过程中，通过给气相环境添加氧，可以使铁铬钢达到良好的脱碳效果。气相环境中含有氢，可以防止金属熔体过度氧化，加速碳从金属熔体中析出。脱碳的初始速度（大约 0.09%/min）远远超出熔炼同样金属时从顶部向金属熔体表面吹氧的传统方法。

6.3.5 通过蒸发夹杂物实现提纯

重熔含金属夹杂（铅、锡、锑等）的金属与合金时，提纯方法通常是在真空环境中将这些夹杂从金属熔体表面蒸发出来。蒸馏提纯的效果通过挥发系数 χ 确定，χ 为夹杂蒸发速度常数 k_1 与基体蒸发速度常数 k_2 的比值[5]：

$$\chi = k_1/k_2 \tag{6.36}$$

成分 i 的蒸发速度与其浓度呈正比：

$$\frac{\mathrm{d}\xi}{\mathrm{d}\tau} = \frac{\mathrm{d}(x_i G)}{\mathrm{d}t} = k_i x_i \tag{6.37}$$

式中，成分浓度 x_i 和金属熔体重量 G 随时间而变化。

研究准二元系合金时以被蒸发的物质为基体，通常认为夹杂的浓度远低于基体浓度，即 $x_i \ll x_2$。可以认为 $x_2 = 100\%$，这样就能得出夹杂初始浓度 c_0、最终浓度 c_1 与挥发系数之间相对简单的依赖关系：

$$\ln \frac{c_1}{c_0} = -(\chi - 1)\frac{\Delta G}{G} \tag{6.38}$$

式中，G 为合金质量；ΔG 为蒸发掉的合金质量。

依据试验冶炼结果，并利用式（6.38），F. N. Streltsov（Ф. Н. Стрельцов）和 Y. Y. Potapov（И. И. Потапов）确定了用等离子电弧熔化铜时铅的挥发系数。铜中含有 0.05% 的铅，还含有锡和铁。用重量为 17g 的铜样品在石墨坩埚中进行了熔炼。熔炼过程中可以观察到铅在显著减少，锡和铁的含量几乎未变（图 6.22），这大致符合这些元素在 1200℃ 下的蒸气压比值：

元素	Pb	Sn	Cu, Fe
蒸气压 p/kPa	13.3（10.0）	0.13（0.1）	1.3×10^{-2}（0.01）

等离子电弧电流强度越大，夹杂（铅）浓度降低的程度就越小，相应的系数 χ 也越小（图 6.23）。这是金属熔体表面温度升高的结果，随着温度升高，夹杂（铅）与基体（铜）之间的蒸气压差和蒸发速度之差都会迅速下降。

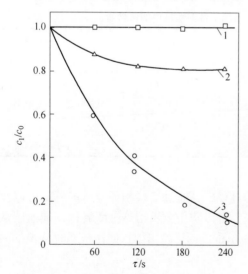

图 6.22　等离子电弧熔炼时金属夹杂从
铜中析出的动态变化
1—铁；2—锡；3—铅

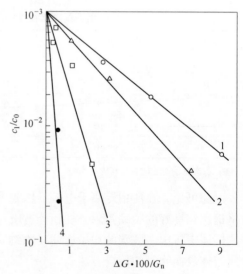

图 6.23　铅含量的变化对样品相对
质量损失的依赖关系
1, 2, 3—等离子电弧重熔（1—$\chi=35$；2—$\chi=65$；
3—$\chi=135$；1—$I_\partial=450\mathrm{A}$；2—$I_\partial=300\mathrm{A}$；
3—$I_\partial=170\mathrm{A}$）；4—真空感应熔炼（$\chi=800$）

文献［52］根据金属熔体蒸发速度数据，判断了试验冶炼条件下金属熔池的表面温度 T_{∂}（表 6.18）。

表 6.18 在石墨坩埚中进行等离子电弧重熔时金属熔池表面温度

重熔方式	I_{∂}/A	β/×10³cm·s⁻¹	T_{∂}/K	χ	
				计算值	实验值
等离子电弧重熔	170	4.5	2150	120	135
	300	5.1	2300	50	65
	450	5.8	2350	25	30
真空感应重熔	—	4.0	1520	900	1000

扩大金属熔池暴露的表面积、提高金属熔池温度、降低金属熔体上方的气相压力，都能提高蒸馏提纯效率。试验数据[53]表明：以低压重熔工艺清除金属夹杂的效果位于大气压条件下重熔和真空重熔之间；另外，降低压力会增加金属熔体蒸发的总体损失，包括蒸气压高的合金元素。

在感应坩埚炉中用等离子电弧补充加热的方法强化熔炼时，合金元素的蒸发是个现实问题。例如在感应炉中熔炼铜锌合金（黄铜）时，大量的锌会损失掉，因为锌沸点低，在黄铜还处于熔化温度时锌的蒸气压就已经很高（表 6.19）。从表 6.19 可见，锌的沸腾温度与黄铜的熔化温度相差不大。在锌的沸腾温度下锌的蒸气压已经很高（大约105.0kPa），如果进一步加热金属熔体，例如加热到纯铜的熔化温度，那么锌的蒸气压可能超过 200kPa。

表 6.19 各种温度下锌的蒸气压[54]

T/K	P_{Zn}/kPa	T/K	P_{Zn}/kPa
692.5①	0.025	1073	41.2
773	0.33	1178②	105.0
873	2.43	1223	153.3
973	11.8	1273	210.6

①锌的熔化温度；
②锌的沸腾温度，与黄铜的熔化温度相差不大（表中使用的为开尔文温度，高于摄氏温度 273.15℃，即 $T = t +$ 273.15，t 为摄氏温度-译者注）。

另外，锌的蒸气压不仅取决于金属熔体温度，还取决于锌在合金中的含量。根据 A. M. Wolsky(A. M. Вольский) 和 E. M. Sergievsky(E. M. Сергиевский) 的资料[55]，锌在黄铜熔体上方的蒸气压比在纯锌熔体上方要低得多。在铸造温度（ ≈1223K）条件下，ЛЦ40С 号黄铜（锌含量约为 40%）熔体上方锌的蒸气压不大于 70kPa（图 6.24）。

为了评价用等离子感应工艺熔炼黄铜时等离子电弧加热对锌蒸发的动态影响，巴顿电焊接研究所不仅使用实验室等离子电弧炉，还使用加装等离子电弧加热设备的 ILT-1/0.4 型工业感应坩埚炉（详见第 7 章）进行了试验冶炼。实验室研究结果[56]表明，用等离子电弧熔炼黄铜时，对锌蒸发速度影响最大的是电弧电流。电弧电流增大时，黄铜的蒸发速度也加快了。作者认为这是金属熔体温度升高的结果。

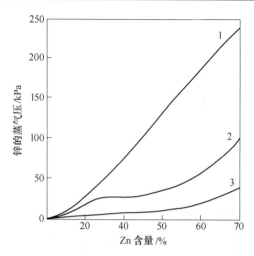

图 6.24　金属熔体处于不同温度时锌的蒸气压对其在黄铜中含量的依赖关系
1—1273K；2—1173K；3—1073K

以实验室冶炼为基础进行的计算表明：虽然等离子电弧在金属熔池表面形成的支撑斑点面积有限，但是有大量的锌经过此表面蒸发（表 6.20）。在电弧电流大于 300A 的试验冶炼中，可以观察到在整个熔炼期间金属熔池剧烈沸腾。

表 6.20　等离子电弧支撑斑点区锌蒸发的数据

I_∂/A	$V_{Zn}/g \cdot s^{-1}$	$V_{Zn}/g \cdot (mm^2 \cdot s)^{-1}$
200	9.4×10^{-3}	3.7×10^{-3}
250	16.6×10^{-3}	6.5×10^{-3}
300	26.6×10^{-3}	10.5×10^{-3}
350	41.6×10^{-3}	16.4×10^{-3}
400	80.0×10^{-3}	31.5×10^{-3}

含有挥发成分的二元系合金的气泡沸腾有别于纯液体沸腾[57]。溶液饱和蒸气压大小不仅取决于温度，还取决于溶液挥发成分的浓度。如果在此温度下挥发成分的蒸气压大于外部气压，那么二元系合金经过沸腾会进入较稳定的状态。这一过程的特征是易挥发成分的蒸气在液体中形成气泡。

当金属熔体温度低于锌的沸腾温度时，蒸发主要发生在暴露的表面。当金属熔体温度达到锌的沸点之后，蒸气压变得与金属熔体上方的外部气压相当。这时，锌的蒸发不仅发生在暴露的金属熔体表面，而且发生在金属熔体内部，锌的蒸气会在液态金属内形成气泡。这样一来，可供锌蒸发的表面积明显扩大，蒸发速度自然也会加快。

用工业等离子感应炉熔炼时，锌的蒸发速度比在实验室冶炼时要低。这是由于：等离子电弧有效斑点面积小，与熔池表面相比微乎其微；感应炉上安装的三相电弧等离子枪组可以分散熔池表面的热能；液态金属在感应炉中的强烈搅拌会降低等离子电弧有效斑点内金属熔体的局部过热；最后，熔炼中使用炉渣也会减少熔池的蒸发面积。

选择等离子体加热状态时，考虑到了在熔炼过程中要保证锌烧损程度最低，参数为：$I_\partial = 300 \sim 350A$；$L_\partial = 80 \sim 100mm$；$G_{Ar} = 0.8 \sim 1.2g/s$ 或 $30 \sim 50L/min$。

　　图 6.25 展示了 ЛЦ40С 号黄铜中锌含量的变化与在开放式感应炉、等离子感应炉中持续熔炼时间之间的关系。从图中可以看出，采用等离子体补充加热会使锌在熔炼过程中大量损失，如果使用炉渣，则能有效降低锌的烧损。非常有效的炉渣是 Na_2CO_3-CaF_2-$Na_2B_4O_7$ 系渣，按 5∶4∶1 的配比使用。炉渣用量为金属炉料重量的 0.5%~0.6%。

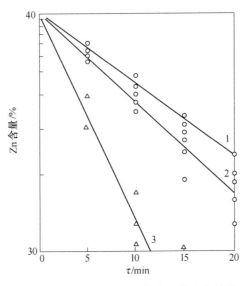

图 6.25　ЛЦ40С 号黄铜中锌含量的变化情况
1—开放式感应炉；2—使用炉渣的等离子感应炉；3—不使用炉渣的等离子感应炉

　　表 6.21 展示的锌蒸发速度数据，是根据在开放式感应炉、等离子感应炉分别进行的试验冶炼结果计算出来的。根据表 6.21，在不使用炉渣的等离子感应熔炼时，锌从熔池比表面积蒸发的速度比开放式感应熔炼快 1.7 倍；在使用炉渣的等离子感应熔炼时，蒸发速度比开放式感应熔炼快 1.06 倍以上。但是在两种等离子感应熔炼时，锌的总体损失反而比开放式感应熔炼减少 1.4~1.8 倍，因为熔炼时间几乎缩短了一半。

表 6.21　在工业熔炉中重熔 ЛЦ40С 号黄铜时锌的损失

熔炼方式		锌蒸发速度 /kg·(m²·h)⁻¹(g·(m²·s)⁻¹)	熔炼时间/h	总烧损量/%
开放式感应熔炼		142.8（39.6）	1.75	6.18
等离子感应熔炼	无炉渣	240.7(66.8)	0.92	4.48
	有炉渣	151.3(47.0)	0.91	3.23

　　因此，在设计利用等离子体补充加热方法对黄铜进行重熔的工业化生产工艺时，应该慎重选择等离子枪的电流，避免金属熔池表面局部过热。

第7章　等离子体加热在铸造生产中的应用

对金属感应加热进行的大量研究表明，电磁感应热源以独有的方式完美结合了冶炼的物理特性与工艺特性，所以在各个技术领域和工业部门，包括铸造生产中得到了广泛应用。电磁感应热源的特点是[1~9]：

（1）热源不会对被加热材料的化学成分产生不利影响；

（2）熔炼时金属熔体剧烈搅拌，保障了金属熔池内化学成分和温度均匀；

（3）不会产生金属熔体局部过热，合金元素损耗很低；

（4）输入电流功率与熔炼速度之间没有硬性联系，因此金属熔体可以长时间保持液态，熔池温度状态可以控制；

（5）热源不需要某些特殊的工作条件，因此工艺过程可以在任何气体成分中和任何压力条件下进行，包括真空环境。

电磁感应热源与其他热源相比具有如此显著的优势，所以在机械制造厂的浇铸车间得到极为广泛的应用。电磁感应炉可以作为熔炼固态炉料的主要设备，还可以用作双联炼钢法的第二道设备（第一道为化铁炉，第二道为电磁感应炉）。目前，除难熔金属（钼、铌、钽）外，已经用各类感应炉熔炼出了几乎所有常见种类的黑色和有色金属合金[3]。

7.1　电磁感应现象及其基本规律

电磁感应加热直到20世纪30~60年代才开始兴起并在工业生产中广泛应用，尽管奠定现代电工学的规律在19世纪就已经被发现，例如，法拉第发现了电磁感应定律；楞次和焦耳确定了电流通过导线时释放热量；麦克斯韦得出了代表特殊物质形式——电磁场的基本方程组[10~12]。电磁场理论也是麦克斯韦创建的，并在1873年出版的著作《论电与磁》中进行了阐述。

电场的特征是在空间中连续分布，同时它又是一个以被辐射量子形式存在的离散结构。

电磁场是一定能量的载体，这种能量可以转化为其他形式的能量，如热能、化学能、机械能等。此外，电磁场既是一定能量的载体，自身也有质量。比如，P. N. Lebedev（П. Н. Лебедев）进行的关于光的电磁属性的研究，通过实验确定了光压的存在并进行了测量。这样就用理论和实验结果证明，电磁场确实具有上述诸多特性，电场和磁场应该是一个电磁场的两个方面[10]。由此可见，将不取决于我们的观察而客观存在的电磁场区分为两个分量——电场、磁场，只是一种相对性区分，与观察电磁场的条件、方法和仪器有关。

电流与磁场强度之间的关系是由全电流定律确定的，根据这一定律，任何闭合回线的磁场强度的线性矢量积分与流经此回线表面的全电流相等[10,12]。麦克斯韦用积分方式描述全电流定律的第一个公式为：

$$\oint H \mathrm{d}l = I \tag{7.1}$$

式中，H 为磁场强度；l 为单位向量；I 为全电流。

这一公式确立的是电磁场的电、磁分量之间一个最重要的关系，其中包括带电粒子运动时和电场变化时会产生磁场。

但是，根据这一积分值还不能判断回线场内电流分布情况。为解决这一问题，实践中经常以微分形式展开式（7.1）[10]：

$$\mathrm{rot}H = J + \frac{\mathrm{d}D}{\mathrm{d}\tau} \tag{7.2}$$

式中，$J = \gamma E$ 为电流传导密度；γ 为导体电导率；E 为电场强度；$D = \varepsilon_\circ \varepsilon E$ 为电感应；$\varepsilon_\circ = 1/(4\pi \times 9 \times 10^9)$ 为真空绝对电容率；ε 为相对电容率；$\mathrm{d}D/\mathrm{d}\tau$ 为电流位移密度（在导电介质中它与通过的电流相比非常小，可以忽略不计）。

电流与磁场强度之间的第二种关系是由法拉第发现的，并定义为电磁感应定律，根据这一定律，磁场变化时可能出现电场。麦克斯韦的贡献是归纳概括了这一定律，使之适用于任何情况，即它甚至可以是一个完全处于真空中的虚拟回线。根据麦克斯韦电磁感应定律的描述，当经过回线表面的磁通量发生变化时，回线内产生的电动势与磁通量变化速度相等，只是符号为负。

磁场变化时，回线内产生电动势的前提是出现感应电场。这时，沿回线发生作用的电动势等于电场强度的线性矢量积分。因此，麦克斯韦以积分形式归纳的电磁感应定律通常采用以下公式：

$$\oint E \mathrm{d}l = -\frac{\mathrm{d}\Phi}{\mathrm{d}\tau} \tag{7.3}$$

式中，Φ 为流经回线的磁通量；τ 为磁通量变化时间。

以微分形式表述式（7.3）则为：

$$\mathrm{rot}E = -\frac{\mathrm{d}B}{\mathrm{d}\tau} \tag{7.4}$$

式中，$B = \mu_\circ \mu H$ 为磁感应；$\mu_\circ = 4\pi \times 10^{-7}$ 为真空绝对磁导率；μ 为相对磁导率。

麦克斯韦所做的归纳通常不是单个的公式，而是方程组：

$$\mathrm{rot}H = J + \frac{\mathrm{d}D}{\mathrm{d}\tau} ; \mathrm{rot}E = -\frac{\mathrm{d}B}{\mathrm{d}\tau} ; \mathrm{div}B = 0 \tag{7.5}$$

$$\mathrm{div}D = \rho \tag{7.6}$$

式中，ρ 为电荷体积密度。

式（7.2）和式（7.4）说明一个事实，即交流性的电场和磁场是共存的，本质上是电磁过程这一现象的不同方面。

式（7.5）表述的是无磁场源的磁通量连续性原理。式（7.6）是高斯定律的微分形式，据此可以断言，只有带电电荷才是电场源。

运用麦克斯韦方程组可以计算各种电气系统中的电磁场，确定吸收电磁的介质中能量的吸收量和释放量、平面波下降到传导材料表面时导电层的厚度等。

电磁感应加热或金属熔炼法的基础，是电磁场能量根据电磁感应定律从电磁感应器向炉料或金属熔体进行非接触性传导，根据焦耳-楞次定律转化为热能。

导体内的感应电动势可以根据电磁感应定律计算得出：

$$E = - \mathrm{d}\psi / \mathrm{d}\tau \tag{7.7}$$

式中，E 为电动势瞬间值；ψ 为磁通量瞬间值。

有导向的感应电动势在导体表层引起循环感应涡流，从而将导体加热。释放到被加热体的单位有效功率可以根据文献［14］的公式计算：

$$P = 2 \times 10^{-3}(I_{\mathrm{u}} n)^2 \sqrt{\rho \mu f} F \tag{7.8}$$

式中，P 为传递给被加热体整个吸收能量表面的功率，$\mathrm{W/m^2}$；I_{u} 为感应器电流；n 为感应器每 1m 高度的线圈匝数；ρ 为被加热体的材料电阻率；μ 为被加热体材料相对磁导率；f 为感应器内电流频率；F 为取决于被加热体形状、尺寸以及电流频率的函数（在感应熔炼炉上此函数值接近 1）。

根据式（7.8），在其他条件（电流和感应器线圈匝数）相同时，电流频率越高，则单位功率越大，加热速度也越快。从式（7.8）还得知，若被加热体的电阻率或磁导率改变，所需有效功率也随之改变。

众所周知，直流电和交流电在导体内的流动特性是不同的。直流电沿导体截面均匀分布，截面内任意一点上电流密度都相同，即直流电利用的是导体的全部截面。

交流电在导体截面内分布不均匀。导体截面电流的不均匀分布被称作趋肤效应。趋肤效应这一交流电流经导体时所特有的物理现象，是感应加热的基础。

电流密度从导体表面到其轴线会降低 e 倍，这个距离被称作电流穿透深度 Δ（图 7.1）。

$$\Delta = \sqrt{2\rho / \omega \mu_o \mu} \approx 503 \sqrt{\rho / \mu f} \tag{7.9}$$

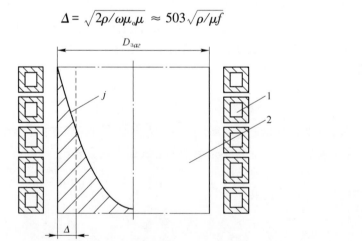

图 7.1　交流电密度沿圆柱形导体截面分布

1—感应器；2—坯料；D_{zag}—坯料直径

根据式（7.9）可知，导体材料电阻率越大，电流频率越低，电流穿透深度 Δ，即导体导电层的厚度就越大。

导电率高的金属（铜、铝）比电阻率高的金属（钢、钛）电流穿透深度更大（见表 7.1）。

表7.1 电流频率不同时各类金属的电流穿透深度 Δ[15] （mm）

金属类型	电流频率					
	500Hz		1000Hz		8000Hz	
	固态	液态	固态	液态	固态	液态
钢	0.071	2.14	0.05	1.51	0.015	0.47
铜	0.29	1.1	0.21	0.75	0.065	0.23
黄铜	0.56	1.4	0.4	1.0	0.12	0.3
铝	0.38	1.16	0.27	0.82	0.08	0.26
锌	0.53	1.3	0.38	0.92	0.12	0.29
镍	0.074	2.35	0.052	1.67	0.16	0.53
钛	—	—	—	—	0.66	
钼	—	—	—	—	0.117	

电流穿透深度是评价各种导电材料趋肤效应，从而正确选择电流频率的基础依据之一（电流频率是实现这种或那种工艺流程的关键因素），最终也决定着这一工艺的生产能力。

感应炉坩埚内的金属熔体与其他任何导体一样承受着感应器发出的几股电流相互作用造成的挤压，并且越接近表层强度越大。这一挤压力的计算公式为[2]：

$$F = \frac{31.6\,P_{инд}}{\sqrt{\rho f}} \times 10^{-4} \qquad (7.10)$$

式中，$P_{инд}$ 为感应器功率。根据式（7.10），感应器有效功率越大、工作电流频率 f 越低，电磁挤压力就越大。

呈矢量状挤压熔体的力垂直于圆柱形外表面，即挤压力对熔体呈向心状，并且在感应器的高程中段作用力最大（图7.2）。在向心挤压力作用下，感应炉坩埚内金属熔体表面形成凸起的月牙拱形，拱形高度一再增长，直到挤压力造成的动态压力与金属熔体柱静态压力达到平衡[2]：

$$F = P_{cm} = h_{мн}\gamma \qquad (7.11)$$

式中，P_{cm} 为金属熔体柱静态压力；$h_{мн}$ 为拱形高度。

沿坩埚轴分布的电动压力可以用下列公式计算[1]：

$$P_э = 0.2\pi \times 10^{-6}(I_и n)^2\mu \qquad (7.12)$$

坩埚炉内熔体的顶部被挤压出坩埚壁，并沿坩埚轴向上突起，然后沿着拱形表面向下回流。这样循环运动的结果，就是使金属熔池表面形成了凸起月牙状，其相对高度为[2]：

$$h_м = h_{мн} / h_v = \frac{31.6}{\sqrt{\rho f}}\frac{P_и}{V}\frac{1}{\gamma} \times 10^{-4}\frac{d_m}{h_m} \times 100\% \qquad (7.13)$$

式中，$h_м$ 为金属熔体高度，m；$h_{мн}$ 为拱形高度，m；γ 为金属熔体密度，t/m³；d_m 为坩埚直径，m；h_m 为感应器内坩埚的高度，m。

感应炉运行时产生的强大电磁力，激励着坩埚内熔体的运动。这种运动与金属熔池内局部温差和密度差造成的熔体自然对流运动相比，在强度上高出数十倍。

全苏电热设备研究所（ВНИИЭТО）对感应坩埚炉内金属熔体运动控制的研究[16,17]表明，熔体由磁场强度高的区向磁场强度低的区运动，并沿坩埚壁返回，换言之，熔体呈现所谓双回线运动（图7.2）。

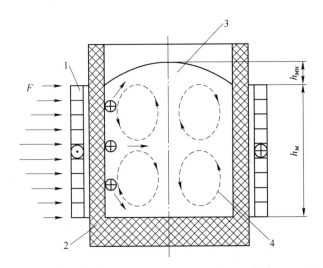

图 7.2　感应坩埚炉金属熔池内凸起的拱形和流体运动图（直线箭头表示作用于金属的力）

1—感应器；2—坩埚；3 —金属熔体；4 —金属熔体运动轨迹；

$h_{\text{м}}$ —金属熔体高度；$h_{\text{мн}}$ —拱形高度

熔体运动的相对速度为：

$$\bar{v} = v/j\sqrt{\rho/\mu} \qquad (7.14)$$

式中，v 为熔体运动速度。

对电动势驱动金属熔体在感应炉坩埚内循环的情境可以做如下定性描述：磁场扩散的结果是感应器高程中段磁场最强，两个边缘段（顶部和底部）磁场显著减弱（图 7.2）。因此坩埚高程中段的电动势压力最大，而金属熔池表面和底部区的电动势压力较弱。于是金属熔体就开始沿闭合回线从机械挤压力高的区向机械挤压力低的区循环。熔体中会产生两个环形流，构成熔体的双回线循环。

7.2　电磁场内的热量释放与导体加热特性

从工作原理上讲，所有感应加热装置包括熔炼设备，都类似于空心变压器。这时感应器起初级线圈的作用，次级线圈就是被加热体，即各种坯料、零件、炉料或金属熔体。电能根据电磁感应定律从感应器传递给金属炉料，随后又根据焦耳-楞次定律转化为热能。

文献［18］描述了一个用于在感应坩埚炉熔炼时确定炉料中释放有效功率的经验方程。此公式兼顾了炉料的物理特性、熔炉构造特点和熔炼状态：

$$P_{\text{a}} = 2 \times 10^{-3} \left(I_{\text{и}}n\right)^2 \sqrt{\rho\mu f} \qquad (7.15)$$

式中，P_{a} 为传递给炉料表面总面积的有效功率；$I_{\text{и}}$ 为感应器电流；n 为每 1m 长度感应器的线圈匝数。

根据式（7.15），当用电状态不变（感应器用直流电）、感应器结构（线圈匝数）不变时，在炉料中释放的功率取决于电流频率。电流频率越高，在炉料中释放的功率越大，同时感应器-炉料系统的功率传输效率也提高，即在金属中释放的功率与感应器接收的有效功率之间的比值提高。

对选择感应坩埚炉工作电流频率有影响的还有熔炼工艺因素，例如熔炼时使用部分液体炉料（前次熔炼的液态金属不完全倒出，装填固体炉料时炉内剩余部分液态金属），还是全部使用块状固体炉料（每次熔炼后都把液态金属倒干净）。

因此 A. E. Slugocki（А. Е. Слухоцкий）[13] 提出了用液态炉料工作时熔炉选择最低频率的建议，等式为：

$$f_{min} = 10^6 \rho / D_{\text{т}}^2 \tag{7.16}$$

式中，$D_{\text{т}}$ 为坩埚直径。

使用块状炉料工作时的典型情况是，在熔炼之初块状炉料之间电接触不良，感应电流需要在每块炉料上单独闭合。这样的结果是，在块状炉料熔化之前感应器-炉料系统的功率传输效率最低（相对磁导率为 $\mu = 1.0$，电阻率 ρ 与最初的冷状态相比有所增大）。这时通常要根据块状炉料的平均尺寸选择最低的电流频率[1, 13]：

$$f_{min} \geqslant (3 \div 10) \rho_{\text{ш}} / d_{\text{ш}}^2 \tag{7.17}$$

式中，$\rho_{\text{ш}}$ 为接近熔点温度时炉料的电阻率；$d_{\text{ш}}$ 为块状炉料的平均尺寸。

根据式（7.16）和式（7.17），随着坩埚或块状炉料直径增加，最低电流频率会降低。因此大容积的感应坩埚炉或搅拌器（大于 1.0t）通常采用工频电流，而小容积熔炉（20~500kg）通常采用 10~70kHz 的电流。

对在被加热体中释放的有效功率产生极大影响的，除电流频率外还有电阻率和磁导率，以及它们在加热过程中的变化（式 7.15）。

对于 $\mu \gg 1.0$ 的铁磁性材料（温度低于居里点的钢、生铁），传递到金属的有效功率明显更多。对于非磁性材料（$\mu = 1.0$），以及加热到居里点以上的生铁和钢，加热强度明显降低。

传输给电阻率高的金属炉料的有效功率远高于传输给电阻率低的金属炉料。因此，熔炼铜与铜合金时通常会使用有导电坩埚的感应炉。用高频电流加热时，在铁磁材料和非铁磁材料中电磁场释放能量具有不同特点，原因是两种材料具有不同的物理性质。

加热铁磁材料（如钢或生铁）时，电阻率和磁导率会发生变化。低于磁性转变点（居里点）时，$\rho\mu$ 乘积随着金属加热时电阻率的增加而变大，这时磁导率基本不变（图 7.3）[1]。

图 7.3 描述的电阻率关系曲线，符合碳含量为 0.4%~0.5% 的钢，而初始磁导率通常为 16，其前提条件是感应加热时形成足够强的磁场。当达到转化温度时，磁导率会迅速下降，在炉料内释放的功率也会急剧减弱（图 7.4）。

根据式（7.9），当电阻率增加、磁导率减小时，炉料内电流穿透深度会产生变化。穿透深度 Δ 值会明显增加。根据 A. E. Slugocki（А. Е. Слухоцкий）收集的数据，含碳钢内电流穿透深度可能增长 8~10 倍[13]。

铁磁材料感应加热过程有以下三个阶段[13, 16, 18]：

（1）开始加热。这一阶段是低温状态，特点是钢坯整个截面的电阻率不变，这时 $\rho_n = \rho_0$（ρ_n 为电阻率当前值；ρ_0 为初始电阻）。温度低于 873K 时，磁导率大小基本不受温度影响，并且任一点的磁导率都可以由磁化曲线图测量。

（2）过渡状态。这一阶段被加热材料表层温度高，但仍低于磁性转变温度。截面电阻率不固定，尤其是表层（深度为 $1.5\Delta \sim 2.0\Delta$）与深层之间相差很大。很多研究者认为[11, 13, 19]，表层的温度和电阻率是深层的两倍以上。这时从表层向深层的磁导率会提高成百上千倍，即远远高于电阻率。

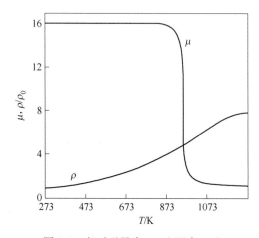

图 7.3　相对磁导率 μ、电阻率 ρ 对
中碳钢温度的依赖关系[13]

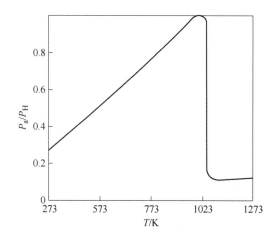

图 7.4　有效功率与炉料温度的关系图

（3）热状态。这一阶段的特点是在靠近坯料或块状炉料的表面形成深度为 $X_к$、温度超过居里点的层次。坯料相对靠里的部分温度较低，即从表面向中心温度逐渐降低，从截面看坯料似乎变成了双层。坯料表层加热到温度超过居里点时失去了磁性，而内部（中心）仍保留着铁磁性。在 $X_к$ 层边缘上相对磁导率 μ 的变化是跳跃的，而电阻率 ρ 随着温度的提高逐渐增加（图 7.3）。

从热力学角度看，感应坩埚炉是非常完美的熔炼设备，它的特点是生产率高、能量损失相对较低。通常，感应炉从电网获取的有效功率可以用以下等式表示：

$$P_n = P_м + \Delta P_m + \Delta P_э + \Delta P_к + \Delta P_{лу} \tag{7.18}$$

式中，$P_м$ 为用于熔化炉料及加热金属熔体的有效功率，kW；ΔP_m 为感应器内的热能损失，kW；$\Delta P_э$ 为感应器内的电能损失，kW；$\Delta P_к$ 为电容器内的能量损失，kW；$\Delta P_{лу}$ 为线路和电源装置中的能量损失，kW。

考虑到设备的总体效率，有效功率等于：

$$P_n = P_м / \eta_u = P_м / \eta_к \eta_{лу} \tag{7.19}$$

式中，η_u，$\eta_к$，$\eta_{лу}$ 分别为感应器、电容器组、电路和电源装置的功率传输效率。

考虑到感应器-炉料系统中的电能和热能损失，感应器的功率传输效率为：

$$\eta_u = \eta_э \eta_m \tag{7.20}$$

式中，$\eta_э$ 为感应器电能利用效率；η_m 为感应器热效率。

感应器-炉料系统的电能利用效率 $\eta_э$ 表达的是在金属中释放的有效功率与总有效功率之比。它取决于感应器与金属的尺寸关系（$d_u = d_м$）。但是这些因素对 $\eta_э$ 的影响与电流频率对 $\eta_э$ 的影响相比显得极其有限。随着电流频率提高，电能利用效率不断增加，逐渐接近极限值[3]。当炉料总量直径与电流穿透深度的比值超过 10 时，熔炉的电能利用效率达到极限值。

考虑到熔炼坩埚内的热损失，感应炉的热效率可以表示为：

$$\eta_m = P_м / (P_м + \sum P_{mn}) \tag{7.21}$$

式中，$\sum P_{mn}$ 值表示电炉总体热损失。

$$\sum P_{mn} = P_6 + P_n + P_{u3\pi} + P_{\kappa p} \tag{7.22}$$

式中，P_6、P_n、$P_{u3\pi}$、$P_{\kappa p}$ 分别为从坩埚侧壁、坩埚底、熔池表面散射和通过顶盖散发的热损失。

图 7.5 表示的是感应炉内热损失与坩埚容积之间的关系[2]。由图可知，坩埚容积越大，电炉尺寸越大，热损失就越大。热损失还与内衬材料和金属温度有关，无论电功率是否输入熔炉。

感应炉的生产效率取决于消耗到加热与熔化金属炉料上的有效功率，以及热损失量。所以，传输给金属熔体的功率总是要更大些：

$$P'_{_M} = P_{_M} + \sum P_m \tag{7.23}$$

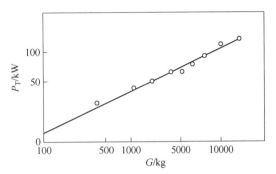

图 7.5 $t_{_M} = 1500℃$、$\gamma_{_M} = 7000kg/m^3$ 时，感应坩埚炉内的热损失对坩埚容积的依赖关系

通常，电炉的有效功率可以表示为：

$$P_{_M} = 10^{-3} G_{_M} i_{_M} / \tau_p \tag{7.24}$$

式中，$i_{_M}$ 为金属的热函；τ_p 为熔炼时间，s。

考虑到相变，金属热焓一般可以表示为：

$$i_{_M} = c_{_{uu}}(T_{_{n\pi}} + T_{_{uu}}) + r_{_{n\pi}} + c_{_{ж}}(T_{_{ж}} + T_{_{n\pi}}) \tag{7.25}$$

式中，$c_{_{uu}}$、$c_{_{ж}}$ 分别为金属炉料热容、金属熔体热容，J/(kg·K)；$T_{_{uu}}$、$T_{_{ж}}$ 分别为炉料温度、金属熔体温度，K；$r_{_{n\pi}}$ 为熔化潜热，J/kg；$T_{_{n\pi}}$ 为熔化温度，K。

通常，在均匀加热条件下熔炼坩埚内金属熔体热交换和运动过程可以用一组三个公式来说明，即运动公式、热交换公式、连续性公式[20, 21]：

$$\omega_z \frac{d\omega_z}{dz} + \omega_y \frac{d\omega_y}{dy} = g\beta(T - T_1) + \frac{\nu}{\gamma} \frac{d^2\omega_z}{dy^2} \tag{7.26}$$

$$\omega_z \frac{d(T - T_1)}{dz} + \omega_y \frac{d(T - T_1)}{dy} = a \frac{d^2(T - T_1)}{dy^2} \tag{7.27}$$

$$\frac{d\omega_2}{dz} + \frac{d\omega_y}{dy} = 0 \tag{7.28}$$

式中，ω_z、ω_y 分别为 z 轴、y 轴上速度矢量的投影，即垂直于坩埚壁和竖直方向；T、T_1 分别是位于边缘层和远离坩埚壁的测量点温度。

假设沿 z 轴方向运动的近壁层厚度比坩埚直径小，同时在整个高程上提升力（$\omega_2 =$ 常数）固定不变，式（7.26）~式（7.28）将采用以下形式：

$$g\beta(T - T_1) + \frac{\nu}{\gamma} \frac{d^2\omega_z}{dy^2} = 0 \tag{7.29}$$

$$\frac{d^2(T - T_1)}{dy^2} = 0 \tag{7.30}$$

$$\frac{d\omega_z}{dz} = 0 \tag{7.31}$$

当 $\dfrac{\mathrm{d}T}{\mathrm{d}z} = \dfrac{\mathrm{d}T}{\mathrm{d}y} = \Delta T_1 = \text{const}$ 时公式成立。其中，ΔT_1 表示沿坩埚高程呈现的金属熔体温度梯度，即：

$$\Delta T_1 = \frac{T_z - T_0}{h_m} \tag{7.32}$$

式中，T_z 高度为 Z 时的金属熔体温度；T_0 为坩埚底部的金属熔体温度；h_m 为坩埚高度。

运用式（7.29）~式（7.31）可以描述出金属熔体的自然对流性质[28]：

$$Nu = 0.452(Cr\, Pr)^{0.25} \tag{7.33}$$

表 7.2 列举了高度为 1m 的不同直径坩埚近壁层内金属熔体运动的平均速度[22]。根据这组数据，坩埚壁附近金属熔体流动速度的绝对值并不大，每秒钟仅数百分之一米。但是由于循环次数多，金属熔体搅拌过程中的这一流速可能起很大作用。这时循环次数应理解为每小时流经近壁层的液态金属的体积与高度为 1m 的坩埚容积之比。此外感应炉内会有液态金属重力搅拌。不过采用工频工作时，重力搅拌对热交换和质量交换过程影响作用不大。

表 7.2　感应炉坩埚内金属熔体流动速度和循环次数

近壁层金属流动平均速度/m·s^{-1}	近壁层厚度/×10^{-3}m	不同直径坩埚内金属熔体循环次数		
		0.5m	0.75m	1.0m
0.0067	6.1	1.17	0.78	0.59
0.0200	9.1	5.80	3.82	2.90
0.0133	6.1	2.34	1.56	1.17
0.0440	9.1	11.60	7.64	5.87
0.0200	6.1	3.5	2.34	1.75
0.0600	9.1	17.40	11.50	8.70

由此可见，感应炉坩埚内金属熔体搅拌速度取决于多种工艺参数：工作电流频率、熔炉单位功率、磁场强度、坩埚内熔体的填充度、熔池内温度和化学成分的非均匀度。这些都是与加速熔化、加快熔体冶炼过程相关的重要因素。

7.3　金属感应熔炼方法与熔炼设备分类

感应加热广泛应用于冶炼金属与合金，因为这种加热源具有一系列独特的物理和工艺参数，使之优于其他加热源。这种优势体现在加热所必须的热量是直接在材料中释放出来的，并且可以根据任务需要从下面、侧面或上面任何一个方向对释放热量的过程加以控制。

利用感应加热方法冶炼和加工金属熔体的过程可以划分为以下三个基本类型：

第一类，熔炼时热能直接释放到炉料或熔体中，熔体与坩埚的耐火材料相接触。

第二类，热能释放到用导电材料制备的容器（坩埚）中，导电材料的电阻率和熔点远高于重熔物。这时炉料的加热、熔化以及金属熔体的超熔点加热依靠的是从温度更高的坩埚壁发生的热传导。熔炼时金属熔体与坩埚壁相接触。

第三类，热能释放到被加热材料中，金属熔体不与坩埚材料相接触。

这种划分在某种程度上带有一些特别约定成分，例如在第一和第二类情况下，金属熔体在熔炼时都与坩埚壁相接触。它们的区别仅在于：第一类情况下，电磁场能量直接释放到炉料或金属熔体中；第二类情况下，热能释放在坩埚壁中，熔化炉料和随后超熔点加热金属熔体靠的是坩埚向金属熔体发生的热传递。

比较第一和第三类情况，可以发现它们的相似之处在于，电磁场的能量都直接在炉料或金属熔体中转化为热量。两者的区别是，第一类情况下金属熔体与坩埚壁接触；第三类情况下金属熔体不与坩埚壁接触，因为电磁场对金属熔体产生了挤压。

上述每一类情况都有相对应的一套冶炼工艺和设备，区别因素是熔炼室内压力与气体介质成分、坩埚种类与材质、向金属熔体传递能量的方式等（表7.3）。

表7.3　感应熔炼方法与熔炼设备分类

第一类		第二类	第三类		
管道式感应炉熔炼	开放式感应熔炼	真空感应熔炼	用导电材料（石墨、难熔金属）制备的坩埚内熔炼	悬浮熔炼	电磁约束（金属熔体不接触炉壁）熔炼	凝壳熔炼	水冷坩埚与分段结晶器熔炼

管道式感应炉的特点是，金属熔体中有两个区，一个是释放热能的通道；另一个是积累必要体积金属的熔池，这里没有电磁场能量释放[1, 2, 4]。内部铺着管道的那部分炉衬起到变压器作用，感应器是初级线圈，管道里的金属熔体是次级线圈。

管道式感应炉的工作原理要求管道内一定要有金属熔体。因此，倒出金属熔体时炉内要保留一定剩余量（通常为熔炉总容积的25%~30%）。不能让管道内金属熔体冷却凝固，否则会损坏管道的内衬。

感应坩埚炉的优点是，它本身就是一个带柱形多匝线圈感应器的电磁系统，在一个坩埚内就可实现将热能导入炉料，将炉料熔化，积累液态金属，并将液态金属调整到指定的化学成分和温度多个工艺过程。

在配备导电坩埚的感应炉内，热量首先传递到坩埚壁，然后传给炉料，最后传给金属熔体。

根据熔炼室内气体介质性质、成分，以及压力的不同，感应坩埚炉可以分为开放式（在空气中工作）和真空式两种，真空炉中金属熔体的熔炼和倒出都在低压密闭的熔炼室内或惰性气体保护下进行。

熔炼金属熔体时熔体与耐火材料可以不接触，这种工艺和设备是单独的一类感应熔炼。悬浮熔炼、无坩埚局部熔炼、电磁约束（金属熔体不接触炉壁）熔炼、凝壳熔炼以及冷坩埚与分段结晶器熔炼[13, 23~27]都是这类工艺。

管道式感应炉通常使用工频工作，这时感应器-管道系统的电能利用效率可以达到95%。因为从动力学角度看，以这种方式从感应器向金属熔体传递能量效果更理想，并且管道内金属熔体有更好的热绝缘。

多数情况下，管道式感应炉用于熔炼有色金属，如铝、锌、铜基合金，也可以在铸铁车间内用作搅拌锅。

目前解决管道式感应炉的熔炼强度的途径有两个：一个是提高感应组件的功率，另一个是增加感应组件在熔炼设备中的数量。不排除将来会有第三个解决途径，即使用补充加热源，例如用等离子体加热坩埚内的金属熔池和炉料。

感应坩埚炉工作原理如图 7.6 所示。

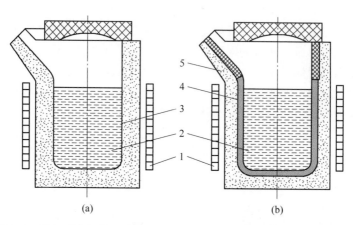

图 7.6　配备不导电陶瓷坩埚（a）和导电坩埚（b）的感应熔炉原理图
1—感应器；2—金属熔体；3—高温材料制成的坩埚；
4—导电材料制成的坩埚；5—绝热体

目前，用配备高温坩埚的熔炉几乎可以炼出所有种类的铁基和镍基合金，以及一系列的有色金属。而配备导电坩埚的熔炉使用范围相对较小，主要用于熔炼铜与铜合金，还可作为金属热还原装置冶炼稀有金属，例如用含钽元素的坩埚，通过钙热还原处理，获取钇、钕和其他稀土金属[28]。这种坩埚的容积通常不超过 $1.5 \sim 3.0 dm^3$。

苏联时期建造了各种带耐火材料坩埚的熔炉，具有不同的容积和功率，有的使用高频，有的使用工频。这些熔炉用于冶炼钢（ИСТ 系列）、生铁（ИЧТ 和 ИЧТМ 系列）、铝与铝合金（ИАТ 系列）、铜合金（ИЛТ 系列）❶。表 7.4 列举了这些熔炉的基本工艺性能[29]。

表 7.4　感应坩埚炉工艺性能

系列	坩埚容积/t	变压器功率/kW	电流频率/Hz	生产率/t·h⁻¹
	0.06	90	2400	0.130
	0.16	215	2400	0.35
	0.25	320	1000	0.4
炼钢 （ИСТ）	0.4	465	2400	0.78
	1.0	790	1000	1.33
	2.5	2350	500	4.0
	6.0	2230	500	3.5

---

❶ ИСТ—炼钢的感应坩埚炉；ИЧТ—熔炼生铁的感应坩埚炉；ИЧТМ—重熔金属的感应坩埚炉；ИАТ—熔炼铝的感应坩埚炉；ИЛТ—熔炼黄铜的感应坩埚炉。

系列	坩埚容积/t	变压器功率/kW	电流频率/Hz	生产率/t·h⁻¹
熔炼生铁 （ИЧТ）	1.0	370	50	0.6
	2.5	910	50	1.7
	6.0	1480	50	2.7
	10.0	2300	50	4.4
	21.5	5400	50	11.3
	31.0	6800	50	14.2
	60.0	18000	50	33.2
重熔金属 （ИЧТМ）	1.0	170	50	2.8
	2.5	230	50	4.2
	6.0	370	50	6.0
	10.0	840	50	17.6
熔炼铝 （ИАТ）	0.4	170	50	0.28
	0.4	610	500	1.0
	1.0	320	59	0.56
	2.5	705	50	1.3
	2.5	1470	500	2.5
	6.0	1100	50	2.0
熔炼黄铜 （ИЛТ）	1.0	325	50	1.0
	2.5	720	50	2.0
	10.0	1290	50	3.6
	25.0	3150	50	9.3

铸造车间用得最多的是容量为 60kg~1.0t 的中频感应炉（500~2400kHz）。它在铸造车间里很容易配置，需要用精选的小份额（50~100kg）金属熔体制造异型铸件时使用起来很方便。

炼钢（ИСТ）系列高频坩埚炉适于熔炼所有含碳量极低的钢（牌号为 5Х18Н9Л，10Х13Л，18Н9ТЛ，15Х25ТЛ，10Х13Л，10Х18Н12М3ТЛ）、制造快速切削铸件的工具钢和特种高温钢。每次熔炼后，需要从坩埚炉中倒出全部液态金属，即采用周期作业模式。

某些情况下，高频炉更适合冶炼生铁。但是只能在冶炼几种自己常用牌号的合金铸铁时使用，每次都使用固体炉料，不残留液态金属。ИСТ 系列熔炉可以炼制所有牌号的生铁，满足对炉料成分的更高要求。由于液态金属搅拌强度低，碳化过程比较困难。因此炉料应该使用铸铁块、废铁，并添加一定数量（不超过 10%）的废钢回炉料。

此外，感应坩埚炉还可以用于双联炼钢法，生产高强度生铁时将其作为第二道设备使用。液态金属搅拌强度低可以显著减少镁的烧损，从而在重熔回炉料时把镁元素部分保存下来。

采用炼生铁（ИЧТ）系列工频感应坩埚炉，并且使用优质炉料，可以生产优质灰口铸铁、可锻铸铁和高强度铸铁。这类熔炉通常连续工作，即把新的固体炉料添加到上一炉未倒净的液态金属"沼泽"中。这类炉子可以在双联炼钢法中作为第二道设备使用，每次向坩埚内添加不超过液态金属质量 30% 的固体金属炉料。完全用固体炉料冶炼生铁很困难。

重熔金属（ИЧТМ）系列感应炉还可以在用双联炼钢法生产各种牌号的生铁时充当搅拌锅。这时可以向坩埚内添加固体金属炉料和成分调节剂，总量不超过液态金属质量的20%。这类感应炉的功率应当足够弥补热能和电能损耗。

为了在浇铸前对生铁进行超熔点加热，必须预留少量的功率备份。当若干个感应炉同时作为熔炼设备使用时，电源系统应考虑到其中任何一个感应炉从熔炼状态切换到搅拌状态的需要。

炼铝（ИAT）系列坩埚炉用于熔炼铝与铝合金。这类炉子用工频和中频工作。如果对铝合金质量要求高，氢气和非金属夹杂物的含量必须很少，使用中频炉完成熔炼经济性最好。因为中频炉在金属熔体循环过程中能让熔池表面氧化物保护膜保持完整。在其他情况下熔炼铝合金，可以使用工频感应炉。

炼铜（ИЛТ）系列工频感应炉用于冶炼铜合金（铜、黄铜、青铜等）。其工作模式可以是连续的，也可以是周期性的。

各种类型的感应炉加装等离子设备后都能显著提高工作效率，拓宽冶炼能力。

现阶段，感应坩埚炉是铸造车间里使用最多的冶炼金属与合金的设备，其工艺能力众所周知。但是在肯定其优点的同时应该指出其不足：一是金属熔化时间过长；二是熔渣温度较低，限制了利用熔渣改善熔体的冶炼能力；三是难以炼制可用于薄膜成型的合金。

7.4　提高感应坩埚炉熔炼强度的方法

为了提高感应坩埚炉的工作效率，需要采取综合措施优化工艺，并提高这些工艺的效率。

对于那些需要把金属熔体全部倒出的中频炉来讲，生产率主要取决于炉料选择是否合理，以及炉料在熔炉坩埚内堆放的密实度。准备炉料的正确方法是，选用一定尺寸的块状炉料，以最有利于保障导电率的方式密实地码放在坩埚内，从而获得最大的熔炉功率和用电效率。

为了缩短金属熔化时间，可以周期性捣实炉料，让未熔化的料块浸入金属熔体，还要保持好额定供电状态，即让电流强度、电压、功率都接近额定值。

调整向坩埚内装料的顺序也是加速熔炼的一个工艺方法。例如，冶炼合成铸铁时，钢炉料要在熔炼的最后阶段装入。这些措施都能在一定程度上改善坩埚炉的工作参数，但是不能从根本上解决问题。

已知用于提高感应炉工作效率的方法还有以下几种：使用大功率电源；炉外预热炉料；采用补充热源——等离子体加热。

使用大功率电源需要更新电力设备，常常还要对现有冶炼设备进行大规模改装，需要投入大量资金。即使这样做了，也不能保证感应炉冶炼能力有很大扩展。

对感应炉工作情况进行分析后可以发现，在炉料预热阶段，到达熔点之前，感应炉效率非常低，因为这一阶段的工作特点就是热效率低[34]。所以，近年来在冶炼生铁时广泛采用了双联法，不仅改善了工艺参数，而且让熔炼设备在整个熔炼期间保持了较高效率。

在炉外对炉料进行预先加热，可以缩短炉料的加热时间，提高感应炉的热效率。随着炉外炉料预热温度提高，炉内熔化金属所需的热量减少了，熔炉热效率得以提高。

补充预热炉料不仅能提高感应炉的工作效率，还能改善其工艺指标和使用性能指标，提高熔炉生产率，降低生产成本，实现炉料烘干与脱脂，降低金属的气体饱和度，提高坩埚内衬使用寿命。

炉料预热明显加快了感应炉的熔炼进程，从而在功率不变的情况下提高了电炉的生产能力。

当所需铸件数量不变时，提高感应炉的生产能力就能减少生产这些铸件所需熔炉的数量。这样，投资和生产成本都能降低，可以在一定程度上补偿炉料预热的费用，在许多情况下还能降低冶炼金属的成本。与此同时还解决了脏炉料清洗问题，因为碎屑和其他金属废料经常沾满油污或乳化剂。

炉料预热的实践充分证明了这种方法的合理性，尤其是用碎屑和其他细小废料生产合成生铁时更加明显。

炉料预热可以在燃气炉内完成，选择何种结构的燃气炉取决于炉料种类和需要的预热温度。金属加热速度应该足够快，以避免在加热过程中炉料被氧化，保证熔炉生产能力达到一定水平。在预热金属碎屑过程中预防金属熔体被氧化尤为重要，因为金属碎屑表面积大，有助于氧化反应快速进行。

在实践中预热炉料的设备种类很多，常见的有底部双开门的筐形装置，顶盖上安装了燃气燃烧器。预热炉料还可以采用在普通氧化环境中加热炉料的较复杂的加热设备[30]，不过这种设备不适合预热碎屑和细小金属废料。

对于需要长时间持续熔炼的大容量感应炉来说，预热炉料在经济上非常合算。而对于小容量或中等容量的炉子，进行炉外预热会使设备构成和工艺流程变得相当复杂。

加快液态熔池内的冶炼过程是提高感应炉熔炼强度的常用方法。例如，用重熔到 1600~1800℃ 的高碱性渣处理坩埚内的液态金属（图 7.7）[37]。研究结果表明，这种方法可以显著强化液态熔池内的物质交换过程，提高熔炉的生产能力。

其实，用直流或交流等离子电弧在感应炉内对金属熔体进行补充加热，在已知提高感应炉熔炼强度的所有方法中，是效果最好的一种。这种方法不仅能强化炉内熔炼过程，而且能提高所制备金属的质量[32]。

大量研究表明，用等离子电弧在感应炉内补充加热炉料可以提高炉料的熔炼速度。在配备等离子体加热设备的感应炉内，熔炼持续时间可以缩短 2~2.5 倍，单位电耗可以减少 30%~40%。

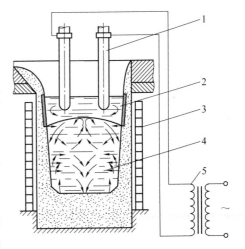

图 7.7　在感应炉内用超熔点加热的熔渣
加工液态金属的原理图
1—石墨电极；2—熔渣；3—感应器；
4—液态金属；5—变压器

图 7.8 显示了在两种熔炉中功率传递给炉料的曲线。图（a）是 YCHT-1（ИЧТ-1）型 1t 标准熔炉；图（b）是同样的熔炉，只是加装了等离子电弧设备，能够用等离子感应熔炼状态工作。

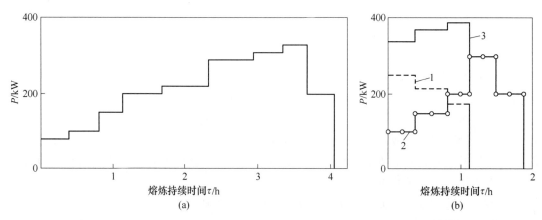

图 7.8　在普通感应炉（a）和等离子感应炉（b）中功率传递给炉料的变化曲线
1—等离子枪释放的功率；2—感应器释放的功率；3—传递到炉料的总功率

等离子感应组合加热可以高效地直接熔炼固体炉料，不再需要预留液态金属"沼泽"。因为等离子电弧在熔炼一开始就把炉料熔化了，起动感应加热所必须的"沼泽"也就形成了。

感应坩埚炉每小时的生产能力可以用以下公式计算：

$$B_n = G_M / \tau \tag{7.34}$$

式中，G_M 为金属熔体的重量；τ 为金属熔化所需时间。

为使熔炉达到指定生产能力，必须给感应器传递功率 P_u：

$$P_u = G_M i_M / \eta_n b_n \tau = W_M / \eta_n b_n \tau \tag{7.35}$$

式中，i_M 为金属热容量；η_n 为熔炉效率；b_n 为最大功率的利用率；W_M 为炉料熔化所必须的能量。

当熔炼时间已知时，感应炉的生产能力可以用以下公式计算：

$$B_n = G_M \eta_n b_n P_u / W_M \tag{7.36}$$

如果采用等离子电弧组合加热，熔炉内的能量平衡为：

$$W_M = \eta_M b_M P_u \tau + \eta_{nл} b_{nл} P_{nл} \tau_{nл} \tag{7.37}$$

式中，$\eta_{nл}$ 为等离子枪的能量传递效率；$b_{nл}$ 为等离子枪最大功率利用率；$P_{nл}$ 为传递给等离子枪的功率；$\tau_{nл}$ 为等离子枪工作时间。

当 $\tau = \tau_{nл}$、$b_n = b_{nл} = 1$ 时，式（7.37）可以表示成

$$W_M = (\eta_n P_u + \eta_{nл} P_{nл}) \tau \tag{7.38}$$

根据式（7.38）可以确定等离子感应炉的熔炼时间为：

$$\tau = W_M / (\eta_n P_u + \eta_{nл} P_{nл}) \tag{7.39}$$

或

$$\tau = W_M / (\eta_n + m \eta_{nл}) P_u \tag{7.40}$$

式中，m 为传递到等离子枪和感应器的功率关系系数。

等离子感应炉的生产能力为：

$$B_{nл-u} = G(\eta_n + m \eta_{nл}) P_u / W_M \tag{7.41}$$

补充配备等离子体加热设备的感应坩埚炉的熔炼强度系数可以表示为：

$$K = B_{nл-u}/B_n = 1 + m\eta_{nл}/\eta_n \tag{7.42}$$

　　根据式（7.42），组合加热时感应炉内熔炼强度系数取决于传递给等离子枪与感应器的功率比，以及等离子枪和感应器的能量传递效率。根据式（7.42）可以在 η_n 和 $\eta_{nл}$ 有大幅度变化时计算熔炼强度系数（图7.9和图7.10）。

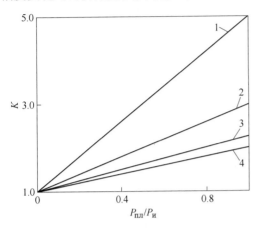

图7.9　熔炼强度系数对等离子枪和
感应器功率比的依赖关系（ $\eta_{nл} = 0.7$ ）
1— $\eta_u = 0.2$; 2— $\eta_u = 0.4$;
3— $\eta_u = 0.6$; 4— $\eta_u = 0.8$

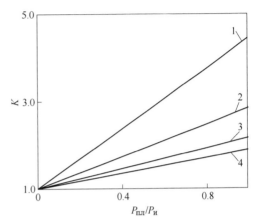

图7.10　熔炼强度系数对等离子枪和
感应器功率比的依赖关系（ $\eta_u = 0.8$ ）
1— $\eta_{nл} = 0.1$; 2— $\eta_{nл} = 0.2$;
3— $\eta_{nл} = 0.3$; 4— $\eta_{nл} = 0.4$

　　根据图7.9和图7.10的数据，感应炉热效率越高，熔炼强度系数越小。因此，对于容积大、热效率高的感应炉而言，在坩埚内使用等离子电弧加热金属的效果并不显著。实际上，对提高感应炉熔炼强度贡献最大的，是利用等离子电弧的能量快速熔化炉料的阶段，这时电弧与炉料块有最充分的接触。电弧柱里释放的功率全部用于加热和熔化金属。等离子火焰喷射出进入等离子体状态的气流，见缝即钻，从四面八方笼罩住炉料，炽热的温度能瞬间把炉料烤热。这时，等离子感应炉坩埚内的对流热交换类似于加热面积很大的鼓风炉。坩埚底很快就能形成能提高感应器工作效率的液态金属"沼泽"。当炉料完全熔化后，等离子电弧向液态熔池传递热能的作用就逐渐减弱了。

7.5　等离子感应炉

　　与大型炼钢企业不同，机械制造企业很少对自己的感应炉进行工艺和技术改造以提高其熔炼强度，或者很少对金属熔体进行炉外加工。国内外经验表明，现在特种冶金行业已经拥有了相应的工艺技术、设备和科研成果用于解决这类问题，包括提高熔炼强度，而其中技术含量最高的成果之一，就是推广应用工艺操作灵活的加热源低温等离子体。

　　感应熔炉属于周期性工作设备。就是说，它不是连续不断地冶炼化学成分和温度都调整好的金属，而是一炉接一炉地炼制。

　　感应炉每个工作循环都包含以下工艺流程：

　　（1）将炉料装入坩埚；

　　（2）将炉料加热到熔点；

　　（3）将炉料熔化，形成金属熔池；

（4）通过添加合金变性添加剂把金属熔体冶炼到指定的化学成分；

（5）完成其他必要工艺流程来改善所冶炼金属的质量，如对金属熔体进行脱氧处理或者变性处理、均匀化处理等。

感应坩埚炉根据坩埚构造可划分为以下几种：陶制的（有内衬的）、导电金属的、导电石墨或石墨耐火黏土的、水冷的。

现代感应坩埚炉的熔炼设备构成很复杂。主要结构件有：框架或外壳、电磁感应器、铁磁或电磁屏蔽、熔炼坩埚、顶盖、熔炉倾斜机构、顶盖上升与转动机构。

感应器是熔炉的基本部件，用于形成指定强度的交变磁场。此外，它还发挥着基本结构件的作用，要承受来自熔炼坩埚的机械载荷与热负荷。工频炉感应器受到的振动很强烈，因为流经感应器的电流与磁场相作用时会产生巨大的电动力[3]。感应器还要保证在熔炉倾倒金属熔体时坩埚不发生偏移。感应器应保障最低的电能损耗、必须的冷却强度（水耗量）、线圈各匝层之间可靠绝缘，要有足够的硬度和机械强度。

感应器是一个单层的柱形绕组，多匝线圈呈螺旋状缠绕其上（螺旋感应器），线圈匝的倾角是固定的。感应器绕组由铜管制备。高频炉一般采用同等壁厚的铜管；而工频炉采用非同等壁厚的铜管，朝向坩埚的一面壁更厚些。感应器应有良好的电绝缘性能，还能阻隔灰尘和湿气，抗震，耐高温。

熔炉框架把所有构件连接成一个整体。如果感应器附近有高强度电磁场存在，会给熔炉结构设计增添一定困难。

转动炉体倒出坩埚炉内液态金属的动力来自于电动或液压倾斜机构。采用液压机构时，熔炉的倾斜速度可以调节。

熔炉电气部分应能保障把来自电网的电压和频率转化为熔炉工作所需要的参数。感应坩埚炉的电气部分包括：用于变压、变频、调节功率、调谐、对称、无功功率补偿和自动调节的设备，以及控制测量仪。

使用固体炉料工作的感应坩埚炉频率高于50Hz，所以需要有变频器。在乌克兰和其他国家现在使用的变频器有两种：电机变频器和静态变频器（在磁系统中，有晶闸管的和离子的）。大多数变频器还是电机变频器。

近年来，用晶闸管材料做的静态变频器开始批量生产，逐渐挤占了电机变频器的市场。但是在可预测的未来几年，电机变频器仍会广泛应用。

变频器的工作原理、计算方法、构造、性能和作业状态的详细论述可见相关文献 [3, 33, 34]。

工频感应炉的供电需要经过降压变压器，变压器的二次电压可以大幅度改变。这对于保障熔炉在各种工作状态下的正常运转是必须的，包括金属熔体恒温调整，坩埚烘干和烧结时的内衬加热。在使用液态金属"沼泽"工作时，坩埚炉在熔炼过程中的纯电阻可降低20%以上，而阻抗可降低30%。由于坩埚会磨损，在整个使用期内这些参数会有衰减。变压器电压衰减后获得的熔炉最小功率应该是额定值的 14% ~ 20% [3]。

需要指出，选择工作电流的最小频率时要考虑实现最大电能利用效率。具体选择何种电源应依据经济技术指标来确定，既要考虑设备本身的成本和使用成本，也要考虑金属熔体在坩埚内必须有的循环强度。电源频率可从现有的标准频率50Hz，100Hz，500Hz，2400Hz，4000Hz，8000Hz，10000Hz 中选取。

采用先进技术和工艺手段在最短时间内加热炉料，从而强化感应炉内的熔炼和降低电能消耗，这是感应熔炼发展的主趋势。为实现此目的，可以在现有的感应坩埚炉加装补充加热源，其中最常见的是加装电弧等离子枪。安装等离子枪的数量取决于感应炉的构造、容量，以及等离子枪的用电类型（直流电或交流电）。

无论在乌克兰还是其他国家，发展等离子感应熔炼的途径，都是在现有感应炉上加装使用直流或交流电源的电弧等离子枪。由于第一代冶炼用等离子枪是使用直流电工作的，所以最初提高感应炉熔炼强度时就使用了它们。这类等离子枪安装在容量不大（≤50kg）的铸造炉上，感应器的振荡功率与等离子枪功率匹配。所以单支等离子枪技术在最初阶段得到最广泛应用。单支等离子枪结构为在坩埚底部安装水冷底置电极——阳极，从底部用直流电源向金属熔池输送电能。因此，它的供电线路与铺有陶制炉底的等离子电弧炉没有区别（参见第5章）。

单支等离子枪加热方式（图7.11）适用于容量不大的电炉（≤1000kg），因为这种电炉的坩埚上端直径不大于400mm，从技术上说很难配置数支等离子枪。至于向金属熔池输送电能的底置电极，这一技术问题现在已经解决了。

在乌克兰，采用等离子体补充加热源提高感应坩埚炉熔炼强度的先驱是金属与合金物理工艺研究所，他们从20世纪60年代末就着手研究这项技术。有赖于苏联多家相关科研院所的不懈努力，如今人们已经在等离子感应熔炼设备制造和工业化应用领域积累了丰富的经验。

1967年，乌克兰的第一台等离子感应炉在乌克兰铸造研究所诞生，它的基础是LPZ-37（ЛПЗ-37）型高频感应炉[35]。给LPZ-37型感应炉加装了等离子设备，包括带内衬的顶盖、直接作用等离子枪、轴向（垂直）搅拌机构、水冷底置电极——阳极和控制面板。等离子枪使用VKSM-1000（ВКСМ-1000）型焊接用直流电源。

以感应炉为基础改装的等离子感应炉的典型结构见图7.12[32]。此后批量生产的YST-0.16（ИСТ-0.16）型感应炉配备了如下等离子设备：带内衬的水冷顶盖、水冷支撑环、电弧等离子枪、等离子枪和顶盖转动机构、水冷底置电极、液压组件、氩气清洁及供应系统、等离子枪电源和控制面板。

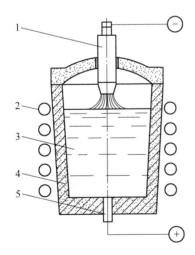

图7.11 配备单支等离子枪的等离子感应炉原理图

1—电弧等离子枪；2—感应器；3—金属熔池；
4—坩埚；5—底置电极（阳极）

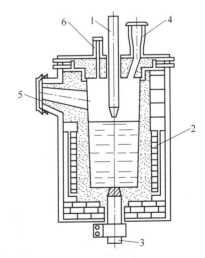

图7.12 容量为0.25t的等离子感应炉结构图

1—电弧等离子枪；2—感应器；3—底置电极——阳极；
4—料斗；5—浇铸嘴；6—观察窗

顶盖的形状像一个截短的锥体，内部有水冷通道，内衬是密实的耐火材料。电弧等离子枪安装在顶盖颈口，与坩埚同轴，等离子枪的垂直移动机构也安装在顶盖上。顶盖移动机构和一台电动舵机安装在感应炉框架上的一个立柱上。立柱上有一个摇臂，可以用它移动顶盖。水冷支撑环固定在电炉平台上与坩埚同轴。处于熔炼状态时，带等离子枪的顶盖固定在这个支撑环上。水冷底置电极——阳极安装在坩埚底的炉衬内部，并固定在电炉底部的石棉水泥板上。供水系统要给等离子枪和底置电极——阳极供应软化水，给顶盖和支撑环的水冷系统供应工业用水。

用于炼钢的容量为 160~250kg 的感应炉也可以安装上述构造的等离子设备。这种带等离子设备的感应炉的使用经验表明，在电炉上加装等离子设备并没有给熔炉准备阶段的工作带来困难，也没有使熔炼工艺变得烦复。

分析一系列研究成果，可以总结出等离子感应组合式加热的基本规律是：等离子电弧加热可以极大加快熔炼初期的炉料熔化过程，缩短熔炼持续时间。

根据苏联、日本、德国、波兰等国公开发表的文献，大多数等离子感应炉的结构是在传统的感应坩埚炉上加装直接作用直流等离子枪[36~39]。也有资料指出，为了提高熔炼强度在感应炉上采用了一组三相交流等离子枪[40]。在德国，为了提高熔炼强度有人建议在管道式感应炉上采用等离子体补充加热[38, 39, 41]。

日本建造并且至今仍然使用着容量为 0.25~2t 用于熔炼黑色和有色金属的等离子感应炉[36]。

表 7.5 列举了乌克兰及其他国家若干加装直流等离子体加热源（等离子枪）的感应炉的技术性能。

表 7.5　若干等离子感应坩埚炉的技术性能

技术参数		熔炉容量/t					
		0.16	0.25	0.4	0.5	1.0	2.0
电源功率/kW	感应器	100	130	200	200	500	600
	等离子枪	50	70	100	200	300	400
等离子枪数量/支		1	1	1	1~3	1~3	3
感应器电流频率/Hz		2400	2400	1000	1000	1000	50
单位电能消耗量 /kW·h·t⁻¹		800	1000	850	850	960	1200
氩气消耗量/m³·h⁻¹		0.7~1.0	1.5	1.5	5~6	5.0	16.5
冷却水消耗量/m³·h⁻¹		9~12	13.0	15	15	—	—

容量为 0.25t 的等离子感应炉（图 7.13）配备直径 0.35m、高 0.45m 的耐火坩埚，振荡功率为 130kW，其中约一半功率（70kW）是供给等离子枪的。炉子顶盖上安装等离子枪和装料斗。坩埚底部安装石墨材料底置电极。熔炉框架和浇铸嘴上镶了钢板，保障工作空间具有良好气密性。

容量为 0.5t 的等离子感应炉总功率为 400kW，其中 200kW 来自等离子枪，200kW 来自工频感应器。当电弧电流为 2300A 时，等离子枪的使用寿命为 1000h。氩气消耗量不超

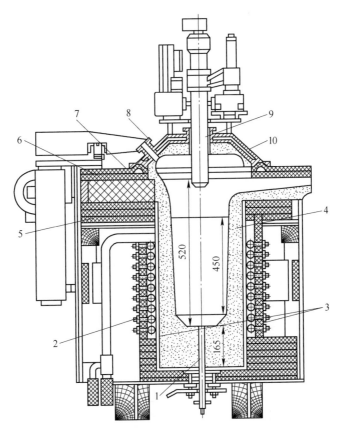

图 7.13 容量为 0.25t 的等离子感应炉结构图

1—底置电极——阳极；2—感应器；3—片状石棉；4—耐火坩埚；5, 6—石棉水泥板；
7—水冷支撑环；8—观察窗；9—电弧等离子枪；10—顶盖

过 $5 \sim 6m^3/h$。

表 7.6 列举了美国迪特钢铁集团所拥有容量分别为 0.25t、0.5t、2.0t 的等离子感应炉工作指标[36~38]。这些熔炉的使用情况表明，等离子体补充加热显著加快了炉料熔化过程，降低了电能消耗。但是因为带感应器的熔炼坩埚安装在密闭的熔炼室内部，所以这些等离子感应炉构造过于复杂。

表 7.6 等离子感应炉工作指标

钢的种类	电炉容量/t	时间/h		单位消耗量	
		熔炼	精炼	电能/kW·h·t⁻¹	氩气/m³·t⁻¹
低碳钢	0.25	1.5	—	1220	23
低合金钢	0.5	1.0~1.5	0.33~0.5	700~900	15~25
优质钢与合金	2.0	1.5~2.0	0.67~1.0	800~1200	20~35

图 7.14 展示了在 YCHT-1.0（ИЧТ-1.0）型感应炉基础上建造的容量为 1000kg 的感应炉的构造[42,43]。在这个炉子上加装了等离子设备，包括有内衬的顶盖，顶盖上焊接了供安装等离子枪用的颈口，保障等离子枪垂直移动的电动机构和观察窗。在电炉底部沿坩

坩埚轴安装了铜质水冷底置电极——阳极。为保障等离子枪工作安全还安装了网状保护罩。等离子枪由 VKSM-1000（BKCM-1000）型焊接整流器供电，整流器里有接触器分级调节整流电压。等离子枪的额定电流和功率分别为 2000A 和 300kW。氩气消耗量为 $2\sim3m^3/h$。

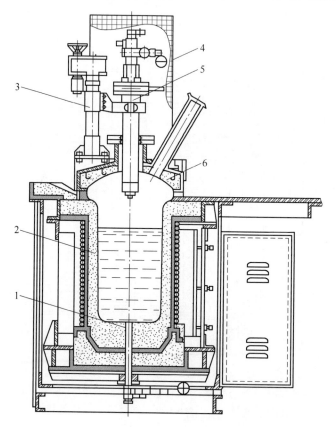

图 7.14　容量为 1.0t 的等离子感应炉结构图

1—底置电极——阳极；2—坩埚；3—等离子枪电动移动机构；4—等离子枪保护罩；
5—电弧等离子枪；6—有耐火内衬的顶盖

　　熔炉工作模式如下：点燃等离子电弧，开始就给等离子枪提供最大可能功率；等离子电弧在 $4\sim5$min 内就在炉料中熔化出一个 $0.25\sim0.3$m 深度的竖井，并保持这一深度；井围不断扩大，熔化的金属开始流向坩埚底，金属熔池越来越大；这时，可以提高供给感应器的功率。

　　等离子感应组合式加热可以非常高效地熔炼固体炉料，不用预留液态金属"沼泽"。用等离子电弧熔化炉料能现场形成熔炼初期所必须的"沼泽"。

　　在感应炉上加装的等离子设备还有其他方案。图 7.15 展示了一个冶炼生铁用的安装了直流等离子设备的 YCHT-6.0（ИЧТ-6.0）型 6t 感应炉的结构图。在这个方案中水冷支撑环采用柱形舱室的形式，固定在感应炉框架上，高于坩埚并与坩埚一起构成熔炼空间。带耐火内衬的水冷顶盖通过一个安装在炉体之外的电动螺旋机构来转动（图 7.15 中未标）。电能通过底置电极——阳极传递给炉料和金属熔池。整套等离子附加设备的功率为 500kW（表 7.7）。

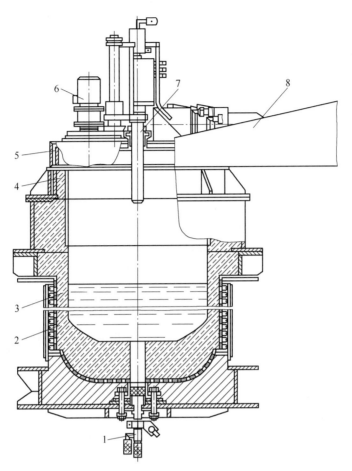

图 7.15　容量为 6t 熔炼生铁用的等离子感应炉结构图

1—底置电极——阳极；2—感应器；3—坩埚；4—柱型舱室；5—带内衬的水冷顶盖；

6—等离子枪垂直移动机构；7—电弧等离子枪；8—顶盖转动机构的悬臂

表 7.7　YCHT-6.0 型感应炉所加装等离子设备的技术性能

参　数	数值
供给等离子枪的功率/kW	500
额定电流/A	3000
空载电压/V	300
电流类型	直流
工作气体	氩气
氩气消耗量/$m^3 \cdot h^{-1}$	7.0
软化水消耗量/$m^3 \cdot h^{-1}$	8.0
主管路内水压/MPa	0.3~0.4

也有用间接作用等离子枪在等离子感应炉里熔炼炉料的[44]。但是，这种以射流等离子枪为主的等离子设备没有得到广泛应用，因为它加热效率低。

7.6 交流等离子电弧设备

对现有加装电弧等离子枪的感应炉工作状况进行分析后发现，在大容量感应炉（大于 500kg）上使用单支电弧等离子枪是不合理的：第一，为了传递电能必须采用水冷底置电极——阳极；第二，由于熔池表面积大，加热效率不高；第三，熔池表面温度不均匀，有明显的局部温度梯度。

大容量电炉采用一组三相交流电弧等离子枪更为合理，枪组比单枪有以下优势：

（1）不用底置水冷电极；

（2）金属熔池表面受热均匀，因为加热不再是一个中心，而且交流等离子电弧温度较低；

（3）不用整流器，熔炉电气设备更简化。

巴顿电焊接研究所研制了由三支枪组成的三相交流等离子电弧设备，并进行了工业验证。这套设备主要应用于 0.5~1.0t 的工业坩埚炉（表 7.8）。

表 7.8　三相等离子电弧设备的基本技术性能

参　　数	PDTU-300（ПДТУ-300）	PDTU-450（ПДТУ-450）
等离子枪数量/支	3	3
等离子枪总功率/kW	300	450
单支等离子枪的额定电流/A	750	1500
工作电流调节范围/A	150~750	300~1500
等离子气源	Ar, Ar-N$_2$	Ar, Ar-N$_2$
等离子气源消耗量/m^3 · h^{-1}	4.0~7.0	6.0~13.0
冷却水消耗量/m^3 · h^{-1}	8.0~10.0	9.0~15.0
电源类型[①]	A-1537	A-1474
电网电压/V	380	380
工作电流频率/Hz	50	50

①此类电源由巴顿电焊接研究所研制。

PDTU-300 型与 PDTU-450 型的等离子电弧设备有区别，不仅等离子枪功率不同，部件的整体布局也有所不同。PDTU-300（图 7.16）采用的是一组三相交流等离子枪，单枪功率为 100kW。三支等离子枪都垂直固定在顶盖上面的一个移动机构上，顶盖堵住坩埚口。等离子枪移动机构有手动和电动两种，移动距离都为 600mm。顶盖内衬是密实的耐火材料（铬镁砖）。顶盖固定在升降机构的转动横梁上。带横梁的转动机构安装在感应炉工作平台上，向坩埚内装填炉料时，以及熔炼后将金属熔体从坩埚倒出时，就把炉盖提起来转向一旁。

顶盖与坩埚之间的密封方式为砂封。升降机构可以把顶盖提高 200mm，然后用转动横梁把它转向一旁，为的是从坩埚内倒出金属熔体时，不妨碍感应炉的倾斜。

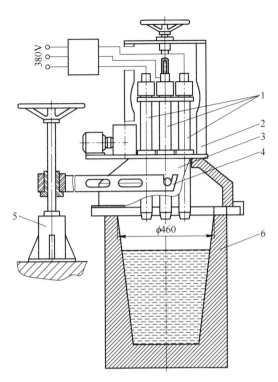

图 7.16 PDTU-300 型设备原理图

1—三相交流电弧等离子枪组；2—等离子枪移动机构；3—带内衬的顶盖；
4—转动横梁；5—顶盖升降机构；6—感应炉坩埚（仅为示意）

另外，PDTU-300 型等离子电弧设备还包括：等离子枪电源（变压器）；机械传动机构控制柜和等离子枪电气参数控制面板；内置冷却水流量调节器和电气闭锁装置的液压部件；放置气瓶的柜子和内置气体流量调控器的气体控制台。

PDTU-450 型等离子电弧设备（图 7.17）配备的是一组 PDM-1500（ПДМ-1500）型三相交流电弧等离子枪，还有装在专用小车上的顶盖和装料井，小车沿轨道移动。在这个炉子上，每支等离子枪都有自己的纵向移动机构。顶盖与熔炉坩埚之间的密封方式是移动式密封箍，小车固定在坩埚上方后，密封箍就落入砂封中。小车沿轨道移动，轨道安装在感应炉维护作业平台上。可以手动驱动小车移动，也可以从控制面板上进行电驱动。

在 PDTU-450 型设备的结构中有一个装料井，熔炼过程中可以通过它向坩埚内补充炉料，不用将带等离子枪的小车从感应炉坩埚移开。步骤是：关上装料井下方阀门，打开装料井上方顶盖，用车间吊车把装好料的料筒放入装料井，用制动器（图上未显示）将其固定。关闭装料井顶盖，通过装料井侧舱门（图上未显示）将料筒挂在移动机构的钢索上。打开阀门，以便炉料能从料筒卸入坩埚。关闭等离子枪并将其提升到顶端位置。把料筒降入坩埚内并卸载炉料。然后让料筒返回装料井，关闭阀门，把等离子枪放下来靠近炉料，点燃电弧。

PDTU-450 型设备比 PDTU-300 型设备在构造上复杂一些，因为前者可以在熔炼过程中向坩埚内补充炉料，不用把小车从坩埚上移开，也不必打开炉子的密封。

两种炉子的等离子枪电源（A-1537 和 A-1474）都配备了变压器和三相饱和扼流圈。

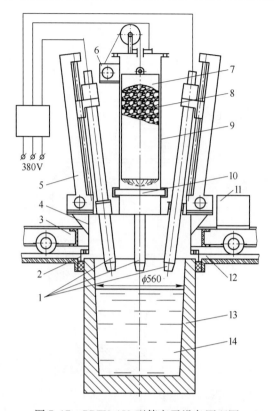

图 7.17　PDTU-450 型等离子设备原理图

1—三相交流电弧等离子枪组；2—可移动的密封箍；3—小车；4—水冷顶盖；
5—等离子枪移动机构；6—料筒移动机构；7—料筒；8—炉料；9—装料井；10—阀门；
11—小车移动机构；12—小车移动轨道；13—感应炉坩埚；14—金属熔体

等离子枪的电流可以在 0.1~0.2 额定值之间均匀调节，只要改变磁化扼流圈的电流即可。

在工作空间内，一组三相交流等离子枪激发的三支等离子电弧通常会产生相互间电磁干扰，引起电弧摆动。而等离子感应炉感应器建立的磁场则是以坩埚轴心为方向的。因此能对稳定等离子电弧燃烧发挥积极作用，有助于等离子电弧沿垂直方向稳定分布。

PDTU-450 型等离子电弧设备的工业验证是在 YLT-1.0 型工业感应炉上进行的，在石墨坩埚中冶炼了纯铜和青铜。在这台用等离子感应状态工作的炉子上，对各主要部件（感应器、等离子枪、炉顶盖）的能耗分配等项目逐一进行了实验研究，从而确定了最佳的冶炼工艺模式。

PPY-50（ПΠИ-50）型是另一种等离子感应炉，是以 MGP-52（МГП-52）型工业感应炉为基础建造的，使用交流电（表 7.9、图 7.18 和图 7.19）。

表 7.9　PPY-50 型熔炉技术性能

参　　数	数　　值
传递给感应器的功率/kW	50
感应器电流频率/Hz	2400
感应器电压/V	750

续表7.9

参　数		数　值
等离子枪总功率/kW		150
等离子枪数量/支		3
等离子枪型号		PDM-71
单支等离子枪额定电流/A		500
电网需求功率/kW		250
一次熔炼金属量/kg		50
等离子气源额定总消耗量/$m^3 \cdot g^{-1}$		2.5
冷却水消耗量/$m^3 \cdot g^{-1}$	感应器	2.0
	等离子枪	6.0
	顶盖	3.0

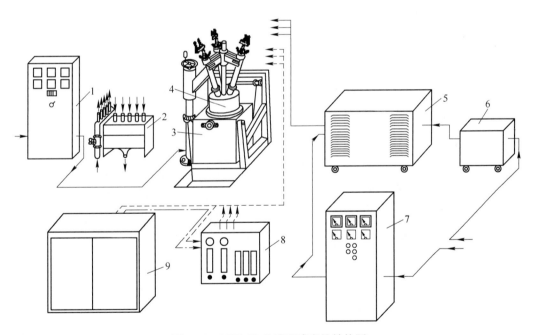

图7.18　MGP-52改进型感应炉结构图

1—电炉感应设备控制柜；2—水冷系统；3—感应炉；4—加装的等离子设备；
5—电源扼流圈；6—自耦变压器；7—等离子设备控制柜；8—气体分配控制台；9—气瓶柜

　　等离子枪安装在炉子顶盖颈口处，顶盖固定在旋转柱的悬臂上（图7.20）。旋转柱安装在感应炉可转动部位范围外，不会妨碍炉盖提升并从坩埚上方转向一旁。旋转柱的支撑臂上有调节等离子枪的手动移动机构。为了减少等离子电弧对坩埚内衬的热作用，等离子枪的安装位置与坩埚垂直轴线呈大约10°的倾角。顶盖上有多功能观察窗，熔炼过程中还可以通过它向坩埚内添加造渣添加剂和脱氧剂，或者通过它用浸入式热电偶测量熔池温度。熔炉工作时，带等离子枪的顶盖被4个异形螺栓固定在熔炉壳体上。顶盖与熔炉接口处用石棉垫片密封。

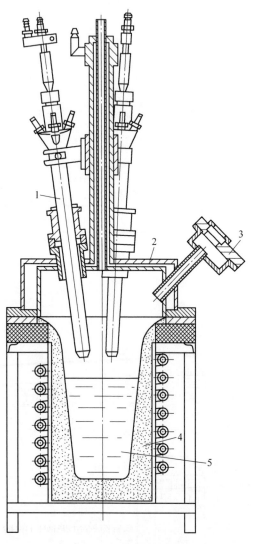

图 7.19　等离子感应炉剖面图
（以 MGP-52 型为基础）

1—等离子枪；2—水冷顶盖；

3—观察窗；4—坩埚；

5—金属熔池

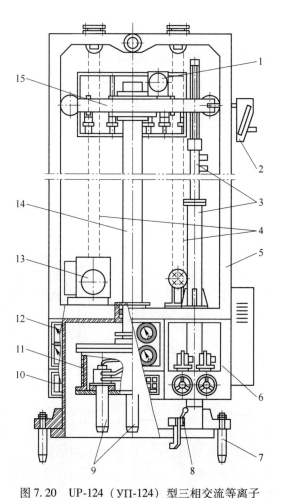

图 7.20　UP-124（УП-124）型三相交流等离子
电弧设备活动模块结构图

1—连接杆回旋机构；2—活动式开关的活动组件；

3—伸缩式集水器；4—连接杆垂直移动机构的链条传动；

5—框架；6—液压组件；7—定位销；8—快速夹具；

9—三相交流电弧等离子枪组；10—带闸门的舱室；

11—等离子枪舱室；12—控制面板；13—连接杆垂

直移动机构；14—空心连接杆；15—横梁

　　在真空感应炉中，熔炼强度是个重要指标，开放式炉子也不例外。不同种类的炉子提高此指标的方法有很大区别。

用真空感应炉冶炼高合金钢与合金时，有些合金元素（铝、锰、铬等）蒸气压力很高，挥发速度很快。另外，真空炉中在熔炼开始阶段金属熔池表面经常有气泡夹带着金属熔体飞溅物。熔炼时在坩埚高于金属熔池表面的内壁上会出现由金属熔体和熔渣飞溅物冷却后形成的凝壳。凝壳随着熔炼次数不断增厚，从而使坩埚颈口逐渐变窄，若干次熔炼后就难以向坩埚内添加炉料与合金元素或向外倒出金属熔体了。真空感应熔炼的实践表明，这种凝壳会使坩埚的使用寿命减少近一半，也就是不得不频繁停下炉子，更换坩埚。

现代化的大容量真空感应炉（1.0t 或更大）都会安装一种叫做炉渣清除棒的机械装置，其执行机构（金属棒）通过专门的密封口伸入熔炼室。炉渣清除棒可以在不破坏熔炼室密封性的前提下，用机械力破碎一部分已经形成的凝壳，使金属熔体更容易倒出。

炉渣清除棒只能去除部分凝壳，而且不一定是最必要的地方。另外，用机械力去除凝壳时有可能损坏坩埚壁，因为凝壳在坩埚壁上粘得很牢固。

用机械装置在真空感应炉内去除凝壳不能从根本上解决问题，达不到延长坩埚使用寿命和提高感应炉生产能力的目的。

某些现代化的真空感应炉内安装了电弧或等离子切割器，可以在电炉工作期间熔化掉坩埚浇铸嘴附近的部分凝壳。尽管切割器比炉渣清除棒先进了不少，但效率仍然不高，因为要使用间接作用电弧等离子枪，就热效率而言，这种等离子枪通常明显逊色于直接作用等离子枪。

为了解决这一问题，巴顿电焊接研究所研制了 UP-124 型三相交流等离子电弧设备，既可提高熔炼强度，也能去除真空感应炉坩埚壁上的凝壳。UP-124 型设备在俄罗斯一家炼钢厂成功通过了工业试验。

钢厂的具体条件和要求可能不尽相同，从总体上说，这种等离子电弧设备应该具有以下特点：第一，可以重复工作，即去除坩埚壁凝壳的作业不应太频繁，间隔不应少于3~5个炉次；第二，坩埚内不应有底置电极；第三，必须在熔炼金属的同时熔化凝壳，因为熔炼室不能丧失密封性。此外，这种设备最好既能熔化坩埚壁上的凝壳，又能在熔炼初期感应加热效率低时提高炉料的熔炼强度。

大型真空感应炉的工作特点是，一次连续作业时间取决于坩埚持续工作时间。连续作业时，一炉接一炉地熔炼，无需打开熔炼室密封。每一炉熔炼时都用料筒经过带闸门的舱室填料。这个舱室通常位于坩埚正上方，每熔炼一炉后经过这个舱室向坩埚内充填新炉料。此外，还有一个带闸门的舱室用于把铸型模具或锭模推入熔炼室，浇铸金属熔体后再从熔炼室移出。一个连续作业期间可以熔炼几十炉金属。

UP-124 型等离子电弧设备是在一组三相交流电弧等离子枪的基础上建造的，总功率为450kW。它工作时不需要使用熔炉坩埚的底置电极。等离子枪的功率储备既能保障 UP-124 型设备熔化掉凝壳，还能提高炉料的熔炼强度。

UP-124 型是一种活动式三相交流等离子电弧设备，可以在需要时装到真空感应炉上，不需要时卸下来。可以用车间吊车对 UP-124 型设备进行搬移和安装。其主要技术性能见表 7.10。

表 7.10　UP-124 型三相交流等离子电弧设备的技术性能

参　　数		数　　值
三相交流等离子枪组额定功率/kW		450
等离子枪数量/支		3
电流类型		交流电
单支等离子枪额定电流/A		2500
电流调节范围/A		700~2500
等离子枪电源空载电压/V		220
带闸门舱室直径/mm		800
等离子枪连杆的移动距离/mm		2800
连杆直线移动速度/m·min^{-1}		0.3
连杆沿纵轴旋转角度/(°)		120
连杆转动时间/min		3~6
三支等离子枪形成圆直径/mm		500~700
冷却水消耗量/m^3·h^{-1}		10~12
重量/t		2.1
外形尺寸/mm	长	1630
	宽	1310
	高	5500

　　UP-124 型设备的主要结构特点是，设计了几个带闸门的舱室（如图 7.20），保障了熔炼时不破坏真空感应炉熔炼室的密封性，通过熔炼室上方的真空阀门就能把三相交流电弧等离子枪组送入熔炼室。UP-124 型设备的活动模块都位于带闸门的舱室内，有一根空心连接杆垂直穿过这一舱室的顶盖，衔接处有真空密封。在空心连接杆里，用绝缘（夹布胶木）法兰固定着等离子枪的电导管和气体管路，每支等离子枪上都有一根导管输送等离子气源。冷却水也是通过导管流向等离子枪。

　　三相交流电弧等离子枪组 9 安装在舱室 11 的底部，舱室与连接杆 14 有密闭连接。把等离子枪送入感应炉熔炼室时，连接杆内腔与安装有等离子枪的舱室（图 7.21）不是密封的，与周围空气相通。带闸门舱室 10 的顶盖上固定着带有垂直导轨的框架 5，导轨上有传动链条 4，水

图 7.21　安装三相交流电弧等离子枪组的等离子枪舱室外形

平横梁 15 沿这个导轨上下移动。连接杆上端固定在横梁的一个竖颈内。另外，横梁上还

有一个连接杆 14 的回旋机构 1。

为了把电弧等离子枪通过一个短电路连接到等离子设备的电源上，在设备上设计了一个活动式空气开关，开关的活动组件 2 装在横梁上，与等离子枪的电导线连接在一起。给等离子枪、电导线和等离子枪舱室供应和排除冷却水的是两个大直径橡胶软管，通过快速夹具与伸缩式集水器 3 连在一起。两个伸缩式集水器（上水和下水）保障等离子设备所有冷却单元内冷却水的输入和输出。另外，三相交流等离子枪组与等离子气源供应系统之间也是通过快速拆卸接头连接的。

不工作的时候，UP-124 型设备放置在一个专用工作平台上，以便进行日常维护、修理或更换个别元器件，以及检查和调节舵机的工作状态等。

把三相交流等离子电弧设备从工作平台移动到真空感应炉上时需要使用车间吊车。将设备安装到电炉的真空阀法兰上，炉料也是经过这个真空阀进入坩埚的（图 7.22 和图 7.23）。为了把设备准确固定在真空阀颈口上，在真空阀法兰上焊有一套专门的锁定装置，固定在舱室下端的定位销 7 会插入锁定机构（图 7.20）。

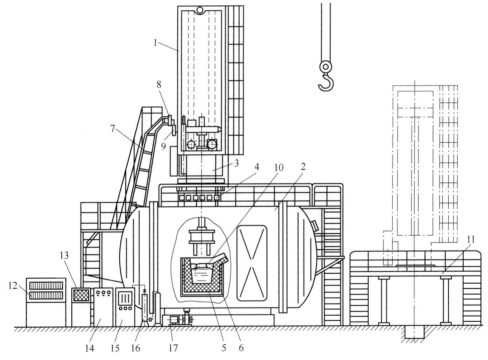

图 7.22　UP-124 型等离子电弧设备在 YSV-1.0（ИСВ-1.0）型真空感应炉上的布局图

1—UP-124 型等离子电弧设备活动模块；2—真空感应炉熔炼室；
3—带闸门舱室；4—电炉真空阀；5—感应炉坩埚；6—感应器；7—支架；8—活动式开关的锁定机构；
9—开关活动机构；10—坩埚壁上的凝壳；11—维护等离子电弧设备的专用工作平台；12—等离子枪电源
（变压器）；13—辅助电弧电源柜；14—控制柜；15—气体流量计；16—气瓶柜；17—供水部件

在水、气、电保障系统以及固定装置中都采用了快速活动接头，把活动装置安装到熔炉上并启动等离子枪只需要 12~15min。带连接杆的横梁向下移动，等离子枪自动接入电源短网。这时等离子枪与坩埚的距离为 500mm。

点燃已经对准坩埚壁凝壳的等离子枪，电弧按指定状态喷出，熔化电弧区内的凝壳，然后启动连接杆转动机构。这样，每支等离子枪沿着坩埚壁做环形移动。连接杆旋转 120°凝壳就全部被熔化。凝壳熔化后会流入金属熔池内（图 7.24）。

图 7.23　UP-124 型活动模块
（安装在俄罗斯电钢厂车间内的
YSV-1.0 型真空感应炉熔炼室上）

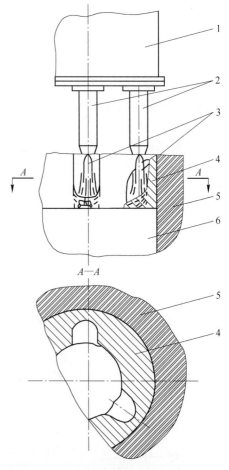

图 7.24　熔化坩埚壁上凝壳示意图
1—等离子电弧设备的等离子枪舱室；
2—等离子枪组；3—等离子电弧；
4—凝壳；5—坩埚；6—金属熔池

UP-124 型设备的工业化试验是在坩埚容量为 1t 的 YSV-1.0 型工业真空感应炉上进行的。坩埚顶部直径为 560mm。凝壳熔化时熔炼室内压力为 60~65Pa，每支等离子枪上的电流大约为 1200A。凝壳熔化的直线速度为 120~150mm/min。等离子枪工作的总时间不超过 20min。

等离子电弧设备的所有传动机构，以及等离子电弧的所有电气参数（用电强度）都可以通过控制面板进行控制，控制面板安装在等离子电弧设备的活动模块上。

等离子电弧设备的活动模块每次在熔炉舱室上方停留不超过 50min。从坩埚中倒出金属熔体时，不需要把等离子电弧设备从感应炉熔炼室上方移走。只要把等离子枪提升到最高位置，即返回带闸门舱室即可。这一过程只需要 8~10min。

工业试验结果表明，采用 UP-124 型三相交流等离子电弧设备让真空感应炉连续工作时间延长大约一倍（即从 16~18 炉次增加到 30~35 炉次）。

7.7 等离子感应炉的热效应

等离子感应炉的生产能力取决于从等离子电弧向金属熔体进行的热传递强度，电炉内衬的二次辐射也参与这一过程。目前，还无法建立一组复杂的方程式，描述在电弧柱内运动的等离子态气流、金属熔体、电炉内衬之间是如何完成辐射热交换的。

等离子电弧沿自身长度的温度分配是热交换的结果，熔炉工作空间内的每个截面或每个点上的辐射量都关联着电弧的实际温度。虽然许多人对等离子电弧熔化金属的工艺特点做过研究[32,45~47]，但是针对等离子炉和等离子感应炉热效应的全面研究尚未得到应有的发展。已往的研究[48~50]主要致力于阐明热平衡结构，据此仅能判断带等离子体加热源的电炉内热损失的性质和热效应的大小。因此，本节所讲述的关于熔炉工作空间内电弧的电气和几何参数影响热交换性质的数据具有极大现实意义，据此可以确定具备哪些条件才能保障以最快速度从等离子电弧向金属传递热能。等离子电弧加热金属的强度远高于普通热源（表 7.11）[51]。等离子电弧的高强度加热可以大幅度提高炉内金属熔化速度，从而提高生产效率。

表 7.11　不同热源加热金属的强度

热　源	温度/K	加热强度/W·m⁻²
瓦斯喷枪	1923	8.16×10^5
氧气-乙炔喷枪	3373	8.7×10^6
电弧焊枪	11000	1.15×10^8
电弧等离子枪	22000	4.09×10^8

与自由燃烧的电弧类似[45]，在电炉内并考虑到工作空间的热交换，从等离子电弧传递到金属熔体的总能量可以表示为[52]

$$P_{\text{м}} = \frac{j}{e}\left(\frac{5}{2}kT_{\text{э}} + eU_{\text{a}}\right) + j\varphi + \alpha_{\text{э}}(i_{\text{э}} - i_{\text{м}}) + \sigma'_1\psi'_1(T^4_{\text{э}} - T^4_{\text{м}}) + \sigma'_2\psi'_2(T^4_{\text{ф}} - T^4_{\text{м}}) - \sigma'_3\psi'_3(T^4_{\text{м}} - T^4_{\text{ф}}) - \sigma'_4\psi'_4(T^4_{\text{п}} - T^4_{\text{к}}) - P_{\text{исп}}$$ (7.43)

式中，$T_{\text{э}}$ 为阳极表面电子温度；$i_{\text{э}}$、$i_{\text{м}}$ 分别为热气体焓、金属焓；σ'_1、σ'_2、σ'_3、σ'_4 分别为换算的电弧与金属的辐射系数、金属与炉衬的辐射系数、电弧-金属-内衬的辐射系数、等离子枪壳体的辐射系数；ψ'_1、ψ'_2、ψ'_3、ψ'_4 分别为从电弧向金属、从炉衬表面向金属、从金属表面向炉衬、从炉衬和金属表面向等离子枪壳体的辐射斜率；$T_{\text{э}}$、$T_{\text{м}}$、$T_{\text{ф}}$、$T_{\text{п}}$、$T_{\text{к}}$ 分别为电弧、金属、炉衬、电炉、等离子枪壳体的温度；$P_{\text{исп}}$ 为金属气化所消耗的功率。

分析式（7.43）可以看出，在有等离子体加热的电炉内，提高热传递强度靠的是等离子电弧、电子分量和对流分量形成的高温。在研究了电弧传递给冷阳极表面的能量平衡之后可以确定，当电弧长度为 5mm 时，在阳极中心由热气对流传递的能量占 28%[53]。当电弧变长时，从电弧向阳极表面的对流热传递强度会降低。上述数据只提供一个定性概念，说明在电弧向金属熔体传递的总体能量平衡中对流热传递发挥了作用。在实践条件下，等离子感应炉中的对流热交换具有一定特点，在个别熔炼阶段如前文所述就是熔炼开始阶段对电弧向金属熔体传递热量产生着决定性影响。

在所有熔炼阶段，因为等离子电弧温度高、弧柱长，等离子感应炉内的电弧辐射都明显影响着能量从电弧向金属的传递过程。

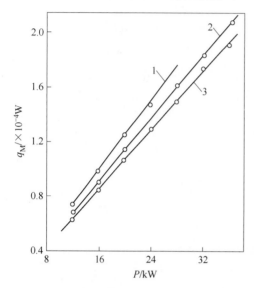

图 7.25　等离子电弧加热金属的强度对
输出功率、电弧长度的依赖关系
1— l_∂ = 0.03m；2— l_∂ = 0.05m；3— l_∂ = 0.07m

选择好等离子感应炉内电弧的长度对于保障金属加热强度、电炉效率以及让炉衬有令人满意的坚固性都有重大意义。但是目前还实现不了按照上述因素选择电弧的工作参数。

根据电炉热交换特点和实验数据能够得出结论，缩短电弧长度可以提高炉内金属的加热强度（图 7.25）[54]。例如，当等离子枪的功率为 24kW 时，把电弧长度从 0.07m 降到 0.03m，金属加热强度是原来的 1.2 倍。

在许多等离子感应炉内熔化炉料采用的是长电弧，因为这样可以使炉衬表面获得大密度的热流。电弧向炉衬表面辐射的热流实际上与电弧温度无关。例如，当电弧温度为 5000K、炉衬温度为 2273K 时，通过电弧辐射传递的热流只减少了 4.27%。高密度热流可以提高炉衬的温度，从而加大炉衬对工作空间内热交换过程的作用。

等离子感应炉中等离子枪水冷壳体也会产生热损失。传向等离子枪壳体的热流取决于炉内工作空间的有效温度、系统辐射特点以及等离子枪和熔炼空间的尺寸。图 7.26 展示了辐射到等离子枪壳体的热流与熔炉有效温度之间的关系[52]。根据这组数据，当电炉有效温度达到极限值时，辐射到等离子枪壳体的热传递强度是最高的。

因为熔炼过程中等离子枪壳体造成的热损失和金属的加热强度均取决于电弧长度，所以选择电弧长度时，或许要根据相应等式比较一下指定参数变化的特点：

$$q' = \Delta q_M - \Delta q_\kappa \qquad (7.44)$$

式中，Δq_M、Δq_κ 分别是随电弧长度变化传递到金属、等离子枪壳体的热流减少量。

把等离子枪安装在等离子附加设备顶

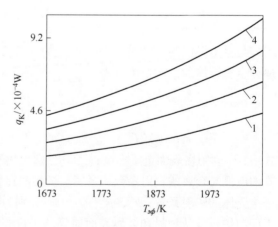

图 7.26　辐射到等离子枪壳体的热流对
有效温度的依赖关系
1— $\xi_{\jmath\phi}$ = 0.4；2— $\xi_{\jmath\phi}$ = 0.6；
3— $\xi_{\jmath\phi}$ = 0.8；4— $\xi_{\jmath\phi}$ = 1.0；
$T_{\jmath\phi}$ —有效温度

盖的内衬中能够创造出最有利的条件，这时等离子枪壳体造成的热损失等于零（ Δq_{κ} = 0）。

通过分析等离子感应炉工作空间内热交换条件可以得出结论，正确选择电弧工作参数和输入功率，可以保障等离子电弧加热金属的强度，可以极大提高电炉的生产效率。

为了找出数量上的依赖关系，用测热仪对熔炉空间内的热交换进行了研究[55]。实验装置（图 7.27）包括 210mm 内径的水冷分段舱室、138mm 直径的凝壳坩埚和等离子枪。分段舱室壁分 7 段，每段有单独的水冷装置，每段高 30mm。为了避免热能沿着舱室壁散失，在各段舱室之间铺设了石棉板衬垫。凝壳坩埚的熔池直径为 102mm，安装位置与分段舱室下缘齐平。等离子枪安装在水冷拱顶盖上，可以通过机械装置移动。等离子枪由直流电源供电。

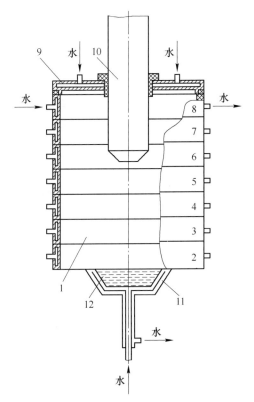

图 7.27　研究熔炉工作空间内热交换现象的试验装置

1—水冷分段舱室；2~8—舱室各段；9—水冷拱顶；10—等离子枪；11—凝壳坩埚；12—金属熔体

研究过程中测量了电弧的电压和电流、氩气和水的消耗量、每个水冷单元入口和出口的水温以及电弧长度。所有试验是在稳定状态下进行的，每个状态根据温度计指标确定。在研究过程中对分段舱室内整体热强度做了改变，变化范围是 $2.14 \times 10^6 \sim 6.29 \times 10^6$ W/m^3。

对在此试验装置上（图 7.27）所得数据进行分析后可以看出，热流沿分段舱室高程进行分配的特点与电弧电流和电弧长度关系密切。当电弧长度相同时，从电弧向分段舱室壁表面辐射的强度随着电流增大而提高。在所有情况下都能观察到沿分段舱室高程进行的电弧辐射能量分配具有一定的不均匀性。

位于电弧显著辐射区的分段舱室表面会接收到密度更高的热流。例如，当电弧长度为 0.09m（图 7.28）、电流为 400A 时，传递到等离子枪喷嘴截面以下分段舱室的热量，比截面以上部分多 33.5%。尽管如此，上面的分段舱室壁表面所接收的来自于电弧和金属熔池表面辐射的热流，绝对值仍然相当高。在电流相同的情况下，改变电弧长度会显著影响从电弧向分段舱室壁表面传递热能的性质。电弧越长，通过电弧和金属熔池表面辐射传递给整个分段舱室壁的热流密度越大。当电弧长度在

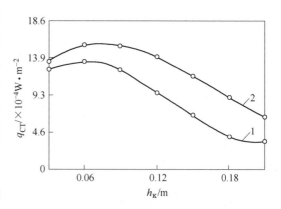

图 7.28　分段舱室壁接收热流的变化情况

1—l_{∂} = 0.09m；2 — l_{∂} = 0.15m；l_{∂}—电弧长度

0.06~0.15m 范围内变化时，对靠近金属熔池表面的舱室壁的热能传递几乎不产生影响，热流值与最大值的差别不超过 12%。电弧长度增加值每超过 0.15m，到达拱顶附近最高段舱室壁表面的热流增加 2.9 倍。

随着电弧电流强度和电弧长度增大，从电弧和金属熔体向分段舱室拱顶进行的热能传递的变化特点具有类似情况。图 7.29 显示了拱顶接收热流对电弧电流强度与电弧长度的依赖关系。分析这些数据表明，采用长电弧时，分段舱室壁表面和拱顶接收的热流值很接近。

等离子电弧参数还会显著影响对金属熔池的热能传递强度。图 7.30 显示了金属熔池接收热流的密度对电弧电流的依赖关系（l_{∂} = 0.09m、G_{ε} = 0.54g/s）。从已有数据看，电弧电流越强，传递给金属熔池的热流越大。当电流为 600A 时，从电弧传递到金属熔池表

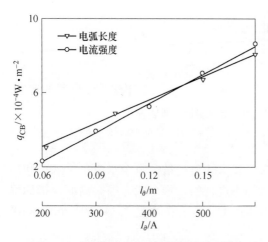

图 7.29　拱顶接收到的热流对电弧长度和
电流强度的依赖关系

l_{∂}— 电弧长度；I_{∂}— 电流强度

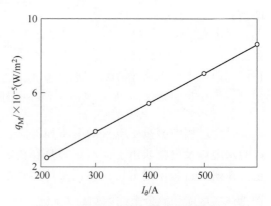

图 7.30　等离子电弧向金属熔体传递热流
密度对电流强度的依赖关系

面的热流为 $8.2×10^5 W/m^2$。如果电炉有内衬，则传递到金属熔池的电弧能量会增加。例如，当电弧电流为 600A 时，在热电炉中从电弧传递到金属熔池的能量，比带水冷壁的熔炼室高出 54.5%，热流密度达到 $1.16×10^6 W/m^2$。使用直流电时，改变电弧长度几乎不影响从电弧传递到金属熔池表面的能量。电弧长度从 0.06m 变为 0.15m 不会明显降低金属熔池的加热强度。这就允许等离子感应炉使用长电弧熔化金属，从而降低热损失，提高电炉工作效率。

已有的实验数据表明，电炉中的金属熔池接收了等离子枪喷嘴截面以下电弧柱释放的 40%~60% 的功率。因此，若能正确选择电弧功率和工作参数，炉内金属熔化的效率会更高。

7.8 等离子感应炉的冶炼工艺

等离子感应坩埚炉是用于冶炼黑色金属、有色金属与各种合金的最先进的冶炼设备。从冶金学角度看，这类熔炉具有以下优点：可以在氧化、还原和中性气氛中进行熔炼；合金元素损失小；可以采用活性冶金工艺进行熔炼；电弧柱内能量密度高，向炉料传递能量快，与感应加热源相结合，可以保障极高的熔炼速度；没有金属碳化来源；坩埚内化学成分均匀性高，全容积内温度分布均衡；添加剂溶解速度快；炉衬损耗低。

由于等离子感应炉有诸多优点，用它几乎可以熔炼所有牌号的钢和生铁。在生产钢铸件方面，等离子感应炉适合炼制用于制造快速切削工具的碳含量极低的低碳钢和高合金钢、专用高温合金，还可以炼制合金铸铁和高强度铸铁。

在炼钢时，等离子感应炉可以把稀有合金元素镍、钼、铌、钨、钒、铬全部保留下来，炉料的利用率可达到 100%。

用等离子感应炉冶炼钢和生铁时，金属熔体、渣料与气体环境之间存在复杂的物理化学过程。这些过程通常达不到平衡状态，但是能在很大程度上决定化学反应的方向和生产的经济技术指标。

相互接触的相态的属性和作用力可以决定冶炼反应的基本方向。目前，这类问题正在得到深入研究。一般情况下，金属熔池内发生反应的顺序大致为：让反应元素到达反应界面、发生化学反应、生成反应产物并把它们清除掉。

对于大多数冶炼反应而言，达到生铁和钢的熔化温度时，化学反应瞬间就完成了，不会限制整体的熔炼过程。多数情况下，反应速度取决于把反应元素送到反应位置的速度。在反应后产生新相态的情况下，整个反应过程的速度可能受到蕴育和析出新相态速度的限制。

液态熔池内发生的冶炼过程大多是非均质反应。反应的结果是一些相态消失，另一些相态产生。反应大多发生在相界区。多相间发生化学反应时，或在一定条件下某些元素从一种相态转为另一种相态时，相间张力的改变会导致相界面积增大。当相互作用的相态中有一方处于新生乳化状态时，这种现象尤为显著[56]。因此，必须考虑到多重边界层与熔池总体在性能和成分上的区别。因振动而产生新相态时，首先形成的是具有热力学稳定性的新相晶核。

影响振动过程的因素是机械功，与大的比表面积有关，并取决于晶核与介质边界表面张力的大小。表面张力小的时候，培育晶核不需要太多的功。这会给生成新相态创造更有利的条件。因此，当金属熔体内含有表面活性夹杂时，会更容易析出新相态，例如在金属熔体内形成小气泡和非金属夹杂物等。表面活性物质吸附在正生长的相态上，可以抑制其生长。例如，常见的生铁与钢变性处理工艺就利用了物质的这一特性。所以需要观察密度、温度和能量等因素的振动。

其实，在现实条件下我们也会遇到复杂的非均质反应，发生在双相，甚至三相边界上，反应速度取决于从纵深向相界表面的物质传递、相间表面上的化学反应、生成物脱离相界表面的速度，以及热传递条件等因素。

在等离子感应炉中，金属熔体内部发生的反应过程都是相互关联的，并且多数是同时发生的。例如，用碳给钢脱氧时冒出了氧化物（一氧化碳）小气泡，这时氢气和氮气被排出，非金属夹杂物浮向熔池表面等。

7.8.1　炉内气氛

在感应炉中用等离子电弧加热金属熔池，会对平衡有气相参加的反应过程产生极为重要的影响。

等离子态气体与金属熔体相互作用从而提纯金属的水平，在很大程度上取决于等离子气源的洁净度，即含有多少氧气、氮气、氢气杂质。在等离子感应熔炼时情况也是如此。这些杂质的活性在等离子电弧温度下会急剧升高[57]。因此，在炼制高合金钢时要对等离子气源做专门净化。

用氩气作等离子气源可以使金属熔炼时活性杂质达到最少。在电炉熔炼空间内保持含氧量为 0.0005% 的氩气时，在金属熔体与气相边界上可以形成类似于真空环境 $10^3 \sim 10^4 Pa$ 的条件[58]。

熔炼开始时向电炉工作空间吹入氩气，残留的空气被逐渐排除干净。气氛中的杂质浓度根据以下公式逐渐减少[65]：

$$C = \frac{G_\varepsilon s + 100N}{C'_\varepsilon}\left(1 - e - \frac{G'_\varepsilon \tau}{V}\right) + C_1 e - \frac{G'_\varepsilon \tau}{V} \qquad (7.45)$$

式中，C、C_1 为炉内气体杂质的现有浓度、初始浓度；G_ε 为氩气进入炉内的数量，m^3/h；s 为初始氩气中气体杂质浓度，%；N 为稳定气源提供的气体数量，m^3/h；G'_ε 为从炉内排出的气体数量，m^3/h；τ 为熔炼时间，h；V 为炉内气体体积，m^3。

用数值 n 来表示经过熔炉的气体与炉内气体体积的比值，即气体交换次数：

$$n = 2.31C_1/C \qquad (7.46)$$

根据这个公式可以确定工作空间内的气体必须交换多少次才能达到指定的杂质残余浓度。

容积为 160kg 的等离子感应炉，实际熔炼时工作气氛中的氧气和氮气分压动态变化见图 7.31。可以看到，熔炼开始时，炉内气氛中氧气、氮气分压迅速降低，经过 $156 \sim 168s$ 后，这些气体的浓度下降到它们在初始氩气中的水平。随后向坩埚内补充了炉料，炉内气氛中的氧气、氮气分压用更短时间就下降到它们在初始氩气中的水平。获取这些数据时使用了文献 [59] 介绍的方法。在熔炼过程中，气相成分会因金属熔体中有气体析出而变化。

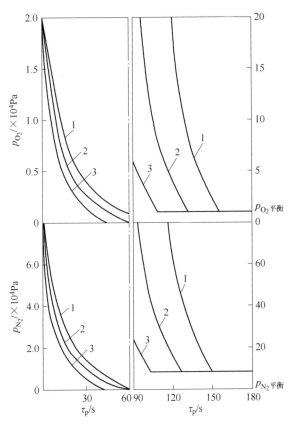

图 7.31 160kg 等离子感应炉工作气氛中氧气、氮气分压变化曲线
1—开始熔炼；2—第一次补料；3—第二次补料

图 7.32 显示的是 500kg 容量的等离子感应炉熔炼时工作气氛中氧气、氮气、氢气含量的动态变化情况[36]。从这些数据中可以看出，熔炼开始时氧气、氮气、氢气的含量在工作气氛中快速减少，这是因为炉内气体交换次数增加了，交换次数可以用式（7.46）算出。熔炼进行近 30min 后，氧气含量降到 0.1%，氢气、氮气含量降到 0.2%。此后整个熔炼期内上述气体杂质的含量基本无变化。金属熔化后的几段时间，炉内气体杂质含量有所提高，这应该是液态熔池中有气体析出。

在 160kg 容量的等离子感应炉中炼钢时电弧电压的动态变化见图 7.33。可以看到，每次加料后电弧电压急剧升高，这表明当时炉内气氛中氧气、氮气分压很高。经过一段时间这些气体的分压开始下降。熔炼结束阶段炉内气氛中氧气、氮气含量最低。这说明金属熔池内的提纯过程进行得非常充分。

计算和实验数据都表明，在等离子感应炉中，工作气氛中的氧化电势可以降到很低。

在实践中，向等离子感应炉的工作空间充入氩气之前，一般不进行预抽真空。所以必须吹入足够的氩气把空气从熔炼空间排除干净。氩气的必要数量取决于工作空间的尺寸、炉料的大小以及充填的密实度。

等离子感应炉内氩气消耗量在随后的每次加料时会逐渐减少。

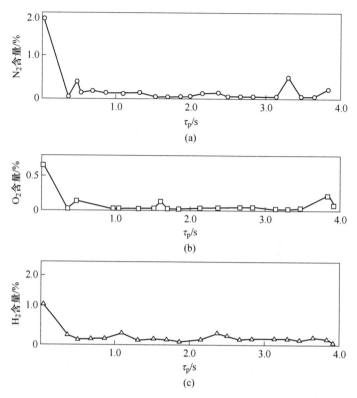

图 7.32　熔炼过程中等离子感应炉内氧、氢、氮含量的变化曲线

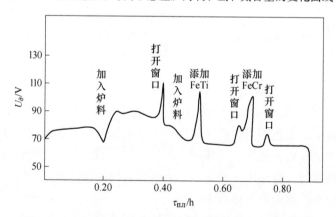

图 7.33　炼钢过程中等离子感应炉内电弧电压的变化曲线

7.8.2　熔体与氧气的相互作用

理论归纳和大量实验数据已经确定了氧化-还原反应过程的一些重要规律。炉料在炉内熔化阶段氧化反应特别活跃。在等离子感应炉中，铝、钛、硅、锰、钨都在这一阶段完成氧化。产生的氧化物再与溶解在金属熔体中的化学成分相互作用，变成更复杂的硅酸盐、铝酸盐和尖晶石类氧化物。当炉料完全熔化时，金属熔体已经把粗大夹杂全部排出，达到令人满意的纯度。由于坩埚内熔体受到电磁和重力搅拌，熔炼中产生的氧化物夹杂会上浮到金属熔池表面。

文献 [60] 研究了在真空感应炉和等离子感应炉中熔炼 00X18H12 号不锈钢时氧气的作用。熔炼这种金属使用的是碳含量为 0.035%~0.040% 的低碳铁、ФX006 号铬铁合金和电解镍。

在真空感应炉中长时间保有未脱氧的金属熔体时，通常是在开始阶段氧气与碳相互作用促使氧气浓度降低，随后炉衬中释放出氧气，氧气浓度又升高。

等离子感应加热则是氧气浓度直线下降，显然，这与溶解于金属熔体的碳与氧在气相与金属熔体边界上更剧烈的作用有关（图 7.34）。炉料熔化后氧气在金属熔体中的含量主要取决于碳的含量和金属熔体温度。单纯依靠金属熔体内的扩散脱氧，进一步降低氧气的浓度会很慢。在等离子感应熔炼时（直线 1）降低金属熔体内氧气含量必须依靠脱氧剂。研究表明，用等离子感应炉熔炼 5X14H7MЛ、10X18H9Л、5X18H11БЛ 号不锈钢时，氧气含量不超过 0.010%~0.011%。在现有技术水平下，等

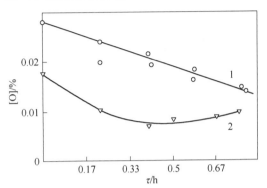

图 7.34 等离子感应熔炼和真空感应熔炼时氧气含量的变化
1—等离子感应熔炼；2—真空感应熔炼

离子感应炉内所有与金属精炼和脱氧有关的过程，通常都是在熔炉的坩埚内完成的。熔炼快结束时，金属熔体充分摆脱了非金属夹杂物。可是，当把金属熔体浇入钢包或铸模时又会产生新的氧化物夹杂。表 7.12 列举的 5X14H7MЛ、5X18H11БЛ 号钢的数据可以证明这一点。这些数据表明，由于金属熔体与空气接触并以流动方式浇铸，所以产生了二次氧化，金属重新被氧化物夹杂污染。一般认为，在固态铁中几乎所有的氧气都是以氧化物夹杂的形式存在的。

表 7.12 用等离子感应炉炼出的不同钢中氧气的含量（占总质量百分比）

钢牌号	熔化后	脱氧后	金属熔体倒出顺序			铸件中
			钢包 1	钢包 2	钢包 3	
5X14H7MЛ	0.011	0.010	0.013	0.015	0.017	0.017
5X18H11БЛ	0.011	0.008	0.010	0.012	0.014	0.016

7.8.3 碳与氧的相互作用

金属熔体内的碳与氧气或者以非金属氧化物夹杂形式存在的氧气之间进行的反应作用，是等离子感应炉金属熔池内发生的最重要反应之一[61]：

$$[C] + [O] \Longrightarrow CO(g) \tag{7.47}$$

温度关系式 $\lg K$ 与试验数据高度吻合，其形式为[62]：

$$\lg K = \lg P_{CO}/f_C[C]f_O[O] = 1168/T + 2.07 \tag{7.48}$$

根据这一公式，碳被溶解的氧气所氧化时伴有热量释放，所以温度越低反应越充分。虽然在铁熔体中平衡常数对温度的依赖关系表现得不强烈，但是反应的放热性（式 7.47）是相当确定的。在实践中人们也利用这一性质，例如，在真空感应熔炼时用"稍微降降

温"的方式让用碳给金属脱氧过程进行得更充分些。

熔炉内金属熔体沸腾时，碳的氧化不仅取决于式（7.47）所述反应，而且与熔渣中析出的氧气有关，这符合吸热反应规律：

$$(FeO) = [Fe] + [O] \tag{7.49}$$

发生氧气转移的原因是，金属熔体内氧气含量低于金属熔体与熔渣的平衡条件。氧化亚铁从熔渣向金属熔体转移时，与熔渣相连的金属熔体内氧气浓度开始提高，而熔渣中氧化亚铁含量开始降低。随后氧气向全熔池扩散，而氧化亚铁从熔渣内部向金属熔体交界面扩散，这些扩散的速度都很慢。但是，等离子感应炉内发生的金属熔池强烈搅拌可以促使氧气从上层快速转移到下层，使整个坩埚内氧气含量趋于均衡。

提高氧化亚铁从熔渣向金属熔体转移的速度取决于以下因素：增加熔渣内氧化亚铁的含量；减少金属熔体中氧气的含量；提高金属熔体温度并降低熔渣黏性。

综合式（7.47）和式（7.49）所述反应，碳氧化的整体过程可以表示为：

$$(FeO) + [C] = [Fe] + CO(g) \tag{7.50}$$

这一反应也是吸热的，在温度提升过程中反应会进行得更充分。所以对熔池沸腾强度发挥作用的是动态因素。

随着金属熔体温度下降，碳氧化的速度会加快。碳氧化反应的速度取决于氧化剂的用量以及生成与析出反应物（碳的氧化物）的条件。析出碳的氧化物气泡的条件用不等式表示为：

$$p_{CO} > p_{am} + \gamma_M h_M + \gamma_{uu} h_{uu} + 2\sigma/R \tag{7.51}$$

式中，p_{am} 为大气压力；γ_M、γ_{uu} 分别为金属熔体和熔渣的密度；h_M、h_{uu} 分别为坩埚内金属熔池和渣池的高度；σ 为金属熔体的表面张力；R 为气泡半径。式中，p_{CO} 指的是 CO 的平衡压力，是由式（7.47）确定的，而不等式（7.51）的右侧为作用于气泡的外力总和，包括大气压力、金属熔体和熔渣的压力，以及毛细管压力。

熔池沸腾时，由于碳和氧气浓度降低，不用添加氧化剂，p_{CO} 值就会逐渐下降。纯沸腾阶段结束时，p_{CO} 值会接近某一临界值，临界值由不等式（7.51）的右半部分确定。

熔池沸腾阶段，由于氧化亚铁从熔渣向金属熔体中扩散，金属熔体内氧气含量会升高。由于氧化亚铁被碳分解，并产生一氧化碳气泡，金属熔体中的氧气含量会根据这两个过程的速度关系而变化[62]。

熔池沸腾阶段，金属熔体中的氧气含量取决于碳的含量。这表明在金属熔体中碳与氧气之间的反应，以及将新生成的碳的氧化物从熔池内排出去，都是以很快速度进行的。

在这一阶段，熔渣中氧化亚铁含量不对金属熔体中氧气含量产生决定性影响。在实践中可以观察到金属熔体中氧气实际含量与平衡含量有时会不一致。

图 7.35 显示的是分别用感应炉、等离

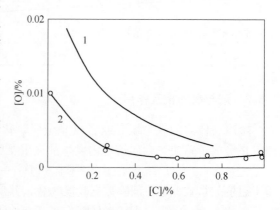

图 7.35　分别用感应炉、等离子感应炉熔炼时
C—O 系的平衡关系

1—感应炉熔炼（$p_{CO} = 10^5$ Pa）；2—等离子感应炉熔炼

子感应炉熔炼时，钢中氧气含量与碳含量之间的关系[59,63]。等离子感应炉内碳的氧化物的分压明显低于平衡曲线 $p_{CO}= 10^5 Pa$ 的数值。等离子感应熔炼时钢中实际达到的氧气平衡含量与真空感应熔炼时的水平大体相当。

表 7.13 列举的是在用 160kg 容量工业等离子感应炉熔炼的不同钢中观察到的 [C] × [O] 乘积。表中数据表明，在实际制备的钢中 [C] × [O] 的乘积与图 7.35（曲线 2）所显示的数据非常吻合。

表 7.13　用等离子感应炉炼出的各类钢中碳和氧气的含量

钢牌号	[C]/%	[O]/%	[C]×[O]
5Х14Н7МЛ	0.05	0.0097	$4.84×10^{-4}$
10Х18Н9Л	0.06	0.012	$7.2×10^{-4}$
5Х18Н11БЛ	0.05	0.011	$5.5×10^{-4}$
13Х11Н2В2МФ	0.11	0.0089	$9.8×10^{-4}$
1Х13Н2Л	0.08	0.01	$8.0×10^{-4}$

用等离子电弧在感应炉中对金属进行补充加热时，因为在电弧阳极斑点这一主要反应区里金属受到超强能量的加热，脱碳速度加快了（图 7.36）。从图上可以看出，熔体脱碳速度很快，碳含量迅速从 0.31% 降到 0.21%。脱碳反应效果可以根据 [C] × [O] 乘积来评定，这些数据是在炼制 00Х18Н12 号钢时用不同方法得到的，熔炼时间均为 40min 左右（表 7.14）[60]。

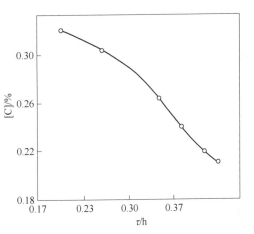

图 7.36　用等离子感应炉炼制碳素钢时碳含量变化图

比较表 7.13 和表 7.14 的数据可以看出，采用真空感应熔炼、真空等离子感应熔炼和等离子感应熔炼时取得的 [C] × [O] 乘积平衡值彼此很接近。另外，采用等离子感应熔炼时碳的脱氧能力也很强，能够保证金属熔体深度脱氧，不发生过氧化作用。

表 7.14　不同熔炼方法对 00Х18Н12 号不锈钢中碳和氧气含量的影响

熔炼方法	[C]/%	[O]/%	[C] × [O]
真空感应熔炼	0.030	0.008	$2.40×10^{-4}$
真空熔炼与吹氩和吹氧结合	0.009	0.043	$3.87×10^{-4}$
真空等离子感应熔炼	0.011	0.015	$1.65×10^{-4}$

在等离子感应炉中观察到的 [C] × [O] 乘积值通常不会低于 10^{-4}%，且符合 $p_{CO}= 10^5 Pa$ 的条件。这说明，等离子感应炉内的惰性气氛起到了与物理真空环境类似的作用。

在熔池内金属熔体未沸腾的情况下，溶解的碳与氧气的反应过程受到液气相边界金属熔体表层内化学成分传递（扩散）能力的制约。这时，形成碳的氧化物的速度取决于浓度最小的元素的扩散速度。根据菲克定律，当 [C] ≫ [O] 时，氧气以 CO 的形式从金属熔体中排出的速度可用下述公式表示[64]：

$$d[O]/d\tau = \beta \frac{S}{V}([O] - [O]_p) = \beta \frac{S}{V}\left([O] - \frac{P_{CO}}{Ka_c f_0}\right) \tag{7.52}$$

式中，$[O]$ 为金属熔体中氧气浓度，%；S 为熔池表面积；a_c 为碳在金属熔体中的活泼性系数；f_0 为氧气在金属熔体中的活性系数。

因为靠近熔池表面的液态金属运动会对其产生影响，乘积 $\beta \dfrac{S}{V}$ 不是一个恒定的数值。因此在分子扩散作用的基础上还要增加对流因数，对数值因素的影响程度取决于合金性能和液态金属运动性质。

图 7.37 显示的是，金属熔体比表面积与等离子感应炉容积之间的关系（γ_M = 7000kg/m³，d_T/h_T = 0.6）。从图上可看出，炉子容积越大，金属熔体的比表面积 S/G_M 就越小，这会降低从金属熔体中脱氧的速度。但是如果大容量炉子里熔体搅拌强度高，也可以把清除夹杂的速度保持在指定的水平上。

例如，与图 7.38 所示电弧炉相比，10t 容量的等离子感应炉金属熔体比表面积缩小了6 倍。

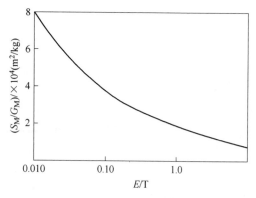

图 7.37　金属熔体比表面积对等离子
感应炉容积的依赖关系

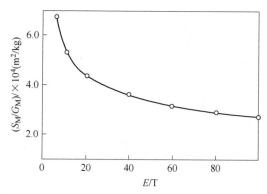

图 7.38　电弧炉金属熔体比表面积
对容积的依赖关系

总体说，碳的氧化速度取决于氧气从熔渣向金属熔体转移的速度，并受下列因素影响：熔渣中氧化亚铁的含量、金属熔体和熔渣的温度、熔渣的黏度。在炉内相同条件下，增加熔渣中氧化亚铁含量会加快氧气从熔渣向金属熔体转移的速度。

提高温度有助于氧气从熔渣向金属熔体转移。可以证明这一点的是，随着温度提高，氧气在金属熔体与熔渣之间的分配系数也会随之提高。因此，当熔渣中氧化亚铁含量不变时，提高金属熔体温度有助于提高与熔渣保持平衡的金属熔体中的氧气含量。

流动的熔渣在熔池中搅拌很充分，保障了氧化亚铁快速从表层扩散到底层。这些熔渣为金属熔体提供了大量的氧气，加快了碳的氧化速度。

用黏性渣料熔炼会有相反的现象。即使金属熔体温度很高、氧化亚铁含量很高，也不能让碳很快被氧化。在使用酸性炉衬的熔炉中，氧化亚铁从熔渣中还原出来时，会在熔渣与金属熔体边界上形成二氧化硅薄膜，把金属熔体与熔渣基质分离开。这会使氧化亚铁从熔渣向金属熔体的转移变得困难。碳氧化速度主要取决于碳在钢中的含量，碳含量少了，碳氧化速度就会减慢。

7.8.4 合金元素的氧化

等离子感应炉工作空间气体环境的氧化电势低，因此钢中的合金元素几乎被完全吸收。表 7.15 的实验数据显示了采用不同炼钢方法时合金元素的吸收程度[32, 36, 65]。这些数据表明，由于在熔炼开始时等离子感应炉内就进行了多轮气体交换，合金元素损耗极小。在现实条件下，合金元素的吸收率在很大程度上取决于炼钢用的金属炉料被氧化的程度。

表 7.15 采用不同熔炼方法时合金元素的吸收率　　　　　　（%）

合金元素	熔炼方法			
	开放式 电弧熔炼	等离子熔炼	开放式 感应熔炼	等离子 感应熔炼
Si	95	100	88~90	99
Mn	94	94~96	95	98
Cr	97	100	94~95	100
Ni	96	100	97~99	100
Mo	95	100	96	100
W	85~90	97~98	90	97~98
Co	—	100	98	—
V	—	100	92	—
Nb	75	100	94	97
Ti	50~70	65~90	75~90	95
Al	80	70~90	30~50	96

用等离子感应炉炼钢时，硅很容易与炉内气氛中的氧和渣料中的氧化亚铁相互作用而被氧化。

$$[Si] + O_2 = [Si] + 2(FeO) = (SiO_2) + 2Fe \qquad (7.53)$$

在不同的物理化学条件下，这些反应是可逆的。如果硅和渣料中的氧化亚铁含量较低，式（7.53）所述反应还可以向还原硅的方向进行。酸性炉渣几乎总是饱含二氧化硅，因此它的活泼性为 1。氧化亚铁在酸性炉渣中的活泼性等于它的浓度，这与硅在钢中的活泼性是一样的。

计算数据表明，当金属中 Si 的含量为 0.1% 时，脱氧产物中 FeO 的含量为 10%。要让金属中硅含量与炉渣中氧化亚铁含量保持一定比例，只能使用含 50%~52% 二氧化硅的流动炉渣。

当金属熔体在炉内熔炼和等温保持时，硅的还原主要靠碳：

$$(SiO_2) + 2[C] = [Si] + 2CO(g) \qquad (7.54)$$

这一反应发生在金属熔体和坩埚内衬的接触面上。

提高金属熔体温度，延长熔体在熔炉坩埚内的保持时间，碳的含量就会降低，硅的含量会提高。

当金属熔体中的硅与坩埚内衬中的二氧化硅在浓度上达到平衡、熔体中的碳含量为 0.5%、温度为 1600℃时，硅的含量应该为 0.48%。因为炼钢时金属熔体中硅的含量通常低于这一数值，所以熔炼过程中硅会从炉渣或坩埚内衬中还原出来。碳与坩埚内衬发生反应会把硅还原出来，硅重新被炉渣中的氧化亚铁氧化。只要钢中硅含量超过 0.02%，硅就会被炉渣氧化。因此用流动炉渣和高铁炉渣炼钢时，金属熔体中硅含量不会增加。

为了提高炉渣的液态流动性，通常需要降低二氧化硅的含量，提高氧化钙的含量。在铺有酸性炉衬的炉子里冶炼金属时，以下因素有助于还原硅：金属中碳和锰含量高；炉渣流动性差；超熔点加热金属熔体的温度较高；炉渣中氧化亚铁含量低。

在铺有碱性炉衬的炉子内，二氧化硅活泼性低，氧化亚铁活泼性高，只有让金属熔体中的硅含量很低，金属熔体与炉渣之间才能实现平衡。

等离子感应炉内的惰性气氛极大减少了钢中多种合金元素的损耗，如钛、铝。因此，这些合金元素的吸收率明显提高。

用等离子感应炉炼钢时，无论使用酸性炉衬，还是碱性炉衬，镍、钼、铬的吸收率都可以视为 100%[63]。

极高的合金元素吸收率使这些炉子具备了炼制化学成分稳定的钢与生铁的能力。

7.8.5　有害夹杂的表现

硫是钢中最有害的夹杂之一，它能完全溶解于铁，当钢结晶时，沿晶粒边界分解出硫化铁。铁和硫形成易熔的低共熔体，熔点只有 988℃。如果有氧气，熔点会更低。如果在晶粒边界上让硫化铁造成易熔的低共熔体，金属就会被破坏。这在铸钢上表现得尤其明显，因为硫化物和氧硫化合物通常积累在原始晶粒的边缘。

硫与一些金属结合会形成 FeS、CaS、MnS、MgS 等类型的硫化物。表 7.16 列举了炼钢温度下硫与一些金属形成化合物所需的自由能[66]。给炉内钢脱硫时最重要的是清除 FeS、CaS、MnS。硫化铁的溶解度基本无限制，硫化锰的溶解度相对小一些，而硫化钙在铁和钢中几乎不溶解。但是，所有这些硫化物在炉渣中的溶解度却很高，特别是在碱性炉渣中。

表 7.16　炼钢温度下形成硫化物所需的自由能

反　　　应	温度/K	$\Delta F^O = A + BT$
$Ca(l) + 1/2S_2(g) = CaS(s)$	1500~1765	$-13206 + 25.91T$
$Ca(g) + 1/2S_2(g) = CaS(s)$	1765~2000	$-167900 + 4621T$
$Fe(l) + 1/2S_2(g) = FeS(l)$	1500~1665	$-27130 + 6.32T$
$Fe(l) + 1/2S_2(g) = FeS(l)$	1665~1809	$-26700 + 6.06T$
$Fe(l) + 1/2S_2(g) = FeS(l)$	1809~2000	$-29970 + 7.90T$
$Mg(g) + 1/2S_2(g) = MgS(s)$	1500~2000	$-132540 + 47.24T$
$Mn(l) + 1/2S_2(g) = MnS(s)$	1516~1803	$-69250 + 19.18T$
$Mn(l) + 1/2S_2(g) = MnS(s)$	1803~2000	$-63100 + 15.77T$
$1/2S_2(g) + O_2(g) = SO_2(g)$	1500~2000	$-86130 + 17.27T$
$1/2S_2(g) + O_2(g) = SO(g)$	1500~2000	$-15360 + 1.24T$

注：s—固态；l—液态；g—气态。

碳和硅能提高硫在熔体中的活泼性，因为它们能把硫从金属熔体的"微晶胞"中挤出去，并填补硫的位置。所以给碳和硅含量高的生铁脱硫比给普通钢脱硫容易得多。

因为硫表面活泼性高，所以硫在相界面的浓度总是高于其在熔体内的平均浓度。因此，给炉内金属脱硫时，搅拌熔体非常有效，可以扩大金属熔体与炉渣的接触面积。

炉内金属发生脱硫过程，多数情况下是因为生成了 CaS：

$$[FeS] + (CaO) = (CaS) + (FeO) \tag{7.55}$$

当炉渣中含有一定数量的氧化锰时，可能发生如下反应：

$$[FeS] + (MnO) = (MnS) + (FeO) \tag{7.56}$$

提高熔池温度时，硫的分配系数会随扩散速度加快而增大，炉渣会变得流动性更强，更活泼，反应进程会更快。

有助于在熔炼过程中给金属脱硫的因素有：使用 CaO 系活泼性较高的碱性炉渣；金属和炉渣的氧化性较低；炉渣中硫含量较低；对金属熔体和炉渣进行搅拌，增大接触面积；提高熔池温度。

对使用有水冷结晶器的等离子电弧炉、其他种类等离子电弧炉和等离子感应炉炼钢时的脱硫问题，有不少作者做过研究[65, 67, 68]。首先解决的问题是，当金属熔池为阳极，熔池表面有一层导电率不高的炉渣时，炉子能否正常工作。多次熔炼结果表明，金属熔池表面有一层厚炉渣并不影响电弧燃烧的稳定性。无论电流如何改变，等离子电弧都能稳定燃烧。

根据已有数据，研究者们还无法对等离子电弧重熔钢时的脱硫反应做出一致评价。例如 V. Y. Lakomsky（В. И. Лакомский）的著作[57]认为，重熔钢时不使用炉渣，硫化物夹杂的含量降低了 1.3 倍，而据文献 [65] 记载，硫的含量几乎没有改变。但是这些学者都指出，重熔钢时使用专用炉渣可以实现金属深度脱硫，他们有的使用了易熔炉渣，有的使用了 CaO 含量大于 50% 的稍难熔炉渣。后一种炉渣在等离子电弧重熔时具有较好的液态流动性和吸收硫的能力。

文献 [69] 记述了对 18XHBA 和 3X19H9MBБTЛ 号钢在等离子电弧熔炼、等离子感应熔炼、使用炉渣、不使用炉渣不同条件下脱硫的研究结果。金属熔体试样是在熔炼过程中从炉内采集的。取出的金属熔体倒入按实物模型制作的陶瓷模里。不同钢中硫含量的研究结果见表 7.17。根据表中数据，采用等离子电弧熔炼、等离子感应熔炼时，在不使用炉渣的情况下，钢中硫含量总共减少了 5%~10%。这是因为硫从熔体中蒸发了，文献 [70] 也证实了这一点。

表 7.17　不同熔炼方法下 18XHBA/3X19H9MBБTЛ 号钢中硫含量

熔炼方法	熔炼时间/h	金属熔体温度/K	元素整体含量/%	
			[C]	[S]
无炉渣等离子熔炼	0.23 0.27	1923 1873	0.26/0.14 0.37/0.31	0.016/0.014 0.013/0.016
有炉渣等离子熔炼	0.23 0.28	1923 1873	0.28/0.10 0.36/0.22	0.015/0.005 0.030/0.019
无炉渣等离子感应熔炼	1.0 0.88	1913 1883	0.28/0.22 0.36/0.30	0.028/0.027 0.020/0.018
有炉渣等离子感应熔炼	— 1.0	— 1873	— 0.35/0.30	— 0.028/0.008

为了使金属脱硫更加充分，可以提高加热温度和延长熔体在炉内保温的时间。

使用炉渣可以使炉内钢脱硫变得轻松。当熔炼中使用的渣料成分为 89.0%CaO，8.5%CaF$_2$，2.0%SiO$_2$，0.5%Al$_2$O$_3$，0.006%S 时，金属脱硫程度最为充分。

占金属炉料总重 5% 的混合渣料与炉料一起装入熔炼坩埚。按这种方法装料，金属的有效脱硫从炉料熔化阶段就开始了，因为熔炼一开始在坩埚底部就形成了"沼泽"。

炼制 18XHBA 号结构钢时，硫含量从 0.022%~0.026% 降到 0.005%（图 7.39）[69]。在炉料熔化阶段和开始超熔点加热金属熔体阶段，钢中所含的硫就会被大量排出。待炉料完全熔化后，金属脱硫程度能达到 40%~50%。如果让钢在炉内保持 0.3h，脱硫程度可以达到 80%。在真空感应熔炼时也出现了类似结果[71]。

图 7.40 显示了用 2t 等离子感应炉炼制的各种钢脱硫程度变化情况[36]。从这些数据中看出，炉内渣料增多时，所有钢种的脱硫程度都提高了。脱硫程度与渣料数量的关系是线性的。等离子感应炉能使钢充分脱硫，是因为等离子电弧能对炉渣进行高强度加热，同时金属熔体能够得到感应搅拌和重力搅拌。

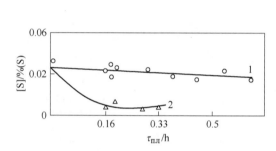 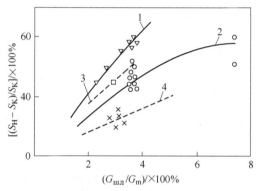

图 7.39　无炉渣（1）和有炉渣（2）情况下用等离子电弧炉炼制 18XHBA 号钢时硫含量变化

图 7.40　用不同方法所炼制钢的脱硫程度
1—等离子感应炉炼制的低合金钢；
2—等离子感应炉炼制的碳含量为 0.01% 的耐腐蚀钢；
3—开放式电弧炉炼制的低合金钢；
4—开放式电弧炉炼制的碳含量约为 0.05% 的 304 钢；
$G_{шл}/G_m$—炉渣与金属重量比；$(S_H-S_K)/S_K$—脱硫程度,%

根据上述研究结果可以得出结论，等离子感应炉能够实现高效脱硫，不需要选择含硫量低的原始炉料，熔炼时炉渣的数量几乎不受限制。

7.8.6　熔体与氮气、氢气的相互作用

氮气作为铬镍钢和铬镍锰钢的合金元素早已为人所知[72,73]。最初氮气作为铬镍钢的添加剂，用来提高奥氏体的稳定性。后来它被用在铬镍锰钢中，代替一部分镍。这两种情况都利用了氮气与碳、镍相同的性质—扩大 γ 区域。

但是也有很多情况氮气被视为有害杂质，会对钢的性能产生不利影响。例如，氮气在钢中会降低冲击韧性。在这方面氮的影响类似于磷，所以在炼制结构钢时力求把氮气清除干净。再例如，在奥氏体不锈钢中氮气会使铸件更容易产生腐蚀性裂纹。如果把钢中氮气

含量降低到 0.005%~0.01%，这一过程会明显减弱[64]。钢被氰化物夹杂污染后使用性能会急剧降低，有时薄壁铸件气密性能降低，原因也在这里。

用等离子电弧在感应炉中加热金属时，由于氮气分子与氩气混合后会发生原子-分子间的重组反应，它们的内部振动能量会松弛，而那些依然活跃的、能量尚未完全松弛的氮气分子会向金属熔池表面移动。这种情况能否出现主要取决于熔炉空间内的气压。

很多用于生产特种铸件的合金钢与合金，需要减少氮气含量。降低氮气与氮化物夹杂含量，缩小这些颗粒的尺寸，让它们均匀分布在铸件表面，这是合金钢生产中最复杂的问题。

因为对氮溶液的特性、氮气与金属中其他氮化物生成元素的相互作用机理尚缺乏研究，给多种成分的金属脱氮是个复杂任务。

在用等离子感应炉炼钢过程中，氮气在表层的扩散特性、被吸附的氮气向相界表面的转移，以及整体的脱氮速度取决于以下因素：熔体中有无表面活性元素（氧气、硫）；熔体上方氮气分压；金属熔体与炉内气氛交界的比表面积；熔体温度；熔炼坩埚内的金属熔体搅拌强度；熔体中有无氮化物生成元素。钢中最终氮气含量还可能与炉料熔化时间长短有关，有时还可能与装料顺序有关。

文献［74~76］指出，如果金属中含有大量氧气和硫，会明显减慢氮气从铁熔体中析出并转为气相的速度。吸附在表层的氧气和硫会影响脱氮速度常数，因为相界表面的空隙大部分被填实，导致 S/V 实际比例降低。

为了加快金属熔体的脱氮速度，必须尽量把氧气和硫的含量降到最低限度。用等离子电弧在感应炉中加热金属时，可以把金属熔体加热到比超熔点更高一些的温度，创造出强化金属熔体脱氮的条件。

图 7.41 描述了在 160kg 容量的等离子感应炉中金属熔体温度对 35ХГСЛ 号钢脱氮过程发挥的影响。将金属熔体温度从 1793K 提高到 1905K 时，脱氮速度常数增大，钢中氮气含量自然也降低了。

考虑到等离子感应熔炼能从一开始就形成液态熔池，针对这种熔炼条件通过计算得出了 12Х18Н9ТЛ 号不锈钢的氮气含量在熔炼过程中发生变化的数据（图 7.42）[63]（氮气分压与图 7.32 的分压一致）。

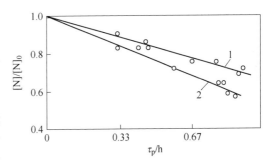

图 7.41　等离子感应炉内金属熔体温度对 35ХГСЛ 号钢脱氮过程的影响
1— $T_{\text{м}}$ = 1793K；2 — $T_{\text{м}}$ = 1898K

在等离子感应炉中气体交换次数多，熔炼一开始，位于金属熔体与气氛相界表面的氮气浓度就迅速降低到氮气在等离子气源中的浓度水平。这就为把金属熔体内部氮气含量降至与等离子气源中氮气分压相同的水平（即 0.0037%）创造了条件。但是，现实中有很多工艺因素相互影响，不允许实现上述条件。V. N. Kostiakov（В. Н. Костяков）证实，在用等离子感应炉炼钢过程中，当炉料接近完全熔化时，氮气的实际含量与计算值是有差异的[32]。后续加料期间炉子密封会打开，氮气在金属熔体中的实际含量按加料时间成比例地增大，当 p_{N_2} = 7.9×10⁴Pa 时趋于平衡。

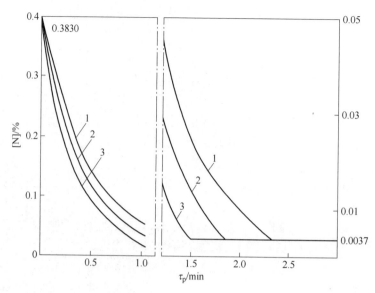

图 7.42　等离子感应熔炼过程中 12X18H9TЛ 号钢的氮气含量变化曲线

1—开始熔炼；2—第一次填料；3—第二次填料

表 7.18 列举了用不同方法炼制的最常见钢的氮气含量数据。进行等离子感应炉熔炼时，几乎所有钢种的氮气含量都降低了，只有 14X20H25B5МБЛ 和 5X18H11БЛ 号钢例外。

表 7.18　用不同方法炼制的钢中氮气含量

熔炼方法	钢牌号	气体含量（体积)/%		参考文献
		[O]	[N]	
开放式电弧熔炼	结构钢	0.0063	0.010	[77]
等离子感应熔炼	结构钢	0.0032	0.006	[77]
真空电弧熔炼	结构钢	0.0019	0.006	[77]
等离子感应熔炼	35XГСЛ	0.0038	0.0095	[64]
等离子感应熔炼	14X20H25B5МБЛ[①]	0.0075	0.038	[64]
等离子感应熔炼	5X18H11БЛ	0.0080	0.039	[64]
开放式感应熔炼	14X20H25B5МБЛ	0.012	0.0225	[64]
开放式感应熔炼	35XГСЛ	0.0068	0.017	[64]

①含有氮化铬铁合金。

金属熔体会从炉内气氛中吸收氢气，这一过程不仅发生在熔化炉料时，而且伴随于后续的熔炼阶段。温度为 1873K 时，氢气在铁水中的标准溶解度为 0.0027%。

在熔炼温度下的铁水中，氢气的溶解度比在固态铁中高。另外氢气在奥氏体中的溶解度比在 δ- 铁中高[78]。因此，以 γ-Fe 形式结晶并具有奥氏体结构的钢在固态时可能含有更多的氢气。这类钢疏松程度较低。

钢中含有的夹杂会明显影响氢气在铁中的溶解度。例如碳、硅、镍、铬、铝会降低氢气的溶解度，而钛、锰则会提高氢气的溶解度。如果钢中只有通常含量的合金元素，上述影响并不明显。所以当钢中合金元素含量不大时，可以认为氢气的溶解度与在铁中一样。钢中氧气含量增大时氢气的溶解度会降低。提高熔炼温度，氧气的影响会减弱。这可能是因为溶剂（铁）原子振动幅度增大，"Fe-O 组合"共生时间缩短，从而导致铁氧生成物中的联系减弱。

用等离子感应炉炼钢时，金属熔体中氢气的浓度取决于等离子气源的含水量、炉料和渣料的湿度。

7.8.7 非金属夹杂物的表现

随着对铸件质量的要求日益提高，势必需要寻找新的有效方法降低非金属夹杂物数量，减少其不利影响。铸件中的主要非金属夹杂物（内生的），都是在金属处于液态、开始凝固、完成结晶阶段形成的，是复杂物理化学反应的结果。这些反应包括：氧气溶解度的变化，更充分的脱氧反应，在金属熔体低温条件下生成氮化物。

内生的非金属夹杂物有结晶前、结晶时和结晶后产生几种[79]。我们关心的主要是钢脱氧过程中和金属熔体冷却到液相线温度时形成的夹杂。去除这些非金属夹杂物的机理是[80]：钢水脱氧时会产生非金属夹杂物，夹杂的尺寸可以用标准的分布曲线描述。从金属熔池去除非金属夹杂物有两个阶段：一是夹杂向液态金属与熔渣、液态金属与气体、液态金属与炉衬的相界面转移；二是跨越相界面。尺寸为 $10 \sim 20 \mu m$ 以及更大一些的夹杂脱氧后很快会在向上推力和对流运动作用下从液态金属中排出去。尺寸小于 $10 \mu m$ 的颗粒基本上靠对流运动被带向液态金属表面。更微小的夹杂由流动的熔体带到液态金属与熔渣相界面，并且随着搅拌强度提高，在相界面上碰撞的频率和"附着力"会增大。它们漂浮到金属熔体表面后，会穿过夹杂与熔渣之间的隔离膜，落入熔渣中。大颗粒浮起后熔池内残留的非金属夹杂物（例如三氧化二铝、硅酸盐等）会被金属熔体的对流搅拌、电磁搅拌和重力搅拌带到相界面。去除吸湿性差的夹杂（Al_2O_3、ZrO_2 等）取决于把它们带到相界面的能力。吸湿性好的夹杂（$FeO-MnO-SiO_2$）会在相界面上积累，然后被带往金属熔体内部。总体来说，排除这些夹杂的关键因素是让它们跨越相界面。表 7.19 列举了各类常见非金属夹杂物的熔化温度[79, 81]。

表 7.19 非金属夹杂物的熔化温度与密度

夹 杂 成 分	熔化温度/K	293K 时的密度/kg·m⁻³
氧化亚铁	1642	5800
氧化亚锰	2058	5500
二氧化硅 SiO_2	1983	$2200 \sim 2600$
矾土（刚玉）Al_2O_3	2323	4000
铬的氧化物 Cr_2O_3	2553	5000
氧化钛	2093	4200
氧化锆	2973	5750
$SiO_2 < 40\%$ 的硅酸铁	$1453 \sim 1653$	$4000 \sim 5800$
$SiO_2 > 40\%$ 的硅酸铁	$1653 \sim 1973$	$2301 \sim 4000$
氮化钛 TiN	$3200 \sim 3223$	$5290 \sim 5430$
氮化铝 AlN	$2423 \sim 3223$	$3260 \sim 5430$
氮化钒	2593	$5630 \sim 6130$
氮化锆	$3203 \sim 3528$	$6930 \sim 7320$

　　需要指出的是，在等离子感应炉内强烈搅拌金属熔体能够加快所有尺寸的非金属夹杂物向相界面的转移。因此选择相应的渣系可以更充分地排除金属熔体内的夹杂。

　　用等离子电弧在感应炉炼钢过程中进行高强度加热，能够为利用溶解于金属熔体的碳对金属熔体进行精炼、排除夹杂提供更强大的热力学和动力学能量；能够利用阳极斑点的高温对非金属夹杂物（氧化物、氮化物、硫化物）进行热分解；还能够通过强烈搅拌金属熔体排除非金属夹杂物。

　　很多研究证明，在有等离子体加热的电炉里能够炼制出高质量金属，首要原因是深度精炼，排除了非金属夹杂物。这种精炼靠的是炉内气氛氧化电势较低，还有等离子电弧能对金属进行高温加热。采用直流等离子感应炉熔炼时，阳极斑点内的金属熔体温度超过3000K，非常有助于物理化学反应的进行。

　　氧化物夹杂按下述反应发生分解也有助于减少金属熔体内非金属夹杂物的数量：

$$Me_xO_y === x[Me] + y[O] \tag{7.57}$$

　　式（7.57）所述反应生成的溶解氧气会向金属熔体与气相边界表面扩散，转变成气态O_2。所以，整体过程包括下述反应：

$$Me_xO_y === x[Me] + y/2O_2 \tag{7.58}$$

　　对于钢中的大多数氧化物而言，只要超过一定温度，式（7.57）所述反应就会通过生成分解物的方式趋于平衡，而这个温度范围就是 2000～3000K。只有某些钛、铝氧化物例外（表7.20）。显然，这些反应的发生，加之非金属夹杂物数量的减少，能够降低元素损耗。研究结果表明，用等离子感应炉熔炼时，多数合金元素的吸收率可以达到100%[65]。这也证明，在这种熔炼环境中，从能量学角度看，分解氧化物的条件比使元素氧化的条件更为有利。

表 7.20　氧化物分解的等电位与温度 [62, 82]

化 学 反 应	$\Delta Z = f(T)/(cal/mol)$	当温度为 K 时，$\Delta Z = 0$
$MnO(l) = [Mn] + [O]$	$59500 - 28.44T$	2090
$Cr_3O_4 = 3[Cr] + 4[O]$	$244800 - 109.60T$	2260
$SiO_2(s) = [Si] + 2[O]$	$14200 - 55.00T$	2580
$Cr_2O_3 = 2[Cr] + 3[O]$	$196450 - 74.26T$	2650
$TiO_2 = [Ti] + 2[O]$	$156200 - 56.63T$	2780
$Ti_2O_3 = 2[Ti] + 3[O]$	$227750 - 110.27T$	3100
$Ti_3O_5 = 3[Ti] + 5[O]$	$543600 - 138.79T$	3890
$Al_2O_3 = 2[Al] + 3[O]$	$401500 - 76.91T$	4020

　　注：l—液态；s—固态。

　　在等离子感应熔炼条件下，在氧气转移到溶液的过程中，铁基合金中的氧化锰、氧化铬、氧化硅、二氧化钛按照式（7.57）所述反应定律发生分解，从热力学角度看是完全可能的。这些氧化物分解时生成气态氧的可能性很小，只有当温度达到4000K以上时才有可能。这么高的温度在等离子感应炉内甚至在电弧阳极斑点里都不易达到。只有氧化锰例外，氧化锰分解并生成气态氧的温度为3000K左右。

　　氧化锰分解时不仅会生成气态氧，还会生成气态锰[82]。这也说明了为什么等离子熔炼时锰损耗明显。

在氧气转移到溶液的过程中，其他氧化物的分解不会改变熔炼过程中钢内"已溶解"氧气与"自由"氧气的总体含量。但是等离子感应熔炼时的氧气含量低于普通感应熔炼。有些合金的主要成分与氧气的结合不如铁与氧气牢固，"已溶解"氧气的含量在熔炼这些合金时也会降低。镍基合金就属于这种情况。熔炼这类合金时，超熔点加热时产生的高温会降低氧气的总含量。这时一些氧气会浮到熔池表面并汇集成薄膜，以非金属夹杂物的形式被清除掉。

熔炼铁基合金时清除"已溶解"氧气的方式，是碳按下述反应还原金属氧化物：

$$Me_xO_y + [C] \rightleftharpoons x[Me] + yCO_2 \tag{7.59}$$

在等离子感应炉的坩埚里，金属熔体的温度梯度和搅拌运动能够加速碳向非金属夹杂物表面的物质交换和碳在金属熔体与非金属夹杂物相界面被吸附的过程。等离子炉气氛中出现了 CO，这就证明了夹杂被还原的可能性[83]。

金属氧化物与碳依照式（7.57）进行相互作用之前，也会发生氧化物分解，碳和氧气分别扩散到相界面的表面，随后在它们之间进行反应。造成氧化物还原的原因还可能是在夹杂表面形成了 CO 晶核，随后长成气泡，这就是碳的扩散[80]。用溶解的碳还原夹杂取决于金属熔体温度、气氛组成、金属成分等因素。计算显示，只要温度达到 1873K，就能部分还原 SiO_2 夹杂，相当充分地还原 MnO、Cr_2O_3。

图 7.43 显示了用碳依照式（7.59）还原金属氧化物时等电位与温度的关系（曲线 1~5）。曲线 6 是根据式 $\Delta Z^\circ = -5350 - 9.48T$ 得出的计算曲线[68]。曲线 6 将全图分为 I 和 II 两个区。在 I 区，温度低于氧化物分解条件，碳更多地与按照式（7.57）溶解的氧气相互作用。在 II 区，用碳还原金属氧化物的过程按照著名式（7.59）进行。

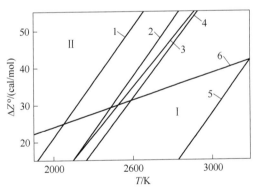

图 7.43　用碳还原金属氧化物时的等电位对温度的依赖关系
1—MnO + [C] = [Mn] + CO；2—1/2SiO_2 + [C] = 1/2[Si] + CO；
3—Cr_2O_3 + 3[C] = 2[Cr] + 3CO；4—1/2TiO_2 + [C] = 1/2[Ti] + CO；
5—Al_2O_3 + 3[C] = 2[Al] + 3CO；6—[C] + [O] = CO

由于各种动力学方面的影响，炼钢时用碳对金属夹杂进行还原反应的方法应用得很有限。被还原的夹杂通常不超过 20%。

许多用电炉炼出的钢与合金中含有钛、铝这类极易形成氮化物的元素。如果钢中含有钛、氮、碳，由此产生的氮化物和氰化物夹杂会污染铸件金属。

采用等离子感应熔炼时，可以通过两个途径把氮化物从金属熔体中清除出去。第一个途径，对于熔炼时不能分解的氮化物，可以让它们从金属熔体内部上浮到金属熔池与熔渣的相界面，用熔渣湿润和同化它们，随后清除掉。第二个途径，如果夹杂分解成初始元素，那么所有氮气都留在熔体中，可以用炉渣蒸馏萃取的办法脱氮。炉渣会最大限度平衡分配气体，把金属熔体中富余的气体吸出来。氮化物在钢中能否分解，取决于其构成元素在金属中的浓度、温度和钢的化学成分，因为这些因素对非金属夹杂物基础元素的活泼性影响很大。文献 [84] 通过计算证明，当 X18H10T 号钢中 Ti 的含量为 0.5% 时，氮化钛的分解温度不低于 2973K。将钛的含量降到 0.14% 时，分解温度也降到 2053K。在等离子感应炉中，这种反应只能发生在等离子电弧阳极斑点里，因为只有那里能给金属熔体提供这样的局部超高温加热。

研究非金属夹杂物在等离子感应熔炼条件下的表现时，使用了不同种类的结构钢、不锈钢和高温钢。研究结果表明，用等离子感应炉熔炼金属的特点，是通过改变氧化物、硫化物含量来减少非金属夹杂物含量。有些情况下，与传统感应熔炼相比减少的数量不是很大。但是有一点可以确定，在用等离子感应炉炼制的钢中非金属夹杂物颗粒都更细小，主要为圆形，在金属中分布得相当均匀（表 7.22）[63, 85]。根据表 7.21 的数据，用等离子感应炉炼制的钢里主要小颗粒夹杂粒径为 1.0~2.5μm，超过 3.5μm 的夹杂极少。

表 7.21　各种钢中非金属夹杂物数量　　　　　　　　（个）

钢牌号	夹杂的体积含量/%	夹杂粒径/μm					
		1.0~1.5	1.5~2.0	2.0~2.5	2.5~3.0	3.0~3.5	>3.5
05X18H11БЛ	0.13	657	171	46	10	4	8
10X18H9Л	0.10	369	77	37	9	10	17
5X14H7МЛ	0.14	623	169	84	34	17	9
35ХГСЛ	0.008	43	13	10	1	4	—
09X16H4БЛ	0.07	371	95	15	9	4	6

非金属夹杂物在钢中的形成与分解机制和已有数据都表明，用等离子电弧对金属熔池进行强化加热并在炉内使用惰性气氛，对于在等离子感应熔炼过程中把非金属夹杂物从金属熔池中清除出去有很大帮助。选择适当的渣系和熔炼状态，可以保障对金属进行深度提纯，清除非金属夹杂物。

7.8.8　炉渣的工艺作用

用电炉冶炼生铁和钢时总是要先造渣。炉渣是一种包含多种成分的熔体，直接与金属熔体接触，能够发挥重要的工艺作用。炉渣的功能之一是吸收硫、磷和其他一些元素。炉渣对夹杂的吸收能力取决于渣料的成分、温度、金属-炉渣系统的脱氧能力。清除每一种夹杂都需要特定的条件。例如，在脱氧性渣系中脱硫效果很好，而脱磷却要在氧化条件下进行。

在开放式感应炉中炉渣的保护（覆盖）性能有重要意义。渣料对于气氛中各气氛分量（例如氧气、氮气、氢气）的渗透率，在很大程度上决定着金属熔体具有怎样的气体饱和度和氧化反应程度。质量传递也与炉渣内夹杂的扩散流动性、炉渣的黏性和成分有关。在具体条件下，炉渣还可以实现其他功能，例如让金属熔池保持指定的热度。

在电炉熔炼时构成炉渣的主要来源有：硅、锰、磷、硫等金属炉料的氧化物（例如 SiO_2、P_2O_5、FeS、MgO、MnS 等）；炉衬或坩埚衬损坏后的生成物（碱性炉衬腐蚀后 MgO 进入熔渣，酸性炉衬腐蚀后 SiO_2 进入熔渣）；炉料带来的污染（铁锈、氧化皮、沙粒、黏土等），其成分为 FeO、MnS、SiO_2、Al_2O_3；还有工艺性添加材料和氧化剂（石灰岩、石灰、萤石等），其成分为 CaO、SiO_2、Al_2O_3、FeO、CaF_2。

炉渣中二氧化硅和氧化钙的含量在一定程度上决定着炉渣的化学性质。酸性炉渣主要由二氧化硅 SiO_2 和一定数量的碱性氧化物 FeO、MnO 构成。而碱性炉渣中氧化钙 CaO 的含量很高，炉渣的碱性强度取决于 CaO/SiO_2 的比值。

高碱性炉渣对流动性和透气性夹杂有良好的吸收能力，有助于电炉内电弧的稳定燃烧，因为炉内气氛中有电离电位很低的钙蒸气。这种炉渣从液态转变为固态时温度变化很小。在同样的温度下，酸性炉渣黏性更大，隔离性更强，从液态变为固态时温度变化也比较大。炉渣的重要性能是它的"氧化性"，即炉渣氧化金属和夹杂的能力。衡量氧化性的标准，通常是炉渣中 FeO 的含量或 $Al_2O_3 + Fe_2O_3$ 的数量。炉渣最重要的物理特性是黏性、密度、导电性和表面张力。炉渣的黏性对金属熔体与熔渣之间的质量传递速度有显著影响，可以决定多项工艺指标。当温度为 1600℃ 时，炼钢炉渣的黏性为 0.1～0.6P（$1P = 0.1N \cdot s/m^2$），而钢的黏性为 0.25P[80]。1600℃ 时，炼钢炉渣的密度为 2000～3500kg/m^3。同样条件下，碱性炉渣的密度要高于酸性炉渣。温度每提高100℃，炉渣的密度降低大约 200kg/m^3。

炉渣的电导率取决于渣料成分，当温度为 1600℃ 时，电导率为 10^{-2}～$10^2/(\Omega \cdot m)$。添加一些碱土金属或卤素，例如萤石晶体，可以提高炉渣的电导率。

需要指出，到目前为止对氧化物熔体表面特性的研究少于对金属与合金表面特性的研究，这也说明炉渣系列的结构和特性更加复杂。

下面列举了一些炼钢过程中比较典型的炉渣成分的表面张力[80]：

化合物	Al_2O_3	FeO	CaF_2	FeS	SiO_2
温度/℃	2050	1400～1450	1400	1200	1750～1800
$\sigma/mJ \cdot m^{-2}$	690	580～670	280	350	400

对于氧化物熔体可以观察到一个普遍规律，用一种碱性氧化物替换另一种时，对表面张力通常没有明显影响。各种炉渣的表面张力见表 7.22。

表 7.22 常见炉渣的表面张力

炉 渣 成 分	$\sigma/mJ \cdot m^{-2}$
氧化性炉渣：(35～45)% CaO + (10～20)% SiO_2 + (3～7)% Al_2O_3 + (8～30)% P_2O_5 + (4～10)% MnO + (7～15)% MgO	200～350
还原性炉渣：(55～60)% CaO + 20% SiO_2 + (2～5)% Al_2O_3 + (8～10)% MgO + (3～8)% CaF_2	350～450
感应炉炉渣：60% CaO + 10% MgO + 30% CaF_2	350～450

如果采用碱性炉渣，稀释时要使用铝土添加剂（含有 Al_2O_3、SiO_2、Fe_2O_3）、萤石（CaF_2）、耐火砖碎块（SiO_2、Al_2O_3），有时还用沙土（SiO_2）。而为了"浓缩"碱性炉

渣，要使用石灰添加剂（CaO），有时也用镁石（MgO）。对于酸性炉渣则相反，稀释时使用石灰添加剂（CaO），"浓缩"时添加沙土（SiO_2）。

炉渣在冶金过程中起着举足轻重的作用。例如，从金属熔体中清除硫、磷等有害夹杂，就是把夹杂转移到炉渣中去。通过改变炉渣成分、温度和数量，能够增加或减少金属熔体中硅、锰、铬等元素的含量。所以，制备必要成分的炉渣，是冶炼金属与合金的最重要任务之一。

炉渣在感应坩埚炉中的主要作用是保护金属熔体不受炉内气氛中活性气体的干扰，减少金属熔池辐射，从而减少温度损失。此外必须注意到，感应熔炼时加热炉渣的热能全部来自于金属熔池表面的热能传递。

用感应炉冶炼金属与合金时，炉渣至今未成为一种独立对金属熔体施加影响的手段。最主要原因是炉渣的反应能力低，因为这些炉渣的温度低于金属熔体温度。在等离子感应炉内，以等离子电弧对金属熔体进行补充加热，则能把炉渣超熔点加热到远高于坩埚内金属熔体的温度，为拓展感应熔炼的工艺潜力创造条件。

在等离子感应熔炼时借助炉渣加工金属熔体的效率非常高，文献 [36，57，65，67，69] 中的相关研究数据能够证明这一结论。例如在等离子感应炉内使用 $CaO\text{-}CaF_2\text{-}MgO$ 渣系（比例为 7∶2∶1），可以极大提高金属脱硫的提纯水平[65]。

第8章 等离子电弧炉所熔炼金属的质量

评价金属与合金生产工艺效率的主要依据是所熔炼金属的质量。V. I. Lakomsky（В. И. Лакомский）和 M. M. Klyuev（М. М. Клюев）广泛收集了有关带水冷结晶器和等离子枪组的等离子电弧炉所熔炼金属与合金质量的数据[1,2]。V. N. Kostiakov（В. Н. Костяков）收集了有关等离子感应炉所熔炼金属与合金质量的数据[3]。本章所收集的数据可以拓宽人们对采用等离子电弧加热设备的各种熔炉所炼制金属与合金质量的认识，并证明这类金属具有足够优良的物理力学特性和使用性能。

8.1 带水冷结晶器等离子电弧炉所熔炼金属的质量

8.1.1 滚珠轴承钢

轴承的使用寿命和可靠性在很大程度上是由金属质量决定的。多年实践证明，为了显著改善轴承的使用性能必须降低非金属夹杂物对钢的影响，提高金属结构的均匀性和致密度。由于在工业生产中采用了真空感应炉、真空电弧炉、电子束炉和电渣炉熔炼，滚珠轴承钢的质量有了显著提高。

为了满足专用轴承（如陀螺仪轴承）和仪表轴承对钢材的更高要求，通常采用双联炼钢法（第一道为电渣重熔，第二道为真空电弧重熔）。这样可以明显提高钢的质量。然而，这样做也使生产环节变得很复杂，增加了生产成本。

上述情况决定了必须研究等离子电弧重熔对滚珠轴承钢质量的影响。有关这一课题的早期出版物（1966~1967 年）均指出，等离子电弧重熔对提高钢质量具有积极影响，体现在减少了金属中非金属夹杂物和氧气、氮气的含量。此后，又积累了大量有关等离子电弧重熔滚珠轴承钢质量的实践资料。概括一下，这些文献的主要结论是：

（1）铸造并经过变形处理的宏观结构没有偏析和结晶方面的缺陷。金属密度高，变形处理后金属的总体孔隙率和中心孔隙率为 0~0.5 级（符合乌克兰国家标准 GOST801—63）。

（2）钢的化学成分在重熔后无改变，化学元素在钢锭的纵截面、横截面上分布均匀。有人曾纯粹出于研究目的，对 ШХ15 号钢进行了 4 次重熔，结果既未导致主要合金元素损失，也未改变化学元素在钢锭中的均匀分布（表 8.1）。

表 8.1 等离子电弧重熔后 ШХ15 号滚珠轴承钢的化学成分

重熔次数		取样位置	化学成分/%				
			C	Si	Mn	Cr	Ni
初始金属		—	1.02	0.37	0.32	1.46	0.23
等离子 电弧重熔	第一次	上	1.00	0.35	0.30	1.46	0.23
		中	1.02	0.36	0.31	1.46	0.22
		下	0.99	0.37	0.31	1.46	0.24

续表 8.1

重熔次数		取样位置	化学成分/%				
			C	Si	Mn	Cr	Ni
等离子 电弧重熔	第二次	上	1.02	0.36	0.31	1.46	0.23
		中	1.01	0.37	0.32	1.46	0.22
		下	1.01	0.35	0.32	1.46	0.23
	第三次	上	1.00	0.37	0.30	1.46	0.21
		中	1.01	0.37	0.33	1.46	0.21
		下	0.99	0.37	0.32	1.45	0.20
	第四次	上	1.01	0.37	0.31	1.47	0.24
		中	1.01	0.37	0.32	1.47	0.24
		下	0.99	0.38	0.30	1.47	0.24

借助炉渣可以有效地脱去钢中的硫，并且促进硅氧化（表 8.2）。钢深度脱硫的原因是熔渣和金属熔体温度高、反应面积大、渣料碱性强。硫在渣料与金属之间的分配系数达到了很高量值（500~600）。

表 8.2　等离子电弧重熔对 ШХ15 号钢中硫、硅含量的影响

等离子电弧重熔方案		元素质量/%	
		Si	S
初始钢		0.27	0.014
等离子电弧重熔后	不用炉渣	0.25	0.012
	用炉渣	0.19	0.005

（3）等离子电弧重熔能有效精炼钢锭，把非金属夹杂物和溶解气体分离出去（表 8.3）[5]。根据表 8.3 的数据，等离子电弧重熔使钢的污染度较之初始金属显著降低：氧化物降低了 4~4.5 倍，硅酸盐降低了 5~8 倍，球状微粒降低了 4~5 倍，点状夹杂降低了 4 倍。需要指出，有效清除这些夹杂的结果是在使用炉渣和不使用炉渣两种情况下取得的。清除硫化物夹杂时采用带炉渣的重熔效果最好。比较金属中各种夹杂的单项污染度和金属整体污染度可以看出，经等离子电弧重熔的钢比用其他方法制取的钢在污染度上有显著降低。

表 8.3　不同方法熔炼的 ШХ15 号钢非金属夹杂物污染度

熔炼方法	非金属夹杂物平均值 （依据乌克兰黑色冶金工艺条件 236—60）					总值
	氧化物	硫化物	硅酸盐	微粒	点状物	
电弧熔炼	3.55	5.00	5.35	3.70	2.10	19.70
电渣重熔	1.71	1.74	1.92	1.72	1.92	9.01
真空电弧重熔	1.05	1.90	2.19	0.57	2.20	7.91
双联炼钢法	1.03	1.24	2.31	0.53	2.46	6.57

续表 8.3

熔炼方法		非金属夹杂物平均值 （依据乌克兰黑色冶金工艺条件 236—60）					总值
		氧化物	硫化物	硅酸盐	微粒	点状物	
等离子电弧重熔	不用炉渣	0.79	3.16	0.98	0.87	0.50	6.33
	用炉渣	0.69	0.96	0.67	0.71	0.54	3.07
仪器轴承标准（乌克兰黑色冶金中央科研院黑色冶金技术条件 236—60）		2.0	3.0	3.0	3.0	—	11.0

ШХ15 号钢中气体总含量平均降低了一半，其中氧含量降低 2～3 倍，氮含量降低 3 倍。

（4）等离子电弧重熔不仅能减少非金属夹杂物，提高钢的纯度，还能影响滚珠轴承钢的结构和性能。例如，根据 I. N. Melkumov（И. Н. Мелькумов）和 M. M. Klyuev（М. М. Клюев）的数据，按标准状态给经等离子电弧重熔的 ШХ15 号钢退火后，钢的内部出现了包含未溶解金属碳化物的均匀颗粒状珠光体。用电子显微镜对结构进行了细致分析，结果表明在经过等离子电弧重熔的 ШХ15 号钢中碳化物的分散度比初始钢中扩大了。

（5）等离子电弧重熔能对滚珠轴承钢的使用性能产生积极影响。文献［5］列举了在利沃夫斯基物理力学研究所进行的一组轴承接触强度试验数据。用于制造这组轴承的 ШХ15 号钢是分别用不同工艺炼制的。试验结果表明，等离子电弧重熔钢的接触强度优于真空电弧重熔钢、电渣重熔钢、电子束重熔钢和双联炼钢法（电渣重熔＋真空电弧重熔）制备的钢（表 8.4）。

表 8.4 ШХ15 号钢的接触强度（$\sigma = 50\text{N/m}^2$）

熔炼方法	接触强度				表面活性物质影响系数 β_{nas}[①]
	使用 50 号工业滑油时		使用 50 号工业滑油 ＋ 0.1% 硬脂酸时		
	$N_1 \times 10^6$，循环	对比初始状态/%	$N_1 \times 10^6$，循环	对比初始状态/%	
电弧熔炼	18.9	100	10.8	100	42.9
电渣重熔	24.2	128	14.1	130	41.8
真空电弧重熔	25.0	132	14.5	134	42.0
双联炼钢法	27.2	144	16.5	151	40.0
电子束重熔	31.7	168	22.5	212	29.2
等离子电弧重熔	50.9	267	36.7	331	28.0

①表面活性物质影响系数的计算方法为：$\beta_{nas} = [(N_1 - N_2)/N_1] \times 100\%$。

等离子电弧重熔钢的接触强度高于初始金属 2.5 倍以上，并且远高于真空电弧重熔钢、电子束重熔钢。等离子电弧重熔钢结构致密，成分纯净，对表面活性物质的作用敏感度最小。例如，使用硬脂酸润滑剂会使电弧重熔钢的接触强度降低大约 43%，而等离子电弧重熔钢在相同条件下只降低了 30%。用 ШХ15 号等离子电弧重熔钢制造的仪表轴承在使用中具有百分之百的可靠性（数据来自全俄轴承工业科学研究院（莫斯科））。

由此可见，等离子电弧重熔是提高滚珠轴承钢性能的有效方法。

8.1.2 结构钢

18X2H4BA 号中合金钢是一种常见的结构钢，广泛应用于机械制造和各种大型结构件制造。第聂伯河特钢厂与巴顿电焊接研究所共同研究了等离子电弧重熔对结构钢质量的影响，这里的等离子电弧重熔是按"自耗等离子枪重熔"方案完成的。对 DSV-3.2（ДСВ-3.2）型工业真空电弧炉进行了改造，在改造后的炉子上对铸造的空心电极进行了等离子电弧重熔。在氩气环境中熔炼出直径为 320mm、重量为 1000kg 的钢锭。重熔时采用了三种工艺方案：方案Ⅰ，熔炼室内为大气压力和氩气气氛；方案Ⅱ，环境相同，熔炼时向金属熔池表面添加熔剂；方案Ⅲ，熔炼室内为低压，通过空心电极向炉内加入一些氩气。

第二种熔炼方案使用了 ANF-1P 系（$90\% CaF_2 + 3.0\% Al_2O_3 + 5.0\% CaO + 2.0\% SiO_2$）、ANF-6 系（$66.0\% CaF_2 + 24.4\% Al_2O_3 + 5.6\% CaO + 1.5\% SiO_2 + 0.35\% FeO$）、ANF-26 系（$48.0\% CaF_2 + 12.0\% Al_2O_3 + 40.0\% CaO$）熔剂。熔剂在熔炼过程中经过空心电极逐份加入。熔剂的消耗量占金属总重量的 0.6%~0.8%。表 8.5 中列举了重熔前后钢的化学成分。

表 8.5　重熔对 18X2H4BA 号钢化学成分的影响

重熔方案	熔剂牌号	元素含量/%							
		C	Si	Mn	Cr	Ni	W	S	P
Ⅰ	—	0.18 / 0.18	0.23 / 0.25	0.39 / 0.38	0.43 / 0.41	3.60 / 3.61	0.95 / 0.95	0.0080 / 0.0075	0.012 / 0.012
Ⅱ	ANF-1P（АНФ-1П）	0.16 / 0.16	0.23 / 0.26	0.42 / 0.39	1.52 / 1.49	4.25 / 4.26	0.97 / 0.97	0.011 / 0.010	0.018 / 0.018
	ANF-6（АНФ-6）	0.19 / 0.19	0.25 / 0.25	0.50 / 0.48	1.43 / 1.41	4.0 / 4.0	未确定	0.011 / 0.008	0.012 / 0.011
	ANF-26（АНФ-26）	0.16 / 0.15	0.23 / 0.24	0.39 / 0.38	1.55 / 1.53	未确定	未确定	0.011 / 0.007	0.012 / 0.012
Ⅲ	—	0.018 / 0.017	0.28 / 0.28	0.48 / 0.45	1.56 / 1.51	未确定	未确定	0.011 / 0.008	0.012 / 0.011

注：表中分子为电极内元素含量；分母为钢锭内元素含量。

在自耗等离子枪重熔过程中，当熔炼室内氩气保持大气压力时（方案Ⅰ），钢中基本合金元素的化学成分几乎没有变化。

重熔过程中向金属熔池表面添加熔剂时（方案Ⅱ），锰会稍有损失。使用 ANF-1P 系熔剂重熔时锰元素烧损最多，因为熔剂中 CaF_2 含量达到了 90%。按照 M. M. Klyuev（М. М. Клюев）和 V. I. Lakomsky（В. И. Лакомский）的观点，CaF_2 导致锰元素损失大的原因，是生成了氟化锰，生成物很容易从反应区（在本方案中即金属熔池）表面流失。

在熔炼室低压情况下重熔 18X2H4BA 号钢时（方案Ⅲ），合金元素变化数据引人注意。蒸气压力高的元素损失不大：锰不超过 5.5%，铬为 3.5%。比较一下真空电弧重熔，锰、铬的损失分别为 25%~30%、6%~8%[65]。按方案Ⅲ进行自耗等离子枪重熔时，锰、铬损失低于真空电弧重熔，原因是熔炼过程中通过空心电极向反应区连续输送了等离子气源（氩气），提高了区域内局部压力。

为在重熔时脱硫使用了含有 CaO 的炉渣。增加炉渣（ANF-26 系熔剂）中 CaO 的含量，有助于增大脱硫程度。

按方案Ⅲ进行重熔能够最大限度地清除溶解于金属中的气体（表 8.6），氧气含量能减少 3 倍以上。而当熔炼室内氩气处于大气压力时，氧气含量只能减少 2 倍。这是因为反应区内的流动气氛与金属熔池上方的低压，有利于熔池内气泡生成并从反应区排出。如果金属熔池表面有一层熔渣薄膜，则会妨碍金属脱气，所以按方案Ⅱ进行重熔时，金属内气体含量会略高一些。

表 8.6　不同重熔方案对 18X2H4BA 号钢气体含量的影响

重熔方案	熔剂	分析对象	气体重量比/%		
			[O]	[N]	[H]
Ⅰ	—	电极	0.0098	0.020	0.00026
		钢锭	0.0048	0.019	0.00026
		变化量/%	≤57.0	≤5.0	0
Ⅱ	ANF-1P	电极	0.0118	0.018	0.00024
		钢锭	0.0110	0.018	0.00023
		变化量/%	≤6.8	0	≤4.5
	ANF-6	电极	0.0104	0.019	0.00029
		钢锭	0.0063	0.019	0.00026
		变化量/%	≤38.0	≤4.0	≤10.3
	ANF-26	电极	0.0092	0.024	0.00027
		钢锭	0.0082	0.023	0.00024
		变化量/%	≤10.8	≤4.0	≤11.0
Ⅲ	—	电极	0.0096	0.018	0.00027
		钢锭	0.0028	0.016	0.00020
		变化量/%	≤70.8	≤11.0	≤25.5

表 8.7 列举了对取自钢锭不同高度的金属试样进行化学分析的结果。从表中可以看出，在氩气环境中熔炼的钢锭，元素分布足够均匀。

表 8.7　在氩气环境中熔炼的 18X2H4BA 号钢化学元素分布情况

（钢锭直径 D=320mm）

试样选取位置	试样标号[①]	元素含量/%							
		C	Mn	Si	Cr	Ni	W	S	P
上部	1	0.18	0.39	0.24	1.40	3.61	0.95	0.006	0.012
	2	0.17	0.39	0.25	1.41	3.61	0.95	0.006	0.013
	3	0.18	0.38	0.24	1.41	3.61	0.95	0.007	0.012

续表8.7

试样选取位置	试样标号①	元素含量/%							
		C	Mn	Si	Cr	Ni	W	S	P
中间	1	0.17	0.39	0.24	1.41	3.61	0.95	0.007	0.012
	2	0.16	0.39	0.24	1.10	3.61	0.95	0.007	0.013
	3	0.18	0.39	0.25	1.39	3.61	0.95	0.006	0.012
底部	1	0.17	0.38	0.24	1.39	3.61	0.95	0.006	0.013
	2	0.18	0.39	0.24	1.38	3.61	0.95	0.007	0.013
	3	0.18	0.39	0.24	1.40	3.61	0.95	0.007	0.012

① 试样提取位置分别为：1—钢锭表面；2—钢锭半径中间点；3—钢锭轴心。

用自耗等离子枪重熔法按不同方案制备了 18X2H4BA 号结构钢，经锻造后用切割法沿变形角度横向和纵向提取了试样，研究了它们的力学性能（表 8.8）。根据表中的数据，等离子电弧重熔金属的物理力学性能优于初始金属，而且特别引人注目的是其性能各向异性程度非常低，而这一特性对结构钢来说尤为重要。为便于对比，表中列举了用其他方法冶炼这种钢材的数据。通过比较可以看出，自耗等离子枪重熔钢在各项指标上都优于用电渣炉和电子束炉熔炼的钢。

表 8.8　18X2H4BA 号钢物理力学性能

熔炼方法	熔剂	σ_s/MPa	δ/%	Ψ/%	σ/J·cm^{-2}	各向异性
自耗等离子枪重熔	ANF-1P	$\dfrac{1294}{1274}$	$\dfrac{13.0}{14.0}$	$\dfrac{63.0}{54.0}$	$\dfrac{124}{86}$	1.30
	ANF-6	1540	15.0	57.0	127	—
		$\dfrac{1191}{1206}$	$\dfrac{14.8}{13.2}$	$\dfrac{62.0}{59.0}$	$\dfrac{129}{75}$	1.37
		$\dfrac{1402}{1402}$	$\dfrac{16.0}{14.0}$	$\dfrac{64.0}{56.0}$	$\dfrac{118}{81}$	1.30
等离子电弧重熔	F-5 (60%CaF$_2$ +40%CaO)	$\dfrac{1319}{1304}$	$\dfrac{16.5}{16.2}$	$\dfrac{67.2}{64.0}$	$\dfrac{176}{155}$	1.09
电渣重熔	ANF-6	$\dfrac{1235}{1216}$	$\dfrac{13.2}{13.0}$	$\dfrac{64.0}{50.0}$	$\dfrac{98}{70}$	1.34
电子束重熔		$\dfrac{1238}{1207}$	$\dfrac{14.7}{13.4}$	$\dfrac{65.0}{63.9}$	$\dfrac{196}{155}$	1.14

注：表中分子为纵向试样试验结果，分母为横向试样试验结果。

27CГ 号钢在机械制造业中应用广泛，其特点是同时具有良好的强度、塑性和韧性。根据乌克兰国家标准 GOST4343—61，此牌号钢的成分与含量为：C = 0.23% ~ 0.31%，Si = 1.1% ~ 1.4%，Mn = 1.1% ~ 1.4%，Cr ≤0.25%，Ni ≤0.25%，P≤0.035%，S≤0.035%。

巴顿电焊接研究所与伊热夫斯克冶金厂共同在 U-365（У-365）型等离子电弧炉上重熔了 27CГ 号钢，并对熔炼质量进行了研究。用于重熔的坯料是在电弧炉中用铝对金属进行补充脱氧后制得的。重熔在直径为 140mm 的结晶器中完成。27CГ 号硅锰钢的力学性能是用经过变形的金属在 20℃ 条件下测定的，冲击韧性是在 −40℃ 条件下测定的（表 8.9）。

准备试样时对初始钢和重熔钢都进行了热处理（淬火温度 880℃，回火温度 400℃）。

表 8.9 等离子电弧重熔前后 27СГ 号钢力学性能

熔炼方法	$\Sigma_{0.2}$ /MPa	σ_θ /MPa	δ/%	Ψ/%	$a_{\text{н}}$/J·cm^{-1}		各向异性
					+20℃	−40℃	
开放式电弧熔炼（初始状态）	1554 / 1528	1623 / 1613	9.7 / 9.2	49.5 / 23.0	25 / 24	22 / 13	1.60
等离子电弧重熔	1660 / 1592	1719 / 1690	11.1 / 9.6	55.6 / 45.8	66 / 43	49 / 35	1.26

注：表中分子为纵向试样试验结果，分母为横向试样试验结果；等离子电弧重熔数据是 5 次熔炼试样的平均值。

经过等离子电弧重熔，钢的强度有所提高，特别是冲击韧性无论在室温、还是在低温条件下都提高了一倍以上。此外，性能各向异性程度也明显降低。

8.1.3 不锈钢

乌克兰巴顿电焊研究所与俄罗斯电钢厂共同研究了等离子电弧重熔对 ЭИ811、ЭИ844Б、ЭИ852、ЭП549 号不锈钢质量的影响。这几种牌号的高铬不锈钢用于制造在高压条件下工作的产品[1,2,5,17]。因此，对这些产品的密封性要求极高。由于产品的壁厚与一个非金属夹杂物大颗粒的尺寸（3~5μm）相当，所以为满足产品密封性要求，必须使用纯度极高的钢来制造，而且钢锭中的残余夹杂必须均匀分布。ЭИ844Б、ЭИ852、ЭП549 号不锈钢成分中含有 11%~17% 铬，为提高其高温性能和耐腐蚀、耐候性能，还补充加入了合金元素钼、铌、硅。

各牌号钢的化学成分与初始钢相比一般不发生变化，只有电子束重熔例外，铬损失比较显著（0.5%~0.7%）[1,18]。

对金属进行的金相研究表明，所有种类的精炼重熔都保证了清除氧化物、硫化物夹杂的良好效果。表 8.10 以 ЭИ811（1Х21Н5Т）号钢为例展示了相关数据。但是在经过等离子电弧重熔的钢中夹杂分布更加均匀。在经等离子电弧重熔的金属中只能看到点状氰化物夹杂。

表 8.10 ЭИ811 号钢非金属夹杂物污染度（根据乌克兰国家标准 GOST1778—62 分级）

重熔方法	夹杂污染度					
	氧化物	硫化物	硅酸盐	无变形硅酸盐	不同等级的氰化物[①]	
					a, b	c
真空电弧重熔	0.5	0.5	0.80	0.71	2.0	1.08
电子束重熔	0.5	0.5	0.63	0.58	1.83	2.36
等离子电弧重熔	0.5	0.5	0.55	0.60	1.42	3.00

①a、b 级表示氰化物呈连线状分布，c 级表示氰化物呈分散点分布。

等离子电弧重熔对于清除氧气、氧化物夹杂具有特殊效果。以 ЭИ844Б 号钢为例，经过等离子电弧重熔，氧气含量降低了 27%~52%。等离子电弧重熔金属中的氧气含量低于电渣重熔金属，与真空电弧重熔、电子束重熔金属持平（表 8.11）。

表 8.11　不同方法熔炼的 ЭИ844Б 号钢中的气体含量

重熔方法	气体含量（重量）/%		
	氧气	氢气	氮气
真空电弧重熔	0.002~0.003	0.0003~0.0009	0.0059~0.0114
电子束重熔	0.002~0.003	0.0005~0.0007	0.0043~0.0070
电渣重熔	0.003	0.0012	0.0120
等离子电弧重熔	0.002	0.0007	0.0081

等离子电弧重熔金属与其他种类重熔金属相比强度更高，塑性与电渣重熔、真空电弧重熔金属相当（表 8.12）。

表 8.12　不同方法熔炼的 ЭИ811 号钢物理力学性能（20℃条件下）

熔炼方法	$\sigma_{0.2}$/MPa	σ_s/MPa	δ/%	Ψ/%
等离子电弧重熔	850	630	21.7	58.3
电渣重熔	656	560	25.4	60.0
真空电弧重熔	617	380	27.4	59.6
开放式电弧重熔	796	570	22.9	57.0
黑色冶金技术条件 1298—65	540	—	20	—

用经过双重真空电弧重熔的 ЭИ811（1X21H5T）号钢制造的产品可以承受 151.99MPa 压力。这种钢承受的压力曾经达到过 162.12MPa。真空电弧重熔+电子束重熔能把钢的承压能力提高到 182.39MPa。而等离子电弧重熔则能把承压能力提高到 192.52MPa，高于此压力才可能发生产品断裂或者密封失效（表 8.13）。

表 8.13　用 ЭИ811 号钢制造的薄壁产品密封性测试结果

熔炼方法	导致断裂或密封失效的压力 /$\times 10^{-5}$N·m^{-2}	断裂或密封失效的部位
电弧熔炼+电子束重熔	800~1700	焊缝
电子束重熔+真空电弧重熔	1800~2000	整块金属失效
电弧熔炼+等离子电弧重熔	1800~1900	焊缝

8.1.4　含氮奥氏体钢

等离子电弧加热源的出现极大提高了人们把氮气作为合金元素冶炼多种型号的钢与合金的兴趣，因为等离子枪显著简化了把氮气引入液态金属的工艺。用氮气与奥氏体钢合金化的思路，就是把氮气当做奥氏体形成元素来使用。固态溶液中的氮能够给镍含量不足的钢增强耐腐蚀性。

另外氮气还可以提高钢的强度。用氮气提高奥氏体钢的强度有以下两种途径：

（1）形成内部填充型固态溶液，类似于碳。经氮气合金化的单相奥氏体钢，例如 ЭП222（0X21H5АГ7）、ЭП731（000X19H7Г7АМ2）等牌号，屈服强度可以达到（3.4~4.4）×10^8 N/m^2（35~45kgf/mm^2）[5]。

（2）在金属中与那些对氮气有强亲和性的元素形成分散的氮化物。经氮化物强化的钢（0X18Г11H4AФ、0X18Г11H5БАФ 等），屈服强度可以提高到 $(5.9 \sim 6.9) \times 10^8 N/m^2$（$60 \sim 70 kgf/mm^2$）[5]。

氮元素与其他合金元素不同，它通常为气体，所以对氮元素的利用有一定特点。在已知冶金过程中，从气相中吸收氮是一个多阶段相当缓慢的过程。限制环节是氮气穿越相界附近金属层时的吸附或扩散。金属表面存在的某些氧化物会明显减缓对氮气的吸收速度，所以在工业熔炼设备中增氮都是通过含氮铁合金完成的，例如氮化铬铁或氮化锰铁合金。

采用上述工艺时，金属中氮气含量提高后，钢锭可能会被小气泡破坏。为了预防在钢锭中生成气泡，通常建议控制向液态金属中增氮的数量，不超过能将其保留住的限度，比例关系为 $[N]:[Cr] = (1:75) \sim (1:100)$。

用含量高于溶解度的氮气对钢进行合金化，有可能产生劣质钢锭，这会妨碍合金钢的生产。在开放式冶炼的工业奥氏体钢中，氮气浓度通常不高于 0.5%。因此，用传统冶炼方法进一步提高钢的强度是不可能的，因为氮气的溶解度有限。

等离子电弧重熔为工业化生产含氮钢开辟了广阔前景：它既能熔炼氮气含量低于标准溶解度的钢，也能熔炼氮气含量高于标准溶解度的钢。现在，用等离子电弧重熔法炼制的含氮钢已经有几十种牌号。下面分析几种等离子电弧重熔含氮钢的典型情况。

等离子电弧重熔使用的坯料是在电弧炉中炼制的，不使用昂贵的含氮铁合金，在等离子电弧重熔过程中再把气相氮加入金属。ЭИ835（X25H16Г7AP）号奥氏体钢广泛应用于航空工业，ЭП222（X21Г7AH5）号钢广泛应用于化工机械和低温设备制造。用这些钢制造的产品能在高温、高压、腐蚀性环境中工作。为了保证耐高温、耐腐蚀和优良的力学性能，这些钢都经过了氮气合金化。

曾经对用两种等离子电弧重熔方案分别炼制的 ЭИ835（X25H16Г7AP）号钢进行了质量研究。一种是在传统的 U-400(У-400) 型多支等离子枪电炉上重熔的，另一种是在经过改造的 DSV-3.2 型真空电弧炉上用自耗等离子枪重熔的。重熔都是在含氮气氛中进行的。制备自耗坯料（供等离子电弧重熔）和自耗电极（供自耗等离子枪重熔）的金属是在电弧炉中熔炼的，没有添加含氮铁合金。表 8.14 中列举了用两种等离子电弧炉重熔的钢锭化学成分变化数据。

表 8.14　用等离子电弧炉在含氮气氛中重熔时钢锭化学成分的变化

重熔方法	钢牌号	元素含量（质量分数）/%				
		C	Si	Mn	Cr	Ni
等离子电弧重熔	X25H16Г7AP	$\dfrac{0.09}{0.09}$	$\dfrac{0.50}{0.44 \sim 0.48}$	$\dfrac{6.27}{6.04 \sim 6.23}$	$\dfrac{24.20}{24.25 \sim 24.32}$	$\dfrac{16.25}{16.23}$
自耗等离子枪重熔	X25H16Г7AP	$\dfrac{0.10}{0.10}$	$\dfrac{0.70}{0.70}$	$\dfrac{6.97}{6.78}$	$\dfrac{26.0}{25.73}$	$\dfrac{15.04}{14.75}$
	X21Г7AH5	$\dfrac{0.05}{0.05}$	$\dfrac{0.84}{0.84}$	$\dfrac{5.75}{5.65}$	$\dfrac{20.05}{19.72}$	$\dfrac{5.02}{5.00}$
乌克兰国家标准 GOST5632—61	X25H16Г7AP	≤0.12	≤1.0	5.0~7.0	23.0~26.0	15.0~18.0

注：表中分子为初始钢元素含量；分母为重熔钢元素含量。

在含氮气氛中进行等离子电弧重熔和"自耗等离子枪"重熔几乎没有改变钢的化学成分。熔炼室的工作压力为表压，金属熔池表面受到分散加热，锰和铬几乎没有蒸发。锰的初始浓度为 6.27%（在 U-400 型炉内重熔），可以看到它的损失很小，用自耗等离子枪重熔时情况相同。

表 8.15 中列举了经过等离子电弧重熔后钢的夹杂含量。从表中可以看出，在重熔过程中，在氮气被钢吸收的同时，金属中氧气、氢气的含量也显著降低了。

表 8.15 在含氮气氛中进行等离子电弧重熔后钢内部的夹杂含量变化

重熔方法	钢牌号	夹杂含量（质量分数）/%				
		S	P	[O]	[H]	[N]
等离子电弧重熔	Х25Н16Г7АР	$\dfrac{0.008}{0.008}$	$\dfrac{0.019}{0.019}$	$\dfrac{0.017}{0.012}$	$\dfrac{0.97 \times 10^{-3}}{0.54 \times 10^{-3}}$	$\dfrac{0.044}{0.34 \sim 0.38}$
自耗等离子枪重熔	Х25Н16Г7АР	$\dfrac{0.012}{0.012}$	$\dfrac{0.012}{0.012}$	$\dfrac{0.019}{0.012}$	$\dfrac{1.05 \times 10^{-3}}{0.56 \times 10^{-3}}$	$\dfrac{0.045}{0.35 \sim 0.38}$
	Х21Г7АН5	$\dfrac{0.010}{0.011}$	$\dfrac{0.02}{0.02}$	$\dfrac{0.018}{0.006}$	$\dfrac{0.87 \times 10^{-3}}{0.58 \times 10^{-3}}$	$\dfrac{0.030}{0.26 \sim 0.33}$

注：表中分子为初始钢夹杂含量；分母为重熔钢夹杂含量。

对不同等级不锈钢力学性能的研究表明，把氮气作为合金元素并加大其在金属中的含量可以提高这些钢材的强度（表 8.16）。经过等离子电弧重熔和自耗等离子枪重熔的钢，在若干指标上优于电渣重熔钢，显著高于行业技术条件的要求。另外，自耗等离子枪重熔金属还有一个特点：无论在横向还是纵向截面上力学性能都很均匀。

表 8.16 用氮气进行合金化后钢的力学性能（温度为 20℃）

重熔方法	钢牌号和等级	[N]/%	20℃ 时的力学性能			
			$\sigma_{0.2}$/MPa	σ_e/MPa	δ/%	Ψ/%
等离子电弧重熔	ЭИ-835 号奥氏体钢	0.32（初始）	396	816	50.1	67.5
		0.40	415	840	54.2	70.3
		0.44	413	847	55.4	69.9
		0.55	488	974	49.0	69.0
		0.69	515	983	48.2	61.0
	ЭП-222 号奥氏体铁素体钢	0.17（初始）	390	708	56.0	76.5
		0.38	485	860	54.8	77.0
	ЭП-310 号奥氏体马氏体钢	0.09（初始）	780	1230	18.7	70.0
		0.21	1270	1471	45.9	71.9
自耗等离子枪重熔	ЭИ-835 号奥氏体钢	0.35	$\dfrac{417}{407}$	$\dfrac{780}{785}$	$\dfrac{58.5}{55.0}$	$\dfrac{56.7}{54.75}$
		0.38	$\dfrac{434}{432}$	$\dfrac{814}{814}$	$\dfrac{55.8}{53.2}$	$\dfrac{55.7}{52.3}$
		—	324	686	40.0	45.0

重熔方法	钢牌号和等级	[N]/%	20℃ 时的力学性能			
			$\sigma_{0.2}$/MPa	σ_s/MPa	δ/%	Ψ/%
根据黑色冶金技术条件 14-82—68 进行自耗等离子枪重熔	ЭП-222 号 奥氏体铁素体钢	0.26	$\dfrac{593}{558}$	$\dfrac{858}{804}$	$\dfrac{52.6}{50.1}$	$\dfrac{78.7}{70.1}$
		0.33	$\dfrac{585}{556}$	$\dfrac{862}{844}$	$\dfrac{57.5}{54.8}$	$\dfrac{77.5}{73.6}$
		0.16~0.17	$\dfrac{376}{333}$	$\dfrac{702}{657}$	$\dfrac{54.5}{40.0}$	$\dfrac{76.5}{50.0}$
根据黑色冶金 技术条件 1-13—66 进行电渣重熔	ЭП-222 号 奥氏体铁素体钢					

注：表中分子为纵向试样数据，分母为横向试样数据。

表 8.17 列举了 X25H16Г7AP(ЭИ835) 号钢的持久强度试验结果。可以看出，经过等离子电弧重熔的金属高温强度很高。

表 8.17　在重熔过程中经过氮气合金化的 ЭИ835 号奥氏体不锈钢的持久强度

重熔方法	[N]/%	蒸发温度 T_{ucn}/K	负荷/MPa	使用寿命/h
等离子电弧重熔	0.35	1173[①]	46	99
	0.38	1173[①]	46	93
自耗等离子枪重熔	0.35	1073	98	142
	0.38	1073	98	142
乌克兰国家标准 GOST10500—63		1073	98	100

①此温度高于乌克兰国家标准（GOST10500—63）100℃。

总之，对使用等离子电弧重熔并经过氮气合金化的不锈钢所进行的研究表明，无论在常温（室温）下，还是在大于 1000℃ 的超高温条件下，这类钢都具有优良的机械强度。

8.1.5　高温合金

铬镍基和铬镍钴基高强度合金广泛应用于燃气涡轮发动机工作叶片、喷口叶片和覆盖盘的制造[20]。这类合金成分非常复杂。因为它们含有钛、镍，而钛、镍又可与合金基体一起形成 $Ni_3(Al,Ti)$ 型、Ni_3Al 型金属间化合物的强化相，所以这类合金不易变形。另外，钨、钼、钒和其他能使合金具有高温性能、强度、韧性的元素，也是这类合金的必要成分。为了提高在工作温度条件下的持久强度，合金中还会加入少量钡、铈、镁、锆。这类合金的高合金化（30%~40%）决定了其工艺可塑性低，变形温度范围小（50~100℃），所以轧制加工非常困难。此外，这类合金通常会有区域偏析和轴向偏析，沿产品截面的性能各向异性程度很高。

冶炼高温合金的传统方法是双联炼钢法：先在开放式或真空感应炉中冶炼初始金属，

再把制得的坯料送入真空电弧炉或电渣炉中重熔。但是，这些重熔解决不了提高产品质量的问题，因为进行真空电弧重熔时起变性作用的熔剂，如镁、铈、稀土金属会损失掉。真空电弧重熔的钢锭表面不好，需要在变形前进行粗加工，产品合格率因此而降低 8% ~ 12%。电渣重熔时活泼性较高的合金成分会发生氧化，首当其冲是钛、铝。

乌克兰巴顿电焊接研究所和俄罗斯电钢厂针对等离子电弧重熔对高温合金质量的影响进行了研究。试验中选用了 ЭП109（Х10Н60В7М7К12Ю6Р）和 ЭП220（Х10Н60В7М3-К12Т3Ю4Р）号铬镍钴基高温合金，以及 ЭИ617（表 8.18）号高温合金 [1,2]。这些合金都是由上述成分构成的复杂合金化固态溶液，固态溶液中由于析出有强化作用的 γ 相而发生了分散的硬化。

表 8.18　镍基高温合金的化学成分

合金牌号	成分	C	Si	Cr	Ti	Al
ЭП220	技术条件	0.07	0.50	9.0~12.0	2.2~2.9	3.9~4.8
	实际成分	0.06	0.09	9.98	2.35	4.19
ЭП109	技术条件	0.10	0.60	8.5~10.5	—	5.4~6.2
	实际成分	0.03	0.08	9.23	—	5.71
ЭИ617	技术条件	0.12	0.60	13.0~16.0	1.6~2.3	1.7~2.3
	实际成分	0.04	0.50	15.08	2.05	2.05

合金牌号	成分	V	Mo	W	Co	不大于	
						Mn	Fe
ЭП220	技术条件	0.2~0.8	5.0~8.0	5.0~6.0	4~16	0.50	3.0
	实际成分	0.34	5.58	5.03	16.6	0.02	0.8
ЭП109	技术条件	—	6.5~8.0	6.0~7.0	11~13		1.5
	实际成分	—	6.98	6.96	12.17		0.21
ЭИ617	技术条件	0.1~0.5	2.0~4.0	5.0~7.0	—	0.50	5.0
	实际成分	0.21	2.92	6.28		0.32	1.2

合金牌号	成分	不大于		计算值			
		S	P	B	Ce	Ba	Ni
ЭП220	技术条件	0.009	0.015	0.01	—	—	剩余
	实际成分	0.008	0.008	0.008			
ЭП109	技术条件	0.011	0.015	0.02	0.01~0.02	0.02~0.08	剩余
	实际成分	0.008	0.006	—	—	—	
ЭИ617	技术条件	0.009	0.015	0.02	0.02	0.02	剩余
	实际成分	0.009	0.010	—	—	—	

试验结果 [1,2] 表明，合金中的基本合金元素和强化元素（铬、钨、钼、钴、铝、钛），以及合金化熔剂和工艺熔剂（硼、铈等）在重熔后无变化。钢锭中的元素分布均匀，并且不需要对钢锭表面进行补充加工。

用等离子电弧重熔含有易氧化元素（铝、钛）的高温合金时，在熔化的自耗坯料表面会形成一层难熔薄膜，这会使薄膜流动阶段的金属提纯和金属以熔滴形态向熔池转移变得困难一些。这种薄膜也存在于金属熔池表面。V. I. Lakomsky(В. И. Лакомский) 和 M. M. Klyuev(M. M. Клюев) 认为，薄膜的来源是非金属夹杂物和初始冶炼时金属里产生的薄膜，也有可能是等离子气源中所含氧气造成的金属氧化物。主要由氧化铝（$85\%Al_2O_3 + 13\%TiO_2 + 0.55\%SiO_2 +$ 其他）构成的氧化薄膜会在铸锭表面凝固，降低铸锭表面性能。

为了消除此薄膜带来的负面影响，可以使用以氟化物为主的熔剂。在等离子电弧重熔时使用熔剂不仅能防止薄膜形成，还有利于金属脱硫，因为这些熔剂对硫有很强的吸收能力。所以，尽管初始金属中硫的浓度已经不高（0.005% ~ 0.010%），重熔过程还是能把初始硫含量再降低 25% ~ 30%。

等离子电弧重熔时金属结晶的特殊条件可以保证获得致密、均匀的钢锭，重熔合金的耐腐蚀性更高就证明了这一点。

对合金中非金属夹杂物污染度的研究表明，等离子电弧重熔可以将绝大部分夹杂从液态金属中清除掉（表 8.19）。

表 8.19 等离子电弧重熔前后 ЭП109、ЭП220 号合金中非金属夹杂物含量

合金牌号	状态	非金属夹杂物占金属质量的比重/%	清除率/%
ЭП109	初始	0.0375	66
	等离子电弧重熔	0.0134	
	初始	0.0098	37
	等离子电弧重熔	0.0065	
ЭП220	初始	0.0750	40
	等离子电弧重熔	0.0450	

等离子电弧重熔的实践表明，经过等离子电弧重熔的高温合金与真空电弧重熔金属在使用性能上几乎相同，但是等离子重熔金属的工艺可塑性更好，轧制棒材的表面质量与产品合格率更高（表 8.20）。

表 8.20 900℃ 时高温合金力学性能

合金牌号	重熔方法	σ_s/MPa	δ/%	Ψ/%	持久强度
ЭП220	等离子电弧重熔	597	12.7	20.5	97
	真空电弧重熔	587	12.5	19.0	90
ЭП109	等离子电弧重熔	762	16.8	29.6	176
	真空电弧重熔	724	16.4	27.1	141
ЭИ617	等离子电弧重熔	674	10.0	12.5	112
	真空电弧重熔	702	5.3	10.9	92

8.1.6 高速工具钢

Р6М5 号钢是高速工具钢的基本牌号，约占全部高速工具钢产量的 70%。对切削工具日益提高的要求与钨的匮乏决定了必须提高 Р6М5 号钢的质量。解决这个问题的途径之一，就是用氮气对这种钢进行合金化，因为用氮气对工具钢进行合金化能提高其红硬性和

耐磨性，从而提高工具的使用寿命。巴顿电焊接研究所针对经过氮气合金化的 P6M5 号钢进行了综合研究。氮气合金化是通过等离子电弧重熔完成的，钢的状态有浇铸与变形加工两种。此外还制造了用于在生产条件下试验的切削工具试样。

俄罗斯电钢厂在 U-400 型等离子电弧炉中熔炼了直径为 250mm 的钢锭，化学成分见表 8.21。钢锭被轧制成直径为 90mm 和 68mm 的棒材。在俄罗斯高尔基汽车厂对切削工具的质量和使用寿命进行了研究。

表 8.21　等离子电弧重熔前后 P6M5 号钢化学成分

状态	元素含量/%								
	C	Si	Mn	Mo	W	V	Cr	Ni	[N]
初始金属	0.84	0.32	0.37	5.22	6.5	1.85	4.65	0.36	0.04
等离子电弧重熔	0.83	0.30	0.35	5.20	6.5	1.80	4.60	0.35	0.138

从表 8.21 中可以看出，重熔过程中钢的化学成分几乎无变化。无论是基本合金元素还是氮元素，在钢锭的水平和垂直方向都分布得相当均匀（表 8.22）。

表 8.22　等离子电弧重熔钢锭中合金元素分布

钢锭	试样选取点	元素含量/%					
		C	Mo	W	V	Cr	[N]
上段	1	0.85	5.2	6.7	1.80	4.2	0.131
	2	0.84	5.2	6.6	1.85	3.9	0.128
	3	0.84	5.2	6.7	1.80	3.9	0.137
中段	1	0.82	5.0	6.7	1.80	3.9	0.136
	2	0.84	5.2	6.3	1.75	4.1	0.137
	3	0.81	5.2	6.5	1.75	4.1	0.136
下段	1	0.85	5.1	6.6	1.75	4.3	0.137
	2	0.84	5.1	6.5	1.80	4.3	0.138
	3	0.82	5.0	6.7	1.75	4.2	0.138

注：1—从钢锭侧表面取样；2—从钢锭 0.5R 处取样；3—从钢锭轴心处取样。

P6M5 号钢内大多数组织结构通常是片状共晶体。这些共晶体群具有类似于奥氏体和渗碳体（片状莱氏体）共晶体的结构。但是共晶体的碳化物并不是渗碳体，因为其中含有大量钨、钼、钒、铬和少量的铁。用氮气进行合金化后的铸钢内都会形成一种"鱼骨形"或扇形莱氏体碳氮化物结构。经过等离子电弧重熔和氮气合金化的 P6M5 号钢宏观结构致密，而宏观结构类似但未经过氮气合金化的等离子电弧重熔钢和开放式冶炼的钢，都含有尺寸为 1 级的中心疏松。

表 8.23 列举了金相研究结果和进行耐磨试验后得出的工具红硬性数据。从表中看出，在含氮气氛中进行了等离子电弧重熔的钢，二次硬度约为 65HRC，比用普通方法冶炼的钢（63~64HRC）高出 1~2HRC。当温度为 839K 时，前者红硬性为 59HRC，比用传统工艺冶炼的钢高出 1HRC。

表 8.24 列举了用普通钢和等离子电弧重熔钢制作的各种工具使用寿命试验结果。这些数据表明，用经过等离子电弧重熔与氮气合金化的 AP6M5П 号钢（氮含量 0.16%~0.19%）制作的工具，耐磨性平均高出 25%~40%。个别工具的耐磨性甚至提高了一倍。

表8.23 用等离子重熔的 AP6M5II 号钢所制工具的红硬性试验结果

工具类型	钢牌号	893K 时红硬性（HRC）	二次硬度（HRC）	宏观结构
拉刀 32-V-5979	AP6M5П	59	64	小针状马氏体、碳化物和碳氮化物
	P6M5[1]	58~59	63	
2403-4503	AP6M5П	59	65	中针状和小针状马氏体和碳氮化物
	P6M5	58~59	65	
32-V-5724	AP6M5П	59	65	小针状马氏体、碳化物和碳氮化物
	P6M5	59	65	
格里森车刀 2550-4225	AP6M5П	59	64	—
	P6M5	58	63	
插齿刀 34-V-2802	AP6M5П	58	64	—
	P6M5	58	63	

①P6M5 为未经等离子重熔也未经氮气合金化的金属。

表8.24 用等离子重熔 AP6M5II 号钢所制工具的使用寿命

工具类型	钢牌号	平均使用寿命/min		平均磨损/mm		相对使用寿命/%
		实际值	计算值	实际值	计算值	
拉刀 32-V-5979	AP6M5П	621	576	0.35		142
	P6M5	300	300	0.325	0.325	
2403-4503	AP6M5П	185	169	0.500		87
	P6M5	183	194	0.432	0.46	
32-V-5979	AP6M5П	1400	1356	0.41		202
	P6M5	696	670	0.53	0.55	
32-5936	AP6M5П	2215	2370	0.29		147
	P6M5	1621	1621	0.31	0.31	
2403-4513	AP6M5П	230	276	0.15		119
	P6M5	232	232	0.18	0.18	
格里森车刀 2550-4512	AP6M5П	239	239	0.61		124
	P6M5	193	193	0.61	0.61	
插齿刀 2530-45123	AP6M5П	40	52	0.17		133
	P6M5	39	39	0.22	0.22	
2530-4520	AP6M5П	71	78	0.53		118
	P6M5	71	66	0.62	0.53	
34-V-2802	AP6M5П	42	42	0.16		147
	P6M5	41	28.5	0.23	0.16	

使用寿命未见提高的拉刀，都具有不均匀结构（热处理缺陷）。需要指出的是，在拉刀使用寿命试验中对比的是标准磨损度，对照物是经等离子电弧重熔但未经氮气合金化的 P6M5 号钢（氮气含量为 0.03%）所制工具，为的是做出更具有普遍意义的结论。如果与用常规方法冶炼的 P6M5 号钢相比，AP6M5Π 号钢的使用寿命更高。车刀和插齿刀使用寿命试验的对照物是 P6M5 号常规钢。

20 世纪 70~80 年代，乌克兰和其他国家都开展了研制钨含量较少的高速工具钢的工作。也许要解决使用非昂贵合金钢制造高质量可靠工具这类难题只有一条途径，就是把选择最佳钢成分，运用现代化和更加完善的冶炼手段（以特种冶金工艺为基础），以及热处理技术相结合。所以人们开始特别关注用等离子电弧炉重熔高速工具钢的工艺，力求获得任意指定氮含量的高密度钢锭。表 8.25 列举了新研制钢的化学成分。

表 8.25　非昂贵合金高速工具钢的化学成分

钢牌号	熔炼方法	元素含量/%							
		C	Si	Mn	W	Cr	V	Mo	[N]
P2M5	电弧重熔	0.85	0.36	0.32	6.4	4.2	1.75	5.0	0.04
	等离子电弧重熔	1.02	0.17	0.29	1.82	4.01	1.17	5.08	0.03
	等离子电弧重熔+氮气合金化	0.96	0.17	0.29	1.82	4.01	1.17	5.08	0.11

用这些新研制钢在俄罗斯谢斯得罗列茨克工具厂生产了 2160 件直径为 20mm 的六齿立铣刀和 3200 件直径为 21mm 的纵向螺旋轧制钻头。生产过程中，采用的工艺条件和工作状态与使用 P6M5 和 P3M3Φ2 号钢量产类似工具时一样。这是因为新研制钢有近似的硬度和结构。例如，经过等离子电弧重熔的 P2M5、P2AM5 号钢退火后交付状态的硬度为 225~228HRC，而开放式冶炼的 P6AM5、P2M5 号钢的硬度为 235~240HRC。新研制钢退火后微观结构与 P6M5 号钢相同，都由索氏体珠光体和富余碳化物构成，并且按照高速钢碳化物不均匀等级衡量，新研制钢中的碳化物偏析不大于 2 级。工具的机械加工、尾柄焊接、最后铣槽和刀具刃磨都是按照工厂对 P6M5 号钢的标准工艺完成的。

金相学研究（表 8.26）表明，在淬火温度为 1170~1190℃ 的条件下金属能够达到足够高的硬度（60~65HRC），奥氏体晶粒尺寸为 9~10 级。进一步提高淬火温度后，硬度降低了，奥氏体晶粒尺寸增大了，随后的三次回火导致出现了降低工具使用性能的大针状马氏体。这项研究结果表明，铣刀热处理的最佳状态是：淬火温度为 1150~1160℃，随后进行三次回火，温度为 560℃（表 8.26）。

表 8.26　铣刀试样硬度和红硬性与加热温度之间的关系

淬火时加热温度/℃	奥氏体晶粒尺寸/级	硬度（HRC）		红硬性（HRC）	三次回火后结构特点
		淬火后	淬火和回火后		
1170	10（9）	61~61.5	65~66	61~61.5	大针状马氏体 3~4 级，晶粒边缘有碳化物
1190	9（8）	60~60.5	65~66	62	大针状马氏体 4~5 级

淬火时加热温度/℃	奥氏体晶粒尺寸/级	硬度（HRC）		红硬性（HRC）	三次回火后结构特点
		淬火后	淬火和回火后		
1210	8（9）	58~59.5	60~66	62	大针状马氏体 2~6 级
1260	8（7）	58~60	65~66.5	不确定	粗糙针状马氏体 7 级，莱氏体
1150~1160	10~11	61~61.5	64~64.5	59	中针状马氏体 2~3 级

在维尔纽斯电钻厂的国家铣刀基础实验室用全苏工具科学研究所规定的方法对上述钢所制立铣刀的工作性能进行了检测。试验中对硬度为 187HB 的 45 号钢的凸出部位进行了铣切，试验坯料尺寸为 60mm×60mm×300mm。钝化标准为后表面磨损不大于 $h_3 = 0.4mm$。

试验结果表明，用浇铸状态的经过等离子重熔和氮气合金化的 P6M5 号钢制作的尺寸为 20mm 的铣刀平均使用寿命为 73.04min，变差系数为 0.2。用变形加工状态的这种钢制作的铣刀平均使用寿命为 68.7min，变差系数为 0.12。在相同条件下，普通 P6M5 号高速钢工具的标准使用寿命为 60min。由此看出，两种新研钢制作的铣刀平均使用寿命差别不大，均高于标准使用寿命 15%~22%。

钻头的使用寿命取决于硬度等多种因素。但是提高硬度的同时也会提高钻头和刃带的脆性，钻孔时容易发生崩刃，并增加钻头断裂的危险。谢斯得罗列茨克工具厂通过实践证明，新研钢在硬度为 64~66HRC 时各种性能结合得最好（表 8.27）。

表 8.27 用 P2M5 和 P2AM5 号等离子电弧重熔钢制作的钻头经过淬火和回火后的基本性能

淬火温度/℃	淬火后硬度（HRC）	奥氏体晶粒尺寸/级	回火后硬度（HRC）			马氏体/级	620℃时红硬性（HRC）
			第一次	第二次	第三次		
1140	63.0 / 64.5	10~11（9） / 10~11（9）	66.0 / 66.0	67.0 / 66.0	66.0 / 65.5	3 / 3	59.5 / 59.5
1150	64.5 / 64.0	10（9） / 9（8）	66.0 / 66.5	67.0 / 66.5	66.5 / 66.5	3~4 / 4	60.0 / 59.5
1160	64.0 / 64.0	9（10） / 8~9	66.5 / 66.0	67.0 / 67.0	66.5 / 66.0	4~5 / 5	60.0 / 59.0
1170	62.0 / 63.0	8~9 / 8~9	66.5 / 66.5	66.5 / 66.5	66.0 / 66.5	5~6 / 6	61.5 / 60.0

注：P2M5 号钢为普通钢，P2AM5 号钢为等离子电弧重熔并经过氮气合金化的钢。表内分子为 P2M5 号钢性能；分母为 P2AM5 号钢性能。

研究结果表明，热处理的最佳状态是：淬火温度为（1140±5）℃，随后在 1h 内进行三次回火，温度为 560℃。

新炼制金属的性能符合乌克兰国家标准（GOST2034—80）对 P6M5、P6AM5 号高速钢的基本要求。

为了研究工具的使用寿命，从每批试样中抽取了 25 个平均尺寸相近的钻头，在维尔纽斯钻头厂的国家钻头基础实验室进行了试验。在 45 号钢（179HB）试样上钻深度为

63mm 的盲孔。评判使用寿命的标准是钻孔数量（k）、刀刃后表面（h_3）、角（b_y）、横向刃（$h_{n.к}$）的磨损程度。为了获得更准确的结果，共进行了三组试验，钻头旋转频率均设定为 8.35r/s（表 8.28）。

表 8.28　钻头试验结果（钻头高速钢由不同方法炼制）

分组	钢牌号	钻孔数量/个	平均磨损			标准钻孔数量	实际使用寿命与标准使用寿命比例/%
			h_3	b_y	$h_{n.к}$		
1	P6AM5（电弧重熔）	182	100	100	100	49	364
	P2M5（等离子电弧重熔）	249	112	119.7	83.7	49	499
	P2AM5（等离子电弧重熔）	134	105	96.5	67.4	49	268
	P2M5	228	93.6	111.9	86.5	61	368
2	P6AM5（电弧重熔）	50.0	100	100	100	25	195
	P2M5（等离子电弧重熔）	59.4	132	138.6	112	25	152
	P2AM5（等离子电弧重熔）	35.0	100	106.2	107	25	135
	P2M5	35.0	161	207.8	204	32	109
3	P6AM5（电弧重熔）	202	100	100	100	49	405
	P2M5（等离子电弧重熔）	278	111	128.6	114	49	556
	P2AM5（等离子电弧重熔）	217	137	117	68	49	435
平均指标							
	P6AM5（电弧重熔）	—	100	100	100	—	343
	P2M5（等离子电弧重熔）	—	118	129	103	—	402
	P2AM5（等离子电弧重熔）	—	114	106.6	81	—	279
	P2M5	—	97	160	145	—	238

注：试验用钻头直径为 19mm，用扇形轧材制成；第 1、3 组钻孔速率为 0.4mm/r；第 2 组钻孔速率为 0.62mm/r。

试验方法是直至钻头出现异响或钻头断裂时终止试验，卸下钻头。试验结果表明，P2M5 号等离子电弧重熔钢制作的钻头优于普通 P2M5 号钢。

总之，将铸造结构与随后的热处理相结合可以确保 P2M5 号等离子电弧重熔钢具有良好的力学性能，优于用开放式电弧炉熔炼的 P6M5 号钢。

8.1.7　精密合金

精密合金在现代化技术装备制造领域（包括电工和无线电技术）使用的比重越来越高。精密合金的特殊性能既取决于合金成分比例，也与有害夹杂、非金属夹杂物、溶解气体含量有直接关系。

精密合金多是在开放式感应炉或真空感应炉中生产的，所以很多产品的质量不能满足用户需要。

等离子电弧重熔有利于清除非金属夹杂物、气体杂质和其他有害成分，几乎完全避免了合金元素的选择性蒸发，还能运用炉渣和不同种类的混合气体对金属进行提纯。所以在研究等离子电弧重熔工艺之初就可以断定，这是提高精密合金质量的有效方法。

运用等离子电弧重熔方法炼制精密合金的工艺，主要是由巴顿电焊研究所和黑色冶金中央科学研究院下属的精密合金研究所研发的[1,24,25]。他们验证了等离子电弧重熔对炼制50H、50HΠ 号磁性软合金、47НД、58H 号有指定热膨胀系数合金，以及 НГ45Ф 号高电阻合金的效果。50HΠ 号合金主要应用于自动化设备和计算设备的元器件磁芯，所以对它有以下要求：

（1）饱和磁感应强度 B_s 要高。这样能提高装置的功率。磁感应强度取决于基本元素（镍、铁）含量的精确比例。如果有其他元素存在，磁感应强度通常会降低。

（2）矫顽力 H_c 要低。矫顽力决定着元器件磁芯重新磁化所需的能量，矫顽力高低同样取决于合金的纯度。

（3）残余磁感应强度 B_r 与饱和磁感应强度 B_s 的比值要接近于 1。这一数值决定磁滞回线是否接近直角。要先对材料进行高度压缩（98%～99%）的塑性变形，然后在热处理时形成立方织构，这样就能让磁滞回线最大限度接近直角。在合金提纯过程中清除各种夹杂会使合金成分有所改变，所以需要有新的最佳热处理方式。

（4）起始磁导率（μ_i）要高。

对于50H、50HΠ 号合金，除了要求有害成分含量最低之外，还要求纯度高，影响磁特性的非金属夹杂物少。因为非金属夹杂物会在金属内部形成应力场，阻碍磁畴边界移动。

精密合金的特殊性决定了熔炼工艺的基本原则为：

（1）用干净的炉料在感应炉中熔炼初始金属，预先稍做脱氧处理，同时严格限制有害成分的含量，如硫、磷、铜、碳、铝、硅、镁等。

（2）把等离子电弧重熔自耗坯料与利用氢气脱氧结合起来，以便更有效地清除非金属夹杂物。

相关数据表明[24]，用未脱氧坯料炼制合金时，金属中可发现大量粒径为 20～400μm 的氧化亚铁（FeO）夹杂。这些夹杂在进行等离子电弧重熔时能够被氢气充分还原。可以证实这一点的是，在等离子重熔金属中几乎没有非金属夹杂物，氧气含量很低，金属密度很高。

合金纯度高、非金属夹杂物少，会对镍钼铁合金的磁性能产生有利影响（表 8.29）。根据表 8.29 的数据，50H 号合金经等离子电弧重熔后最大磁导率显著提高。很高的起始磁导率与很低的矫顽力表明，重熔后的合金在性能上远高于乌克兰国家标准（GOST）对50H 号合金的要求。

表 8.29　等离子电弧重熔后 50H 号合金磁性

合金	刃带厚度/mm	磁导率/Gs·Oe⁻¹			矫顽力/Oe	磁感应强度/Gs	热处理状态
		起始值	0.005Oe磁场内	最大值			
50H 号合金	0.1	15000	26000	130000	0.035	15800	专门
等离子电弧重熔后	0.05	10000	14000	150000	0.040	15900	专门
乌克兰国家标准（GOST10160—62）	0.05	2000		20000	0.3	15000	标准

58H 号合金属于指定膨胀系数为 $(1.5 \pm 0.3) \times 10^{-6} ℃^{-1}$ 的合金。非金属夹杂物直接影

响着 58H 号合金的质量。以机床制造业使用的精密刻线尺为例，所用金属内不允许含有粒径大于或等于刻线尺单位（5μm）的夹杂。

文献［26］对等离子电弧重熔金属的非金属夹杂物污染度受初始金属脱氧工艺影响的关系进行了分析，并与电子束重熔金属的污染数据做了对比。初始金属是在开放式感应炉中熔炼的，使用以下 3 种方案进行了脱氧：

（1）使用石灰铝混合粉末通过含锰炉渣进行脱氧；

（2）大体同方案 1，增加使用硅、镍锰中间合金、硅钙合金进行脱氧；

（3）以钡、铝、钙基复合脱氧剂进行脱氧。

由于采用的脱氧方案不同，初始金属中非金属夹杂物的性质和数量是有区别的。定量金相分析表明，在电子束重熔和等离子电弧重熔过程中非金属夹杂物的总含量、分散度、形状和分布特点都发生了很大变化（表 8.30）。

表 8.30　经过电子束重熔或等离子电弧重熔的 58H 号合金非金属夹杂物数量与尺寸

初始金属脱氧方案	夹杂体积/%	不同尺寸（μm）夹杂数量					夹杂总数量
		2.5	2.5~5	5~7.5	7.5~10	10~12.5	
方案 1	0.28	34973	13069	2534	366	20	51142
电子束重熔	0.17	11669	1967	1300	467	0	15403
等离子电弧重熔	0.0065	2688	346	34	0	0	3068
方案 2	0.042	7873	2063	867	260	20	11083
电子束重熔	0.0028	617	152	10	0	0	779
等离子电弧重熔	0.020	5793	1662	67	0	0	7522
方案 3	0.0236	8883	1833	307	120	0	11143
电子束重熔	0.006	969	417	59	0	0	1445
等离子电弧重熔	0.018	312	620	238	0	0	1170

对不同尺寸非金属夹杂物的分布情况进行了金相研究，结果表明尺寸大于 5μm 的夹杂数量比初始金属减少了 10 倍以上。初始金属的脱氧工艺还会对电子束重熔金属、等离子电弧重熔金属中氧化物类非金属夹杂物的总体积产生显著影响。

例如，在使用不含活性脱氧剂、未经充分脱氧的初始金属时（方案 1）时，有可能形成一些在等离子电弧重熔与含氢气氛中易于有效清除的夹杂。采用方案 1 时，经过等离子电弧重熔，金属内夹杂总体积比初始金属降低了 40 余倍。

如果在方案 1 的基础上使用电子束重熔，金属内剩余非金属夹杂物的总体积还是较大。这说明，电子束重熔不能从未充分脱氧的初始金属中有效清除氧化物夹杂，有很大一部分氧气留在固态溶液中，在钢锭结晶时再次形成夹杂。

如果使用脱氧充分的初始金属（方案 2 和方案 3），电子束重熔可以对其进行有效精炼。电子束重熔后非金属夹杂物的总体积比初始金属平均减少 10 倍。

在电子束重熔过程中氧化铝和硅酸盐夹杂可以被充分清除掉。而等离子电弧重熔对清除这类夹杂效果不好。在方案 2 和方案 3 基础上进行等离子电弧重熔后，金属中剩余夹杂总体积还相当大。显然，在等离子电弧重熔条件下用氢还原这类夹杂从热力学角度看是困难的。

　　分析数据表明，生产 58H 号合金的最佳方法是，炼制初始金属时不脱氧，随后在等离子电弧炉中使用含氢气氛完成重熔。这种方法优于用电子束重熔预先脱氧金属之处在于，首先清除掉残留在金属中的脆性脱氧产物，为随后在含氢气氛中进行加热处理和完成深度精炼创造良好条件。

　　47НД 号合金与 58H 号合金一样，也是具有特定热膨胀系数的合金，用于生产磁控接触器，以及与各类玻璃和陶瓷制品进行真空钎焊的材料。

　　进行等离子电弧重熔时使用的是未经充分脱氧的初始金属，随后炉内的含氢气氛会给它们脱氧。表 8.31 列举了重熔前后气体分析结果与非金属夹杂物含量数据。供电子束炉重熔的坯料是在开放式感应炉中熔炼的，经过了充分脱氧。供等离子电弧炉重熔的坯料也是在开放式感应炉中熔炼的，只经过局部性扩散脱氧，为了避免钢锭体积在铸模中增大。

表 8.31　47НД 号合金中气体与非金属夹杂物含量

熔炼和重熔方法	含量/%			
	[O]	[N]	[H]	夹杂
开放式感应熔炼	0.043	0.004	0.0002	0.016
电子束重熔	0.009	0.003	0.0001	0.008
开放式感应熔炼	0.047	0.02	0.003	0.018
等离子电弧重熔	0.005	0.003	0.0002	0.0009
开放式感应熔炼	0.042	0.005	0.0002	0.006
真空电弧重熔	0.042	0.004	0.0001	0.005

　　经过等离子电弧重熔，金属中气体总含量降低了 6~9 倍，其中氧气含量降低了 7~9 倍，非金属夹杂物含量显著降低，分布性质也发生了改变。在开放式感应炉熔炼的金属中，非金属夹杂物是成绺状或团状分布的，或是单独集群，存在形式主要为氧化物、硅酸盐、刚玉、尖晶石晶体等复杂成分构成的球状微粒。

　　等离子电弧重熔之后大尺寸绺状或团状夹杂和集群夹杂都消失了，剩余夹杂在钢锭内均匀分布，更加细碎和分散。在等离子电弧重熔金属中，非金属夹杂物含量比初始金属减少了约 10 倍，并且多数夹杂的粒径小于 3.2μm，那些大于 6.4μm 的夹杂基本消失了。

　　等离子电弧重熔可以炼制磁性能最强的金属。它优于电子束重熔金属和真空电弧重熔金属之处，不仅是磁导率能达到最大值，而且能观察到磁导率最大值向较弱磁场区移动的现象（图 8.1）[26]，而后一种性能对于制造簧片继电器的材料尤为重要。

　　HГ45Ф 号合金是一种高电阻合金。它具有金属基合金中最大的单位电阻率（$\rho = 1.85 \sim 2.0 \Omega \cdot mm^2/m$）。所以，HГ45Ф 号合金通常被做成尺寸为 5~50μm 的带材或线材，对塑性加工性能和无非金属夹杂物的纯度要求非常高。由于有高浓度的锰，所以不适合用真空电弧重熔或电子束重熔提高合金质量。经过等离子电弧重熔后，合金中没有发现粒径大于 8~10μm 的夹杂。

　　总之，对等离子电弧重熔精密合金的质量进行分析后可以确认，以此工艺熔炼这类金属有极高效率。

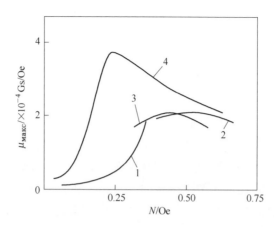

图 8.1　在不同方法熔炼的 47НД 号合金中磁导率对矫顽力的依赖关系
1—真空感应熔炼；2—真空电弧重熔；3—电子束重熔；4—等离子电弧重熔

8.1.8　钛与钛合金

钛与钛合金是制造现代化技术装备的重要结构材料，需求量逐年增长。然而钛制品的成本还是相当高。钛合金制品价格昂贵的主要原因之一是金属的利用率低（小于 0.3）；另一个原因是，钛制品各生产阶段产生的废料难以回收并循环利用。

生产海绵钛阶段会产生 10% 左右的废料。废料尺寸不同（1～70mm），气体杂质和生产过程中产生的夹杂含量较高[27,28]。分析不同批次的 TГ-ТВ 号海绵钛，结果表明一部分海绵钛（大约 60%）可以用来冶炼钛锭。这些钛锭随后可以用作自耗电极，在真空电弧凝壳铸造炉中重熔，制造各种钛铸件，例如化工领域阀门的壳体和其他零件。

大家知道，评价海绵钛质量的主要标准是夹杂含量和金属均匀度。表 8.32 列举了 TГ-ТВ 号海绵钛中夹杂含量的比较数据。从表中数据可以看出，虽然所研究的这些批海绵钛中夹杂含量较高，但还是优于技术条件允许的水平。所以这种海绵钛可以用作炉料来熔炼金属锭。

表 8.32　TГ-ТВ 号海绵钛的化学成分

状态	夹杂含量（质量分数）/%						
	Fe	C	Si	Cl	[O]	[N]	[H]
实际成分①	0.34	0.25	0.006	0.07	0.125	0.105	0.019
乌克兰国家标准（GOST17746—72）	2.0	0.15	—	0.3	—	0.3	—

① 20 批海绵钛的平均统计数据。

在工业生产中通常利用真空电弧炉和自耗电极熔炼钛锭、钛合金锭[30]。自耗电极是用压实机和连续式模具压制的。电极成分中包含优质海绵钛、合金元素和回炉料。考虑到保持压制电极的强度，金属回炉料在炉料中的比例不能超过 25%～27%。所以，在使用真空电弧炉和自耗电极的情况下，即使在同一个冶金厂范围内也不能形成金属的全循环利用。

由于真空电弧炉有以上不足，所以有必要寻找新的更有效的方法回收利用生产中形成的钛废料。我们认为,解决此问题的出路就是采用等离子电弧炉熔炼。使用这种设备可以直接从海绵钛熔炼出初始钛锭,可以不经过压制电极。

为了回收利用海绵钛废料,主要是一些小颗粒(2~12mm),扎波罗热钛镁联合企业于20世纪60年代投入使用了U-365(У-365)型等离子电弧炉,结晶器直径为150mm。表8.33列举了这座炉子所炼钛锭的化学成分,100%的炉料都是TT-100号海绵钛。在等离子电弧炉中,液态金属上方是一个流动的惰性气体(氩气)气氛,这就为熔池脱气创造了良好的动力学条件。从表8.33的数据可以看出,重熔金属中氢气含量只有0.002%~0.004%。

表 8.33 U-365 型等离子电弧炉所炼钛锭的化学成分

金属状态	试样选取位置	夹杂含量(质量分数)/%					
		Fe	C	Si	[O]	[N]	[H]
等离子电弧重熔(重熔海绵钛)	上	0.080	0.011	0.02	0.040	0.011	0.002
	中	0.080	0.011	0.02	0.045	0.010	0.002
	下	0.080	0.012	0.02	0.052	0.013	0.003
初始状态		0.055	0.030	0.02	0.056	0.010	0.004
等离子电弧重熔(对真空电弧重熔锭进行二次重熔)	上	0.055	0.023	0.02	0.050	0.010	0.004
	中	0.051	0.025	0.02	0.055	0.010	0.003
	下	0.055	0.028	0.02	0.070	0.010	0.003
技术条件 BT-1		0.250	0.080	0.12	0.120	0.050	0.012

表8.34列举了使用U-365型炉子直接从海绵钛熔炼的钛锭的力学性能。钛锭纵向的各向异性程度很低,但遗憾的是仍有缺陷,存在宏观和微观砂眼,钛锭内部可能出现未熔化的海绵钛碎片。此外,钛锭的表面质量还不够好,需要在金属切削机床上做些机械加工。

表 8.34 用 TT-100 号海绵钛熔炼的钛锭的力学性能

预先抽真空/Pa	熔炼室内压力/kPa	试样选取位置	σ_s/MPa	δ/%	ψ/%	a_H/J·cm^{-2}
6.0	18	上	362	44.2	80.6	288
		中	345	46.5	81.0	306
		下	377	43.0	79.8	237
10.0	18	上	370	43.2	79.0	286
		中	362	43.6	80.9	296
		下	376	41.8	78.9	228
22.0	20	上	381	39.8	78.4	264
		中	372	38.9	79.1	279
		下	400	37.8	77.4	206
技术条件 BT1-00			300~450	>30	>60	>120

钛锭经过二次重熔后力学性能高于一次重熔钛锭（表 8.35），只是二次重熔钛锭底部的力学性能下降得比较明显。但是，二次重熔钛锭内部几乎没有气孔，并且外表面也不再需要粗加工。

表 8.35　等离子电弧炉二次重熔钛锭的力学性能

预先抽真空/Pa	熔炉内压力/kPa	试样选取位置	σ_s/MPa	δ/%	Ψ/%	a_H/J·cm^{-2}
6.0	20	上 中 下	348 338 388	49.5 50.1 42.8	81.6 82.2 79.5	312 323 256
10.0	20	上 中 下	377 361 417	44.8 45.6 38.0	79.8 81.5 75.2	296 318 227
20.0	18	上 中 下	432 426 441	37.5 39.7 36.1	72.5 75.6 70.6	203 225 178
技术条件 BT1-00			300~450	>30	>60	>120

UP-100（УП-100）型工业等离子电弧炉也是全部使用块状海绵钛冶炼钛锭，质量数据见表 8.36。从表中可以看出，等离子电弧重熔可以确保获得高质量的钛，而且可以使用任意数量的不合格 TT-TB 号海绵钛废料作为炉料。可以用尺寸为 2~12mm 的海绵钛回炉料熔炼钛锭。夹杂在铸锭中均匀分布。在钛锭纵向的中间部位，气体含量略少，金属硬度也略低一些。

随后，钛锭被切割成长度为 0.5~0.8m 的块，在真空电弧凝壳铸造炉中用作自耗电极，铸造阀门用零部件。

表 8.36　铸造炉所用自耗钛电极化学成分

试样选取点	元素含量（质量分数)/%						HRC/MPa
	Fe	C	Si	[O]	[N]	[H]	
上 中 下	0.25 0.23 0.24	0.029 0.038 0.037	0.006 0.007 0.007	0.12 0.12 0.18	0.060 0.072 0.081	0.008 0.006 0.009	1600 1650 2000
上 中 下	0.28 0.24 0.28	0.034 0.039 0.052	0.007 0.007 0.007	0.13 0.12 0.16	0.075 0.070 0.082	0.007 0.006 0.008	1630 1680 1880
上 中 下	0.26 0.30 0.30	0.038 0.032 0.037	0.008 0.006 0.008	0.16 0.16 0.18	0.065 0.068 0.072	0.008 0.006 0.010	1720 1680 1900

表 8.37 列举了用等离子电弧重熔金属制作的异形钛铸件的化学成分。从表中可以看出，这些铸件的化学成分完全符合乌克兰行业标准（OCT 190030—77）[16]。

表 8.37 等离子电弧重熔金属铸件的化学成分

合金牌号	元素含量/%								
	Al	Mo	Fe	Zr	C	Si	[O]	[N]	[H]
BT5Л	5.13~6.05	0.5	0.18~0.34	0.3	0.09~0.10	0.038~0.090	0.16~0.20	0.020~0.027	0.09~0.010
行业标准190030—77	4.1~6.2	≤0.8	≤0.3	≤0.3	≤0.2	≤0.2	≤0.2	≤0.06	≤0.05
BT9Л	6.75	2.8	0.10	0.8	0.04	0.21	0.11	0.02	0.012
行业标准190030—77	5.6~7.0	2.8~3.8	≤0.3	0.8~2.0	≤0.15	0.2~0.35	≤0.15	≤0.08	≤0.025
BT20Л	6.1	1.05	1.17	1.78	—	0.08	0.16	0.02	0.009
行业标准190030—77	5.5~6.8	0.5~2.0	0.8~1.8	1.5~2.5	≤0.15	≤0.15	≤0.16	≤0.05	≤0.015

这些铸造金属的强度和塑性都高于行业标准规定，也就是说，等离子电弧重熔可以直接用块状钛炉料、钛与钛合金的回炉料熔炼出高质量的金属（表 8.38）。

表 8.38 钛合金的力学性能

合金牌号	σ_θ/MPa	δ/%	Ψ/%	a_H/J·cm⁻²
BT5Л	1034~1035	12~14.4	18.6~21.9	34.3~36.5
行业标准190030—77	≥686	≥6	≥14	≥29.4
BT9Л	998~1011	8~11.6	19.7~19.9	56.3~76.0
行业标准190030—77	≥932	≥4	≥8	≥19.6
BT20Л	932~961	6.0~6.6	12.5~16.5	36.3~41.1
行业标准190030—77	≥882	≥5	≥12	≥29.4

综上所述，对多种等离子电弧重熔金属的质量、化学成分和用途进行的简要分析表明，等离子电弧重熔是一种效率很高的冶金工艺。

8.2 等离子感应炉熔炼金属的质量

感应炉内熔渣的流动性和活泼性都很弱，无法采用更积极的冶炼手段熔炼金属。所以用感应坩埚炉炼钢时通常采用"重熔-熔合"精炉料的办法。精炉料的成分已预先保障，所有炉料熔化后合金元素的含量与指标值接近。

如果反复重熔回炉料，金属会饱含氧、氮、硫、磷等夹杂。现有重熔工艺无法在清除上述夹杂时根据回炉料数量和重熔次数进行调整，即现有工艺的熔炼温度、造渣熔剂、脱氧剂、变性剂的数量和添加顺序在所有情况下都是固定不变的。显然，重熔工艺的状态应该针对每次熔炼有所调整。在炉料中合理利用回炉料的次数可以通过材料平衡计算公式来确定[31]。

在采用"重熔-熔合"方法炼钢时，炉料中的碳含量应该比指定牌号的最低值还低 0.1%~0.2%。

能够用作精炉料的通常是冶炼厂供应的经过冶炼的合金、中间合金、铁合金，为了冶炼对夹杂含量有严格限制的特种合金，精炉料要使用纯净金属。在锻造和冲压生产过程中产生的废弃料，以及金属加工车间的废弃料，例如各种切头、毛边、不规则坯料和报废的零件，也普遍被当作优质合金炉料使用。铁合金适合炼制那些对铁与碳含量不做低限要求的钢与合金。夹杂含量少的低碳钢则是炼制任何牌号的钢均可使用的精炉料。

铸造过程中形成的回炉料（浇口、冒口、报废的铸件）毫无例外都可以用作精炉料。经过必要准备（清洁、破碎）的回炉料是优质精炉料。但是不建议只使用铸造回炉料一种材料，因为多次重熔后，金属的气体饱和度和非金属夹杂物污染度都会提高。

为了生产普通牌号的钢与生铁铸件，通常使用带酸性炉衬的感应坩埚炉。炼制某些特种钢与合金，包含对氧化硅具有较大亲和力的中间合金时，则要使用带碱性炉衬的炉子。

合金元素的损耗与钢的成分、炉料种类、熔炼工艺都有关系。所以合金元素损耗情况要根据不同的生产条件单独计算。

用带碱性炉衬的坩埚炉炼钢时可以部分清除磷和硫。为了脱磷，要按照下述方法添加炉料：在坩埚底铺上少许细碎炉料，然后铺5%左右的石灰，石灰上面再放剩余的炉料。金属脱磷会在炉料熔化过程中进行。炉料完全熔化后要把废渣从熔池表面清除掉，避免磷被还原。然后加入新的混合渣料，包括65%焙烧过的石灰、20%菱镁矿粉、15%氟石。炉料完全熔化并对液态金属进行超熔点加热后，向金属熔池添加其他铁合金进行脱氧与合金化。为了给金属脱硫，熔炉中必须加入更多渣料，使用专门设备给渣池加温，尽可能数次排出废渣。给金属脱硫依靠的是石灰系渣料的扩散脱氧。

用感应炉炼钢时最终脱氧过程与其他炼钢过程一样，都是以扩散脱氧为基础的。给渣料脱氧要使用细磨的硅铁合金粉、硅钙合金粉或铝粉。如果钢中有易氧化的合金元素（锰、铬、钒），脱氧就要在清除渣料前进行。

熔炼高合金钢时，会向炉料中添加镍、铬、钨。铁合金按照铬铁、钨铁、钼铁的顺序直接添加到炉料中。这些用于修正钢的化学成分的铁合金通常会在不迟于出钢前0.33h添加进去，为的是让合金元素充分熔化，并均匀分布于整个熔池[32]。钒铁要在出钢前0.12~0.17h添加。

在炉料熔化过程中，由于炉料黏砂和氧化，炉衬烧蚀，以及炉料中的元素发生氧化，熔池表面会自然形成熔渣。如果炉渣数量不够，还需要向金属熔池表面添加一些成分（如焙烧过的石灰、菱镁矿粉或者萤石晶石）。应当让熔渣把金属熔池完全遮盖住，防止金属被氧化和过度吸附气体。

可以通过给电炉坩埚装料保障金属中指定的碳含量，例如向炉料底层和中层铺一些电极破碎块。

在带酸性炉衬的感应炉里不能熔炼含有大量锰、钛、铝的钢。这些元素对氧的亲和力高于硅，因此炉衬中的硅会被它们还原。结果会使钢中的硅含量高于允许范围。

用感应炉熔炼生铁的优点是经济实惠：炉料几乎全部可以由碎屑和其他回炉料组成。由于可以对生铁进行超熔点高温加热，所以在炉内就能对金属熔体进行热处理，这种热处理有利于初次和二次微观与宏观结构调整，从而提高生铁铸件物理力学性能。在感应炉内熔炼生铁的工艺流程包括以下阶段：熔化、超熔点加热、增碳、调整到指定化学成分，热处理（静置）。

用感应炉熔炼钢与生铁的经验表明，金属性能取决于初始炉料质量、温度状态和其他工艺条件[32~35]。

用感应炉与等离子电弧炉熔炼钢与合金时，很多要求和技术手段是相同的。炼钢所用炉料的表面不应有氧化皮、锈斑和其他夹杂，铁合金需要清除掉炉渣和其他污垢。炉料充填应当设法达到最大密度，炉料的顶端比紧靠炉口支撑环的顶盖平面仅略低 0.02~0.06m。沿坩埚中心垂直摆放的炉料应该是最密实的，密度高于四周部分。这将保障等离子电弧在开始熔炼时顺利点火。

在给坩埚装好炉料后，密封熔炼空间，向炉内吹入氩气，然后给感应器通电，点燃等离子枪与炉料之间的等离子电弧。

用等离子电弧对感应炉中的金属进行等离子补充加热，既保持了感应炉的基本工艺优势，又为冶炼工艺增添了新的特点。感应炉加装等离子设备后的主要变化，是可以借助气体和炉渣两种介质在一种活泼的冶金状态进行熔炼。在这种炉子里可以完成多种作业，如脱氧，脱硫，用氮气对金属进行合金化，清除金属熔体中的非金属夹杂物和气体杂质。对金属熔池进行的强化加热为炉内氧化反应创造了有利条件。

多年建造等离子感应炉的经验表明，冶炼结构钢、不锈钢、高温钢、工具钢、磁性合金、铜合金、合金化与高强度铸铁钢种时应用等离子技术效果最好。

熔炼金属时结合使用炉渣，特别适合冶炼那些要求深度脱硫、清除氧化物和氮化物夹杂的钢与合金。

以下列举了一些有关钢与合金质量、物理力学特性、使用性能的研究数据。为了取得这些结果，不仅专门研发了等离子感应炉冶炼工艺，而且进行了工业化验证。

8.2.1 结构钢

现代机械制造业对那些有重要用途的铸件的金属纯度和物理力学特性提出了更高的要求。用等离子感应炉所炼金属制备的铸件能够完全满足这些要求。

以 35ХГСЛ 号钢为例，其用途是制造抗冲击和耐磨性能优良的零件（小齿轮、滚轮等），下面分析一下等离子感应熔炼能为提高铸件质量提供何种可能。

由乌克兰国家科学院金属与合金物理工艺研究所编制的使用等离子感应炉熔炼 35ХГСЛ 号钢的工艺规定：炉料应选用 30ХГСЛ、ЭЮ 号钢的优质坯料，允许使用 35ХГСЛ 号钢生产中的回炉料，占金属炉料的比重可达 55%~60%。渣系为 90% CaO 与 10% CaF_2 组成的混合渣料，与金属炉料一起加入炉内。用铝、稀土金属给钢脱氧。在 1853~1893K 时浇铸金属。

制备的工业铸件表明，钢的化学成分高度稳定。钢中有害物质（硫、氧）的含量分别降低了 30%~45%、30%~40%。表 8.39 列举了钢中非金属夹杂物污染度的试验数据。为了便于比较，表中还列举了同一种钢在开放式感应炉熔炼后的纯度数据。

表 8.39　不同方法炼制的 35ХГСЛ 号钢中氧化物、硫化物夹杂含量

熔炼方法	夹杂含量（质量分数）/%		不同尺寸（μm）夹杂数量/个				
	氧化物	硫化物	1~1.5	1.5~2.0	2.0~2.5	2.5~3.0	≥3.0
等离子感应熔炼	0.038	0.024	$\frac{43}{24}$	$\frac{13}{10}$	$\frac{10}{6}$	$\frac{1}{8}$	$\frac{4}{5}$
感应熔炼	0.058	0.044	$\frac{17}{27}$	$\frac{10}{9}$	$\frac{21}{10}$	$\frac{16}{7}$	$\frac{49}{23}$

注：表中分子为氧化物；分母为硫化物。

从表 8.39 可以看出，等离子感应熔炼与开放式感应熔炼相比，更有助于深度净化钢中的氧化物和硫化物夹杂，并且夹杂尺寸趋于微小。

35ХГСЛ 号钢铸件最典型的缺陷是存在碎石状断裂，原因是夹杂和极易熔的化合物沿晶界边缘聚集，在枝状晶体之间形成大量微小气孔。这些因素削弱了晶界，使晶粒相互间的联系强度低于晶粒强度，结果沿晶界发生了断裂。碎石状断裂在用热模浇铸的大型铸件上表现得最为明显。这些铸件的力学性能会降低。用等离子感应法炼制的钢质量提高了，降低了碎石状断裂对铸件力学性能的影响。35ХГСЛ 号钢力学性能详见表 8.40。从表中可以看出，等离子感应炉炼制钢的强度优于开放式感应炉炼制钢，塑性也有所提高，冲击韧性的绝对值也更高。总体看，不同炉次钢的力学性能相差无几，均令人满意。

表 8.40　用不同工艺炼制的 35ХГСЛ 号钢的物理力学性能

熔炼方法	$\sigma_в$/MPa	$\sigma_{0.2}$/MPa	$a_н$/J·cm^{-2}	γ/kg·m^{-2}
等离子感应熔炼	1253	11.0	0.70	7825
	1298	12.0	0.68	7831
	1204	11.2	0.75	7815
	1245	12.0	0.78	7821
感应熔炼	1135	9.3	0.50	7739
	1173	9.6	0.56	7742
	1198	9.0	0.61	7732
	1183	9.9	0.54	7735

8.2.2　精密合金

对精密合金的要求是化学成分含量精确，纯度高（气体杂质和非金属夹杂物少），金属结构好。这类合金中碳、氧、硫、氮的含量越少越好[25,37]。熔炼工艺必须保证金属中氧化物的含量达到最低限度，因为它们在随后的退火时很难被还原。

在精密合金中引人注意的是磁性合金。磁特性取决于炉料的质量、熔炼工艺和热处理方法。ЮН14ДК24、ЮНДК35Т5БА 号合金均属于这类合金。

在开放式感应炉中熔炼合金时，必须进行沉淀脱氧，通常有大量非金属夹杂物来不及从金属熔池中浮出来。结果这些夹杂就转移到了铸件里。不仅如此，在将金属倒入模具和铸件凝固的过程中还会形成新的氧化物。被非金属夹杂物污染的合金磁性能将降低。

用感应炉高效率地精炼 ЮН14ДК24、ЮНДК35Т5БА 号合金的发展方向，是给感应炉加装等离子体加热源。

新研发的用上述合金制造铸件的工艺规定，应该在带酸性炉衬并加装等离子体加热设备的感应炉中熔炼金属。炼制好的金属倒入按铸件模型制造的铸模或干砂模中。ЮН14ДК24 号合金的超熔点加热温度为 1893K，ЮНДК35Т5БА 号合金的超熔点加热温度为 2033K。等离子感应炉炼制的合金有很强的稳定性，化学成分也完全符合要求。钛、铝的吸收率分别为 90%、96%。

表 8.41 列举了 ЮН14ДК24 号磁性合金铸件中非金属夹杂物的含量与成分。可以看出，在等离子感应熔炼金属中非金属夹杂物总含量减少了 35%~40%，二氧化硅的含量也减少了。可是不论感应熔炼还是等离子感应熔炼，主要夹杂仍然是氧化铝。等离子感应熔炼合金中硫氧化物的含量减少了一半。铸件中的非金属夹杂物基本上呈圆形，而且分布得更加分散。等离子感应熔炼的 ЮН14ДК24 号合金磁性能平均提高了 10%。按消磁曲线计算的磁能量 $(BH)_{max}/2$ 为 19~21kJ/m³。

表 8.41 ЮН14ДК24 号合金中非金属夹杂物的含量与成分

熔炼方法	夹杂含量/%	Al_2O_3	SiO_2	FeO	TiO_2
等离子感应熔炼	0.066	76.96	2.51	16.19	4.34
感应熔炼	0.103	80.60	13.40	3.87	2.13

此外，提高合金纯度可以提高铸件按气孔标准检验的合格率，使金属的总体合格率增长 10%。

8.2.3 高合金钢

在机械制造业中，高合金钢广泛用于制造需要承受冲击负荷并在腐蚀环境中工作的铸件，主要产品包括各种机械配件，如排气管、加热设备和酸洗设备零件、硫酸泵零件、燃气涡轮机和涡轮压缩机零件等。这类钢的特点是铬含量高。熔炼碳含量低（C<0.15%）、合金元素含量高的钢，在工艺上是最复杂的。钛也会增加冶炼工艺的难度，哪怕钢中只包含微量的钛。

通常对用合金钢制造的铸件都有极高的要求。只有使用气体杂质和非金属夹杂物含量都很低的合金钢制造的铸件才有可能满足这些要求。铸件中的夹杂尺寸最好小于 3~5μm，而且这些夹杂应该均匀分布在铸件中。绝大多数铸件是用 5Х18Н9Л、10Х18Н9Л、10Х18Н9ТЛ 号铬镍奥氏体钢制造的。

表 8.42 列举了用等离子感应炉熔炼的 13Х11Н2В2МФ、5Х18Н11БЛ、5Х14Н7МЛ、10Х18Н9Л 号高合金钢的性能。研究结果表明，采用等离子感应熔炼时，基本合金元素几乎无烧损，这就保证了所炼钢的化学成分非常稳定。

表 8.42 等离子感应炉所炼制高合金钢的化学成分

钢牌号	元素含量/%								
	C	Si	Mn	Cr	Ni	W	Mo	V	Nb
13Х11Н2В2МФ	0.12	0.41	0.38	11.12	1.62	1.73	0.38	0.16	—
5Х18Н11БЛ	0.05	0.73	0.66	19.05	9.85	—	—	—	0.54
5Х14Н7МЛ	0.05	0.25	0.65	13.8	7.45	—	0.75	—	—
10Х18Н9Л	0.11	0.46	1.3	19.15	8.95	—	—	—	—

所炼钢中气体杂质和有害夹杂（硫、磷）含量很低（见表 8.43）。

表 8.43　气体杂质和有害夹杂含量

钢牌号	含量/%				
	[O]	[N]	[H]	S	P
13Х11Н2В2МФ	0.0071	0.029	0.0009	—	—
5Х18Н11БЛ	0.012	0.057	0.0009	—	—
5Х14Н7МЛ	0.011	0.045	0.0007	0.016	0.01
10Х18Н9Л	0.0079	0.067	0.0007	0.013	0.009

金属金相分析结果表明，所炼钢中大尺寸夹杂含量很低（见表 8.44）。这些钢的夹杂污染度几乎相同，夹杂尺寸大多为 $1.0 \sim 1.5 \mu m$。在所有牌号的钢中都能看到，铸件内非金属夹杂物分布均匀。

表 8.44　等离子感应炉所炼制高合金钢中非金属夹杂物数量　　　　（个）

钢牌号	不同尺寸/μm						
	1.0~1.5	1.5~2.0	2.0~2.5	2.5~3.0	3.0~3.5	3.5~4.0	>4.0
13Х11Н2В2МФ	249	47	22	7	7	7	10
5Х18Н11БЛ	657	172	46	10	4	2	6
5Х14Н7МЛ	493	167	100	21	10	4	19
10Х18Н9Л	457	105	51	16	13	5	16

溶解的气体杂质、非金属夹杂物含量低，这对高合金钢的物理力学性能具有良好影响（见表 8.45）。塑性提高成为所有牌号钢的共同特点。

表 8.45　高合金钢的物理力学性能

钢牌号	σ_s/MPa	$\sigma_{0.2}$/MPa	δ/%	ψ/%	a_H/MJ·m^{-2}
13Х11Н2В2МФ	1025	890	20.0	52.5	0.56
5Х18Н11БЛ	578	298	42.6	64.8	1.66
5Х14Н7МЛ	1190	991	18.5	50.4	0.55
10Х18Н9Л	564	293	48.0	67.4	2.0

大部分不锈钢都属于强耐腐蚀材料[39]。但是在腐蚀环境中工作久了，这些钢制作的零件还是会因为晶粒间腐蚀而丧失强度和塑性，导致金属沿晶界发生断裂。能对提高钢内部晶粒间耐腐蚀性产生重大影响的，是金属的结构状态和纯度，即非金属夹杂物极少[40]。图 8.2 展示了 08Х28МДТ 号不锈钢腐蚀速度对试验时间的依赖关系。

从图 8.2 可以看出，变形钢（轧材）在开始阶段腐蚀速度发展得非常快。这个阶段电化学腐蚀主要发生在金属表面非金属夹杂物较多的局部区域。如果这些夹杂呈线性分布，腐蚀性介质就可能沿晶界渗入金属深处。腐蚀速度随时间逐渐减慢。

对等离子感应熔炼的铸钢来说，在试验开始阶段腐蚀速度快这一规律没有变化，但是绝对值没有那么大。铸钢内的腐蚀过程很快就能稳定下来，所以试验开始后 10h，腐蚀速度几乎就固定不变了。这一阶段发生的是晶粒间腐蚀。金属浇铸时温度越高，腐蚀的速度越快。已经确定，把金属浇铸温度从 1893K 升高到 2113K 时，钢的耐腐蚀性会降低 33%。

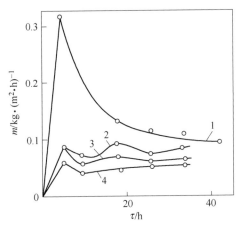

图 8.2　08ХН28МДТ 号铸钢腐蚀速度随试验时间发生的变化
1—轧材；2—等离子感应熔炼的铸钢，$t_3 = 1840℃$；
3—等离子感应熔炼的铸钢，$t_3 = 1690℃$；4—等离子感应熔炼的铸钢，$t_3 = 1620℃$

这是因为把金属倒入铸模时温度高，铸件中会形成粗大的晶粒结构，而这种结构会导致晶粒间腐蚀速度加快。

在金属温度相同的情况下，用等离子感应炉熔炼的 06ХН28МДТ 号钢与开放式感应炉熔炼的同牌号钢相比，耐腐蚀性提高了 20%~21%[41]。

铁素体不锈钢的耐腐蚀性不仅不亚于奥氏体铬镍不锈钢，反而比它更好。但是焊接时的脆化使它的用途受到很大局限。铁素体不锈钢的脆化可能因不同机理发生在三个温度范围内[42~44]。当温度高于 1273K 时，脆化是因为铁素体晶粒增大，以及由此导致的填充型夹杂晶界偏析加剧，这些夹杂决定着此后这里能否析出再生相或者能否形成奥氏体，并在冷却时转变为马氏体。当温度位于 823~1073K 之间时，金属脆化是因为析出了成分与 FeCr 接近的 σ 相。当温度位于 673~823K 之间时，是因为析出了高铬 α 相（70%Cr，30% Fe）的相干颗粒。铬含量越高，σ、α 相析出得越多。

在钢中加入钛、锆、铌、钒这类合金元素能够抑制金属脆化，因为它们能把填充型夹杂束缚在那些稳定的相上，并且抑制颗粒在温度升高时增大[46~48]。但是这种机理在高温加热后，包括焊接作业后会失效。即便是短时间加热，只要温度高于 1273K，就会不可逆转地导致金属脆化[49~51]。因为钒、铌的碳化物热力稳定性很差[52]，而钛、锆的碳化物、氮化物虽然稳定，但尺寸差别大，分布也很不均匀[53,54]。

克服铁素体不锈钢脆性的可靠方法之一，是把碳、氮的总含量降低到 0.001%~0.01%。当 C+N_2 处于这种含量时，其塑性、冲击韧性和可焊性不亚于奥氏体铬镍钢。

为了生产上述碳、氮含量的钢，需要使用洁净的原始材料，还要在真空炉中熔炼。这种工艺自然会增加炼钢成本。其实，更好的方法是用等离子感应炉冶炼铁素体不锈钢。后一种熔炼方法既能大幅度节省成本，还能提高钢抵御微小气孔腐蚀的能力。

等离子感应炉还可以用于熔炼超低碳不锈钢（0.005%~0.007%），用于制造焊接核能容器的特殊焊丝，以及制造用于航天技术的厚度不大于 10μm 的金属纤维。

8.2.4　高温钢

高温钢广泛用于制造燃气涡轮发动机的铸件，还有热处理炉、加热炉、酸洗池的工装等。高温钢由多种复杂成分构成，另外零件工作条件特殊，所以这种钢对有色金属夹杂、硫、氧、氮及其他夹杂极为敏感。即便夹杂含量不多，也经常会在零件使用温度条件下对金属强度和塑性产生负面影响[20,57]。

确保把钢中上述夹杂的含量降到最低，是铸件生产全流程的基本任务之一。传统方法是在炼钢时用高纯度原料做炉料，而等离子感应熔炼技术则可以给金属熔体提纯，把夹杂转变为气体或蒸气状态然后清除掉。

在等离子感应炉中用熔合精炉料的方法可以顺利炼制出高温钢。进行冶炼时，使用自己生产线回炉料的比例可以是 0%~100%。熔炼过程包含以下阶段：装料并熔化炉料，提纯精炼金属熔体（脱氧，包括用碳脱氧、脱气），补充合金元素，按规定成分完成合金化，浇铸。每一阶段的作用可以根据所用炉料种类和质量的差异进行调整。

在向熔炉坩埚内装炉料时，可以同时装入不会形成化学稳定性较高的氧化物的合金元素，不易挥发的合金元素，以及含碳熔剂。对液态金属进行提纯，清除气体杂质和其他夹杂后再加入对氧、氮具有较强亲和力的金属（铝、钛、锆、铌）。感应器和等离子枪都以最大功率熔化炉料。也可以预先用碳给金属熔体脱氧，为此可以在炉料熔化后向熔池表面加入石墨碎块。添加碳时通常要保持金属沸腾。这种脱氧方式的效率很高，因为在等离子加热时，氧气在金属熔体中的扩散过程会加强，并且没有氧气从坩埚衬里进入金属熔体。

3X19H9MBБTЛ 号钢广泛用于制造在交变负荷下工作的铸造涡轮盘和其他零件。下面以这种钢为例研究在感应炉中用等离子电弧冶炼金属对高温合金的质量将产生何种影响。用等离子感应炉熔炼 3X19H9MBБTЛ 号钢的工艺是由乌克兰科学院金属与合金物理力学研究所和车里雅宾斯克拖拉机厂共同开发的。这一工艺明显提高了在炉料中使用铸造回炉料的比例，同时保证钢的质量不受影响（表 8.46）。

表 8.46　用不同方法熔炼 3X19H9MBБTЛ 号钢的物理力学性能

熔炼方法	炉料原料	σ_s /MPa	δ/%	$a_н$ /MJ·m^{-2}	γ/kg·m^{-3}
等离子电弧熔炼	50%轧材+50%回炉料	775	20.0	0.395	7951
等离子电弧熔炼	100%回炉料	714	28.0	0.55	7992
等离子感应熔炼	37.55%轧材+62.55%回炉料	695	18.4	0.395	7951
感应熔炼	坯料	795	27.2	0.31	5903
	75%轧材+25%回炉料	735	19.4	0.345	7883
	50%轧材+50%回炉料	655	13.6	0.297	7875

从表 8.46 中数据可以看出，在有等离子体加热的感应炉中炼钢时，虽然扩大了铸造回炉料的比重，铸件性能仍保持了相当高的水平。与普通感应熔炼相比，金属密度平均提高了 1.2%~1.8%。这就可以减少制造浇口所消耗的金属。研究结果表明，与普通感应熔炼相比，钢中氧气含量降低了 40%~45%，硫含量降低了大约 40%。可以直接把钛加入金属熔体中，不需要用 SiCa 给它预先脱氧[43]。

等离子感应炉炼制的钢中夹杂减少对钢在高温条件下的物理力学性能产生了有利影响

（试样不损坏，见表 8.47）。这里的高温性能指 600℃ 时的持久耐热能力。

表 8.47 600℃时 3Х19Н9МВБТЛ 号钢的物理力学性能

熔炼编号	σ_s/MPa	$\sigma_{0.2}$/MPa	δ/%	Ψ/%	a_H/MJ·m^{-2}	γ/kg·m^{-3}
1	505	331	21.0	24.2	0.83	7961
2	510	378	21.0	33.0	0.53	7956

对等离子感应炉炼制的钢铸件进行金相研究时没有发现它们与普通感应熔炼钢铸件在结构上有什么差异。但进行宏观结构比较时发现，等离子感应炉炼制的钢铸件中晶粒度比普通感应熔炼钢铸件中的晶粒度平均小 3 级。

8.2.5 精坯料

在用灌注模具浇铸金属时，通常使用冶炼厂供应的调整好化学成分的合金锭或合金坯料作炉料，即品牌坯料，也可称之为精坯料。如果等离子感应熔炼既能利用合格回炉料，也能利用不合格回炉料制取供后续浇铸用的精坯料，那么这种工艺就具有了引人关注之处。

在一座加装了等离子体加热设备并配有碱性炉衬的 YST-0.16（ИСТ-0.16） 型感应炉中，用 10Х16Н4БЛ 号高合金钢炼制了精坯料。炼制精坯料的原料是自己生产上产生的回炉料和溢出的铸块。炼制过程中，在第 1、2、3 次熔炼时使用了黏土渣系（10% 灰泥），第 4 次熔炼时使用了 CaO-SiO$_2$-Al$_2$O$_3$ 渣系。新炼制的精坯料 10Х16Н4БЛ 号钢化学成分见表 8.48。

表 8.48 等离子感应炉炼制精坯料 10Х16Н4БЛ 号钢的化学成分 （%）

熔炼编号	C	Mn	Si	Cr	Ni	Nb	Cu
等离子感应熔炼 1	0.09	0.31	0.48	15.33	4.05	0.09	0.11
等离子感应熔炼 2	0.09	0.27	0.53	15.33	4.30	0.08	0.11
等离子感应熔炼 3	0.08	0.33	0.34	15.45	3.92	0.09	0.12
等离子感应熔炼 4	0.08	0.30	0.37	13.20	3.67	0.09	0.15

数据显示，用黏土渣料炼钢时金属中硫含量降低了大约 20%（表 8.49）。

表 8.49 10Х16Н4БЛ 钢的硫含量

熔炼编号	炉料中硫 $[S]_H$ 的计算含量/%	钢中硫 $[S]_K$ 的含量/%	$[S]_H - [S]_K$/%
等离子感应熔炼 1	0.020	0.0176	−0.0024
等离子感应熔炼 2	0.019	0.0172	−0.0018
等离子感应熔炼 3	0.017	0.0153	−0.0017
等离子感应熔炼 4	0.019	0.0153	−0.0037

炼制好的精坯料随后被当作"重熔-熔合"的炉料使用，再熔炼后浇铸到模具中去。为进行比较，在同一座炉子上用 50% 回炉料和 50% 新鲜料又炼了几炉钢。用不同方法所炼制钢的化学成分见表 8.50。从表中可以看出，使用等离子感应炉熔炼时，炉料是精坯料还是用普通工艺炼制的钢已经不重要，几炉浇铸金属中主要合金元素的含量不相上下。

表 8.50　用不同工艺炼制的 10X16H4БЛ 号钢的化学成分

炉　料	元素含量/%						
	C	Mn	Si	Cr	Ni	Nb	Cu
精坯料							
等离子感应熔炼 1	0.09	0.40	0.62	15.30	4.03	0.09	0.018
等离子感应熔炼 2	0.08	0.41	0.60	15.90	3.95	0.10	0.017
等离子感应熔炼 3	0.09	0.36	0.84	16.00	4.00	0.10	0.020
等离子感应熔炼 4	0.09	0.38	0.67	14.88	3.90	0.08	0.020
50%回炉料+50%新鲜料							
等离子感应熔炼 1	0.08	0.44	0.68	15.66	4.00	0.10	0.015
等离子感应熔炼 2	0.08	0.41	0.74	15.57	4.04	0.10	0.011
等离子感应熔炼 3	0.08	0.46	0.87	15.80	3.75	0.10	0.017
等离子感应熔炼 4	0.08	0.45	0.70	15.95	3.90	0.10	0.017

　　关于有害元素、非金属夹杂物、气体杂质含量的数据见表 8.51。从表中可以看出，在用精坯料炼制的钢中，氧化物、硫化物夹杂含量比普通工艺钢略高一些。这是因为用精坯料炼制时，炉料中使用了不合格回炉料，即被气体与非金属夹杂物严重污染的铸块。但是在用精坯料炼制的钢中能够看到的基本上是尺寸为 $1.0 \sim 1.5 \mu m$ 的氧化物、硫化物类非金属夹杂物。例如，在精坯料炼制的钢中上述尺寸硫化物含量比普通金属高 14%。而氮化物含量则区别不大。

表 8.51　用不同工艺炼制的 10X16H4БЛ 号钢中有害元素与非金属夹杂物含量

炉　料	有害物质/%		气体/%		非金属夹杂物/%		
	S	P	[O]	[N]	氧化物	硫化物	氮化物
精坯料							
等离子感应熔炼 1	0.018	0.014	0.011	0.062	0.062	0.051	0.039
等离子感应熔炼 2	0.017	0.013	0.012	0.050	0.082	0.049	0.032
等离子感应熔炼 3	0.020	0.014	0.009	0.053	0.074	0.052	0.034
等离子感应熔炼 4	0.020	0.014	0.013	0.060	0.070	0.051	0.036
50%回炉料+50%新鲜料							
等离子感应熔炼 1	0.015	0.012	0.012	0.060	0.049	0.043	0.036
等离子感应熔炼 2	0.011	0.014	0.016	0.062	0.054	0.048	0.038
等离子感应熔炼 3	0.017	0.012	0.013	0.075	0.069	0.044	0.036
等离子感应熔炼 4	0.017	0.012	0.012	0.046	0.052	0.043	0.034

　　表 8.52 列举了用不同工艺在等离子感应炉中炼制的 10X16H4БЛ 号钢的物理力学性能[58]。

　　一系列研究表明，用等离子感应炉高效率炼制精坯料时，不仅可以利用合格回炉料，而且可以利用不合格回炉料。用这样的坯料生产铸件非常经济，并且能够保证所需要的性能指标。

表 8.52 10X16H4БЛ 号钢的物理力学性能

炉料	σ_s/MPa	$\sigma_{0.2}$/MPa	δ/%	a_H/MJ·m^{-2}
精坯料				
等离子感应熔炼 1	1295	1152	15.5	0.52
等离子感应熔炼 2	1325	1170	14.5	0.49
等离子感应熔炼 3	1292	1120	13.3	0.51
等离子感应熔炼 4	1395	1225	14.5	0.47
50%回炉料+50%新鲜料				
等离子感应熔炼 1	1295	1140	15.0	0.80
等离子感应熔炼 2	1292	1135	14.0	0.67
等离子感应熔炼 3	1305	1170	15.0	0.50
等离子感应熔炼 4	1310	1163	14.5	0.48

8.2.6 铜合金

铜合金通常在感应炉中冶炼。块状回炉料的比例不能超过炉料的 40%~60%。在熔渣中结珠和熔炼合金时飞溅造成的金属损失相当可观。

有色金属与合金的回炉料对于保持这些金属生产与消耗的总体平衡有重要意义。铸造回炉料占有色金属与合金总产量的 30%。铜合金的回炉金属与铸造回炉料都是宝贵的原料，因为其中包含的元素除了铜，还有锌、锡、铅等有色金属。在有色金属协会的企业中，将近 40% 含铜再生原料用于生产铜合金，大约 15% 用于制造变形合金，大约 35% 用于生产粗铜，其余的用于制作化合物。

在重熔黄铜碎屑时，例如含有大量锌的 ЛЦ40С 号黄铜，烧损造成的金属不可逆损失达到 12% 以上[64]。如果增加黄铜碎屑在炉料中的比例，会使炉料在熔炼过程中过度氧化，从而产生很多废渣。这样一来，合金元素（锌、铅、锰等）就会彻底损失掉。所以在实践中黄铜碎屑占炉料的比重不超过 10%~12%。回收利用冶金废渣（砂箱）的技术难度很大，因为难熔渣料会凝结在坩埚口。如果能采用组合式等离子感应熔炼，则可以完美解决传统冶炼法棘手的难题。

巴顿电焊接研究所研制了在加装交流等离子设备的感应炉中冶炼铜合金的技术[65]。铜合金导热性强，青铜和黄铜熔点较低，这些因素决定了用等离子感应工艺冶炼铜合金的特点。等离子电弧在炉料中熔化出的竖井直径是炼钢时的 1~1.5 倍。所以从熔炼一开始，三相等离子枪组的三束电弧就能在炉料中吹出一口大井，直径接近于熔炼坩埚本身。图 8.3 列举了等离子感应熔炼时黄铜、青铜的氧气含量变化曲线[64]。从图中可以看出，金属熔池脱氧效果最显著的阶段是炉料开始熔化的 0.17~0.25h。随后脱氧速度放缓，经过 0.5h 后金属熔体中氧气含量稳定下来，到熔炼结束不再变化。

用不同炉子（感应炉、等离子感应炉）炼制铜合金的化学成分见表 8.53。从表中可以看出，采用等离子感应熔炼时合金元素吸收得更充分。

在等离子感应炉中冶炼黄铜时可以利用品质较差的炉料（全部是砂箱的金属部分和金属碎屑）。而用传统工艺冶炼黄铜时（在扎巴罗热工业设备厂），接近 40% 的炉料是金属块。

在非金属夹杂物方面，等离子感应炉炼制的 ЛЦ40С 号黄铜夹杂含量占总质量的比重为 0.14%~0.2%，而开放式感应炉炼制的黄铜夹杂比重为 0.3%~0.42%，即高出一倍多。

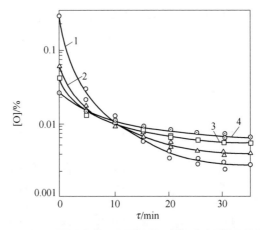

图 8.3   等离子感应熔炼时黄铜、青铜的氧气含量变化

1—ЛЦ40ЛС 号黄铜（砂箱、金属碎屑）；2—ЛЦ40ЛС 号黄铜（块状炉料）；

3—Бр04ЦС2.5 号青铜；4—БрА8.5Ж4Н5Мц1.5 号青铜

表 8.53   不同工艺利用回炉料炼制铜合金的化学成分

合金牌号	熔炼方法	合金元素含量/%						
		Zn	Sn	Pb	Al	Fe	Mn	Ni
ЛЦ40С	等离子感应熔炼	39	0.08	1.5	—	—	0.3	—
	开放式感应熔炼	35	0.08	2.0	—	—	0.4	—
	GOST17711—80[①]	35~39	≤0.5	0.8~2.0	—	—	0.3~0.5	—
Бр04Ц-С2.5	等离子感应熔炼	4.0	3.0	2.5	—	—	—	—
	开放式感应熔炼	3.5	3.0	3.0	—	—	—	—
	TU0820-149—78[②]	3~5	3~5	1.5~3.5	—	—	—	—
БрА8.5-Ж4Н5-Мц1.5	等离子感应熔炼	—	—	—	8.4	4.7	1.2	5.0
	开放式感应熔炼	—	—	—	8.6	4.5	0.9	5.0
	TU48-21/0-99—82[③]	—	—	—	8.2~9.0	3.7~5.2	1.0~1.8	4.7~5.3

①乌克兰国家标准；②，③乌克兰技术条件。

黄铜中主要的非金属夹杂物为 ZnO 和 CuO；在 Бр04Ц4С2.5 号青铜中主要为锌和铜的氧化物，在 БрА8.5Ж4Н5Мц1.5 号青铜中主要为铝的氧化物 Al_2O_3（表 8.54）。

表 8.54   铜合金中非金属夹杂物的成分与含量

合金牌号	熔炼方法	非金属夹杂物体积分数/%	化合物含量/%					
			CuO	ZnO	Al_2O_3	SnO	FeO	MgO
ЛЦ40С	开放式感应熔炼	0.30~0.42	14.6	76.8				
	等离子感应熔炼	0.14~0.20	26.1	59.7				
Бр04ЦС2.5	开放式感应熔炼	1.02~1.13	59.6	12.0		16.8		2.3
	等离子感应熔炼	0.42~0.48	22.3	54.7		4.9		9.4
БрА8.5Ж4-Н5Мц1.5	开放式感应熔炼	1.63~1.76	18.3		62.1			3.1
	等离子感应熔炼	0.80~0.88	32.0		31.7			11.9
Бр04Ц4С2.5	开放式感应熔炼	1.02~1.13	59.6	12.0	16.8			2.3
	等离子感应熔炼	0.42~0.48	22.3	54.7	4.9			9.4

用等离子感应炉熔炼的 ЛЦ40С 号黄铜在致密度上也优于开放式感应炉的产品，前者为 8.2641g/cm³，后者为 8.2486g/cm³。

在等离子感应炉与开放式感应炉熔炼的 ЛЦ40С 号黄铜试样中，锌、铅的分布情况是相同的。

铅不溶于固态铜，所以它在黄铜中会沿 α 相边界分布[63,66]。α 相晶粒的形状和尺寸取决于冷却条件：冷却速度较快时，α 相以针状形态析出；冷却速度越快，结构越细小；当冷却速度较慢时，从 α 相分离出来的晶体会获得紧凑晶粒群落形态，内部边界轮廓为弯曲形状。

用等离子感应炉熔炼的黄铜、青铜在力学性能上略优于开放式感应炉产品（表 8.55）。

表 8.55 利用回炉料炼制的铜合金的力学性能

合金牌号	熔炼方法	炉料成分	σ_a/MPa	δ/%	HB/MPa
ЛЦ40С	等离子感应熔炼	50%砂箱+50% 金属屑	260~270	25~28	980~1010
	开放式感应熔炼	40%块状回炉料+45%砂箱+15%金属屑	225~228	22~24	800~820
	乌克兰国家标准（GOST177711—80）	—	200	20	800
Бр04Ц4С-2.5	等离子感应熔炼	100%块状回炉料	194~196	13~14	607~615
	开放式感应熔炼	100%块状回炉料	186~192	8~11	604~610
	乌克兰国家标准（GOST859—66）	—	180	6	588
БрА8.5Ж4Н5-Мц1.5	等离子感应熔炼	100%块状回炉料	621~634	18~22	1580~1610
	开放式感应熔炼	100%块状回炉料	618~625	12~14	1560~1570
	乌克兰国家标准（GOST859—66）	—	588	10	1500

注：研究铜合金力学性能时采用的是在灌注模具中浇铸出来的标准试样，直径为 4mm、长度为 50mm。

总之，在感应炉上加装等离子体加热设备后，可以重熔全部由小散粒砂箱和金属碎屑构成的低品位炉料，而所炼制金属的主要指标并不逊色于在开放式感应炉中用较高品质炉料熔炼的金属。

8.3 等离子体加热凝壳炉熔炼金属的质量

在用带陶瓷底的等离子电弧炉和等离子感应炉熔炼金属时，都会遇到液态金属与炉衬在边界区发生化学反应的问题。

带自耗电极的真空电弧凝壳熔炼工艺应用得很广泛，它能够避免液态金属与坩埚材料（炉衬）的相互作用。但是这类炉子也有重要缺陷，即留给金属熔体提纯的反应时间非常有限。结果对金属熔体进行热处理的时间太少，来不及进行超熔点加热，也无法让完成反应所必需的温度保持必要的时间。

等离子电弧凝壳熔炼工艺能够克服上述缺点，因为等离子体加热源（等离子枪）是独立的热源，可以不受时间限制地让金属保持液态。

在熔炼过程中用气相氮对金属进行合金化，这一技术为所有铬镍铸钢和铬镍锰铸钢开辟了良好前景。研究用 Х20Н5АГ2Л、Х18Н10Л 号奥氏体钢制备铸件的质量和性能具有现实意义。这两种钢都部分节省了镍，用气相氮作为补充进行了合金化。

巴顿电焊接研究所的 Yu. V. Latas（Ю. В. Латаш）、V. K. Granovsky（В. К. Грановский）和 G. F. Torkhov（Г. Ф. Торхов）对等离子电弧凝壳熔炼工艺的特点和炼制金属的质量进行了综合研究。熔炼是在 UPG-1L（УПГ-1Л）型等离子电弧凝壳炉上完成的。这座炉子有铜制水冷坩埚和直流等离子枪。原料是直径为 80～90mm 的自耗坯料与块状炉料。做坯料的金属是在容量为 50kg 的感应炉内炼制的，原料是阿姆克铁、X0 号铬、阴极镍。在向锭模内浇铸前用硅钙合金对金属熔体进行了脱氧。

在凝壳中对炉料进行了重熔，炉料的化学成分与钢牌号一致。从凝壳坩埚中倒出来的金属重量与熔炼状态有关，为 3.5～5.0kg 不等。表 8.56 列举了用块状炉料在凝壳坩埚中熔炼的 X20H5AΓ2Л 号钢的化学成分。

表 8.56　等离子电弧凝壳炉炼制 X20H5AΓ2Л 号钢的化学成分

金属状态	熔炼模式		元素质量分数/%				
	等离子电弧总电流/A	熔炼室压力/MPa	C	Cr	Ni	Mn	[N]
初始状态	—	—	0.016	20.82	5.43	1.84	0.03
等离子电弧凝壳熔炼	1800	0.20	0.013	20.40	5.36	1.69	0.53
	1800	0.30	0.015	20.80	5.30	1.75	0.56
初始状态	—	—	0.018	19.74	5.24	1.62	0.02
等离子电弧凝壳熔炼	1600	0.20	0.015	19.36	5.20	1.49	0.46
	1600	0.30	0.017	19.67	5.15	1.55	0.53
初始状态	—	—	0.013	19.65	5.32	1.74	0.04
等离子电弧凝壳熔炼	1400	0.20	0.012	19.25	5.30	1.70	0.44
	1400	0.30	0.013	19.50	5.15	1.72	0.48

注：4 支等离子枪的等离子气源总消耗量为 4.8m³/h。

在熔炼室保持表压力、液态金属被分散加热的条件下，铬基本上没有蒸发，只观察到锰略有损失。当熔炼室总气压降低和等离子气源流量增大时，锰的损失会增大。等离子枪总电流的变化未影响 X20H5AΓ2Л 号钢基本合金元素的表现。

在等离子电弧凝壳炉熔炼的钢中，氧气、氢气含量均低于初始钢。例如初始钢中氧气含量为 0.0124%～0.0178%，而等离子熔炼钢中氧气含量不大于 0.0098%～0.0135%。

金属能在等离子电弧凝壳熔炼过程中实现精炼，是因为等离子电弧炉里氧化势能弱并有高温加热源[1,68]。如果降低熔炼室压力，提高等离子气源流量，金属精炼程度还会提高。例如把熔炼室压力从 0.3MPa 降低到 0.15MPa，同时把等离子气源流量从 56L/min 提高到 80L/min，熔炼过程的效率会更高，金属熔池的温度和搅拌强度也会有所提高。

上述因素有利于提高在金属金属熔体里以碳脱氧的强度（可以发现金属中碳浓度不断降低），还能增强等离子电弧柱斑点（阳极）内氧化物夹杂的分解。

研究 X20H5AΓ2Л 号钢铸件中氮气的分布情况表明，氮气含量与铸件壁厚无关（表8.57）。

表 8.58 以 0X20H5AΓ2、0X18H10 号不锈钢为例，比较了经过感应炉、真空感应炉、等离子电弧凝壳炉熔炼之后非金属夹杂物含量情况。用等离子电弧凝壳炉熔炼时，液态金属与坩埚材料不发生反应，熔炼室内有流动的惰性气氛，金属熔池表面温度高，搅拌强

烈，这些因素能促使非金属夹杂物实现细碎化，让大块夹杂浮向熔池表面。

表 8.57　不同壁厚铸件中的氮气含量

铸件壁厚/mm	金属中氮气含量/%
50	0.456
40	0.449
30	0.454
20	0.460
5	0.453

表 8.58　不同炉子熔炼的 0X20H5AΓ2、0X18H10 号钢非金属夹杂物含量

钢牌号	熔炼方法	夹杂体积分数/%	不同尺寸（μm）的夹杂数量/个					
			1	1~2	2~3	3~4	4~5	5~6
0X20H5AΓ2	初始金属	0.24	1274	605	315	179	72	36
	等离子电弧凝壳熔炼	0.14	1731	877	219	95	44	35
0X18H10	开放式感应熔炼	0.26	1288	594	647	286	128	38
	真空感应熔炼	0.10	1875	1007	216	93	47	31
	等离子电弧凝壳熔炼	0.12	1802	910	253	108	52	34

对不锈钢物理力学性能进行的研究表明，氮气含量未对不锈钢强度产生影响（表8.59）。与此同时发现，用氮气进行合金化后钢的塑性有所提高。出现这种情况，是因为铸钢结构中 δ-铁素体含量降低了。而强度未提高则是因为 0X20H5AΓ2 号钢在铸造状态下晶粒比较粗大。

表 8.59　不同工艺状态和熔炼方法对 0X20H5AΓ2、0X18H10 号钢物理力学性能的影响

钢牌号	熔炼方法	[N]/%	力学性能				
			$\sigma_{0.2}$/MPa	σ_e/MPa	δ/%	Ψ/%	a_{κ}/kJ·m^{-2}
0X20H5AΓ2	等离子电弧凝壳熔炼	0.40	429	756	41.2	39.2	0.31
		0.45	451	780	47.8	50.4	0.35
		0.49	450	760	62.2	48.2	0.35
		0.59	455	785	64.0	68.6	0.35
0X18H10（变形钢）	等离子电弧凝壳熔炼	—	224	500	60.0	70.8	0.35
	开放式感应熔炼	—	207	473	36.0	45.5	0.16
	真空感应熔炼	—	235	505	50.2	67.8	0.28

提高熔炼室压力，在向铸模浇铸时利用瞬间出现的较大压差让金属快速流入，这样可使金属减少与大气接触，减少氧化，提高等离子电弧凝壳熔炼金属的塑性和密度。这些工艺因素有助于实现金属结构细碎化，降低物理化学不均匀程度，目的是提高铸造金属的塑性。0X20H5AΓ2 号铸钢的力学性能可以与 X18H10 号变形钢那一类金属相差无几。

用经过等离子电弧凝壳熔炼的两种牌号的钢铸造的金属，都具有相当高的耐腐蚀性（表8.60）。熔炼时提高熔炼室压力有助于 0X20H5AΓ2 号钢在各次循环中降低腐蚀速度，显然这是金属致密度有所提高的结果。

表 8.60 0X20H5АГ2、0X18H10 号钢的耐腐蚀性

钢牌号	[N]/%	熔炼室压力/MPa	腐蚀速度/g·m⁻²		
			循环 I	循环 II	循环 III
0X20H5АГ2	0.462	0.15	0.44	0.29	0.28
	0.467	0.30	0.42	0.27	0.27
0X18H10	—	0.10	0.25	0.15	0.16
	—	0.30	0.25	0.15	0.16

8.3.1 0X15H65M16B（ЭП567）号镍基耐腐蚀合金

在工业生产中，这种 0X15H65M16B（ЭП567）号镍基耐腐蚀合金用于制造成型钢、管坯和薄板坯。这是一种难加工合金。例如，它的切割加工生产率比 X18H10T 号钢低 5 倍。所以用这种合金制造在高腐蚀环境中工作的阀门类铸件，具有一定的现实意义。

0X20H65M16B 号铸造合金与变形合金的化学成分见表 8.61。为了方便比较，同时列举了哈斯特洛伊（Хастеллой）合金的成分[20]，这种合金在其他国家广泛应用于化工设备制造业。

表 8.61 0X15H65M16B 号合金化学成分

合金牌号	元素含量/%						
	C	Si	Mn	Mo	Fe	Cr	W
0X15H65M16B[70,71]	0.08	0.15	1.0	15~17	1.5~2.0	14.5~16.5	3.0~4.5
0X15H65M16B①	0.12	0.02	1.0	16	1.5	15.0	3.5
哈斯特洛伊镍基合金	0.15	1.0	1.0	16~18	4.0~7.5	15.5~17.5	3.7~5.2

① 根据 V. K. Granovsky（В. К. Грановский）的数据。

众所周知，铸造合金结构不均衡，主要合金元素偏析明显[71~73]。乌克兰巴顿电焊接研究所进行的研究表明，在未经过热处理的 0X15H65M16B 号铸造合金中含有大颗粒组织和明显的枝状晶体结构（图 8.4a）。这种合金经过热处理后（1200~1220℃ 淬火），结构变为奥氏体，出现了许多细小的第二相夹杂，但是合金的粗大晶粒状态保留不变（图 8.4b）。

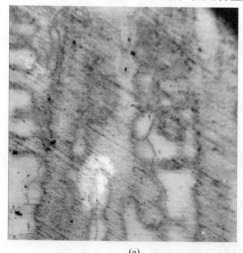 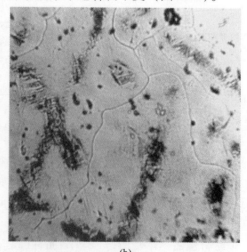

(a)　　　　　　　　　　　　　　　(b)

图 8.4 0X15H65M16B 号铸造合金微观结构（×100）

（a）热处理前；（b）热处理后

用从 0X15H65M16B 号合金铸件上切割下来并经过热处理的试样研究了它的耐腐蚀性能。先将试样放在由 30%H₂SO₄ + 10%HNO₃ + 60%H₂O 组成的溶液中煮沸，再将其以半径为 5α（α 为试样厚度）的幅度沿固定支撑点弯曲成 90°，持续放置 48h。然后按上述工艺检测了试样的耐腐蚀性。弯曲后的试样上最终没有出现裂纹。

将铸造状态与变形状态 0X15H65M16B 号合金的试验结果与哈斯特洛伊合金进行对比，情况见表 8.62。

表 8.62　0X15H65M16B 号合金淬火后在 20℃ 条件下的力学性能

合金牌号	力学性能			
	$\sigma_{0.2}$/MPa	σ_θ/MPa	δ/%	Ψ/%
0X15H65M16（铸件）	450~500	700~750	60~65	65~70
0X15H65M16（轧材）	450~600	900~1000	40~70	80
哈斯特洛伊合金（铸件）	350	560	5	8
哈斯特洛伊合金（轧材）	360	850	50	55

从表 8.62 可以看出，用等离子电弧凝壳炉熔炼的金属强度很高，而哈斯特洛伊合金变形后塑性更好。

8.3.2　ЮНДК-35Т5 号磁性硬合金

磁性硬合金的磁性能水平在很大程度上取决于金属中非金属夹杂物的数量和尺寸。所以等离子电弧凝壳熔炼对 ЮНДК-35Т5 号合金质量影响的数据具有现实意义。

表 8.63 列举了在等离子电弧凝壳炉中用自耗坯料和块状炉料炼制的 ЮНДК-35Т5 号合金的化学成分和夹杂含量数据。

表 8.63　ЮНДК-35Т5 号合金的化学成分和有害物质含量

金属状态	合金元素含量/%					夹杂含量/%	
	Al	Ni	Cu	Co	Ti	非金属夹杂物	［O］
初始状态[①]	7.15	14.30	3.45	36.0	5.42	0.058	0.0063
等离子电弧凝壳熔炼	6.98	14.28	3.42	36.10	5.37	0.012	0.0047
初始状态	7.25	14.42	3.68	34.07	5.23	0.050	0.0056
等离子电弧凝壳熔炼	6.84	14.35	3.50	34.0	5.11	0.019	0.0044

①初始状态为自耗坯料。

从表 8.63 可以看出，等离子电弧凝壳熔炼减少了金属中的非金属夹杂物和氧气的含量，这对提高金属的磁性能具有积极影响。

结 束 语

　　针对等离子电弧加热金属与合金工艺所进行的大量研究与综合分析表明，电弧等离子枪具有广泛的物理和工艺潜能，可以高效应用于包括冶炼与铸造生产的各个工业领域。

　　低温等离子体在冶炼过程中能够发挥以下作用：第一，它是灵活的、独立的高温热源，可以在有限空间内分散配置巨大的热功率，使具有工艺作用的气体达到极高温度；第二，它是激活冶炼过程与化学反应的工具，有些反应在传统冶炼过程中或者进行得很缓慢，或者根本就不会发生；第三，在铸造生产领域，它是提高传统熔炼设备（例如感应坩埚炉）熔炼强度的有效工具。

　　在这本著作中，作者试图分析总结近 30~35 年来积累的有关等离子加热源在冶炼和铸造生产中发展与应用的资料。根据乌克兰国家科学院巴顿电焊接研究所和金属与合金物理工艺研究所自身完成的研究与设计成果，并参考其他研究者们积累的大量数据，作者认为，在以下新领域把利用低温等离子体的技术发展到工业应用水平是完全可能的：

　　（1）交流等离子加热设备；

　　（2）用三相等离子电弧设备提高开放式感应炉、真空感应炉的熔炼强度；

　　（3）用等离子体对钢包炉等冶炼设备中的金属与合金进行加工；

　　（4）用等离子加热方法对钢锭和坯料表层进行重熔与精炼；

　　（5）用等离子感应熔炼方法培养难熔金属单晶体；

　　（6）制备非晶和微晶结构的带材；

　　（7）利用等离子反应环境加工有色铸造合金。

　　作者并未详尽列举在这一领域积累的有关设备与工艺设计的所有数据，那些数据更适合用参考资料的形式加以记载。作者认为，本书列举的数据和研究结果能够指明等离子冶炼最有前景的发展方向，这才是更大的意义。可以期待，在不久的将来这些领域中定会出现更辉煌的成果。

　　毫无疑问，在本书读者中会有一些专家可能对某些问题持有不同见解。由衷希望在此抛砖引玉，为等离子冶炼事业的发展引来繁花似锦。

参 考 文 献

第 1 章

1. *Франк-Каменецкий Д.А.* Плазма — четвертое состояние вещества. 4-е изд. — М.: Атомиздат, 1975. — 204 с.

2. *Франк-Каменецкий Д.А.* Лекции по физике плазмы. — М.: Атомиздат, 1964. — 284 с.

3. *Арцимович Л.А.* Элементарная физика плазмы. Изд. 3-е. — М.: Атомиздат, 1969. — 192 с.

4. *Финкельбург В., Меккер Г.* Электрические дуги и термическая плазма. — М.: Изд-во иностр. лит., 1961. — 370 с.

5. *Грановский В.Л.* Электрический ток в газе. Установившийся ток. — М.: Наука, 1971. — 328 с.

6. *Саммервил Дж.Г.* Электрическая дуга. — М.: Госэнергоиздат, 1962. — 120 с.

7. *Хренов К.К.* Электрическая сварочная дуга. — М.: Машгиз, 1949. — 335 с.

8. *Сисоян Г.А.* Электрическая дуга в электрической печи. — М.: Металлургия, 1974. — 304 с.

9. *Никольский Л.Е., Бортничук Н.И., Волохонский Л.А. и др.* Промышленные установки электродугового нагрева и их параметры. — М.: Энергия, 1971. — 272 с.

10. *Дембовски В.* Плазменная металлургия. Пер. с чешск. — М.:Металлургия, 1981. — 280 с.

11. *Энгель А., Штеенбек М.* Физика и техника электрического разряда в газах. Т. I и II. — М.: ОНТИ, 1936. — 347 с.

12. *Григоренко Г.М., Помарин Ю.М.* Водород и азот в металлах при плазменной плавке. — К.: Наук. думка, 1989. — 200 с.

13. *Фарнасов Г.А., Фридман А.Г., Каринский В.Н.* Плазменная плавка. — М.: Металлургия, 1968. — 247 с.

14. *Краснов А.Н. и др.* Низкотемпературная плазма в металлургии. — М.:Металлургия,1970. — С. 212.

15. *Бортничук Н.И., Крутянский М.М.* Плазменно-дуговые плавильные печи. — М.: Энергоиздат, 1981. — 120 с.

16. *Патон Б.Е., Лакомский В.И., Дудко Д.А. и др.* Плазменно-дуговой переплав металлов и сплавов // Автоматическая сварка, 1966. — №8. — С. 1—5.

17. *Лесков Г.И.* Электрическая сварочная дуга. — М.: Машиностроение, 1970. — 335 с.

18. *Мазель А.Г.* Технологические свойства электросварочной дуги. — М.: Машиностроение, 1968. — 178 с.

19. *Кесаев И.Г.* Катодные процессы электрической дуги. — М.: Наука, 1968. — 244 с.

20. *Жуков М.Ф., Козлов И.П., Пустогаров А.В. и др.* Приэлектродные процессы в дуговых разрядах. — Новосибирск: Наука, 1982. — 157 с.

21. *Гвоздецкий В.С.* Об электрическом поле объемного заряда у катода электрической дуги // Автоматическая сварка, 1965. — № 6. — С. 16—20.

22. *Патон Б.Е., Мельник Г.А., Лакомский В.И. и др.* Исследование основных электрических параметров металлургических плазмотронов// Пробл. спец. электрометаллургии. — 1975. — Вып.2. — С.70—82.

23. *Русанов В.Л.* Современные методы исследования плазмы. — М.: Госатомиздат, 1962. — 183 с.

24. *Брон О.Б.* Потоки плазмы в электрической дуге включающих аппаратов. — Л.: Энергия, 1975. — 209 с.

25. *Тиходеев Г.М.* Энергетические свойства электрической сварочной дуги. — М. — Л.: Изд-во АН СССР, 1961. — 254 с.

26. *Полин И.В.* Особенности горения электрической дуги в вакуумных дуговых печах. — В кн.:Металлургия. — М.:Судпромгиз, 1959. — Вып. 2. — С.188—220.

27. *Егоров А.В.* Расчет мощности и параметров электропечей черной металлургии. — М.: Металлургия, 1990. — 280 с.

28. *Марков Н.А.* Электрические цепи и режимы дуговых электропечных установок. —

М.: Энергия, 1975. — 204 с.

29. *Никольский Л.Е., Бортничук Н.И., Волохонский Л.А. и др.* Промышленные установки электродугового нагрева и их параметры. — М.: Энергия, 1971. — 272 с.

30. *Новиков О.Д.* Устойчивость электрической дуги. — Л.: Энергия, 1978. — 160 с.

31. *Свенчанский А.Д., Жердев И.Т., Кручинин А.М. и др.* Электрические промышленные печи. Дуговые печи и установки специального нагрева. Учебник для вузов / Под ред. А.Д. Свенчанского. — 2-е изд. перераб. и доп. — М.:Энергоиздат, 1981. — 296 с.

32. *ГОСТ 10157-79.* Аргон газообразный и жидкий: Техн. условия. — Введен 01.07.80.

第 2 章

1. *Хренов К.К.* Электрическая сварочная дуга. — М.: Машгиз, 1949. — 204 с.

2. *Лесков Г.И.* Электрическая сварочная дуга. — М.: Машиностроение, 1970. — 335 с.

3. *Сисоян Г.А.* Электрическая дуга в электрической печи. 3-е изд. — М.: Металлургия, 1974. — 304 с.

4. *Новиков О.Д.* Устойчивость электрической дуги. — Л.: Энергия, 1978. — 160 с.

5. *Свенчанский А.Д., Жердев И.Т., Кручинин А.М. и др.* Электрические промышленные печи: Дуговые печи и установки специального нагрева /Учебник для вузов. — М.: Энергоиздат, 1981. — 296 с.

6. *Патон Б.Е., Мельник Г.А., Лакомский В.И. и др.* Исследование основных электрических параметров металлургических плазмотронов //Пробл. спец. электрометаллургии. — 1977. — Вып. 7. — С.81—85.

7. *Донской А.В., Клубникин В.С.* Электроплазменные процессы и установки в машиностроении. — Л.: Машиностроение, 1973. — 232 с.

8. *Дембовский В.* Плазменная металлургия. — Прага: СНТЛ.– М.:Металлургия, 1981. — 280 с.

9. *Чередниченко В.С., Аньшаков А.С., Кузьмин М.Г.* Плазменные электротехнические установки. — Новосибирск: Изд-во НГТУ, 2008. — 602 с.

10. *Жуков М.Ф., Смоляков В.Я., Урюков Б.А.* Электродуговые нагреватели газа (плазмотроны). — М.: Наука, 1973. — 232 с.

11. *Даутов Г.Ю., Тимошевский А.Н., Аньшаков А.С. и др.* Генерация низкотемпературной плазмы и плазменные технологии. — Новосибирск: Наука, 2004. — 466 с.

12. *Ковалко Р.И., Энгельшт В.С., Жеонбаев Ж.* Катодный узел плазмотрона // Изв. АН СССР. Сер. техн. наук. — 1976. — №3, вып. 1. — С. 16—19.

13. *Жуков М.Ф., Никифоровский В.С.* Особенности теплового и механического состояния составных катодов. — В кн.: Экспериментальное исследование плазмотронов. — Новосибирск: Наука, 1977. — С. 292—314.

14. *Дмитренко Б.И., Лесков Л.В., Савичев В.В. и др.* Разрушение электродов импульсных плазменных ускорителей. — В кн.: Плазменные ускорители. — М.: Машиностроение, 1973. — С. 225—228.

15. *Жуков М.Ф., Аньшаков А.С., Дандарон Г.Н., Сазонов М.И.* Исследование эрозии вольфрамового катода в азоте. — В кн.: Физика дугового разряда. — Новосибирск: Наука, 1972. — С. 142—51.

16. *Мармер Э.Н., Гурвич О.С., Мальцева А.Ф.* Высокотемпературные материалы. — М.: Металлургия, 1967. — 215 с.

17. *Дружинин И.П., Фрахтовникова А.А., Владимирская Т.М., Гущин Г.И.* Термоэлектрические свойства тугоплавких металлов. — В кн.: Сплавы редких металлов с особыми физическими свойствами. — М.: Наука, 1974. — С. 170—174.

18. *Дюжев Г.А., Старцев Е.А., Юрьев В.Г.* Физические процессы в дуговом полом катоде с сильно ионизированной сплошной плазмой // Журнал техн. физики. — 1978. — **48.** — С. 2027—2039.

19. *Жуков М.Ф., Аньшаков А.С., Засыпкин И.М. и др.* Электродуговые генераторы с межэлектродными вставками. — Новосибирск: Наука, 1981. — 221 с.

20. *Лебедев А.Д., Морцева Г.И., Смоляков В.Я.* О регулировании напряжения дуги в двухкамерном плазмотроне изменением соотношения расходов газа через вихревые камеры //

Изв. АН СССР. Сер. техн. наук. — 1967. — № 3, вып.1. — С. 37—42.

21. *Аньшаков А.С., Власов В.С., Ефремов В.П. и др.* Электродуговые плазмотроны / Под ред. М.Ф. Жукова. — Новосибирск: Изд. Института теплофизики АН СССР, 1977. — 44 с.

22. *Фарнасов Г.А., Фридман А.Г., Каринский В.Н.* Плазменная плавка. — М.: Металлургия, 1968. — 180 с.

23. *Лакомский В.И.* Плазменно-дуговой переплав. — Киев: Техника, 1974. — 336 с.

24. *Клюев М.М.* Плазменно-дуговой переплав.– М.: Металлургия, 1980. — 256 с.

25. *Дзюба В.Л., Даутов Г.Ю., Абдулин И.Ш.* Электродуговые и высокочастотные плазмотроны в химических процессах. — К.: Высш. шк., 1991. — 170 с.

26. *Борничук Н.И., Крутянский М.М.* Плазменно-дуговые плавильные печи. — М.: Энергоиздат, 1981. — 120 с.

27. *Ерохин А.А.* Плазменно-дуговая плавка металлов и сплавов. Физико-химические процессы. — М.: Наука, 1975. — 188 с.

28. *Дятлов В.И.* Вольт-амперная характеристика сжатой электрической дуги //Автоматическая сварка. — 1961. — № 1. — С.17—23.

29. *Быховский Д.Г., Суладзе Р.Н.* Вольт-амперная характеристика сжатой дуги //Автоматическая сварка. — 1964. — № 12. — С.56—60.

30. *Тиходеев Г.М.* Энергетические свойства электрической сварочной дуги. — М.–Л.: Изд. АН СССР, 1961. — 254 с.

31. *Финкельбург В., Меккер Г.* Электрическая дуга и термическая плазма. — М.: ИЛ, 1961. — 370 с.

32. *Ludwig H.* Plasma — Energy Transfer in Gas — Shieldeel Welding Arts // Welding J. — 1959. — **38**, N 7. — P. 296—300.

33. *Гольдфарб В.М.* Спектральные методы аргоновой плазмы //Вопросы радиофизики и спектроскопии. — 1967. — Вып. 3. — С.43—45.

34. *Григоренко Г.М., Грицкив Я.П., Кондратюк И.И.* Распределение температуры в плазменном факеле при использовании газовых смесей различного состава //Пробл. спец. электрометаллургии. — 1975. — Вып. 1. — С. 94—99.

35. *Григоренко Г.М., Помарин Ю.М.* Водород и азот в металлах при плазменной плавке / Отв. редактор Б.Е. Патон. — Киев: Наук. думка, 1989. — 200 с.

36. *Цышевский В.П.* Расчет мощных электродуговых нагревателей газа с использованием обобщенных вольт-амперных характеристик// Электротермия. — 1968. — Вып. 69. — С. 14—16.

37. *Самервилл Дж.* Электрическая дуга. — М.–Л.: Госэнергоиздат, 1962. — 120 с.

38. *Грановский В.Л.* Электрический ток в газе. — М.: Наука, 1971. — 546 с.

39. *Кесаев И.Г.* Катодные процессы электрической дуги. — М.: Наука, 1968. — 237 с.

40. *Жуков М.Ф., Козлов Н.П., Пустогаров А.В. и др.* Приэлектродные процессы в дуговых разрядах. — Новосибирск: Наука, 1982. — 157 с.

41. *Фоменко В.С., Подчерняева И.А.* Эмиссионные и адсорбционные свойства веществ и материалов. — М.: Атомиздат, 1975. — 320 с.

42. *Lee T.N.* Energy distribution and cooling effect of electrons emitted from arc cathode// J. Appl. Phys. — 1960. — **31**. — P. 924—927.

43. *Зимин А.М., Козлов Н.П., Полякова И.Ф., Хвесюк В.И.* О работоспособности активированных катодов // Материалы VII Всесоюзн. конф. по генераторам низкотемпературной плазмы. Т. II. — Алма-Ата, 1977. — С. 104—107.

44. *Морозов Ю.М., Кульварская Б.С., Кан К.С.* Исследование термоэмиссионных свойств графита //Изв. АН СССР. Сер. физ. — 1969. — **30**, № 3. — С. 435—438.

45. *Капцов Н.А.* Электрические явления в газах и вакууме. — М.: Гостехиздат, 1952. — 808 с.

46. *Моргулис А.Д.* Термоэлектронный плазменный преобразователь энергии. — М.: Гостехиздат, 1961. — 63 с.

47. *Pidd R.W., Crovaax G.M., Rochling D.J. et al.* Characteristics of UC, ZrC, an (ZrC) (UC) as termionic emitter //J. Appl. Phys. — 1959. — **30**, N 10. — P.1575—1577.

48. *Dushman S., Demission D., Reynold J.* Electron emission and diffusion constants for tungsten filaments containing various oxides //Phys. Rev. — 1927. — **29**. — P. 903.

49. *Kutabashi N., Sano K.* //Mitsub. Dunki Lab. Report. — 1973. — **14**. — P. 53.

50. *Bade W.L., Yos J.M.* A theoretical and exherimental study of therminic and arc cathodes //Techn. Report. RAD — TR — 62. — 23 July, 1962 (Res. And Adv. Devel. Div., AVCO Cjrp. Wilmington, Mass., USA).

51. *Пугин А.П., Блинов В.Н.* Исследование энергетических характеристик плазменного генератора прямого действия с двойным подводом газа // Физ. и хим. обработки материалов. — 1968. — № 6. — С. 54—61.

52. *Москалев Б.И.* Разряд с полым катодом. — М.: Энергия, 1969. — 184 с.

53. *Бакшт Ф.Г., Рыбаков А.Б.* Теория полого катода с полностью ионизированной плотной плазмой в дуговом режиме //Журнал техн. физики. — 1976. — **48**. — С. 234—243.

54. *Мазель А.Г.* Технологические свойства электросварочной дуги. — М.: Машиностроение, 1969. — 178 с.

55. *Гвоздецкий В.С., Мечев В.С.* Перемещение электрической дуги в магнитном поле // Авт. сварка. — 1963. — № 10. — С.54—62.

56. *Дюжев Г.А., Зимин А.М., Хвесюк В.И.* Термоэмиссионные катоды // Плазменные ускорители и ионные инжекторы. — М.:Наука, 1984. — С. 200—217.

57. *Никольский Л.Е., Бортничук Н.И., Волохонский Л.А.* Промышленные установки электродугового нагрева и их параметры. — М.: Энергия, 1971. — 272 с.

58. *Каринский В.Н., Фарнасов Г.А., Фридман А.Г. Филиппов А.Ф.* Исследование плазменных горелок для плавки металлов // Изв. вузов. Черная металлургия. — 1967. — № 7. — С. 39—43.

59. *Даутов Г.Ю., Дзюба В.Л., Карп И.Н.* Плазмотроны со стабилизированными электрическими дугами. — К.: Наук. думка, 1984. — 168 с.

60. *McCullough R.Y.* Plasma — arc furnace a new concept in melting metals //J. of Metals. — 1962. — N 12. — P. 907—909.

61. *Никольский Л.Е.* Выпрямляющее действие дуги в трехфазной сталеплавильной печи // Электричество. — 1957. — №8. — С. 23—25.

62. *Патон Б.Е., Лебедев В.К.* Электрооборудование для дуговой и шлаковой сварки. — М.: Машиностроение, 1965. — 359 с.

63. *Curter A.E., Wood G.P., McFurland D.P., Weaver W.P.* Reasearch on a One-Inch-Square liner D–C plasma accelerator //ATAA J. — 1965. — N 3. — P. 1040—1045.

64. *Wood G.P. Carter A.F. Sabol A.P. et al.* Research on liner crossed-field study-flow D–C plasma accelerators NASA lengley research center // Precented at the AGARD specialist melting on arc heaters and MHD accelerators for aeradynamic purposes. — Rhode–Saint–Genese, Belgium, Sept. 21—23, 1964.

65. *Шаповалов В.А., Латаш Ю.В.* Металлургические плазмотроны // Пробл. спец. электрометаллургии. — 1999. — №4. — С. 50—56.

66. *Ясько О.И.* Электродуговые генераторы низкотемпературной плазмы //Физика и техника низкотемпературной плазмы. — Минск: Наука и техника, 1977. — С.117—151.

67. *Зимин А.М., Козлов Н.Т., Полякова И.А. Хвесюк В.И.* Динамика эрозии активированного катода//Физ. и хим. обработки материалов. — 1980. — №4. — С. 16—21.

68. *А. с. №484822* СССР, МКИ H05в 7/18, H05h 1/00. Металлургический дуговой плазмотрон / Лакомский В.И., Костяков В.Н., Мельник Г.А., Лисовой Ю.В., Лорх-Шейко Э.А. — №1 899 039/24-7. Заявл. 2.04.73. Выд. 2.04.74.

69. *Патон Б.Е., Латаш Ю.В., Забарило О.С. и др.* Трехфазные плазменные нагревательные устройства и перспективы их применения // Пробл. спец. электрометаллургии. — 1985. — Вып.1. — С. 50—55.

70. *Замуло Н.И., Мельник Г.А.* Вольт-амперные характеристики дуг трехфазной группы плазмотронов переменного тока //Проблемы спец. электрометаллургии. — 1989. — №4. — С. 94—98.

71. *А. с. №345825* СССР, МКИ C21с, 5/56. Способ переплава расходуемой заготовки / Дудко Д.А., Приймачек В.В., Прохоренко К.К., Тягун-Белоус Г.С., Хорунжий В.М., Верховцев Э.В., Бакуленко С.П. — Приоритет от 15.02.1971.

72. *Прохоренко К.К., Приймачек В.В., Конюх В.Я. и др.* Разработка и исследование факельно-шлаковых процессов //Спец. электрометаллургия. Докл. Междунар. симп. по спец. электрометаллургии. — К.: Наук. думка, 1972. — С. 161—172.

73. *Конюх В.Я., Приймачек В.В., Прохоренко К.К.* Факельная продувка расплавов. — К.:

Техника, 1977. — 88 с.

74. *Найдек В.Л., Перелома В.А., Наривский А.В., Мовчан В.М.* Исследование гидродинамических и температурных характеристик заглубленной в расплав высокотемпературной газореагентной струи /Препр. — К.: ИПЛ АН УССР, 1990. — 32 с.

75. *Наривский А.В.* Исследование массобмена в расплаве при обработке заглубленной плазменной струей // Пробл. спец. электрометаллургии. — К.: Наук. думка, 1991. — Вып.4. — С. 62—65.

76. *Найдек В.Л., Наривский А.В.* Рафинирование алюминиевых сплавов высокотемпературными газореагентными средами //Металл и литье Украины. — 1993. — №3. — С. 9—11.

77. *Найдек В.Л., Перелома В.А., Наривский А.В.* Технологический процесс глубинной обработки цветных сплавов высокотемпературными средами. Технология обработки легких и специальных сплавов. — М.: Металлургия, 1994. — С. 162—169.

78. *Наривский А.В.* Плазмотроны для глубинной обработки металлических расплавов // Пробл. спец. электрометаллургии. — 1997. — №4. — С. 22—26.

79. *Латаш Ю.В., Забарило О.С., Донской С.А. и др.* Электрические и тепловые параметры плазменно-дугового нагрева объектов комбинированной дугой //Пробл. спец. электрометаллургии. — 1992. — №2. — С. 71—78.

80. *Каринский Н.В., Куцин В.И., Сурин А.П., Феоктистов Ф.Г.* Особенности применения вакуумных плазмотронов в плавильных установках// Тр. Моск. энергетического ин-та, 1980. — №462. — С. 44—53.

81. *Неуструев А.А., Ходорковский Г.Л.* Вакуумные гарнисажные печи. — М.: Металлургия, 1967. — 235 с.

82. *Патон Б.Е., Тригуб Н.П., Козлитин Д.А. и др.* Электронно-лучевая плавка. — К.: Наук. думка, 1997. — 265 с.

83. *Петрунько А.Н., Олесов Ю.Г., Дрозденко В.А.* Титан в новой технике. — М.: Металлургия, 1979. — 160 с.

84. *Латаш Ю.В.* Применение плазмы в металлургии: состояние и перспективы развития. — В кн.: Сварка и специальная электрометаллургия. — К.: Наук. думка, 1984. — С. 265—276.

85. *Брокмайер К.* Индукционные плавильные печи. — М.: Энергия, 1972. — 304 с.

86. *Тир Л.Л., Фомин Н.И.* Современные методы индукционной плавки. — М.: Энергия, 1975. — 112 с.

87. *Слухоцкий А.Е., Немков В.С., Павлов Н.А., Бамунер А.В.* Установки индукционного нагрева /Под ред. А.Е. Слухоцкого. — Л.: Энергоидат, 1981. — 328 с.

88. *Григоренко Г.М., Шейко И.В.* Индукционная плавка металлов в холодных тиглях и охлаждаемых кристаллизаторах. — К.: Сталь, 2006. — 320 с.

89. *Патон Б.Е., Мовчан Б.А., Тихоновский А.Л.* Анализ современных способов плавки и рафинирования металлов в электронно-лучевых печах. — В кн.: Рафинирующие переплавы. — К.: Наук. думка, 1974. — С. 179—194.

90. *Мовчан Б.А.* Электронно-лучевая плавка и испарение в современной металлургии и машиностроении. — В кн.: Сварка и специальная электрометаллургия. — К.: Наук. думка, 1984. — С. 259—264.

91. *Торхов Г.Ф., Грановский В.К., Рейда Н.В. и др.* Плазменно-дуговая установка для производства ленты из аморфных материалов // Пробл. спец. электрометаллургии. — 1990. — С. 259—264.

92. *Патон Б.Е., Григоренко Г.М., Латаш Ю.В. и др.* Нерасходуемые электроды для плавки титановых кондиционных отходов в вакуумных гарнисажных печах //Спец. электрометаллургия. — 1979. — Вып. 39 — С. 103—114.

93. *Water-coold* konsumable electrode developed for vacuum melting reactive metals // Ind. Heat. — 1969. — 36, N 10. — P. 1956—1958.

94. *Lowle S.O.* Four de fusion a electrode non-consumable rototred // Vide. 1972. — **27**, N 161. — P. 210—213.

95. *Tyler M.* Spinning electrode melts reactive metals of high purity // Prod. Eng. — 1971. — **42**, N 3. — P. 53—54.

96. *Akers R.* Non-consumable electrode mahos vacuum arc melting more economical // Westinghouse Eng. — 1970. — **30**, N 4. — P. 125—127.

97. *Арцимович Л.А.* Элементарная физика плазмы. — М.: Госатомиздат, 1963. — 147 с.

98. *Reboux J.* Les plasmas inductions: un outil exeeptionnel pour une metallurgie de gualite // J. fr. Electroterm. — 1985. — N 5. — P. 29—35.

99. *Reed T.B.* Induction-coupled Plasma Torch// J. Appl. Phys. — 1961. — **32**. — P. 821—826.

100. *Кулагин И.Д., Рыкалин Н.Н., Сорокин А.М.* Подобие индукционных разрядов при нагреве газа //Физ. и хим. обработки материалов. — 1970. — № 5. — С. 137—139.

101. *Кулагин И.Д., Сорокин А.М.* Экспериментальное исследование индукционного плазмотрона //Физ. и хим. обработки материалов. — 1972. — №1. — С. 73—77.

102. *Сорокин А.М.* ВЧ-плазмотроны. — В сб.: Теория электрической дуги в условиях вынужденного теплообмена. — Новосибирск: Наука, 1977. — С. 227—253.

103. *Кулагин И.Д., Сорокин А.М.* Эффективность индукционного нагрева газов. — В кн.: Генераторы низкотемпературной плазмы. — М.: Энергия, 1969. — С. 308—315.

104. *Мондрус Д.Б., Цукерник З.С.* Высокочастотные установки низкотемпературной плазмы. — В кн.: Генераторы низкотемпературной плазмы. — М.: Энергия, 1969. — С. 369—378.

105. *Лысов Г.В.* СВЧ-плазмотроны, методы расчета и основные параметры. — В сб.: Теория электрической дуги в условиях вынужденного теплообмена. — Новосибирск: Наука, 1977. — С. 270—289.

106. *Митин Р.В.* Безэлектродные высокочастотные разряды при высоких давлениях. — В сб.: Теория электрической дуги в условиях вынужденного теплообмена. — Новосибирск: Наука, 1977. — С. 289—304.

107. *Дашкевич И.П., Дорофеев И.С., Прутская М.А. и др.* Высокочастотные газовые разряды в современных электротехнологических процессах. — В кн.: Промышленное применение токов высокой частоты. — Л.: Машиностроение, 1973. — С. 56—72.

第3章

1. *Эллиот Д., Глейзер М., Рамакришна В.* Термохимия сталеплавильных процессов. — М.: Металлургия, 1969. — 252 с.

2. *Франк-Каменецкий Д.А.* Диффузия и теплопередача в химической кинетике. — М.: АН СССР, 1974. — 367 с.

3. *Machlin E.S.* Kinetics of vacuum induction refining. Theory //Trans. AIME. — 1960. — **218**, N 2. — P. 314—326.

4. *Калинюк Н.Н., Лакомский В.И.* Кинетика растворения азота в металле при плавке во взвешенном состоянии // Физ. и хим. обработки материалов. — 1968. — № 5. — С. 142—146.

5. *Грановский В.Л.* Электрический ток в газе. — М.—Л.: Гостехиздат, 1952. — 432 с.

6. *Лесков Г.И., Хренов К.К.* Катодные процессы сварочной дуги с плавящимися электродами // Автомат. сварка. — 1966. — № 10. — С. 5—9.

7. *Самервилл Дж.* Электрическая дуга. — М.—Л.: Госэнергоиздат, 1963. — 421 с.

8. *Кесаев И.Г.* Катодные процессы элекрической дуги. — М.: Наука, 1968. — 244 с.

9. *Жуков М.Ф., Козлов И.П., Пустогаров А.В. и др.* Приэлектродные процессы в дуговых разрядах. — Новосибирск: Наука, 1982. — 157 с.

10. *Лесков Г.И.* Электрическая сварочная дуга. — М.: Машиностроение, 1970. — 335 с.

11. *Сисоян Г.А.* Электрическая дуга в электрической печи. — М.: Металлургия, 1974. — 304 с.

12. *Eckert E.R., Ptender G.E.* Plasma Energy Transfer to a Surface with and Withaut Electric Current // Welding J. — 1967. — **47**, N 10. — P. 471—480.

13. *Hasui A., Kasahara E., Emori Y.* Experimental Study on Some Properties of Plasma Jet. // Trans. Of National Res. Inst. For Metals. — 1965. — **7**, N 2. — P. 927—933.

14. *Лакомский В.И.* Плазменно-дуговой переплав. — К.: Техника, 1974. — 336 с.

15. *Лакомский В.И.* Взаимодействие диатомных газов с жидкими металлами при высоких температурах. — К.: Наук. думка, 1992. — 232 с.

16. *Мак Даниэль И.* Процессы столкновений в ионизованных газах. — М.: Мир, 1967. — 832 с.

17. *Блинов В.Н., Пугин А.И., Рыкалин Н.Н.* Интегральное излучение сильноточной плазменной дуги постоянного тока в аргоне // Физ. и хим. обработки материалов. — 1970. — № 4. — С. 11—19.

18. *Князев Ю.Р., Митин Р.В., Петренко В.И., Боровик Е.С.* Излучение аргоновой дуги высокого давления // Журнал техн. физики. — 1961. — **34**, вып. 7. — С. 1227—1228.

19. *Григоренко Г.М., Лакомский В.И.* Макрокинетика поглощения азота электродным металлом из атмосферы дуги // Автомат. сварка. — 1968. — № 1. — С. 27—32.

20. *Лакомский В.И., Григоренко Г.М.* О поглощении азота жидким металлом из атмосферы электрической дуги // Пробл. спец. электрометаллургии. — 1971. — С. 71—74.

21. *Дэшман С.* Научные основы вакуумной техники. — М.: ИЛ, 1950. — 635 с.

22. *Polszewcka W.* Investigation on the mechanism of permeation of hytrogen from gas phase into metals: Role of proton in hytrogen permeation into nickel //Bull. Acad. Polon. Sci. Chem. — 1964. — **12**, N11. — P. 173—180.

23. *Григоренко Г.М., Лакомский В.И.* Электрическое поглощение газов при дуговой сварке //Автомат. сварка. — 1970. — № 2. — С. 27—29.

24. *Дятлов В.И.* Вольт-амперная характеристика сжатой электрической дуги //Там же. — 1961. — № 1. — С. 17—23.

25. *Фролов В.В.* Физико-химические процессы в сварочной дуге. — М.:Машгиз, 1954. — 129 с.

26. *Григоренко Г.М., Помарин Ю.М.* Водород и азот в металлах при плазменной плавке/ Отв. ред. Б.Е. Патон; Ин-т электросварки им. Е.О. Патона АН УССР. — К.: Наук. думка, 1980. — 200 с.

27. *Григоренко Г.М.* Газообменные процессы при плазменной и дуговой плавке металлов // Прогресивні матеріали і технології. Том I. — К.: Академперіодика, 2003. — С. 102—112.

28. *Кларк Дж., МакЧесни М.* Динамика реальных газов. — М.: Мир, 1967. — 622 с.

29. *Уэлн Дж., Пирс К.* Низкотемпературная плазма // Ионные плазменные и дуговые ракетные двигатели. — М.: Атомиздат, 1962. — С. 249—260.

30. *Фай Дж., Риддел Ф.* Теоретический анализ теплообмена в лобовой точке, омываемой диссоциированным воздухом // Проблемы движения головной части ракет дальнего действия. — М.: ИЛ, 1959. — С. 187—196.

31. *Стомахин А.Я.* О взаимодействии металлического расплава с азотом в электрической дуге // Изв. вузов. Черная металлургия. — 1970. — № 4. — С. 87—90.

32. *Григорян В.А., Кашин В.И., Клибанов В.Л. и др.* Кинетика взаимодействия металла с азотсодержащей плазмой дугового разряда // Взаимодействие газов с металлами. — М.: Наука, 1973. — С. 18—21.

33. *Григоренко Г.М., Помарин Ю.М.* Водород и азот в металлах при плазменной плавке. — К.: Наук. думка, 1989. — 200 с.

34. *Походня И.К.* Газы в сварных швах. — М.: Машиностроение, 1972. — 258 с.

35. *Латаш Ю.В., Торхов Г.Ф., Костенко Ю.И.* Абсорбция газа жидким металлом по радиусу пятна нагрева дуговой плазмой // Физ. и хим. обработки материалов. — 1987. — № 3. — С. 61—67.

36. *Ерохин А.А.* Плазменно-дуговая плавка металлов и сплавов. — М.: Наука, 1975. — 188 с.

37. *Кашин В.И., Кравченко Г.М., Клибанов Е.А.* Исследование растворимости азота в бинарных сплавах на основе железа при воздействии электрической дуги // Пробл. спец. электрометаллургии. — 1982. — Вып. 16. — С. 61—64.

38. *Кинг Т., Лей К., Эсимей С.* Кинетика растворения азота из плазменной дуги жидким железом // Пробл. спец. электрометаллургии. — 1979. — С. 207—219.

39. *Choh T., Inouye M.* Rate of Absorbtion of Nitrogen by Licuid Iron and Iron Melts Contaniong Carbon, Silicon, Manganesse and Chrom // Iron and Steel Inst. Japan. — 1967. — **53**, N12. — P. 1346—1405.

40. *Франк-Каменецкий Д.А.* Диффузия и теплопередача в химической кинетике. — М.: АН СССР, 1947. — 367 с.

41. *Підгаєцький В.В.* Пори, включення і тріщини в зварних швах. — К.: Техніка, 1970. — 247 с.

42. *Явойский В.И.* Теория процессов производства стали. — М.: Металлургия, 1967. — 792 с.

43. *Маэкава С., Накагава И.* Влияние углерода, кремния и марганца на поглощение азота расплавленным железом // РЖМ. — 1960. — № 1. — С. 127.

44. *Blossey R.G., Pehlke R.D.* The Solubility of Nitrogen in Licuid Fe-Ni-Co Alloys// Trans. AIME. — 1966. — N 4. — P. 566—569.

45. *Chipman J., Corrigan D.* Prediction of the Solubility of Nitrogen in Molten Steel// Trans. AIME. — 1965. — N7. — P. 1249—1252.

46. *Лакомский В.И., Явойский В.И.* Газы в чугунах. — К.: Гостехиздат УССР, 1960. — 147 с.

47. *Маюми Сомено и др.* Растворимость водорода в жидком железе и некоторых жидких бинарных расплавах железа // РЖМ. — 1967. — № 12. — А57.

48. *Phelke R.D., Elliot J.F.* Solubility of Nitrogen in Liquid Iron Alloys. Thermodinamics // Trans. AIME. — 1960. — N6. — P. 1088—1101.

49. *Ban-YaShiro, FumaTasuku, Ono Kiyoo.* Solubility of Hydrogen in Liquid Iron Alloys// J. of Iron and Steel Inst. of Japan. — 1967. — **53**, N 2. — P. 101—116.

50. *Weinstein M., Elliot J.* The Solubility of Hydrogen in Liquid Pure Metals Co, Cr, Cu, Ni// Trans. AIME. — 1963. — N 4. — P. 285—289.

51. *Григоренко Г.М., Лакомский В.И., Помарин Ю.М., Шеревера А.В.* Влияние хрома на поглощение азота металлической ванной при плазменно-дуговой плавке // Рафинирующие переплавы. — К.: Наук. думка, 1974. — С. 207—212.

52. *Григоренко Г.М., Шейко И.В., Помарин Ю.М., Орловский В.Ю.* Методы выплавки гомогенных слитков алюминида титана с применением плазменно-дугового и индукционного источников нагрева / Специальная металлургия: вчера, сегодня, завтра// Материалы Междунар. научно-техн. конференции 8—9 октября 2002 года г. Киев. — К.: Политехника, 2002. — С. 176—182.

53. *Uda M., Wada T.* Solubility of Nitrogen in Arc — Meltend and Levitation — Melted Iron and Iron Allous // Trans. Of National Reasearch Inst. For Met. — 1968. — **10**, N 2. — P. 21—28.

54. *Хохлов А.А., Игнатенко А.Г.* Влияние плазменно-дугового переплава на качество высоколегированной стали, используемой для изготовления сварочной проволоки // Пробл. спец. электрометаллургии. — 1979. — Вып. 11. — С. 85—89.

55. *Ламсден Д.Ж.* Термодинамика сплавов. — Л.: Металлургиздат, 1959. — 440 с.

56. *Gomersall D.W., McLean A., Ward R.G.* The solubility of nitrogen in liquid iron and liquid iron-carbon alloys // Trans. Met. Soc. AIME. — 1968. — **242**, N7. — P. 1309 — 1315.

57. *Жуховицкий А.А., Шварцман Л.А.* Физическая химия. — М.: Металлургия, 1987. — 688 с.

58. *Линчевский Б.В.* Термодинамика и кинетика взаимодействия газов с жидкими металлами. — М.: Металлургия, 1986. — 222 с.

59. *Вагнер Г.* Термодинамика сплавов. — М.: Металлургиздат, 1957. — 194 с.

60. *Phelke R.D., Elliot J.F.* Solubility of Nitrogen in Liquid Iron Alloys. II. Kinetics //Trans. AIME. — 1963. — **227**, N4. — P. 884.

61. *Григорян В.А., Стомахин А.Я., Пономаренко А.Г. и др.* Физико-химические расчеты электросталеплавильных процессов. — М.: Металлургия, 1989. — 288 с.

62. *Рид Р., Шервуд Т.* Свойства газов и жидкостей. — Л.: Химия, 1971. — 704 с.

63. *Френкель Я.И.* Кинетическая теория жидкостей. — Л.: Наука, 1975. — 592 с.

64. *Гиршфельдер Дж., Кертисс Ч., Берд Р.* Молекулярная теория газов и жидкостей. — М.: ИЛ, 1961. — 929 с.

65. *Гиббс Дж.В.* Термодинамические работы. — М.—Л.: Гостехтеориздат, 1950. — 492 с.

66. *Баум Б.А.* Металлические жидкости. — М.: Наука, 1979. — 120 с.

67. *Минаев Ю.А.* Поверхностные явления в металлургических процессах. — М.: Металлургия, 1984. — 152 с.

68. *Арсентьев П.П., Коледов Л.А.* Металлургические расплавы и их свойства. — М.: Металлургия, 1976. — 376 с.

69. *Лакомский В.В., Помарин Ю.М., Орловский В.Ю. и др.* Кинетические особенности растворения азота в высокореакционных металлах // Пробл. спец. электрометаллургии. — 1994. — № 1/2. — С. 75—81.

70. *Кунин Л.Л.* Поверхностные явления в металлах. — М.: Металлургиздат, 1955. — 304 с.

第 4 章

1. *Жуховицкий А.А., Шварцман Л.А.* Краткий курс физической химии. — М.: Метал-

лургия, 1979. — 368 с.

2. *Дембовский В.* Плазменная металлургия. — М.: Металлургия, 1981. — 280 с.

3. *Емяшев А.В.* Газофазная металлургия. — М.: Металлургия, 1987. — 208 с.

4. *Куликов И.С.* Термическая диссоциация соединений. — М.: Металургия, 1989. — 576 с.

5. *Туманов Ю.Н.* Низкотемпературная плазма и высокочастотные магнитные поля в процессах получения материалов для ядерной энергетики. — М.: Энергоатомиздат, 1989. — 280 с.

6. *Цветков Ю.В., Панфилов С.А.* Низкотемпературная плазма в процессах восстановления. — М.: Наука, 1980. — 360 с.

7. *Browing J.A.* Great significance of plasma as a substitute for oxygen fuel flame in welding // Weld. J. — 1959. — **38**, N 9. — P.280.

8. *Plasma* Technology for a better Environment / Ed. by R.Wolf. — Paris: UIE, 1992. — 144 p.

9. *Черидниченко В.С., Аньшаков А.С., Кузьмин М.Г.* Плазменные электротехнологические установки / Учебник для вузов. — Новосибирск: Изд-во НГТУ, 2008. — 602 с.

10. *Роменец В.А., Вегман Е.Ф., Сакир Н.Ф.* Процесс жидкофазного восстановления // Изв. вузов. Черная металлургия. — 1993. — №7. — С. 9—19.

11. *Лапухов Г.А.* Утилизация электросталеплавильной пыли с использованием жидкофазного восстановления // Электрометаллургия. — 1998. — № 5-6. — С. 55—58.

12. *Корчагин К.А.* Вдувание пыли дуговых печей в металлургический расплав // Новости черной металлургии за рубежом. — 2006. — № 4. — С. 36, 37.

13. *Ожогин В.В.* Утилизация пылевидных отходов — важное звено в создании экологически чистых металлургических технологий // Бюллетень НТ и ЭИ. Черная металлургия. — 2006. — № 7. — С.67—70.

14. *Сталинский Д.В., Каненко Г.М.* Основные направления по утилизации отходов металлургических предприятий // Экология и промышленность. — 2005. — № 4 (5). — С. 9—12.

15. *Ульянов В.П., Братчиков В.Г., Жилин Н.И.* Переработка железосодержащих пылей и шламов сталеплавильного производства // Труды Второго конгресса сталеплавильщиков. — М.: АО «Черметинформация», 1994. — С. 20, 21.

16. *Костяков В.Н., Полетаев Е.Б., Григоренко Г.М. и др.* Карботермическое восстановление металлов из электролитного шлама в плазменной печи // Пробл. спец. электрометаллургии. — 2000. — №1. — С. 32—37.

17. *Костяков В.Н., Найдек В.Л., Полетаев Е.Б. и др.* Выплавка сплавов из отходов металлообработки и оксидов металлов в плазменной печи // Металл и литье Украины. — 2000. — № 9-10. — С.10—12.

18. *Ванюков А.В., Быстров В.П., Васкевич А.Д. и др.* Плавка в жидкой ванне. — М.: Металлургия, 1988. — 208 с.

19. *Карабасов Ю.С., Юсфин Ю.С., Курунов И.Ф., Чижиков В.М.* Проблемы экологии и утилизации техногенного сырья в металлургическом производстве // Металлург. — 2004. — № 8. — С.27—33.

20. *Шелагуров В.С.* Сырье техногенных полей // Металлы Евразии. — 2005. — № 4. — С. 82—84.

21. *Каненко Г.М., Злобин А.Г., Алхасова В.В.* Утилизация вторичных ресурсов предприятий черной металлургии // Экология и промышленность. — 2005. — № 4 (5). — С. 26—28.

22. *Жуков М.Ф., Смеляков В.Я., Урюков Б.А.* Электродуговые нагреватели газа (плазмотроны). — М.: Наука, 1973. — 232 с.

23. *Коротеев А.С.* Электродуговые плазмотроны. — М.: Машиностроение, 1980. — 164 с.

24. *Краснов А.Н., Зильберберг В.Г., Шаривкер С. Ю.* Низкотемпературная плазма в металлургии. — М.: Металлургия, 1970. — 215 с.

25. *Донской А.В., Клубникин В.С.* Электроплазменные процессы и установки в машиностроении. — Л.: Машиностроение, 1979. — 221 с.

26. *Мельник Г.А., Забарило О.С., Ждановский А.А. и др.* Перспективы использования плазменных источников теплоты в агрегатах внепечной обработки стали. Сообщение 1 // Пробл. спец. электрометаллургии. — 1991. — №2. — С. 60—66.

27. *Мельник Г.А., Забарило О.С., Ждановский А.А. и др.* Перспективы использования

плазменных источников теплоты в агрегатах внепечной обработки стали. Сообщение 2 // Пробл. спец. электрометаллургии. — 1991. — №3. — С. 86—92.

28. *Патон Б.Е., Латаш Ю.В., Забарило О.С. и др.* Трехфазные плазменные нагревательные комплексы и перспективы их применения. Сообщение 1 // Пробл. спец. электрометаллургии. — 1985. — №1. — С. 50—55.

29. *Патон Б.Е., Латаш Ю.В., Забарило О.С. и др.* Трехфазные плазменные нагревательные комплексы и перспективы их применения. Сообщение 2 // Пробл. спец. электрометаллургии. — 1985. — №2. — С. 53—57.

30. *Латаш Ю.В., Забарило О.С., Донской С.А. и др.* Электрические и тепловые параметры плазменно-дугового нагрева объектов комбинированной дугой // Пробл. спец. электрометаллургии. — 1992. — №2. — С. 71—78.

31. *Гасик М.И., Лякишев Н.П., Емлин Б.И.* Теория и технология производства ферросплавов. — М.: Металлургия, 1988. — 320 с.

32. *Лежава К.И., Асланикашвили В.В., Ахобадзе В.Т., Забарило О.С. и др.* Исследование основных технико-экономических показателей производства марганцевых сплавов с применением плазменного нагрева //Пробл. спец. электрометаллургии. — 2000. — №4. — С. 38—44.

33. *Забарило О.С., Ждановский А.А., Мельник Г.А. и др.* Экспериментальное исследование процесса плазменного углетермического восстановления ферро- и силикомарганца // Пробл. спец. электрометаллургии. — 1996. — №3. — С. 30—36.

34. *Хитрик С.И., Емлин М.И., Ем А.П. и др.* Электрометаллургия феррохрома. — М.: Металлургия, 1968. — 148 с.

35. *Цветков Ю.В., Панфилов С.А., Сорокин Л.М. и др.* Плазменная металлургия. — Новосибирск: Наука, 1992. — 265 с.

36. *Костяков В.Н., Найдек В.Л., Полетаев Е.Б. и др.* Исследование процесса жидкофазной восстановительной плавки металла в плазменной печи // Пробл. спец. электрометаллургии. — 2000. — № 3. — С. 38—43.

37. *Pickles C.A., McLean A., Alkock C.B., Segsworth R.S.* Investigation of a new technique for the treatment of steel plant waste oxides in an extended arc flash reactor // Adv. Extr. Met. — Int. symp., London, 1977. — P. 69—87.

38. *Pickles C.A., McLean A.* Treatment of ferrochroium fines in a plasma reactor //J.of Metals. — 1985. — **37**, N 5. — P. 30—33.

39. *Микулинский А.С., Власов Ю.И., Мальцев Л.А.* О возможности применения плазменного нагрева для рудовосстановительных процессов // Тр. ВНИИЭТО. — 1976. — Вып. 8. — С. 95—97.

40. *Skogberg J.* Plasmaverfahren erschliessen ntuse Metallmarkte //Term. Techn. — 1986. — **22**, N3. — S. 14, 15.

41. *Savage P.R.* Plasma process is ready for metals recovery //Chem.Eng. — 1979. — **86**, N 5. — P. 75—77.

42. *The productionof* ferrochromium in a transferred-arc plasma furnace /N.A. Barcza, T.R. Curr, W.D. Winship, C.P. Heanley// 39 Elec. Furnace conf., Proc V. 39. Houston Meet., Dec. 8—11,1981. — Chelsa, Mich., 1982. — P. 243—260.

43. *Электрические* промышленные печи. Дуговые печи и установки специального нагрева: Учебник для вузов / А.Д. Свенчанский, И.Т. Жердев, А.М.Кручинин и др. Под ред. А.Д. Свенчанского. — 2-е изд., перераб. и доп. — М.: Энергоиздат, 1981. — 296 с.

44. *Забарило О.С., Ждановский А.А., Мельник Г.А. и др.* Исследование плазменных процессов переработки отходов и углеродотермического восстановления высокоуглеродистого феррохрома // Пробл. спец. электрометаллургии. — 1998. — №4. — С. 38—48.

45. *McCulough R.J.* Plasma arc-furnace a new concept in melting metals // J. of Metals. — 1962. — **14**, N 12. — P. 907—911.

46. *Клюев М.М.* Плазменно-дуговой переплав. — М.: Металлургия, 1980. — 256 с.

47. *Дембовски В.* Плазменная металлургия. Пер. с чеш. — М.: Металлургия, 1981. — 140 с.

48. *Пат.* Чехословакии, F27d, 11/08. Zpûsob vytâni prûmyslovê pece /Jiskra Z., Kejha V. (ĈSR) . — N100981, Vydâno 15 zâri 1961.

49. *Пат.* Чехословакии, MPT H05h. Zapojeni plasmometû v plasmovê peci / Jiskra Z., Vacl J. (ĈSR). — N121583, Vydâno 15.01.1967.

50. *Пат.* Англии. Melting of metals in a furnace by means of a stabilized alternating current

arc. № 1 061 643. — 1967.

51. *Тулин Н.А., Окороков Г.Н.* Производство высококачественных сталей с использованием плазменного нагрева //Металлургия: стали, сплавы, процессы; Тем. сб. научн. тр./ МЧМ СССР (ЦНИИЧМ). — М.: Металлургия, 1982. — С.38—42.

52. *Borodačev A.S., Okorokov G.N., Postejev N.P., Tulin N.A., Fiedler Hans, Müller Franz, Scharf Gerhard.* Stahlerzeugung in Plasmaprimärschmelzag-Gregaten // Neue Hütte. — 1977. — **22**, N11. — P. 604—607.

53. *Bolbrinker A.* Stahlerzeugung durch den Plasmastrahl // Stahl-Rept. — 1980. — **35**, N11. — P.291, 292.

54. *Alloy* steelmaking with plasma technology promises highefficiency andenvironmental advantage // Iron and Steel Eng. — 1980. — **57**, N10. — P. 81, 82.

55. *Schar Gerberd, Jahn Heinrich.* Plasmastathlerzeugung in der DDR // Neue Hutte. — 1980. — **25**, N12. — P. 479, 480.

56. *Plasma* technology// Steel Times. — 1980. — **208**, N10. — 734 p.

57. *Schar Gerhard, Jahn Heinrich.* Plasmastathlerzeugung in der DDR //Heue Hütte. — 1980. — **25**, N12. — P. 479, 480.

58. *Gröbter* Plasmaschmelzofen der Welt in Betrieb //Bergund Hüttenmänn. Monatsh. — 1984. — **212**, N1. — P. 19, 20.

59. *Knoppek Theodor.* Nhe Voest-Alpine plasma furnace after one year's operation //MPT. — 1985. — **8**, N1. — P. 11, 12.

60. *Knoppek Theo.* Voest-Alpine. Initial results from the Voest-Alpine plasma furnace // Iron and Steel Eng. — 1985. — **62**, N 5. — P. 23—26.

61. *Müller Heinz G., Madzavrakos Panajiotis, Koch Ervin, Vishu D. Dosaj, May James.* Some resent developments in plasma technology // Extr. Met., 89 Pap. Symp., London, 10—13 July, 1989. — London, 1989. — P. 167—195.

62. *Robner Heinrich-Otto, Bebber Hans Josef, Neushütz Dieter, Hartwig Jürgen.* Erste Entwicklungsergebnisse an einem halbechnischen Drehstrom- Plasmaschmelzofen //Stahl und Eisen. — 1984. — **104**, N22. — P.47—51.

63. *Neuschutz Dieter, Rosser Heinrich-Otto, Bebber Hans J., Hartvig Jürgen.* Development of 3-phase a-c plasma furnaces at Krupp //Iron and Steel Eng. — 1985. — **62**, N 5. — P.27—33.

64. *Кузнецов Л.Н., Смоляренко В.Д., Никольский Л.Е.* Особенности тепловой работы плазменной сталеплавильной электропечи // Электротермия. — 1969. — Вып. 80. — С. 11—14.

65. *Окороков Г.Н.* Плазменные сталеплавильные процессы — новое направление в качественной металлургии. Тем. сб. науч. тр./МЧМ СССР (ЦНИИЧМ). — М.: Металлургия, 1983. — С. 97—102.

66. *Окороков Г.Н.* Плазменные сталеплавильные процессы (обзор) // Пробл. спец. электрометаллургии. — 1985. — №3. — С. 55—60.

67. *Лякишев Н.П., Окороков Г.Н.* Направления развития и совершенствования процесса плазменной плавки в печах с керамическим тиглем //Металлургия: проблемы, поиски, решения; Тем. сб. науч. тр. / МЧМ СССР (ЦНИИЧМ). — М.: Металлургия, 1989. — С.48—60.

68. *Гусев В.В., Удрис Я.Я., Ясинский К.Н.* Метод плавления в гарнисажных печах с применением электронных пушек тлеющего разряда с холодным катодом. — В кн.: Прогрессивные способы плавки для фасонного литья. — К.: Изд. АН УССР, 1978. — С. 64—72.

69. *Ладохин С.В., Корнюшин Ю.В.* Электронно-лучевая гарнисажная плавка металлов и сплавов. — К.: Наук. думка, 1988. — 144 с.

70. *Ахонин С.В.* Расчет температуры расплава при электронно-лучевой плавке титановых сплавов // Процессы литья. — 2000. — №4. — С. 78—81.

71. *Kusomici T., Kanayama H., Onoye O.* Temperatura Mesurement of Molten Metal Surface in Electron Beam Melting of Titanium Alloys // ISIJ International. — 1992. — **32**, N 5. — P. 593—599.

72. *Неуструев А.А., Ходоровский Г.Л.* Вакуумные гарнисажные печи. — М.: Металлургия, 1967. — 235 с.

73. *Лакомский В.И.* Плазменно-дуговой переплав /Под ред. акад. Б.Е.Патона. — К.: Техника, 1974. — 336 с.

74. *Pat.* CSSR №135939 (H 05 b). Plasmova pec. Dembovsky V. — Vydano 15.03.1970.

75. *Электротермическое* оборудование. Справочник / Под общ. ред. А.П. Альтгаузен. —

изд. 2-е. — М.: Энергия, 1980. — 416 с.

76. *Zboril J.* Taveni a rafinace kovu plasmaten // Hutnike listy. — 1963. — XVIII, N 6. — S. 401, 402.

77. *Рыкалин Н.Н.* Плазменный переплав шарикоподшипниковой стали и никелевого сплава// Сталь. — 1967. — №9.

78. *Патон Б.Е., Лакомский В.И., Дудко Д.А. и др.* Плазменно-дуговой переплав металлов и сплавов // Автомат. сварка. — 1966. — №8. — С. 1 — 5.

79. *Носова Т.В.* Рафинирование стали в агрегатах типа ковш-печь// Сталеплавильное производство. Сер. 6. — 1979. — Вып. 3. — 24 с.

80. *Юзов О.В., Чаплыгин В.А., Шлеев А.Г. и др.* Экономическая эффективность производства легированной стали в кислородно-конверторных цехах с использованием установки печь-ковш // Экономика и управление в металлургии. — М.: Металлургия, 1982. — С. 63—70.

81. *Хауман В., Кох Ф., Рекнагель В.* Применение ковшевой металлургии при производстве стали для сварных газопроводов высокого давления // Черные металлы. — 1984. — № 26. — С.18—22.

82. *Мельник Г.А., Забарило О.С., Жадкевич М.Л., Ждановский А.А. и др.* Некоторые возможности обработки стали в дуговых и плазменных ковшах-печах // Пробл. спец. электрометаллургии. — 2002. — №1. — С.26—31.

83. *Альтгаузен А.П.* Применение электронагрева и повышение его эффективности. — М.: Энергоатомиздат, 1987. — 128 с.

84. *Самохвалов Г.В., Черныш Г.И.* Электрические печи в черной металлургии. — М.: Металлургия, 1984. — 232 с.

85. *Amblard M., Legrand H.*//Rev. Met. (FR). — 1989. — **85**, N4. — P. 317—324.

86. *Кноппель Г.* Раскисление и вакуумная обработка стали. Ч.2. — М.: Металлургия, 1984. — 414 с.

87. *Мельник Г.А., Забарило О.С., Ждановский А.А. и др.* Перспективы использования плазменных источников теплоты в агрегатах внепечной обработки стали. Сообщения 1, 2 // Пробл. спец. электрометаллургии. — 1991. — №2. — С. 60—66; №3. — С. 86—92.

88. *Мельник Г.А., Забарило О.С., Жадкевич М.Л. и др.* Некоторые возможности обработки стали в дуговых и плазменных ковшах-печах //Пробл. спец. электрометаллургии. — 2002. — №1. — С. 26—31.

89. *Ждановский А.А., Забарило О.С., Мельник Г.А. и др.* Анализ основных параметров энергетического режима промышленных плазменных ковшей-печей //Пробл. спец. электрометаллургии. — 1994. — №1-2. — С. 53—60.

90. *Жадкевич М.Л., Мельник Г.А., Забарило О.С. и др.* Создание и освоение плазменного ковша-печи //Пробл. спец. электрометаллургии. — 1998. — №1. — С. 42—47.

91. *Жадкевич М.Л., Шаповалов В.А., Мельник Г.А. и др.* Инженерная методика расчета основных энергетических параметров плазменных ковшей-печей //Пробл. спец. электрометаллургии. — 2004. — №3. — С. 33—36.

92. *Pat.* U.S.A. Apparatus for removing defects from slab and blooms of Steel and other Metals / D. Maniero, E. Kemeny, A.Bruning, F. Townshp. — №3538297.

93. *Моделкин Ю.И.* Исследование и разработка технологических основ плазменно-дугового рафинирования поверхностных слоев высоколегированных сталей и сплавов: автореф. дис. ... канд. техн. наук, Ин-т электросварки им. Е.О. Патона АН УССР. — К., 1982. — 16 с.

94. *Латаш Ю.В., Торхов Г.А., Моделкин Ю.И. и др.* Плазменно-дуговая обработка поверхностного слоя слитков ВДП // Сталь. — №7. — С.24—26.

95. *Латаш Ю.В., Торхов Г.А., Кедрин В.К. и др.* Формирование поверхности при плазменно-дуговом рафинировании поверхностного слоя // Пробл. спец. электрометаллургии. — 1983. — № 19. — С.71—77.

96. *Моделкин Ю.И.* Исследование и разработка технологических основ плазменно-дугового рафинирования поверхностных слоев высоколегированных сталей и сплавов: автореф. дис. ... канд. техн. наук, Ин-т электросварки им. Е.О. Патона АН УССР. — К., 1982. — 16 с.

97. *Медовар Б.И., Клюев М.М.* О слоистой кристаллизации слитков ЭШП // Автомат. сварка. — 1967. — № 3. — С. 18—21.

98. *Латаш Ю.В., Торхов Г.Ф., Лихобаба А.В. и др.* Качество электродов жаропрочных сплавов после ПДРП в промышленных условиях //Пробл. спец. электрометаллургии. — 1989. — № 4. — С.83—87.

99. *Торхов Г.Ф., Лихобаба А.В.* Определение площади проплавления металла при плазменно-дуговом переплаве поверхностного слоя цилиндрических заготовок// Пробл. спец. электрометаллургии. — 1985. — №1. — С. 55—58.

100. *Пфанн В.Д.* Зонная плавка / Под ред. В.Н. Вигдоровича. — М.: Мир, 1970. — 366 с.

101. *Савицкий Е.М., Бурханов Г.С.* Монокристаллы тугоплавких и редких металлов и сплавов. — М.: Наука, 1972. — 260 с.

102. *Бурханов Г.С., Шишин В.М., Кузмищев В.А. и др.* Плазменное выращивание монокристаллов. — М.: Металлургия, 1981. — 200 с.

103. *Бауэр В.Х., Филд В.Г.* Метод Вернейля // Теория и практика выращивания монокристаллов. — М.: Металлургия, 1968. — С. 471 — 485.

104. *А. с. №232214 СССР.* Способ получения монокристаллов тугоплавких металлов и сплавов / Савицкий Е.М., Бурханов Г.С. — Бюл. изобрет. — 1971. — № 12. — С. 237.

105. *Реймонд Л., Карват Ф.* Листы из монокристаллического вольфрама // Ракетная техника и космонавтика. — 1966. — **4**, №5. — С. 161—166.

106. *Жадкевич М.Л., Шаповалов В.А., Шейко И.В. и др.* Исследование технологических параметров плазменно-индукционной выплавки монокристаллов тугоплавких металлов // Пробл. спец. электрометаллургии. — 2001. — № 4. — С. 27—31.

107. *Савицкий Е.М., Бурханов Г.С., Бондаренко К.П. и др.* Развитие плазменных методов выращивания монокристаллов тугоплавких металлов и сплавов // Монокристаллы тугоплавких и редких металлов, сплавов и соединений / Под ред. Н.В. Тинаева. — М.: Наука, 1977. — С. 5—10.

108. *Девятых Г.Г., Бурханов Г.С.* Высокочистые металлические материалы // Сб. докл. 7 Междунар. симп. «Чистые металлы». — Харьков, 2001. — С. 6—11.

109. *Белов А.Ф., Фаткуллин О.Х.* Структура и свойства гранулированных никелевых сплавов. — М.: Машиностроение, 1984. — 42 с.

110. *Сверхбыстрая* закалка жидких сплавов / Под ред. Г.Германа. — М.: Металлургия, 1986. — 373 с.

111. *Seshardri R., Sundaresan R., Raghuram A.* Production of titanium alloy povders // Powder Metal. Alloys. Proc. Symp., Oct. 11, 1980. — New Delhi e.a., 1982. — P. 22—36.

112. *Белов А.Ф.* Металлургия гранул — новый путь повышения качества конструкционных материалов //Вестник АН СССР. — 1975. — № 5. — С.74—84.

113. *Алтунин Ю.Ф., Глазунов С.Г., Солонина О.П.* Центробежный метод изготовления металлических гранул и перспективы его использования для получения жаропрочных титановых сплавов //Технология легких сплавов. ВИЛС. — 1975. — №2. — С.120—126.

114. *Квасов Ф.И., Аношкин Н.Ф.* V Международная конференция по порошковой металлургии //Технология легких сплавов. ВИЛС. — 1977. — №4. — С.85—92.

115. *Андреев А.А., Аношкин Н.Ф., Борзецовская К.М. и др.* Титановые сплавы. Плавка и литье титановых сплавов. — М.: Металлургия, 1978. — 383 с.

116. *Белоцкий А.В., Куницкий Ю.А., Грицкив Я.П.* Структура и физические свойства быстрозакаленных сплавов / Учебное пособие. — К.: КПИ, 1984. — 120 с.

117. *Немошкаленко В.В., Романов А.В., Ильинский А.Г. и др.* Аморфные металлические сплавы. — К.: Наук. думка, 1987. — 248 с.

118. *Ochin P., Dezellus A., Plaindoux Ph., Dalle F. et al.* Rapid solidification techniques applied to the preparation of shape memory allous: preparation of thin strips by the twin roll casting technique // Металлофизика и новейшие технологии. Спец. выпуск. — 2001. — **23**. — С. 93—99.

119. *Глебов В.А., Лилеев А.С., Шингарев Э.Н.* Производство быстрозакаленных сплавов системы Nd—Fe—B методом центробежного распыления //Металлург. — 2003. — № 6. — С. 31—33.

120. *Аморфные* металлические сплавы /Под ред. Ф.Е. Люборского. Пер. с англ. А.М. Глезера. — М.: Металлургия, 1987. — 582 с.

121. *Быстрозакаленные* металлы. Сб. науч. трудов/ Под ред. Б. Кантора. Пер. с англ.

А.Ф. Прокошина. — М.: Металлургия, 1983. — 472 с.

122. *Аморфные* металлические сплавы / Под ред. Ю.А. Скакова //Научные труды МИСиС. — №147. — М.: Металлургия, 1983. — 128 с.

123. *Торхов Г.Ф., Грановский В.К., Рейда Н.В. и др.* Плазменно-дуговая установка для производства ленты из аморфных материалов// Пробл. спец. электрометаллургии. — 1990. — № 2. — С. 78—80.

124. *Жадкевич М.Л., Шаповалов В.А., Торхов Г.Ф. и др.* Плазменно-дуговая установка ОП-133 для получения аморфных лент методом спинингования и ее тепловой баланс // Вісник ДДМА. Зб. наук. праць. — Краматорськ. — 2006. — № 1 (3). — С. 160—163.

125. *Макроструктура* и доменная структура широких аморфных лент сплава Fe_{40} — Ni_{38} — Mo_4 — B_{18}. Аморфные металлические сплавы/ Под ред. Ю.А. Скакова // Науч. труды МИСиС. — № 147. — М.: Металлургия, 1983. — С. 76—81.

126. *Нікітенко Ю.О.* Отримання швидкозагартованих високореакційних та тугоплавких сплавів при індукційному та плазмово-дуговому плавленні. Дис. ... канд. техн. наук. Ін-т електрозварювання ім. Є.О. Патона НАН України. — К., 2009. — 185 с.

第 5 章

1. *Сапко А.И.* Механическое оборудование цехов спецэлектрометаллургии. — М.: Металлургия, 1983. — 200 с.

2. *Медовар Б.И., Ступак Л.М., Бойко Г.А. и др.* Электрошлаковые печи /Под. ред. Б.Е.Патона и Б.И.Медовара. — К.: Наук. думка, 1976. — 414 с.

3. *Клюев М.М.* Плазменно-дуговой переплав. — М.: Металлургия, 1980. — 255 с.

4. *Лакомский В.И.* История становления плазменно-дугового переплава в Институте электросварки им. Е.О.Патона //Пробл. спец. электрометаллургии. — 2000. — №1. — С. 35—61.

5. *Патон Б.Е., Лакомский В.И., Дудко Д.А. и др.* Плазменно-дуговой переплав металлов и сплавов // Автомат. сварка. — 1966. — №8. — С. 1—5.

6. *Плазменно-дуговая печь* У-400. Институт электросварки им. Е.О.Патона АН УССР / Рекламный проспект. — К.: Реклама, 1974.

7. *Плазменно-дуговая печь* УП-102. Институт электросварки им. Е.О.Патона АН УССР / Рекламный проспект. — К.: Реклама, 1974.

8. *Плазменно-дуговой переплав.* Институт электросварки им. Е.О.Патона АН УССР / Рекламный проспект. — К.: Реклама, 1976.

9. *Пат.* Англии №1322828. Плазменно-дуговая печь.

10. *Пат.* Италии №939496. Плазменно-дуговая печь.

11. *Пат.* ФРГ № 2147367. Плазменно-дуговая печь.

12. *Пат.* США №334165. Механизм для вытягивания слитка.

13. *Пат.* Италии № 945541. Механизм для вытягивания слитка.

14. *Пат.* США № 3714368. Токоподвод к скользящей поверхности.

15. *Пат.* Италии №949732. Токоподвод к скользящей поверхности.

16. *Пат.* Швеции №348551. Устройство для перемещения плазмотрона.

17. *Пат.* Италии № 938367. Устройство для перемещения плазмотрона.

18. *Пат.* США № 3725559. Устройство для перемещения плазмотрона.

19. *Добаткин А.П., Аношкин Н.Ф., Андреев А.Г. и др.* Слитки титановых сплавов. — М.: Металлургия, 1966. — 286 с.

20. *Андреев А.Г., Аношкин Н.Ф., Бортзеловская К.М. и др.* Плавка и литье титановых сплавов. — М.: Металлургия, 1978. — 383 с.

21. *Бибиков Е.Д., Глазунов С.Г., Неуструев С.С. и др.* Титановые сплавы. Производство фасонных отливок из титановых сплавов. — М.: Металлургия, 1983. — 295 с.

22. *Латаш Ю.В.* Применение плазмы в металлургии: состояние и перспективы развития / Сварка и специальная электрометаллургия. Под ред. Б.Е.Патона. — К.: Наук. думка, 1984. — С. 265—276.

23. *Константинов В.С., Тэлин В.В., Шаповалов В.А. и др.* Тепловой баланс плазменно-дуговой печи УП-100 для выплавки слитков различной формы из некомпактной шихты // Пробл. спец. электрометаллургии. — 1990. — №1 (21). — С.88—92.

24. *Латаш Ю.В., Шаповалов В.А., Константинов В.С., Григоренко Г.М.* Математическое

моделирование массопереноса в системе рециркуляции газа при ПДП титана. — В кн.: Всесоюз. конф. по проблемам сварки и спецэлектрометаллургии. — К.: Наук. думка, 1984. — С. 264—267.

25. *Приходько М.С., Гончаренко В.В., Латаш Ю.В. и др.* Некоторые особенности тепловой работы плазменно-дуговых печей переменного тока // Пробл. спец. электрометаллургии. — **198**, №9. — С.97—106.

第 6 章

1. *Лакомский В.И.* Плазменно-дуговой переплав /Под ред. акад. Б.Е. Патона. — К.: Техника, 1974. — 336 с.

2. *Пфанн В.Д.* — В сб.: Зонная плавка. — М.: Металлургиздат, 1960. — С. 268—272.

3. *Элиот Д.Ф., Глейзе М., Рамакришна В.* Термохимия сталеплавильных процессов. — М.: Металлургия, 1969. — 252 с.

4. *Явойский В.И., Явойский А.В.* Научные основы современных процессов производства стали. — М.: Металлургия, 1987. — 184 с.

5. *Ерохин А.А.* Плазменно-дуговая плавка металлов и сплавов. — М.: Наука, 1975. — 188 с.

6. *Морозов А.И.* Водород и азот в стали. — М.: Металлургиздат, 1968. — 284 с.

7. *Королев М.Л.* Азот как легирующий элемент стали. — М.: Металлургиздат, 1961. — 346 с.

8. *Аверин В.В., Ревякин А.В., Федорченко В.И. и др.* Азот в металлах. — М.: Металлургия, 1976 . — 224 с.

9. *Treher J., Kubish C.* Metallurgie und Eingenschaften unter hohem erschmelzener sticks toffhaltiger legierter Stahl // Berg und Huttenmann. Monatsh. — 1963. — **108**, N 11. — H. 369—380.

10. *Химушин Ф.Ф.* Жаропрочные стали и сплавы. — М.: Металлургиздат, 1969. — 482 с.

11. *Гудремон Э.* Специальные стали. — М.: Металлургия, 1966. — 288 с.

12. *Приданцев М.В., Талов Н.П., Левин Ф.Л. и др.* Высокопрочные аустенитные стали. — М.: Металлургия, 1969. — 248 с.

13. *Лакомский В.И., Григоренко Г.М., Торхов Г.Ф.* Исследование процессов взаимодействия азота с металлом при ПДП. — В сб.: Рафинирующие переплавы. — К.: Наук. думка, 1975. — Вып.2. — С.151—159.

14. *Гольдштейн М.И., Гринь А.В., Блюм Э.Э., Панфилова Л.М.* Упрочнение конструкционных сталей нитридами. — М.: Металлургия, 1970. — 223 с.

15. *Кремнев Л.С., Гришина Л.С.* Влияние азота на структуру и свойства быстрорежущих сталей //Металловедение и термообработка металлов. — 1976. — №8. — С.64, 65.

16. *Латаш Ю.В., Лакомский В.И., Негода Г.П.* Применение плазменно-дугового переплава для улучшения стойкости быстрорежущей стали Р6М5 // Пробл. спец. электрометаллургии. — 1979. — Вып. 10. — С. 90—95.

17. *Клюев М.М.* Плазменно-дуговой переплав. — М.: Металлургия, 1980. — 256 с.

18. *Патон Б.Е., Лакомский В.И., Торхов Г.Ф. и др.* Аустенитные высокоазотистые хромоникелевые стали, выплавленные в плазменно-дуговых печах // ДАН СССР. — 1971. — **198**, №2. — С.391—393.

19. *Хохлов А.А., Игнатенко А.Г.* Влияние плазменно-дугового переплава на качество высоколегированной стали, используемой для изготовления сварочной проволоки // Пробл. спец. электрометаллургии. — 1979. — Вып.11. — С. 85—89.

20. *Tankins E.S., Gokcen N.A., Belton G.R.* The Activity and Solubility of Oxygen in Liquid Iron, Nickel and Cobalt //Trans. Met. Soc. AIME. — 1964. — **230**, N 4. — P. 820—827.

21. *Лакомский В.И., Забарило О.С., Овчаров В.П. и др.* Технология производства и магнитные свойства железоникелевого пермаллоя 50Н. — В кн.: Проблемы специальной электрометаллургии. — М.: ВИНИТИ, 1971. — С. 82—92.

22. *Грацианов Ю.А.* Металлургия прецизионных сплавов. — М.: Металлургия, 1975. — 448 с.

23. *Аверин В.В., Поляков А.Ю., Самарин А.М.* //Изв. АН СССР. Металлургия и топливо. — 1955. — № 3. — С.90—107.

24. *Лакомский В.И.* Взаимодействие диатомных газов с жидкими металлами при высоких температурах. — К.: Наук. думка. — 1992. — 232 с.

25. *Есин О.А., Гельд П.В.* Физическая химия пирометаллургических процессов. — Свердловск: Металлургиздат, 1962. — Ч.1. — 671 с.

26. *Эрлих Г.* Атомная адсорбция // Взаимодействие газов с поверхностями. — М.: Мир, 1965. — С.260—355.

27. *Кавтарадзе Н.И.* О механизме химической адсорбции газов на металлах // Механизм взаимодействия газов с металлами. — М.: Наука, 1964. — С. 36 — 46.

28. *Грицианов В.П., Овчаров В.П., Лакомский В.И. и др.* Влияние вторичного переплава на качество и свойства прецизионных сплавов на основе железа и никеля / Рафинирующие переплавы. — К.: Наук. думка, 1974. — С. 224—231.

29. *Белянчиков Л.Н., Григораш Р.Н.* Кинетика газовыделения при вакуумно-дуговой плавке // Изв. вузов. Черная металлургия. — 1961. — №9. — С. 81 — 87.

30. *Лакомский В.И.* Макрокинетика рафинирования металлов при современных процессах переплава // Физ. и хим. обработки материалов. — 1967. — №4. — С. 57—62.

31. *Бояршинов М.М., Филипычева Ю.П., Коннов Р.Г. и др.* Поведение неметаллических включений при переплаве стали в печах с водоохлаждаемым кристаллизатором. — В сб.: Теория металлургических процессов. — Вып.74. — М.: Металлургия, 1971. — С. 269—277.

32. *Волков С.Е.* О механизме удаления неметаллических включений при электрошлаковом переплаве. — В сб.: Специальная электрометаллургия. Ч.1. — К.: Наук. думка, 1972. — С. 233—267.

33. *Поволоцкий Д.Я., Рощин В.Е., Гречин В.И.* Роль капельного переноса в очищении металла от неметаллических включений при переплавных процессах. — В сб.: Проблемы специальной электрометаллургии. — К.: Наук. думка, 1972. — С.154—160.

34. *Ерохин А.А., Иодковский С.А., Клюев М.М. и др.* О механизме удаления неметаллических включений при плазменно-дуговом переплаве // Физ. и хим. обработки материалов. — 1968. — №6. — С.68—74.

35. *Oeters F., Heyer K., Vordag S.* Uber die Auflosung von suspendierten Oxydteilchen in Flussigem Eisen// Arch. Eisenhuttenwessen. — 1967. — **38**, N2. — S. 83—90.

36. *Kay D., Pomfret R.* Remova of Oxide Inclulsions during AC Electroslag Remelting// J. Iron and Steel Inst. — 1971. — **209**, N 12. — S. 73—77.

37. *Воинов С.Г., Шалимов А.Г., Косой Л.Ф., Калинников Е.С.* Рафинирование стали синтетическими шлаками. — М.: Металлургия, 1970. — 460 с.

38. *Латаш Ю.В., Медовар Б.И.* Электрошлаковый переплав. — М.: Металлургия, 1970. — 239 с.

39. *Ждановский А.А., Лакомский В.И.* Поведение неметаллических включений при плазменно-шлаковом переплаве. — В сб.: Рафинирующие переплавы. — К.: Наук. думка, 1974. — С.231—239.

40. *Лакомский В.И., Ждановский А.А., Товмаченко В.Н.* // Пробл. спец. электрометаллургии. — 1975. — Вып.1. — С.88—94.

41. *Ершов Г.С., Коваленко А.М.* Адгезия нитридов к жидким легированным сталям и шлаковым расплавам // Изв. АН СССР. Металлы. — 1968. — №1. — С. 46—57.

42. *Камышов В.М. и др.* Смачивание нитридов переходных элементов расплавленными оксидами и металлами // ЖФХ. — 1966. — **40**, №1. — С. 10—12 .

43. *Чучмарев С.К. и др.* Адгезия нитридов к стали и шлаку // Изв. вузов. Черная металлургия. — 1967. — **31**. — С. 12—15.

44. *Ерохин А.А., Дубасов А.М., Куклева О.Г.* Кинетика обменных реакций между металлом и шлаком в переходном периоде //Физ. и хим. обработки материалов. — 1971. — №2. — С.26—31.

45. *Антипов В.Н., Крапивин А.И., Завадин Г.Г. и др.* Обезуглераживание металлических расплавов системы Fe—Cr—Ni кислородсодержащей плазмой //Теория металлургических процессов. — 1975. — №3. — С. 62—66.

46. *Кашин В.И., Клибанов Е.А., Цилосани А.Г. и др.* Особенности взаимодействия кислородсодержащих смесей с расплавами тугоплавких металлов// Изв. АН СССР. Металлы. — 1973. — №1. — С.3—12.

47. *Черкасов П.А., Андреева О.В., Кашин В.И.* Кинетика взаимодействия кислорода и углерода в жидком железе при плазменно-дуговом нагреве // Пробл. спец. электрометаллургии. — 1981. — Вып. 15. — С.73—76.

48. *Кокити Г., Митихико Ф.* Удаление азота и углерода из жидкой нержавеющей стали с помощью плазмы // РЖМ. — 1976. — №5. — А.137.

49. *Харойоши Г., Митихико Ф.* Обезуглераживание и деазотация высокохромистой стали плазмой // РЖМ. — 1976. — №9. — А.105.

50. *Koneko K., Sano N., Matsuhita Y.* Decarburization and denitrogenizationof iron and iron-chronium alloys by plasma jet of hydrogen — argon gas mixture // Tetsu-to-hagane. J. Iron and Steel Inst. Japan. — 1976. — №1. — P. 43—52.

51. *Григоренко Г.М., Помарин Ю.М.* Водород и азот в металлах при плазменной плавке. — К.: Наук. думка — 1989. — 200 с.

52. *Стрельцов Ф.Н., Потапов И.И.* Температура поверхности металлического расплава в зоне воздействия плазменной дуги // Физ. и хим. обработки материалов. — 1974. — №6. — С. 9—11.

53. *Takei H., Ishigami Y.* Hollow Cathode Disharge Melting of Ti-6Al-4V and Nb-56Ti-3,3Zr Alloys // J. Vacuum Sci. And Technol. — 1971. — **8**, N 6. — P. 39—43.

54. *Несмеянов Ан.Н.* Давление пара химических элементов. — М.: Изд. АН СССР, 1961. — 395 с.

55. *Вольский А.Н., Сергиевская Е.М.* Теория металлургических процессов. — М.: Металлургия, 1968. — 344 с.

56. *Шейко И.В., Шахрай В.И., Латаш Ю.В., Степаненко В.В.* Исследование испарения цинка при плазменно-индукционной плавке латуни // Пробл. спец. электрометаллургии. — 1987. — №1. — С. 56—59.

57. *Несис Е.И.* Кипение жидкостей. — М.: Наука, 1973. — 279 с.

第 7 章

1. *Вайнберг А.М.* Индукционные плавильные печи. — М. — Л.: Госэнергоиздат, 1960. — 450 с.

2. *Брокмайер К.* Индукционные плавильные печи. — М.: Энергия, 1972. — 304 с.

3. *Простяков А.А.* Индукционные печи и миксеры для плавки чугуна. — М.: Энергия, 1977. — 216 с.

4. *Фомин Н.И., Затуловский Л.М.* Электрические печи и установки индукционного нагрева. — М.: Металлургия, 1979. — 247 с.

5. *Глуханов Н.П., Богданов В.Н.* Сварка металлов при высокочастотном нагреве. — М.-Л.: Машгиз, 1962. — 190 с.

6. *Вологдин В.В.* Пайка и наплавка при индукционном нагреве. — М.-Л.: Машиностроение, 1965. — 112 с.

7. *Рыскин С.Е., Смирнов В.М., Благовещенский Г.В.* Оборудование для индукционной термообработки. — М.: Машиностроение, 1966. — 158 с.

8. *Иванов В.Н.* Высокочастотная сварка — ресурсосберегающая технология современного производства // Автомат. сварка. — 1983. — №9. — С. 40—48.

9. *Шамов А.Н., Бодажков В.А.* Проектирование и эксплуатация высокочастотных установок. — Л.: Машиностроение, 1974. — 263 с.

10. *Нейман Л.Р., Демирчан К.С.* Теоретические основы электротехники. — Л.: Энергия, 1967. — Т.1. — 522 с.

11. *Глуханов Н.П.* Физические основы высокочастотного нагрева. Вып. 1. — Л.: Машиностроение, 1979. — 60 с.

12. *Нетушил А.В., Поливанов К.М.* Основы электротехники. — М.-Л.: Госэнергоиздат, 1956. — Часть 3. — 190 с.

13. *Слухоцкий А.Е., Немков В.С., Павлов Н.А., Бамунер А.В.* Установки индукционного нагрева / Учебное пособие для вузов. Под ред. А.Е. Слухоцкого. — Л.: Энергоиздат, 1981. — 328 с.

14. *Применение* токов высокой частоты в электротермии /Под ред. Слухоцкого А.Е. — Л.: Машиностроение, 1973. — 279 с.

15. *Фарбман С.А., Колобнев И.Ф.* Индукционные печи для плавки металлов и сплавов. — М.: Металлургия, 1968. — 314 с.

16. *Тир Л.Л., Простяков А.А., Свидо А.В.* Исследования ВНИИЭТО по управлению

движением металла в индукционных тигельных печах. Тезисы докладов VI Всесоюзн. научно-техн. совещания по электротермии и электротермическому оборудованию. — М.: Информэлектро, 1973. — С.35, 36.

17. *Михельсон Ю.Я., Якович А.Т., Тир Л.Л.* Методика расчета распределения скорости нагрева в цилиндрической индукционной электропечи //Магнитная гидродинамика. — 1977. — №1. — С.97—101.

18. *Бабат Г.И.* Индукционный нагрев металлов и его промышленное применение. — М. -Л.: Энергия, 1965. — 552 с.

19. *Безручко И.В.* Индукционный нагрев для объемной штамповки. — Л.: Машиностроение, 1987. — 127 с.

20. *Остроумов Г.А.* Свободная конвекция в условиях внутренней задачи. — М.: Гостехтеоретиздат, 1952. — 256 с.

21. *Елшин К.В.* Естественная конвекция в нефтяном резервуаре // Инж.-физ. журнал. — 1959. — №9. — С.101—105.

22. *Глинков Н.А.* Тепловая работа сталеплавильных ванн. — М.: Металлургия, 1970. — 408 с.

23. *Артышевский П.П., Кравецкий Д.Я., Затуловский Л.М.* Исследование процесса выращивания профилированных кристаллов кремния с пьедестала // Изв. АН СССР. Серия физ. — 1971. — **35**, №3. — С. 469—472.

24. *Фогель А.А.* Бестигельная плавка лабораторных образцов в вакууме или атмосфере инертного газа //Изв. АН СССР. Металлургия и топливо. — 1959. — №2. — С.24—34.

25. *Ратников Д.Г.* Бестигельная зонная плавка. — М.: Металлургия, 1976. — С.65—69.

26. *Бындин В.М., Добровольская В.И., Ратников В.Г.* Индукционный нагрев при производстве особо чистых материалов / Под ред. А.Н. Шамова. — Л.: Машиностроение, 1980. — 65 с.

27. *Фомин Н.И., Тир Л.Л., Вертман А.А.* Использование индукционных плавильных устройств с холодными тиглями и электромагнитным обжатием расплава для высокотемпературных физико-химических исследований //Электротермия. — 1971. — Вып.10. — С. 20—22.

28. *Михайличенко А.И., Михлин Е.Б., Патрикеев Ю.Б.* Редкоземельные металлы. — М.: Металлургия, 1987. — 232 с.

29. *Электротермическое* оборудование: Справочник / Под общ. ред. А.П.Альтгаузена. — 2-е изд., перераб. и доп. — М.: Энергия, 1980. — 416 с.

30. *Shaw J.M.* Preheats induction furnace charge // Foundry. — 1969. — **97**, N2. — P. 50, 51.

31. *Ефимов В.А., Борисов Г.П., Костяков В.Н., Шевченко А.И.* Интенсификация процесса плавки и рафинирование металла в индукционных печах //Технология и организация пр-ва. — 1969. — №1. — С. 48—50.

32. *Костяков В.Н.* Плазменно-индукционная плавка. — К.: Наук. думка. 1991. — 208 с.

33. *Тетерин Р.П.* Индукционные генераторы. — М.-Л.: Госэнергоиздат, 1961. — 328 с.

34. *Шаров В.С.* Электромашинные индукторные генераторы. — М.: Госэнергоиздат, 1961. — 143 с.

35. *Костяков В.Н., Борисов Г.П., Ноженко А.П., Пирог В.А.* Выплавка металлов для фасонного литья в плазменно-индукционных печах // Технология и организация пр-ва. — 1971. — № 3. — С. 51—53.

36. *Chiaki A., Adashi Tashio.* Plasmainduction schmelzen // Neue Hutte. — 1971. — N 11. — S. 651—660.

37. *Asada C., Iguchi I., Adachi T.* Industrial plasma induction furnace // Trans. Jap. Inst. Metals. — 1970. — **34**. — P.850.

38. *Пат.* ГДР № 126632, МКИ F 27 D 11/10. Inductions Rinnenofen mit Plasmabogen-Zusatzheizung. Tredup Detlef, Leibould Raif. — Опубл. 03.08.77.

39. *Poloczec W.* Kierunki rozwoju metalurzicznich piecow plasmowich // Hutnik. — 1972. — N12. — S.592—603.

40. *Шахрай В.И., Латаш Ю.В., Шейко И.В., Степаненко В.В.* Опыт разработки и создания большегрузных плазменно-индукционных печей для выплавки медных сплавов //

Прогрессивные способы плавки литейных сплавов. — Киев : ИПЛ АН УССР, 1987. — С. 45—53.

41. *Пат.* ГДР №109787, МКИ Н21h 16/60. Mehrkammer — plasma Inductions. Schmlzofen . Tredup Detlef. — Опубл. 05.02.74.

42. *Александров Н.Н., Бложко Н.К., Петров Л.А.* Интенсификация индукционной плавки с помощью низкотемпературной плазмы // Литейное пр-во. — 1978. — №7. — С. 7, 8.

43. *Долгой В.В., Крутянский М.М., Малиновский В.С. и др.* Плазменно-индукционная печь для плавки чугуна // Электротехническая пром-сть. Электротермия. — 1979. — №4. — С. 1, 2.

44. *Свидунович Н.А., Дулевич А.Ф.* Плазменно-индукционная плавильная установка // Литейное пр-во. — 1976. — №9. — С. 40.

45. *Эккерт Э., Пфендер Э.* Теплообмен в плазме // Успехи теплопередачи. — М.: Мир, 1970. — С.260—353.

46. *Эмонс Г.В.* Исследование теплообмена в плазме //Совр. пробл. теплообмена. — М.–Л.: Энергия, 1966. — С.69—109.

47. *Блинов В.К., Пугин А.Н., Рыкалин Н.Н.* Интегральное излучение сильноточной плазменной дуги постоянного тока в аргоне // Физ. и хим. обработки материалов. — 1970. — №4. — С. 11—15.

48. *Кузнецов Л.Н., Мальцев Л.А., Никольский Л.Е. и др.* Структура теплового баланса плазменно-дуговой печи постоянного тока // Электротехическая. пром-сть. Электротермия. — 1970. — Вып. 99. — С.15 — 17.

49. *Тредуп Д.* Теплопередача и энергетический баланс в плазменно-дуговых печах, работающих на постоянном токе // Спец. электрометаллургия. Докл. на Междунар. симпозиуме по спец. электрометаллургии (Киев, июль 1972). — К.: Наук. думка, 1972. — Ч.2. — С. 103—111.

50. *Игнатов И.И., Марченко Н.В., Однопозов Л.Б. и др.* Математическое моделирование тепловой работы плазменной печи, предназначенной для плавки металла в керамическом тигле // Исследования в области электронагрева. — М.: Энергия, 1976. — Вып.8. — С. 107—109.

51. *Moss A.R., Young W.J.* The robe of arc-plasma in mttallurgy // Pouder Met. — 1964. — 7, N14. — P.14—16.

52. *Лакомский В.И., Костяков В.Н.* Перспективы применения плазменного нагрева при выплавке высококачественных сталей и сплавов в плавильных печах //Рафинирующие переплавы. — 1974. — Вып. 1. — С. 212—224.

53. *Шоек П.А.* Исследование баланса энергии на аноде сильноточных дуг, горящих в атмосфере аргона //Совр. пробл. теплообмена. — М.–Л.: Энергия, 1966. — С. 110—139.

54. *Chandra U., Hartwig J., Ulrich K.* Einsats electricherzengter Gasplasmen in der metallargischen Verfahrenstechnik. Teil. I. Allgemeine verfahrenstechnische Anwendungmoglichkeiten von Gas Plasmen und Messungen der mit Plasmabrennern unterschiedlicher konstruktion erzeugten Warmstrome // Techn. Messeu. — 1971. — **20**. — S. 314.

55. *Костяков В.Н., Волошин А.А., Клибус В.В.* Исследование теплопередачи от плазменной дуги в плавильных печах // Физ. и хим. обработки материалов. — 1978. — №1. — С. 58—61.

56. *Григорян В.А., Минаев Ю.А.* Роль поверхностного эффекта химической реакции в металлургических процессах с эмульгированием фаз /Физико-химические основы пр-ва стали. — М.: Наука, 1971. — С. 582.

57. *Лакомский В.И.* Плазменно-дуговой переплав. — К.: Техника, 1974. — 336 с.

58. *Борисов Г.П., Лакомский В.И., Костяков В.Н., Полетаев Е.Б.* Плавка жаропрочных сталей и сплавов для фасонного литья в плазменных печах // Литейное пр-во. — 1971. — №4. — С. 1—3.

59. *Маергойз И.И.* Газообмен в плазменных печах // Электротермия. — 1970. — Вып. 102. — С. 14—16.

60. *Шалимов А.Г., Летников Н.В., Гарчев А.Б. и др.* Металлургические возможности вакуумной плазменно-индукционной печи // Прогрессивные способы плавки для фасонного литья. — К.: ИПЛ АН УССР, 1978. — С. 45—52.

61. *Самарин А.М.* Вакуумная металлургия. — М.: Металлургия, 1958. — 36 с.

62. *Эллиот Д.Ф., Глейзер М., Рамакришни В.* Термохимия сталеплавильных процессов. — М.: Металлургия, 1969. — 252 с.

63. *Крамаров А.Д.* Производство стали в электропечах. — М.: Металлургия, 1969. — 348 с.

64. *Костяков В.Н.* Выплавка стали в плазменно-индукционных печах. — К.: О-во «Знание» УССР, 1985. — 20 с.

65. *Окороков Г.Н., Шалимов А.Г., Аксенов В.М., Тулин Н.А.* Производство стали и сплавов в вакуумных индукционных печах. — М.: Металлургия, 1972. — 192 с.

66. *Spiegelberg K., Jakobe W., Ebeling F.* Zur Entwicklung des Plasmaschmelzvertahreus // Neue Hutte. — 1967. — N9. — S. 546—550.

67. *Мовчан Б.А., Тихоновский А.Л., Курапов Ю.А.* Электронно-лучевая плавка и рафинирование металлов и сплавов. — К.: Наук. думка, 1973. — 238 с.

68. *Ерохин А.А.* Плазменно-дуговая плавка металлов и сплавов. Физико-химические процессы. — М.: Наука, 1975. — 188 с.

69. *Костяков В.Н., Борисов Г.П., Пирог В.А., Полетаев Е.Б.* Особенности изготовления ответственных отливок с применением плазменно-индукционной плавки // Технология и орг. пр-ва. — 1972. — №5. — С. 57 — 60.

70. *Клибус В.В., Ноженко А.П., Полетаев Е.Б., Демидик В.П.* Десульфурация металла при плазменной и плазменно-индукционной плавке // Прогрессивные способы плавки для фасонного литья. — М.: ИПЛ АН УССР, 1978. — 189 с.

71. *Костяков В.Н., Борисов Г.П., Ноженко А.П., Пирог В.А.* Выплавка металлов для фасонного литья в плазменно-индукционных печах // Технология и орг. пр-ва. — 1971. — № 3. — С. 51—53.

72. *Линчевский Б.В.* Вакуумная металлургия стали и сплавов. — М.: Металлургия, 1970. — 258 с.

73. *Королев М.Л.* Азот как легирующий элемент стали. — М.: Металлургия, 1961. — 164 с.

74. *Гудремон Э.* Специальные стали. — М.: Металлургия, 1966. — 736 с.

75. *Fischer W.A., Hofman A.* Aufnahmegeschwindigkeit und Loslichkeit von Stickstoff in Abhangigkeit vongelosten sauerstoff // Arch. Eisenhutt. — 1960. — **31**, N4. — S. 215—219.

76. *Pehlke R., Elliott J.* Solubility of nitrogen in liquid iron alloys // Trans. Met. Soc. — 1963. — **227**, N5. — P. 843—855.

77. *Вавтанабэ Т.* Специальные свойства металлов, полученных методом плазменно-индукционной плавки // Дэнки Сейко. — 1972. — **43**, №2. — С. 75—82.

78. *Морозов А.И.* Водород и азот в стали. — М.: Металлургия, 1968. — 284 с.

79. *Нарита К.* Кристаллическая структура неметаллических включений в стали. — М.: Металлургия, 1969. — 190 с.

80. *Явойский В.И.* Теория процессов производства стали. — М.: Металлургия, 1967. — 788 с.

81. *Григорян В.А., Белянчиков Л.Н., Стомахин А.Я.* Теоретические основы электросталеплавильных процессов. — М.: Металлургия, 1979. — 256 с.

82. *Владимиров Л.П.* Термодинамические расчеты равновесия металлургических реакций. — М.: Металлургия, 1970. — 528 с.

83. *Куликов И.С.* Термодинамическая диссоциация соединений. — М.: Металлургия, 1969. — 574 с.

84. *Клибус В.В., Демидик В.Н., Полетаев Е.Б., Ноженко А.П.* Качество и свойства железоуглеродистой стали плазменной плавки // Прогрессивные способы плавки для фасонного литья. — Киев : ИПЛ АН УССР, 1978. — С. 40—44.

85. *Ждановский А.А., Лакомский В.И.* Поведение неметаллических включений при плазменно-шлаковом переплаве //Рафинирующие переплавы. — Вып. 1. — С. 231—239.

第 8 章

1. *Лакомский В.И.* Плазменно-дуговой переплав. — К.: Техника, 1974. — 336 с.

2. *Клюев М.М.* Плазменно-дуговой переплав. — М.: Металлургия, 1980. — 256 с.

3. *Костяков В.Н.* Плазменно-индукционная плавка. — К.: Наук. думка, 1991. — 208 с.

4. *Медовар Б.И., Латаш Ю.В., Максимович Б.И., Ступак Л.М.* Электрошлаковый пере-

плав. — М.: Металлургиздат, 1963. — 170 с.

5. *Клюев М.М., Каблуковский А.Ф.* Металлургия электрошлакового переплава. — М.: Металлургия. 1969. — 256 с.

6. *Альперович М.Е.* Вакуумный дуговой переплав и его экономическая эффективность. — М.: Металлургия, 1978. — 168 с.

7. *Смелянский Я.С., Бояршинов В.А., Гуттерман К.Д., Ткачев Л.Г.* Дуговые вакуумные печи и электронные плавильные установки. — М.: Металлургиздат, 1962. — 218 с.

8. *Швед Ф.И.* Вакуумный дуговой переплав стали и сплавов за рубежом // Бюл. ЦНИИЧМ. — 1982. — №20. — С. 8 — 16.

9. *Калугин А.С.* Электронно-лучевая плавка металлов. — М.: Металлургия, 1980. — 168 с.

10. *Мовчан Б.А., Тихоновский А.Л., Курапов Ю.Н.* Электронно-лучевая плавка металлов. — К.: Наук. думка, 1973. — 240 с.

11. *Ладохин С.В., Левицкий Н.И., Чернявский В.Б. и др.* Электронно-лучевая плавка в литейном производстве /Под ред. С.В. Ладохина. — К.: Сталь, 2007. — 626 с.

12. *Патон Б.Е., Тригуб Н.П., Козлитин Д.А. и др.* Электронно-лучевая плавка. — К.: Наук. думка, 1997. — 264 с.

13. *Латаш Ю.В., Медовар Б.И.* Электрошлаковый переплав. — М.: Металлургия, 1970. — 137 с.

14. *Мелькумов И.Н., Клюев М.М., Топилин В.В. и др.* //Металловедение и термообработка. — 1970. — №12. — С. 35.

15. *Залогин В.А., Клюев М.М., Лакомсий В.И. и др.* //Металловедение и термообработка. — 1973. — №10. — С. 45.

16. *Григоренко Г.М., Помарин Ю.М.* Водород и азот в металлах при плазменной плавке. — К.: Наук. думка, 1989. — 200 с.

17. *Химушин Ф.Ф.* Нержавеющие стали. — М.: Машиностроение, 1969. — 396 с.

18. *Клюев М.М., Пряшников И.С., Жучин В.Н., Топилин В.В.* Плазменно-дуговой переплав нержавеющих сталей. — В сб.: Проблемы специальной электрометаллургии. — К.—М.: ВИНИТИ, 1971. — С. 66 — 68.

19. *Королев М.Л.* Азот как легирующий элемент в стали. — М.: Металлургиздат, 1961. — 346 с.

20. *Химушин Ф.Ф.* Жаропрочные стали и сплавы. — М.: Металлургиздат, 1969. — 749 с.

21. *Старова Е.П.* Малолегированная быстрорежущая сталь с азотом. — М.: Машгиз, 1953. — С. 60.

22. *Бережиани В.М., Самхарадзе Д.М.* Особенности производства и применения несклонных к деазотации азотистых быстрорежущих сталей типа АР18. — В сб.: Производство и исследование быстрорежущих и штамповых сталей. — М.: Металлургия, 1970. — С. 79—82.

23. *Бережиани В.М., Самхарадзе Д.М.* Влияние азота на свойства стали типа РФ1 и Р9. — В сб.: Вопросы металловедения и коррозии металлов. — Тбилиси: Мецниереба, 1968. — С. 58—63.

24. *Лакомский В.И., Забарило О.С., Овчаров В.П. и др.* Технология производства и магнитные свойства железоникелевого пермаллоя 50Н. — В сб.: Проблемы специальной электрометаллургии. — К.—М.: ВИНИТИ, 1971. — С.82—92.

25. *Грицианов Ю.А.* Металлургия прецизионных сплавов. — М.: Металлургия, 1975. — 448 с.

26. *Грицианов Ю.А., Овчаров В.П., Лакомский В.И. и др.* Влияние вторичного переплава на качество и свойства прецизионных сплавов на основе железа и никеля. — В сб.: Рафинирующие переплавы. — К.: Наук. думка, 1974. — С.224—231.

27. *Гармата В.А., Гуляницкий В.С., Крамник В.Ю.* Металлургия титана. — М.: Металлургия, 1968. — 642 с.

28. *Родяник В.В., Гегер В.Э., Скрипник В.М.* Магниетермическое производство губчатого титана. — М.: Металлургия, 1971. — 216 с.

29. *Андреев А.А., Аношкин А.Ф., Борцеловский К.М. и др.*√/Титановые сплавы. Плавка и литье титановых сплавов. — М.: Металлургия, 1978. — 383 с.

30. *Добаткин В.И.* Слитки титановых сплавов. — М.: Металлургия, 1966. — 212 с.

31. *Костяков В.Н., Шахрай В.И.* Перспективы применения плазменно-вакуумных печей в литейном производстве //Прогрессивные способы плавки для фасонного литья. — К.: ИПЛ АН УССР, 1978. — С.13—34.

32. *Шульте Ю.А.* Электрометаллургия стального литья. — М.: Металлургия, 1970. — 224 с.

33. *Брокмайер К.* Индукционные плавильные печи. — М.: Энергия, 1972. — 304 с.

34. *Простяков А.А.* Индукционные печи и миксеры для плавки чугуна. — М.: Энергия, 1977. — 216 с.

35. *Фомин Н.И., Затуловский Л.М.* Электрические печи и установки индукционного нагрева. — М.: Металлургия, 1979. — 247 с.

36. *Костяков В.Н.* Прогрессивные способы плавки литейных сплавов. — К.: О-во «Знание» УССР, 1989. — 20 с.

37. *Окороков Г.Н., Шалимов А.Г., Аксенов В.М., Тулин Н.Г.* Производство стали и сплавов в вакуумных индукционных печах. — М.: Металлургия, 1972. — 192 с.

38. *Фролов М.М., Иванов В.Н., Малиновский и др.* Плазменно-индукционная плавка магнитных сплавов// Литейное пр-во. — 1981. — №7. — С. 9, 10.

39. *Туфанов Л.Г.* Коррозионная стойкость нержавеющих сталей / Справочник. — М.: Металлургия, 1969. — 180 с.

40. *Клинов И.Я.* Коррозия химической аппаратуры и коррозионностойкие материалы. — М.: Машиностроение, 1967. — 468 с.

41. *Костяков В.Н., Борисов Г.П.* Влияние условий выплавки металла в плазменных печах на структуру и свойства отливок //Литейное пр-во. — 1973. — №1. — С. 1—3.

42. *Талов Н.П.* О природе понижения пластичности хромистой ферритной стали // Качественные стали и сплавы. — 1979. — Вып.4. — С.5—15.

43. *Зубченко А.С.* Исследование природы хрупкости и способов повышения свариваемости хромистых сталей: автореф. дисс. ... д-ра техн. наук. — М.: 1979. — 43 с.

44. *Пикеринг Ф.Б.* Физическое металловедение и разработка сталей. — М.: Металлургия, 1982. — 182 с.

45. *Гудремон Э.* Специальные стали. — М.: Металлургия, 1966. — 736 с.

46. *Ihilsh H.* Physical and welding metallurgy of chromium stainless steels//Welding J. — 1951. — **30**, N5. — P. 209—250.

47. *Kiefer G.C.* Engineering experiment Station news // Ohio State Univ. — 1950. — N 1. — P. 52.

48. *Wegrzyn I.* Technologia spawania nierdzewnich stalichromovych //Przeg. spawln. — 1968. — N 4. — S. 1—6.

49. *Казенков Ю.И., Валикова И.Г., Акшенцева А.П.* Свариваемость и коррозионная стойкость высокохромистой стали Х25Т. — М.: НИИХиммаш, 1960. — Вып. 33. — С. 50—71.

50. *Шевелкин Б.Н., Кравченко А.П., Голованова А.П.* Исследование обрабатываемости давлением высокохромистых сталей Х17Т и Х12Н2 // Хим. машиностроение. — 1962. — № 5. — С.28—32.

51. *Валикова И.Г.* Коррозионная стойкость сталей Х17Т и Х28НА и их сварных соединений. — М.: НИИХиммаш, 1961. — Вып. 37. — С.71—82.

52. *Гольдштейн Я.Е., Пискунова А.И., Шматко М.Н. и др.* О природе высокотемпературной хрупкости хромистой ферритной стали // Изв. АН СССР. Сер. металлы. — 1983. — № 4. — С. 115—120.

53. *Казимировская Е.Л., Тимофеев М.М., Зубченко А.С.* Хрупкость литого сплава Fe-25 Cr-5 Al // Металловедение и терм. обработка металлов. — 1966. — № 11. — С.72—74.

54. *Зубченко А.С.* Исследование вопросов свариваемости литых жаростойких сталей типа Х25Н5 : автореф. дис. ... канд. техн. наук. — М., 1969. — 20 с.

55. *Зубченко А.С., Коледа А.А., Давидчук П.И., Ермилов В.А.* Коррозионная стойкость хромистых и хромоникелевых сталей и их сварных соединений в расплаве сернистого натрия // Автомат. сварка. — 1971. — № 4. — С.62—65.

56. *Ватанабэ Т.* Специальные свойства металлов, полученных методом плазменно-индукционной плавки // Дэнки Сейко. — 1972. — **43**, № 2. — С. 75—82.

57. *Приданцев М.В.* Влияние примесей и редкоземельных элементов на свойства сплавов. — М.: Металлургиздат, 1962. — 206 с.

58. *Полетаев Е.Б.* Выплавка шихтовой заготовки из нержавеющей стали 09X16H4БА в плазменно-индукционной печи ИСТП-0,16 // Прогрессивные способы плавки и литья сплавов. — К.: ИПЛ АН УССР, 1987. — С. 23—26.

59. *Фарбман С.А., Колобнев И.Ф.* Индукционные печи для плавки металлов и сплавов. — М.: Металлургия, 1968. — 496 с.

60. *Цыганов В.А.* Плавка цветных металлов в индукционных печах. — М.: Металлургия, 1974. — 248 с.

61. *Вольский А.Н., Сергиевская Е.М.* Теория металлургических процессов. — М.: Металлургия, 1968. — 334 с.

62. *Гудкевич В.М., Воробьев А.К., Артемьев Н.И.* Возможности повышения основных показателей при переработке лома и отходов медных сплавов // Цветные металлы. — 1984. — № 7. — С. 78—89.

63. *Сучков Д.И.* Медь и ее сплавы. — М.: Металлургия, 1967. — 248 с.

64. *Шейко И.В., Шахрай В.И., Степаненко В.В. и др.* Качество изделий из медных сплавов плазменно-индукционной плавки // Пробл. спец. электрометаллургии. — 1988. — № 3. — С. 57—61.

65. *Шахрай В.И., Латаш Ю.В., Шейко И.В. и др.* Опыт разработки и создания большегрузных плазменно-индукционных печей для выплавки медных сплавов // Прогрессивные способы плавки литейных сплавов. — К.: ИПЛ АН УССР, 1987. — С. 45—53.

66. *Гуляев А.П.* Металловедение. — М.: Металлургия. 1967. — 248 с.

67. *Неуструев А.А., Ходоровский Г.Л.* Вакуумные гарнисажные печи. — М.: Металлургия, 1967. — 272 с.

68. *Ерохин А.А.* Плазменно-дуговая плавка металлов и сплавов. — М.: Наука, 1975. — 188 с.

69. *Неверова-Скобелева Н.П.* Зависимость дендритного строения и свойств литой стали от ее микроструктуры. — В кн.: Исследование литейных процессов и сплавов // Труды ЛПИ. — 1971. — №319. — С. 119—122.

70. *Бабаков А.А., Приданцев М.В.* Коррозионностойкие стали и сплавы. — М.: Металлургия, 1971. — 319 с.

71. *Свистунова Т.В., Туфанов Д.Г.* Коррозионностойкие сплавы 0Н70М27Ф и 0Х15Н65М16В // МиТОМ. — 1971. — №9. — С. 39—42.

72. *Свистунова Т.В., Черменская Н.Ф., Смирнова А.Б. и др.* Влияние углерода, кремния, железа и вольфрама на структуру и фазовый состав сплава Н70ХМ // МиТОМ. — 1969. — № 8. — С.25—28.

73. *Нагин А.С., Гадалов В.Н., Новичков И.В. и др.* Влияние температуры закалки на структуру литого жаропрочного сплава на никелевой основе // МиТОМ. — 1975. — № 3. — С. 20—23.